21世纪高等学校计算机教育实用规划教材

网页设计与制作

(HTML5+CSS3+JavaScript)

梁莉菁　刘巧丽　编著

清华大学出版社
北京

内容简介

本书从Web发展史讲起，重点讲解HTML标签、CSS样式基础应用，包括HTML5＋CSS3常规应用，以及JavaScript脚本基础、响应式网页布局基础。全书由易到难、由简到繁，循序渐进地阐述网页前端设计与制作的基础知识与基本技能。本书使用Dreamweaver和HBuilder作为网页编辑工具。全书共分10章，采用任务驱动方式，将重要知识点及基本技能要求嵌入到各个案例任务中，并且教学案例大多从淘宝、京东、腾讯、新浪等大型成熟网站中精心挑选出经典应用案例来诠释各知识点与必备技能。

本书是江西省精品在线开放课程"网页设计"的配套教材，适合作为教材供高等院校相关专业师生或对网页设计与制作感兴趣的读者阅读。对于选用了本书作为教材的高校教师或其他读者，可以在清华大学出版社官方网站获取全书配套的案例源代码、教学大纲、进度计划、教案及PPT课件等教学资源，也可以使用江西高校课程资源共享平台网络教学平台中的"网页设计"慕课课程进行网络教学与学习。

图书在版编目(CIP)数据

网页设计与制作：HTML5＋CSS3＋JavaScript/梁莉菁，刘巧丽编著.—北京：清华大学出版社，2020.12(2025.1重印)
21世纪高等学校计算机教育实用规划教材
ISBN 978-7-302-56007-4

Ⅰ.①网…　Ⅱ.①梁…②刘…　Ⅲ.①超文本标记语言－程序设计－高等学校－教材②网页制作工具－程序设计－高等学校－教材③JAVA语言－程序设计－高等学校－教材　Ⅳ.①TP312②TP393.092.2

中国版本图书馆CIP数据核字(2020)第121752号

责任编辑：贾　斌
封面设计：傅瑞学
责任校对：李建庄
责任印制：沈　露

出版发行：清华大学出版社
网　　址：https://www.tup.com.cn，https://www.wqxuetang.com
地　　址：北京清华大学学研大厦A座　　**邮　　编**：100084
社 总 机：010-83470000　　**邮　　购**：010-62786544
投稿与读者服务：010-62776969，c-service@tup.tsinghua.edu.cn
质量反馈：010-62772015，zhiliang@tup.tsinghua.edu.cn
课件下载：https://www.tup.com.cn，010-83470236
印 装 者：三河市龙大印装有限公司
经　　销：全国新华书店
开　　本：185mm×260mm　　**印　　张**：23.5　　**字　　数**：572千字
版　　次：2020年12月第1版　　**印　　次**：2025年1月第2次印刷
印　　数：1501～1800
定　　价：69.00元

产品编号：084930-01

前　言

本书是江西省省级精品在线开放课程“网页设计”的配套教材，适合零基础并对网页设计与制作技术感兴趣的读者学习使用，适合作为网页设计制作类或Web前端设计开发类课程的入门教材，可供高等院校相关专业及职业技术培训机构选用。

随着互联网技术的飞速发展以及移动互联时代的强势到来，“互联网+”已经深入到了各行各业的各个领域。网页作为信息的重要载体，其设计与制作技术在这个时代显得愈加重要。网页设计与制作类课程是工学学科计算机类多个专业的专业核心课程，也是各高校非计算机类专业学生喜爱的公共选修课程之一，但是网页设计与制作类课程涉及的技术繁杂，技术更新快，综合性也很强，是当今社会职场热门并且人才需求量极大的一门实践性很强的课程，因此教学工作必须与时俱进，难度大也富有挑战性。

针对高校网页类教材及课程教学中出现的一些问题，在教材建设及课程建设方面我们做了一些积极的尝试与改革，并付诸实践取得了较好的成绩。本书正是在作者和课程团队成员们的共同努力下，博采众家之长，为努力使高校课堂教学紧跟市场企业需求方向而打造的。本书特色主要有以下三方面：

(1) 本书配套的教学资源丰富齐全，拥有完整的省级精品在线开放课程配套资源。重点案例均有视频教程讲解，教学大纲、PPT课件、教案、题库与考试等教学资源齐备。

(2) 全书采用任务驱动方式，将重要知识点及基本技能要求嵌入到各个案例任务中，并且教学案例大多从淘宝、京东、腾讯、新浪等大型成熟网站中精心挑选出经典应用案例来诠释各知识点与必备技能。本书不仅介绍了传统的网页开发工具Dreamweaver的基本用法，而且采用了当下流行的主流开发工具之一HBuilder作为网页开发工具，力求教学内容贴近职场需求，力求充分调动学生的学习主动性。

(3) 全书知识体系结构完整，脉络清晰，涵盖了网页设计与制作技术的入门必备基础知识与技能。重点阐述HTML元素、CSS样式、网页布局技术、导航与超链接、表格与表单等基础知识与技能，包括Html5的语义化标签结构和CSS3常用样式设置，以及JavaScript基础应用和响应式网页布局技术相关媒体查询、Bootstrap框架应用等实用技术的介绍。

本书分10个章节。第1章 网页设计基础知识，从Web发展史讲起，对网页基本术语意义、网站开发基本流程、浏览器及浏览器开发者工具作了相关介绍；第2章 HTML网页结构基础篇，重点介绍HTML文档基本结构及HTML元素基本语法，包括HTML5语义化标签结构基础；第3章 CSS网页设计基础篇和第4章 CSS网页设计进阶篇，重点介绍CSS样式盒子模型、选择器、背景边框样式包括CSS3中的常用样式设置方法，火力全开用网页常见的模块布局讲解盒模型，用淘宝首页局部排版讲解精灵图技术，用腾讯IMQQ网页视差特效讲解背景定位样式；第5章 网页布局基础，用新浪微博发言版块案例继续攻克布局定位样式的设置原理及应用；第6章 导航与超链接，依次介绍纵向、横向、带下拉菜单的导航栏和应用滑动门技术导航栏的制作；第7章 表格及样式设置，介绍网页中常见的细线表格及隔行变色、鼠标悬停等效果表格的制作；第8章 表单及样式设置，掌握表单及控件的用法及样式设置，包括HTML5中新增的表单控件和属性用法，挑战京东账户登录表单效果的制作；第9章 JavaScript基础，用淘宝焦点轮播图、图片跑马灯效果案例来组织JavaScript基础知识；第10章 响应式网页布局基础，简单介绍了弹性布局、视口与媒体查询，以及Bootstrap框架的基础知识，慕课视频教程中还增加HTML5 Canvas动画和CSS3动画的知识，为有兴趣、有能力的同学们指明了下一步努力的方向。

本书由萍乡学院梁莉菁副教授和衡水学院刘巧丽副教授共同撰写完成，本书配套的慕课资源建设由萍乡学院梁莉菁副教授主持，协同其精品课程教学团队成员廖德伟、邱望等老师一起完成制作，该课程已被认定为江西省省级精品在线开放课程，是江西省所有高校的公共选修学分课程。对于选用了本书作为教材的高校教师及其他读者，可以在清华大学出版社官方网站获取全书配套的案例源代码、教学大纲、进度计划、教案及PPT课件等教学资源，也可以使用江西高校课程资源共享平台网络教学平台中的"网页设计"慕课课程进行网络教学与学习。

本书在编撰过程和课程建设过程中得到了萍乡学院和衡水学院的各级领导和同事们的大力支持与帮助，在此表示诚挚的感谢，尤其感谢萍乡学院信息与计算机工程学院的同事们，他们对本书的编排与撰写提出了许多宝贵的意见与建议，同时也感谢至亲的家人们为我们忙碌于繁杂的工作提供了无私的帮助和轻松的环境。

由于编者水平有限，书中难免有疏漏之处，敬请各位专家和读者批评指正，不胜感激。感谢您使用本书，顺祝学习愉快。

梁莉菁

2020年10月于北京

目　　录

第1章 网页设计基础知识

【目标任务】

学习目标	1. 了解 Web 发展史 2. 掌握网页基本概念 3. 了解网站开发基本流程 4. 了解网页设计与制作的主流开发工具 5. 了解浏览器开发者工具的基本使用方法 6. 初步了解 HTML、CSS 和 JavaScript 三者的关系 7. 学会使用记事本创建最简 HTML 结构的网页 8. 学会在 Dreamweaver 中创建站点、管理站点及创建网页的基本操作
重点知识	1. 掌握网页基本术语意义 2. 掌握网页的 HTML 基本结构 3. 掌握在 Dreamweaver 中创建站点、管理站点及创建网页的基本操作
项目实战	项目 1-1 使用记事本等网页制作工具创建最简 HTML 结构网页 项目 1-2 在 Dreamweaver 中创建站点
实训作业	实训任务 1-1 创建站点目录结构及第一个 HTML 网页 实训任务 1-2 下载并安装多种浏览器和主流开发工具

【知识技能】

1.1 Web 发展史

Web(World Wide Web,WWW)即万维网,又称环球网。它是一种基于超文本和超文本传输协议(HTTP)的、全球性的、动态交互的、跨平台的分布式图形信息系统,是建立在互联网上的一种网络服务,为浏览者在互联网上查找和浏览信息提供了图形化的、易于访问的直观界面,其中的文档及超链接将互联网上的信息节点组织成一个互为关联的网状结构。

讲述 Web 发展史,首先要了解互联网的由来。互联网始于 1969 年的美国的阿帕网(ARPAnet),这一创世之举的主要功臣是被誉为"互联网之父"的美国计算机科学家温顿·瑟夫(Vint Cerf)和罗伯特·卡恩(Robert Elliot Kahn)(见图 1-1)。他们合作设计了 TCP/IP(Transmission Control Protocol/Internet Protocol,传输控制协议/网际协议)及互联网的基础体系结构。

Web发展-互联网 1969·Internet

"互联网之父" **温顿·瑟夫和罗伯特·卡恩**，
他们合作设计了 TCP/IP 电脑网络通信协议和
互联网基础体系结构。

- 1997年，克林顿总统授予温顿·瑟夫和罗伯特·卡恩国家最高科技奖项 **"美国国家技术奖"**；
- 2004年，温顿·瑟夫和罗伯特·卡恩荣膺美国计算机学会(ACM) 颁发的 **"图灵奖"**；

2005年11月，乔治·布什总统向温顿·瑟夫和和罗伯特·卡恩颁发 **"总统自由勋章"**。

创世纪

图 1-1　互联网之父温顿·瑟夫和罗伯特·卡恩

互联网并不等同于万维网，互联网是线路、协议以及通过 TCP/IP 实现数据电子传输的硬件和软件的集合体。互联网提供的主要服务有万维网服务、文件传输服务、电子邮件(E-mail)服务、远程登录(Telnet)服务等。万维网只是互联网所能提供的信息查找和信息浏览的服务而已。

万维网的诞生比互联网晚了整整 20 年。1989 年在欧洲核子研究组织工作的英国计算机科学家蒂姆·伯纳斯·李(Tim Berners-Lee)在其论文《关于信息化管理的建议》中描述了一个精巧的管理模型，1990 年 11 月 12 日他和罗伯特·卡里奥(Robert Cailliau)合作提出了一个更加正式的关于万维网的建议。1990 年 11 月 13 日他在一台 NeXT 工作站上写了第一个网页以实现他文中的想法。蒂姆·伯纳斯·李成功地将超文本应用到互联网上，他发明了全球网络资源唯一认证的系统——统一资源标识符(URI)。他制作了第一个网页，第一个浏览器，第一个 Web 客户机和第一个 Web 服务器，并通过互联网实现了 HTTP 代理与服务器的第一次通信(见图 1-2)。

万维网分为 Web 客户端和 Web 服务器程序。用户通过 Web 客户端(常为浏览器)可以访问浏览 Web 服务器上的页面。在万维网中，每个"资源"都由一个全局"统一资源标识符"(URI)标志；这些资源通过超文本传输协议(HyperText Transfer Protocol，HTTP)传送给用户，而后者则通过单击链接获得资源。

网页设计也常称为 Web 设计或 Web 开发，从技术层面上看，Web 架构的精华有三点。用超文本技术(HTML)实现信息与信息的连接；用统一资源定位技术(URL)实现全球信息的精确定位；用应用层协议(HTTP)实现分布式的信息共享，其本身是一种典型的分布式应用架构。Web 开发技术大体上可分为客户端技术和服务端技术两大类。

1994 年 10 月在麻省理工学院计算机科学实验室成立了万维网联盟，又称 W3C 理事会，建立者是万维网的发明者蒂姆·伯纳斯·李。W3C 组织是 Web 技术领域最具权威和

图 1-2　万维网的发明者蒂姆·伯纳斯·李

影响力的国际中立性技术标准机构。至今已发布近百项相关万维网的标准，对万维网发展做出了杰出的贡献。W3C组织致力于对Web进行标准化，其最重要的工作是发展Web规范，也就是描述Web的通信协议（如HTML和XML）和其他构建模块的“推荐标准”。

Web技术的发展主要分为3个阶段，从Web 1.0信息共享的静态技术阶段、动态技术阶段，到全面走向Web 2.0阶段。HTML语言就是Web向用户展示信息的有效载体。Web 2.0不同于Web 1.0的最大之处在于它的互动性，以及DIV＋CSS（Cascading Style Sheets）样式标准和DHTML（Dynamic HTML）动态技术等。同时，随着移动平台等各种终端的兴起，现在HTML5＋CSS3、响应式Web设计技术逐渐成为主流，W3C组织已明确提出，Web开发技术的未来发展方向将由传统的Web转向语义化的Web（Semantic Web）。使Web页面合理HTML标签以及其特有的属性去格式化文档内容，对数据和信息进行处理，使人和机器都可以理解网页中的各式各样的信息，揭示信息本身的内容和特性，这在HTML5中已初见端倪。可以预见的是，在未来的几年里，Web开发者们也许会经历一次又一次的技术浪潮，还会面临更为严峻的技术挑战。

1.2　网页基本概念

对于从事网页设计制作的人员而言，与互联网相关的一些专业术语的意义是必须了解的，主要相关术语的具体意义如下。

1.2.1　互联网

互联网（Internet）又称网际网络，或称因特网，是指网络与网络之间所串连成的庞大网络，这些网络以一组通用的协议相连，形成逻辑上的单一巨大国际网络。这种将计算机网络互相连接在一起的方法可称作“网络互联”,在这基础上发展出覆盖全世界的全球性互联网络称互联网。Internet 数据传输与网络互联基于 TCP/IP 协议。互联网提供信息浏览服务(WWW)、远程登录服务(Telnet)、文件传输服务(FTP)、电子邮件服务(E-Mail)、网络新闻组服务(Usenet)、名址服务(Whois)等,万维网 WWW 服务是互联网提供的最基本的服务之一。

1.2.2 TCP/IP 协议

TCP/IP 协议(Transmission Control Protocol/Internet Protocol,传输控制协议/网际互联协议),又称网络通信协议。TCP/IP 协议主要包括传输层的 TCP(Transmission Control Protocol,传输控制协议)和网络层的 IP (Internet Protocol,网际互联协议)。TCP/IP 定义了电子设备如何接入因特网,以及数据如何在它们之间传输的标准。其中,TCP 协议负责数据的可靠传输,TCP 一旦发现数据传输问题就发出信号,要求重新传输,直到所有数据安全、正确地传输到目的地。而 IP 是给互联网的每一台联网设备规定一个地址。TCP/IP 协议是 Internet 最基本的协议,是 Internet 国际互联网络的基础。

1.2.3 万维网

万维网 WWW 是 World Wide Web 的缩写,也称“Web”“WWW”“‘W3’”,中文名字为“万维网”“环球网”等,常简称为 Web。万维网不等同于互联网,它只是互联网提供的一种信息查找和信息浏览的服务。万维网是基于超文本传输协议(Hypertext Transfer Protocol,HTTP)建立在互联网上,全球性的、交互的、多平台的、分布式的信息资源网络。

1.2.4 超文本传输协议

超文本传输协议(HyperText Transfer Protocol,HTTP)是互联网上应用最为广泛的一种网络协议,是所有的 WWW 文件都必须遵守的标准。HTTP 规定了 Web 浏览器和 Web 服务器之间互相通信的规则,是二者应用层通信协议。WWW 使用 HTTP 协议传输各种超文本页面和数据,HTTP 协议会话过程包括以下 4 个步骤(如图 1-3 所示)。

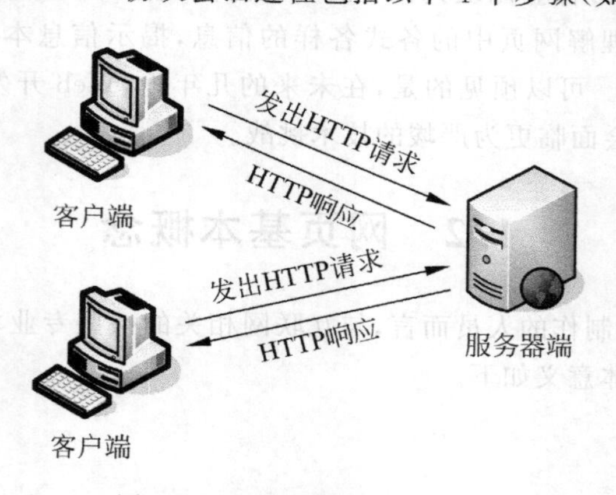

图 1-3 HTTP 请求与响应行为

(1) 建立连接。客户端的浏览器向服务器端发出建立连接的请求,服务端给出响应后建立连接。

(2) 发送请求。客户端按照协议的要求通过连接向服务端发送自己的请求。

(3) 给出应答。服务端按照客户端的要求给出应答,将结果页面返回客户端。

(4) 关闭连接。客户端接到应答后关闭连接。

1.2.5 文件传输协议

文件传输协议(File Transfer Protocol,FTP)是 TCP/IP 协议组中的协议之一,FTP 协议包括两个组成部分,其一为 FTP 服务器,其二为 FTP 客户端。其中 FTP 服务器用来存储文件,用户可以使用 FTP 客户端通过 FTP 协议访问位于 FTP 服务器上的资源。在开发网站的时候,通常使用 FTP 协议把网页或程序上传到 Web 服务器,通过 FTP 协议与互联网上的 FTP 服务器进行文件的上传或下载等操作。

1.2.6 统一资源定位符

统一资源定位符(Uniform Resource Locator,URL)是从互联网上得到的资源的位置和访问方法的一种简洁的表示,是互联网上标准资源的地址。互联网上的每个文件都有一个唯一的 URL,它不仅定位了信息资源,而且还定义了如何找到资源。基本 URL 包含协议、服务器名称(或 IP 地址)、路径和文件名,如“协议://授权/路径?查询”。完整的、带有授权部分的普通统一资源标识符语法如下,协议://用户名:密码@子域名.域名.顶级域名:端口号/目录/文件名.文件后缀?参数=值#标志。URL 的格式由下列 3 部分组成。第一部分是协议;第二部分是存有该资源的主机 IP 地址(可包括端口号);第三部分是主机资源的具体地址。URL 地址一般形式为,协议://主机名:端口号/路径资源,具体示例如下所示。

http://220.181.111.247/1496.htm?name=me&psd=123

http://www.it315.org:8080/index.html

http://www.ietf.org/rfc/rfc2396.txt

ftp://ftp.pku.edu.cn

mailto:John@163.com

telnet://192.0.2.16:80/

1.2.7 IP 地址

IP 地址(Internet Protocol Address)是指互联网协议地址或称网际互联协议地址,是 IP 协议提供的一种统一的地址格式,Internet 上的每台主机(Host)都有一个唯一的 IP 地址,IP 协议使用 IP 地址在主机之间传递信息,这是 Internet 能够运行的基础。IP 地址是一个 32 位的二进制数,通常被分割为 4 段,每段 8 位即 4 字节,IP 地址用 4 段十进制数字表示,段与段之间用句点隔开(如 220.181.31.180),组成 IP 地址的 4 段十进制数字均为0~255 的整数。

1.2.8 域名地址

互联网用 IP 地址标志每台主机,但 IP 地址为一串数字,不容易记忆,因此在实际应用中,使用一些有意义且容易记忆的名字替代 IP 地址,即使用域名地址。当用户输入域名后,浏览器必须要先去一台有域名和IP地址相互对应的数据库的主机中去查询这台计算机的IP地址方可访问,这台被查询的主机称为DNS域名服务器。域名地址必须通过DNS域名服务器解析成数字IP地址后方可访问。例如,Flash云课堂网站的域名地址为pxh5.com,其对应的IP地址为119.29.165.106。

一台主机名由其所属各级域和分配给主机的名字共同构成,如计算机名、组织机构名、网络类型名、最高层域名。域名级别如下所示:

顶级域名:国家顶级域名(cn、jp等),国际顶级域名com。

二级域名:含类别域名(com、org、gov、edu等)或行政区域域名(jx等)。

三级域名:申请人自定义。

1.2.9 域名系统

域名系统(Domain Name System,DNS),互联网上作为域名和IP地址相互映射的一个分布式数据库,能够使用户更为方便地访问互联网,而不用去记忆能够被计算机直接读取的IP地址。通过主机名最终得到该主机名对应的IP地址的过程称为域名解析(或主机名解析)。每个IP地址都对应一个主机名,主机名由一个或多个字符串组成,字符串之间用小数点隔开。

1.2.10 超文本和超链接

超文本(HyperText)是一种用户接口范式,用以显示文本及与文本相关的内容。超文本普遍以电子文档方式存在,其中的文字包含有可以链接到其他字段或者文档的超文本链接,允许从当前阅读位置直接切换到超文本链接所指向的文字。

超链接(Hyperlink)在本质上属于一个网页的一部分,它是内嵌在文本或图像中的。通过已定义的关键字和图形,只要单击某段文字或某图像或图像上某个区域,就可以自动连接相对应的其他文件。它是允许同其他网页或站点之间进行连接的元素,各个网页链接在一起后,才能真正构成一个网站。

按照连接路径的不同,网页中超链接一般分为以下3种类型,内部链接、外部链接和锚点链接。按照超链接使用对象的不同,网页中的链接又可以分为文本超链接、图像超链接、E-mail链接、锚点链接、多媒体文件链接和空链接等。

1.2.11 网页和网站

网页是网站的基本信息单位,是WWW的基本文档。它由文字、图片、动画、声音等多种媒体信息以及链接组成,网页是一个包含HTML标签的纯文本文件,通过链接实现与其他网页或网站的关联和跳转。网页可在WWW上传输,是能被网页浏览器识别、显示的文本文件,静态网页的扩展名是.htm和.html。

网站由域名、空间服务器、DNS域名解析、网站程序、数据库等组成。通常的网站是指网站程序与数据库,网站是由众多不同内容的网页构成,网页的内容可体现网站的全部功能。把进入网站首先看到的网页称为首页或主页(Homepage),网站首页的名称通常命名为“index”或“default”。例如,index.html、index.htm、default.html、index.asp、index.jsp、default.php等,若首页后缀扩展名并非.html或.htm,说明此网页采用了相关动态网页技术。

1.2.12 静态网页与动态网页

静态网页是标准的 HTML 文件，其文件扩展名是.htm 和.html，可以包含文本、图像、声音、Flash 动画、客户端脚本、ActiveX 控件及 Java 小程序等内容。静态网页是网站建设的基础，相对于动态网页而言，静态网页没有后台数据库支持、是不含程序和不可交互的网页。静态网页一般适用于更新较少的展示型网站。

动态网页是指采用动态网页技术生成的网页，动态网页是基本的 HTML 语法规范与 Java、VC 等高级程序设计语言、数据库编程等多种技术的融合，以实现对网站内容和风格的高效、动态和交互式的管理。动态网页以数据库技术为基础，当用户发送请求时网页程序一般在服务器端先运行后才会返回一个完整的 HTML 网页返回客户端。常见的动态网页文件扩展名为 .php、.jsp、.aspx、.asp。

1.2.13 超文本标记语言

超文本标记语言（HyperText Markup Language，HTML）是描述网页的一种语言，是一种文本类、解释执行的标记语言。HTML 不是一种编程语言，而是一种标记语言。HTML 使用标签来标记要显示的网页中的各个部分，用于编写要通过 WWW 显示的超文本文件。HTML 标签是由尖括号包围的关键词，大多数标签符必须成对使用，例如<html>…</html>分别表示开始标签和结束标签；也有单标签使用，例如图像标签<img>和换行标签
等。许多标签元素具有属性说明，可用参数对元素作进一步的限定。HTML 注释由“<!——”开始，由符号“——>”结束，例如<!——注释内容——>。HTML 网页文件的结构包括头部（Head）和主体（Body）两大部分，其中头部描述浏览器所需要的信息，而主体则包含所要说明的具体内容。

HTML 是万维网编程的基础，它通过结合使用其他的 Web 技术（如脚本语言、公共网关接口、组件等），可以创造出功能强大的网页。HTML 从起源至今经历了多个版本，其具体历程如下：

(1) 超文本标记语言（第一版）。在 1993 年 6 月作为互联网工程工作小组（IETF）工作草案发布（并非标准）。

(2) HTML 2.0，1995 年 11 月作为 RFC 1866 发布，在 RFC 2854 于 2000 年 6 月发布之后被宣布已经过时。

(3) HTML 3.2，1997 年 1 月 14 日，W3C 推荐标准。

(4) HTML 4.0，1997 年 12 月 18 日，W3C 推荐标准。

(5) HTML 4.01（微小改进），1999 年 12 月 24 日，W3C 推荐标准。

(6) XHTML 1.0，2000 年 1 月 26 日，W3C 推荐标准。

(7) HTML 5，2008 年 1 月 22 日发布第一份正式草案，2014 年 10 月 28 日，W3C 的 HTML 工作组正式发布了 HTML5 的正式推荐标准。

1.2.14 层叠样式表

层叠样式表（Cascading Style Sheets，CSS）是一种用来表现 HTML 或 XML 等文件样式的计算机语言。在网页制作时采用层叠样式表技术，可以有效地对页面的布局、字体、颜色、背景和其他效果实现更加精确的控制。CSS 不仅可以静态地修饰网页，还可以配合各种脚本语言动态地对网页各元素进行格式化。CSS将网页的核心内容与样式表现信息分离,降低网页文件大小、节省网络带宽并且使网站易于维护。设计人员只要修改保存着网站格式的CSS样式表文件就可以在短暂的时间内改变整个站点的样式风格表现,在修改页面数量庞大的站点样式时CSS极具优势。

- 1994年,哈坤·利(Hakon Wium Lie)提出了CSS的最初建议,与伯特·波斯(Bert Bos)一起合作设计CSS;
- 1996年12月,层叠样式表CSS的第一份正式标准(Cascading style Sheets Level 1)完成,成为W3C的推荐标准,1999年1月11日,此推荐被重新修订;
- 1998年5月出版CSS规范第二版;接着推出的CSS2.1是现时W3C推荐标准;
- 2001年5月W3C开始进行CSS3标准的制定,2015年4月9日,W3C的CSS工作组发布CSS基本用户接口模块(CSS Basic User Interface Module Level 3,CSS3 UI)的标准工作草案。

现在许多主流浏览器和移动端浏览器都开始逐渐加大对CSS3的支持,但还未真正且全面实现支持,不过CSS3将完全向后兼容,网络浏览器也还将继续支持CSS2。CSS3主要的影响是将可以使用新的、可用的选择器和属性,这些会允许实现新的设计效果,如动态和渐变等。虽然HTML5和CSS3仍在不断完善之中,但是现在HTML5和CSS3技术的学习和应用是现时Web网页前端开发技术的热门之选。

1.2.15 JavaScript

JavaScript被广泛用于Web应用开发,常用来为网页添加各式各样的动态功能,为用户提供更流畅美观的浏览效果。通常JavaScript脚本是通过嵌入在HTML中来实现自身的功能的。JavaScript是一种直译式脚本语言,是一种跨平台的、动态类型、弱类型、基于原型的语言,内置支持类型。它的解释器被称为JavaScript引擎,为浏览器的一部分,广泛用于客户端,而且JavaScript也可以用于其他场合,如服务器端编程。

JavaScript最初是在1995年,由Netscape公司的Brendan Eich在网景导航者浏览器上首次设计实现而成,其最早的名称为LiveScript,后来Netscape公司在与Sun公司合作之后将其改名为JavaScript。经常有人误以为Javascript是Java的一个子集,实际上二者除了名字开头相同之外,并无太大关联。曾经有人在某论坛笑言Javascript和Java关系就好比雷锋和雷峰塔的关系。JavaScript兼容于ECMA标准,因此也称为ECMAScript。

1.2.16 Web 标准

Web标准不是某一个标准,而是一系列标准的集合。网页主要由3部分组成:结构(Structure)、表现(Presentation)和行为(Behavior)。对应的标准也分为3个方面:结构化标准语言主要包括HTML、XHTML和XML;表现标准语言主要包括CSS;行为标准主要包括对象模型(如W3C DOM)、ECMAScript等。这些标准大部分由万维网联盟W3C起草和发布,也有一些是其他标准组织制定的标准,如欧洲计算机制造联合会ECMA(European Computer Manufacturers Association)的ECMAScript标准。ECMAscript是基于Netscape JavaScript的一种标准脚本语言。它也是一种基于对象的语言,通过DOM可以操作网页上的任何对象。DOM(Document Object Model)是文档对象模型,DOM使脚本语言能够轻易访问到整个文档的结构、内容和表现。

现在看到的多数符合 Web 标准的网页都是采用 DIV+CSS 技术制作的，DIV+CSS 技术手段可以很好地将网页内容与表现相分离。如果把将网页制作比喻成建造房屋，HTML 主要负责搭建房子的结构或框架即网页结构；CSS 负责将房子装修成预期的效果，即网页表现；JavaScript 则让房子拥有各种各样的功能即行为。

页面结构与表现原则不仅是让 HTML 文件与 CSS 代码的分离，拿到一个网页设计稿时，首先应考虑设计稿中的图文内容与内容模块之间的关系，重点要放在 HTML 结构的构建与语义化，然后考虑具体的布局和表现形式。衡量一个好的 HTML 结构页面应该是使用更少的 HTML 标签达到同一需求目标，当结构完成时，再去规划和设计符合结构的 CSS 表现方式，这样才能使得结构与表现实现真正意义上的分离。

1.3 网站开发基本流程

网站建设包括前期准备、中期制作和后期测试 3 个阶段，具体工作包括域名注册查询、网站空间托管租用、前期需求分析、网站策划、网页前端设计制作、网站后台程序功能、网站优化技术、网站推广、网站评估、网站运营、网站整体优化、网站改版等多个方面内容。开发一个网站首先要明确建站目的、建站目标，作出可行性分析；其次要购买一个简短易记的域名，租用一个适用的网站托管空间，例如，现在的阿里云和腾讯云都提供云服务器和虚拟主机服务；接着要对网站建设作出可行性分析，进入网站设计制作阶段及后期测试、推广、运营步骤。具体进入实施阶段的基本步骤流程如下。

1. 确定主题，设计架构

必须明确自己要做一个什么样的网站，首先要与客户沟通，充分了解客户需求，接着收集相关素材资源，做好需求分析及策划方案，规划网站模块，确定网站版块目录结构。教学网站“Flash 云课堂”的网站版块设计及目录结构图，如图 1-4 所示。

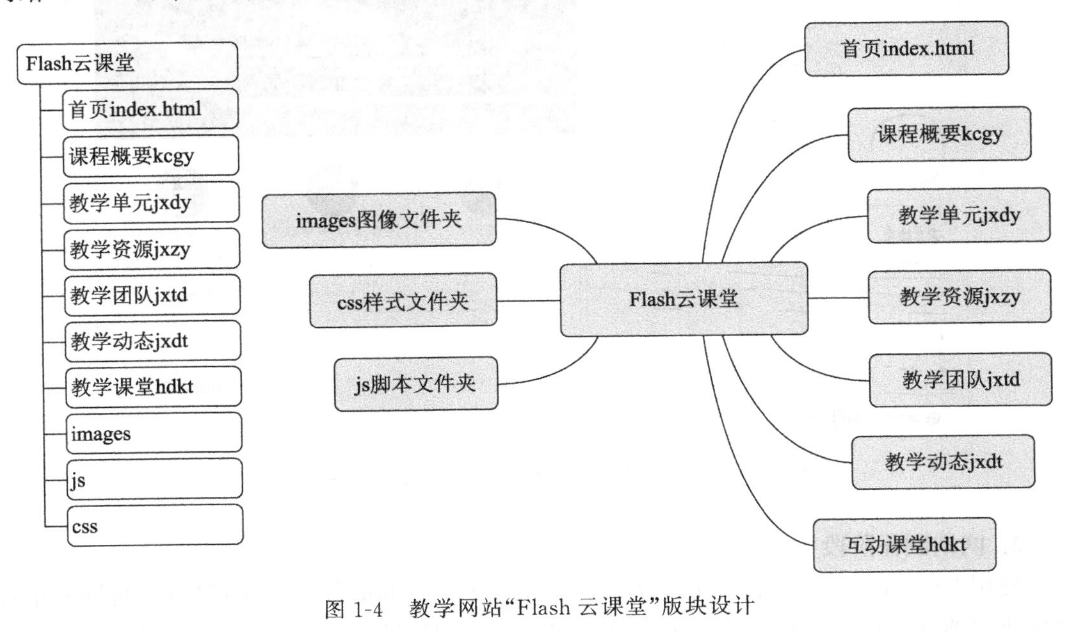

图 1-4　教学网站“Flash 云课堂”版块设计

针对网站栏目版块设计，制作完成的教学网站的 Web 前端版块内容的实际站点目录结构图如图 1-5。

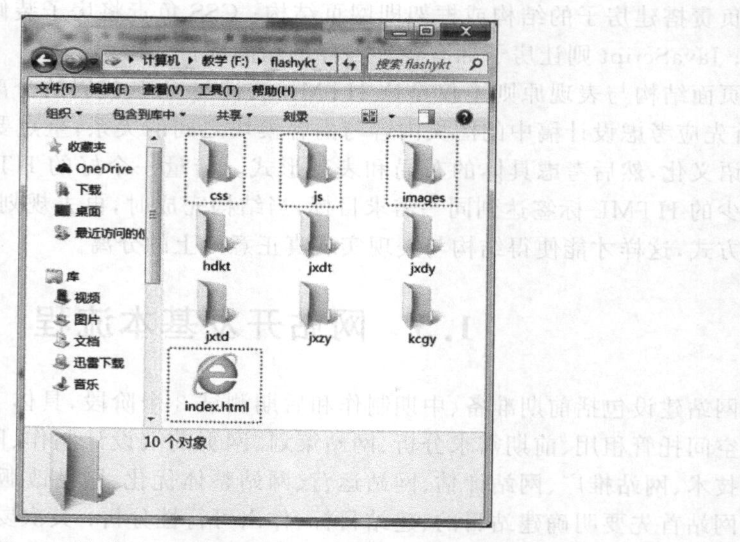

图 1-5 教学网站"Flash 云课堂"前端部分目录结构

接下来设计师与客户沟通后确定设计方案与主色调，绘制各模块页面设计草图，或用 Photoshop 等软件在计算机上绘制各模块页设计稿。"Flash 云课堂"网站首页设计草图和 PS 设计稿，如图 1-6 所示。

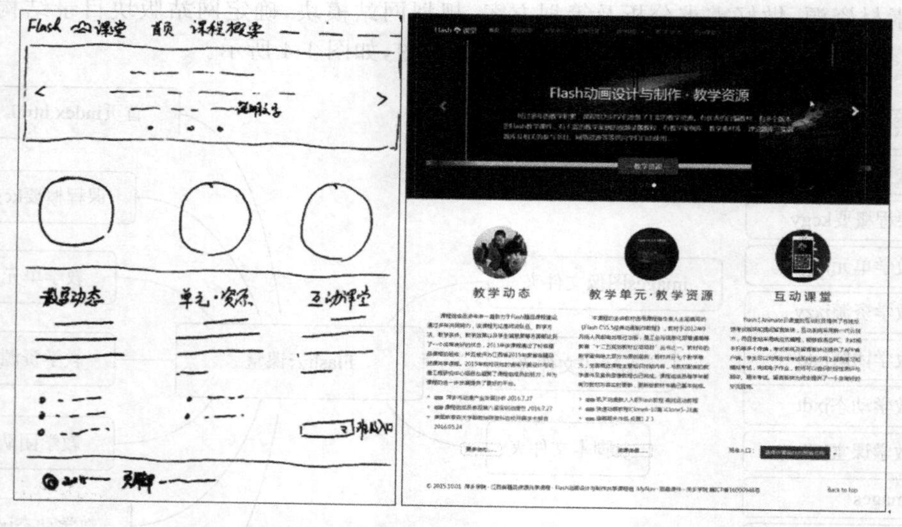

图 1-6 "Flash 云课堂"网站首页设计草图和 PS 设计稿

2. 网站制作阶段

使用 Dreamweaver 等网页制作工具软件结合 Photoshop 等图像处理软件，将网站中各个模块中的网页设计稿制作成一个个符合 W3C 规范的 HTML 网页文件。网页制作一般是先搭建HTML结构，再添加CSS样式及JavaScript脚本代码，使网页具有特定的布局、样式及相应的行为功能，完成前端网页设计效果。如果网页需要后台数据库支持，最后的工作只须交由后台程序员加上相关的后台程序代码即可完成整站制作。

3. 网站测试、发布、推广、维护

检查网站内的各个网页的文字内容是否有错误、图片链接是否正常。网站发布之前一定要检查各大主流的浏览器兼容性问题，尤其是在当下移动终端设备日益普及的时代，网页兼容性常常还要考虑到移动端浏览器的兼容性问题。网站在本地测试无误后，就可以将整站文件全部上传到服务器中，再次进行测试，后期再进行网站运营推广、维护、更新等工作。

1.4 网页设计与制作的主流开发工具与浏览器

HTML文件是文本类文件，最简单的记事本程序notepad.exe就可以编写网页，还有一些增强类型的文本编辑程序(如notepad++、EditPlus等)都可以用来编辑网页文件。另外还有不少优秀的专业网页开发工具，对于初学者而言，了解并选择适合自己的工具去制作网页，往往会起到事半功倍的效果。下面简单介绍3款当前较为流行的网页开发工具。

1. Adobe Dreamweaver

Adobe Dreamweaver是专业级网页制作程序，是初学者和专业级网站开发人员必备工具之一，也是各级各类学校网页类课程主要学习与应用的网页开发工具，本书也将以此工具为主。Adobe Dreamweaver CC版工作界面如图1-7所示。

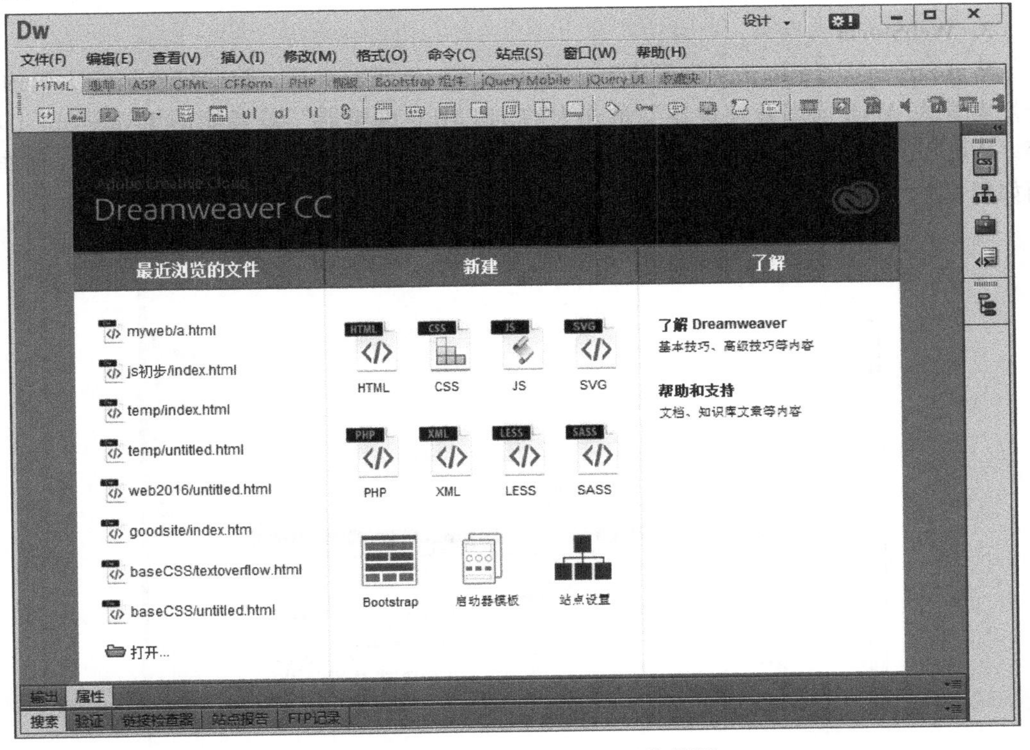

图1-7 Adobe Dreamweaver工作界面

2. Sublime Text

Sublime Text 具有漂亮的用户界面和强大的功能，体积较小，运行速度快，同时跨平台支持 Windows、Linux、Mac OS X 等操作系统，而且 Sublime Text 可以无限期试用，是当下主流的前端开发编辑器之一。Sublime Text 官网地址为 http://www.sublimetext.com/。Sublime Text 工作界面如图 1-8 所示。

```
Demonstration - Sublime Text 2
File  Edit  Selection  Find  View  Goto  Tools  Project  Preferences  Help
base64.cc
31  void base64_encode(const uint8_t * data, size_t leng, char * dst)
32  {
33      size_t src_idx = 0;
34      size_t dst_idx = 0;
35      for (; (src_idx + 2) < leng; src_idx += 3, dst_idx += 4)
36      {
37          uint8_t s0 = data[src_idx];
38          uint8_t s1 = data[src_idx + 1];
39          uint8_t s2 = data[src_idx + 2];
40
41          dst[dst_idx + 0] = charset[(s0 & 0xfc) >> 2];
42          dst[dst_idx + 1] = charset[((s0 & 0x03) << 4) | ((s1 & 0xf0) >> 4)];
43          dst[dst_idx + 2] = charset[((s1 & 0x0f) << 2) | (s2 & 0xc0) >> 6)];
44          dst[dst_idx + 3] = charset[(s2 & 0x3f)];
45      }
46
47      if (src_idx < leng)
48      {
49          uint8_t s0 = data[src_idx];
50          uint8_t s1 = (src_idx + 1 < leng) ? data[src_idx + 1] : 0;
51
52          dst[dst_idx++] = charset[(s0 & 0xfc) >> 2];
53          dst[dst_idx++] = charset[((s0 & 0x03) << 4) | ((s1 & 0xf0) >> 4)];
54          if (src_idx + 1 < leng)
55              dst[dst_idx++] = charset[((s1 & 0x0f) << 2)];
56      }
5 selection regions                                   Spaces: 4      C++
```

图 1-8　Sublime Text 工作界面

3. WebStorm

WebStorm 是 Jetbrains 公司旗下一款 JavaScript 开发工具。目前已经被广大国内 JS 开发者誉为“Web 前端开发神器”“最强大的 HTML5 编辑器”“最智能的 JavaScript IDE”等。WebStorm 官网地址为 http://www.jetbrains.com/Webstorm/。WebStorm 工作界面如图 1-9 所示。

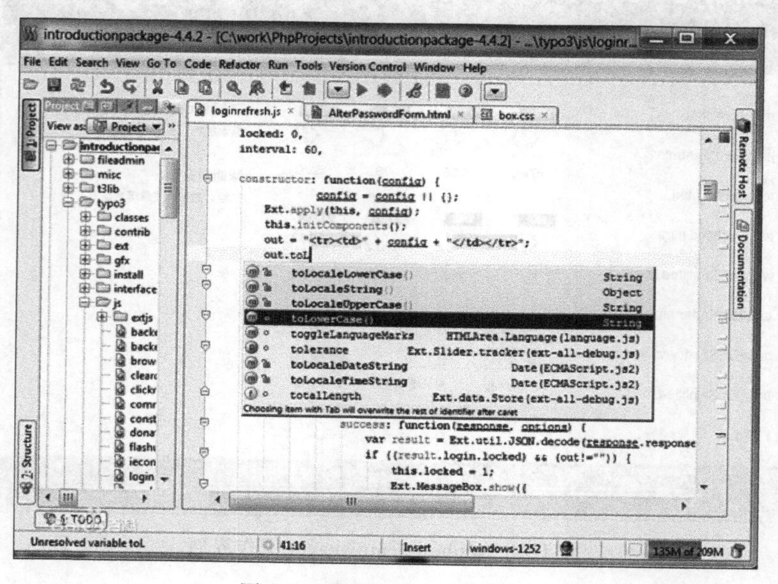

图 1-9　WebStorm 工作界面

浏览器是指可以显示网页服务器或者文件系统的 HTML 文件中的文本、图像及其他信息并让用户与之交互的一种软件。目前 PC 端的主流浏览器主要有基于 Webkit 内核的 Google Chrome、Safari、Opera 浏览器，基于火狐内核的 Mozilla Firefox、基于 IE 内核的 Internet Explorer 以及一些基于双核的 360 浏览器等，微软 Win10 内置浏览器为"Microsoft Edge"，采用 chromium 为核心的 Microsoft Edge 正式版已于 2020 年 1 月 15 日正式发布。国内领跑移动端浏览器主要有 Android 安卓类浏览器，苹果系统的移动设备主要使用 Safari 浏览器；Windows Phone 系统用户主要使用移动版 IE 浏览器。图 1-10 是百度对 2016 年 10—12 月浏览器市场份额的统计图，观察图中底部的各程序图标，辨一辨它们分别代表哪款浏览器。

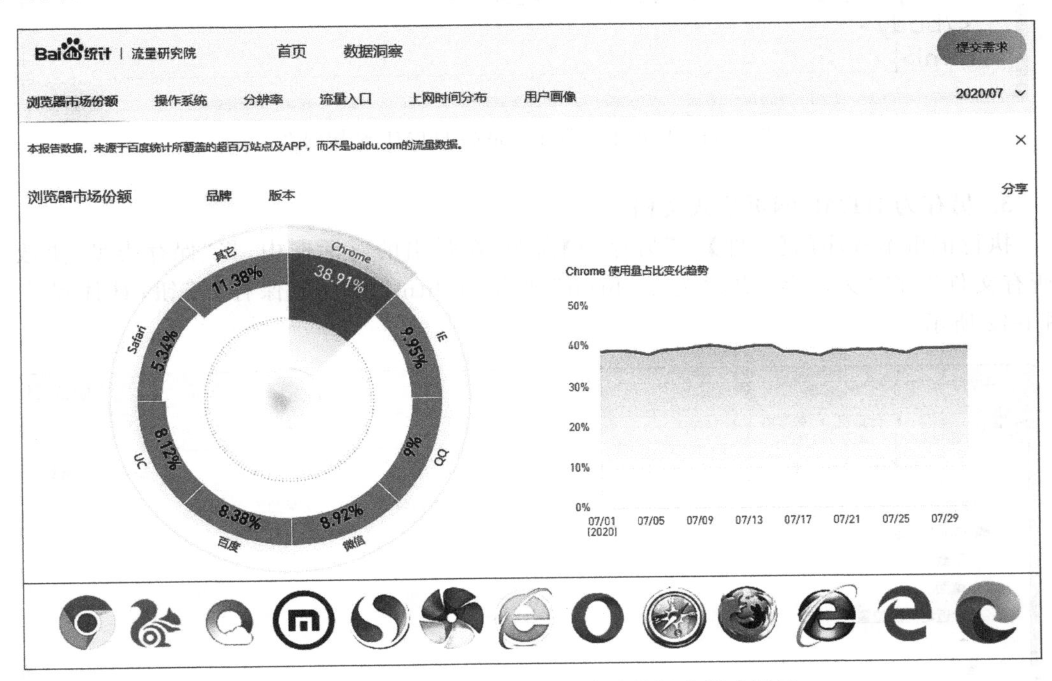

图 1-10　浏览器市场份额百度统计数据及程序图标

网站中所有网页制作完成后要进行兼容性测试，因为浏览器的不同常会导致网页发生页面样式错乱，图片无法正常显示等问题，网页前端设计师为了确保网页代码在各种主流浏览器的各个版本中都能正常显示，必须对编写的网页在各种浏览器中进行兼容性检测与调试。

【项目实战】

项目 1-1　使用记事本等网页制作工具创建最简 HTML 结构网页

1. 启动记事本程序

启动 Windows 后，执行【开始】→【附件】→【记事本】命令，启动记事本程序。

2. 输入 HTML 网页代码

在记事本编辑窗口输入下列代码，如图 1-11 所示。

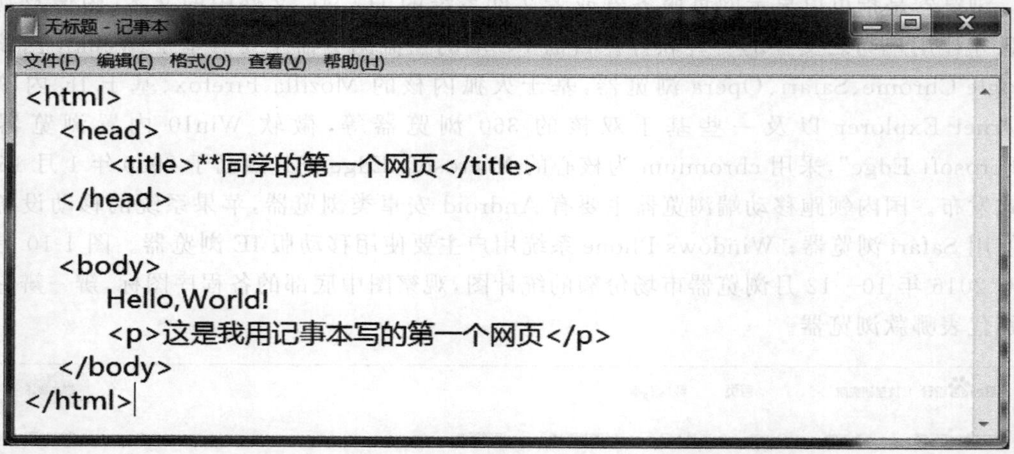

```
无标题 - 记事本
文件(F) 编辑(E) 格式(O) 查看(V) 帮助(H)
<html>
   <head>
      <title>**同学的第一个网页</title>
   </head>

   <body>
      Hello,World!
      <p>这是我用记事本写的第一个网页</p>
   </body>
</html>
```

图 1-11　用记事本程序写最简 HTML 结构网页

3. 另存为 HTML 网页格式文档

执行记事本程序的【文件】→【另存为】命令，在弹出的对话框中，将“保存类型”更改为“所有文件”，将“文件名”更改为“a. html”或者“a. htm”，单击【保存】按钮，具体操作如图 1-12 所示。

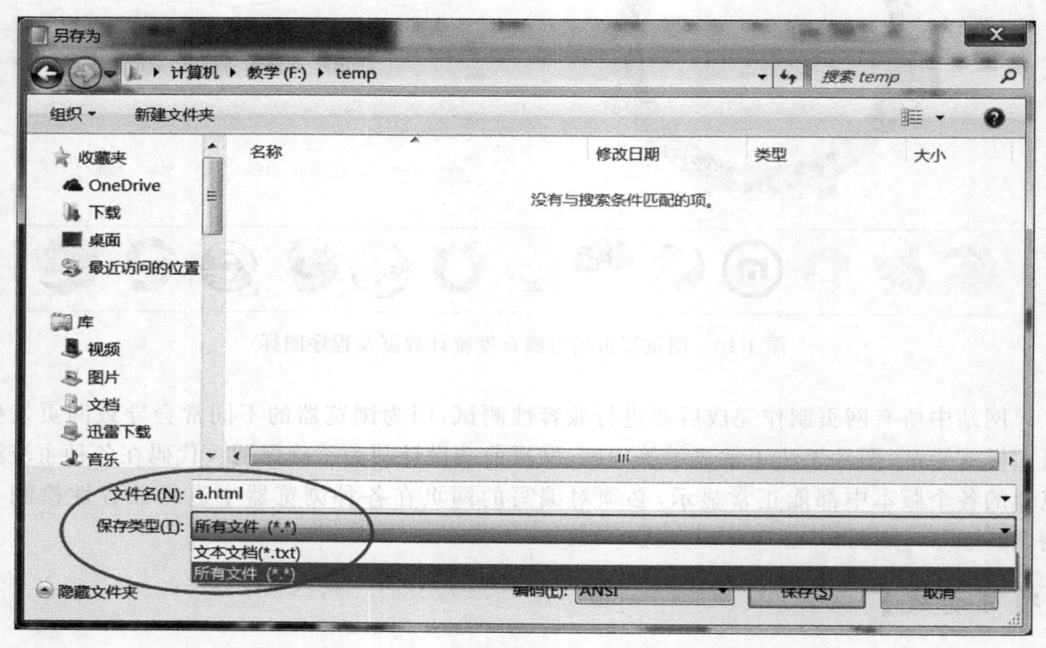

图 1-12　记事本文档另存为网页格式操作

观察图 1-13 中 HTML 文档代码，HTML 标签是用一对尖括号“<”和“>”括起来，HTML 标签基本上是成对出现的，例如，<html>和</html>、<p>和</p>等，分别是开始标签和结束标签，结束标签以斜杠“/”开头，其中<html>和</html>又称为网页的根标签，所有 HTML 文档都以<html>标签开始，以</html>标签结束，表示这是一个网页文件的代码，其中网页文件内容又分为两大部分，分别是以<head>标签开始和</head>标签结束的网页头部分、以<body>标签开始和</body>结束的网页正文部分。网页头部分中可以包括网页标题信息<title>和</title>和一些网页与网页描述、字符编码等相关的网页头信息。网页正文部分包括文本段落<p>…</p>及其他要在浏览器中呈现的图文信息等内容。HTML 标签除成对标签之外，也有一些单标签，如换行标签
、水平线标签<hr>和图像标签<img>等。

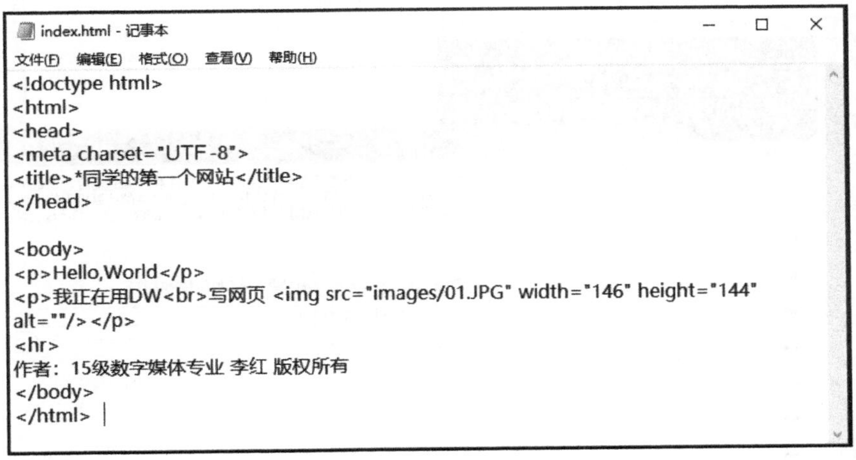

```
index.html - 记事本
文件(F) 编辑(E) 格式(O) 查看(V) 帮助(H)
<!doctype html>
<html>
<head>
<meta charset="UTF-8">
<title>*同学的第一个网站</title>
</head>

<body>
<p>Hello,World</p>
<p>我正在用DW<br>写网页 <img src="images/01.JPG" width="146" height="144"
alt=""/> </p>
<hr>
作者：15级数字媒体专业 李红 版权所有
</body>
</html>
```

图 1-13　HTML 文档代码

最简单的 Html 网页文件结构如图 1-14 所示：

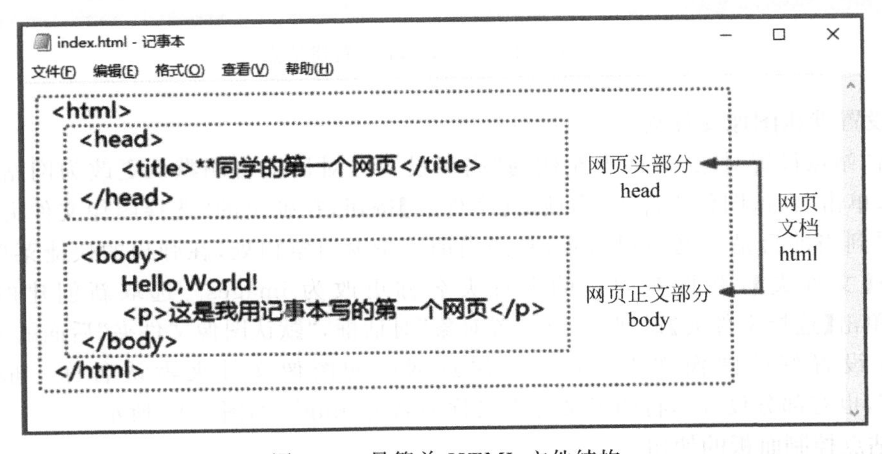

图 1-14　最简单 HTML 文件结构

项目 1-2　在 Dreamweaver 中创建站点

用户在使用 Dreamweaver 进行网页设计制作之前，首先要创建并设置站点，将网站内所含的所有网页和网站要用到的图片等资源文件都放在同一个文件夹内。创建并设置站点对网站制作与维护管理等有重要意义。

1. 新建站点

启动 Dreamweaver CC 软件,执行【站点】→【新建站点】命令,在弹出的“站点设置对象”对话框中,输入“站点名称”为“我的站点”或者其他名称。单击“本地站点文件夹”右侧的【文件夹】按钮,在弹出的“选择根文件夹”对话框中选择要作为网站根目录的文件夹,如选择F盘的文件夹 myweb,如图 1-15 所示。

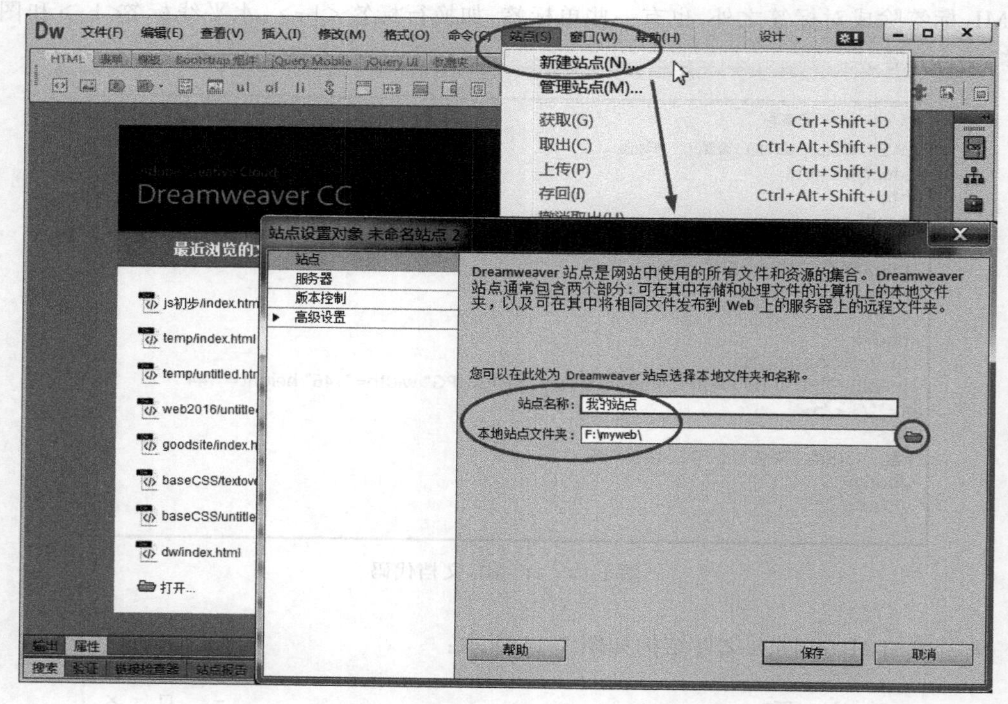

图 1-15　Dreamweaver 中新建站点

2. 设置默认图像文件夹

单击“站点设置对象”对话框左侧的“高级设置”,对话框右侧默认更改为网站“本地信息”内容,单击“默认图像文件夹”右侧的【文件夹】按钮,在弹出的“选择图像文件夹”对话框中可以看到当前目录为网站根目录,右击当前目录窗口空白处,在弹出的快捷菜单中选择【新建】→【文件夹】,并将新创建的文件夹名称更改为 images。选取新创建的文件夹 images,单击【选择文件夹】返回“站点设置对象”对话框,“默认图像文件夹”后面的文本框中已经显示设置好的图像文件夹路径。注意网站的图像文件夹默认名称一般命名为“images”,也有部分设计师将图像文件夹名称命名为“img”,如图 1-16 所示。

3. 站点控制面板的使用

如果创建的网站只是静态网站,不需用到测试服务器,那么设置站点根目录以及设置站点中的默认图像文件夹后,创建站点的工作就基本结束了。单击“站点设置对象”对话框下方的【保存】按钮完成新建站点操作。单击【窗口】→【文件】命令或者按下快捷键【F8】激活“文件”控制面板,按下 Dreamweaver 窗口左侧的文件图标也可以激活“文件”控制面板,在控制面板中可以看到刚刚创建的站点目录及图像文件夹,如图 1-17 所示。

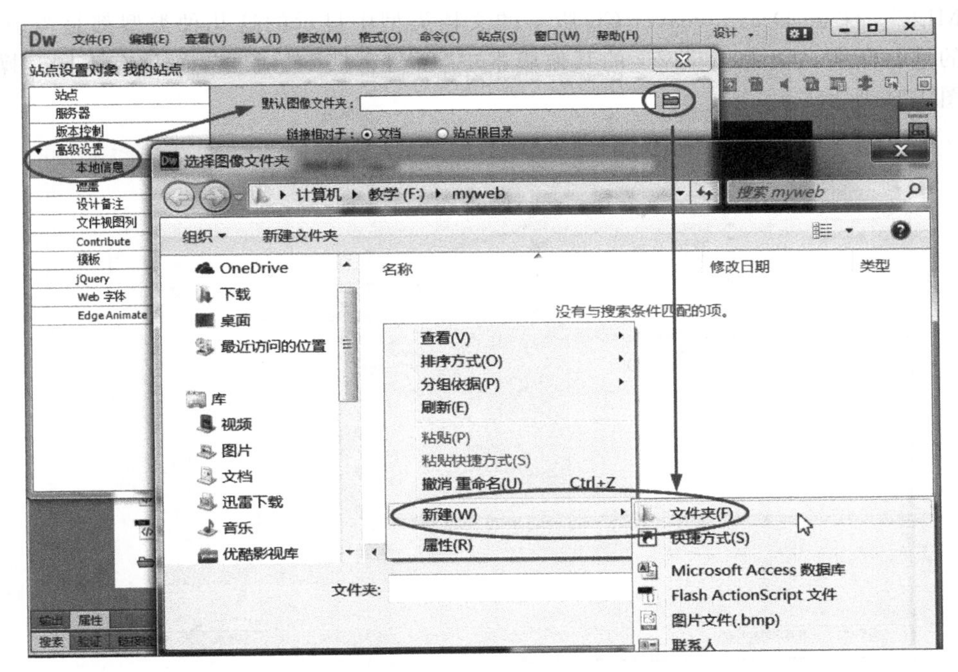

图 1-16　设置默认图像文件夹操作

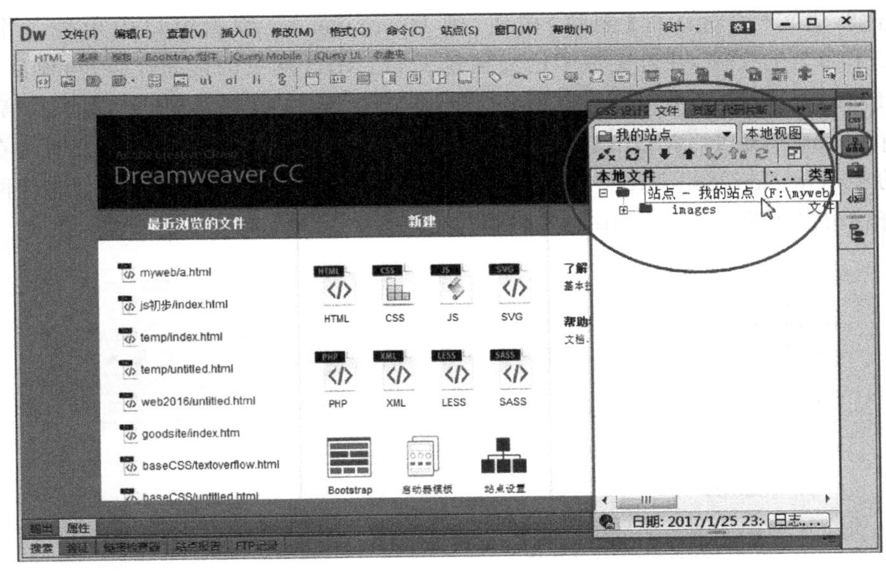

图 1-17　站点中“文件”控制面板

4. 在站点中创建文件

在 Dreamweaver 中单击【文件】→【新建】(快捷键【Ctrl＋N】)命令，在弹出的“新建文档”对话框中，对话框左侧选择“新建文档”，中部“文档类型”设置为“HTML”，右侧“标题”可输入也可以在新建的网页文件中输入。文档类型可以选择其中一种类型，这里选择

"HTML5"。注意,Dreamweaver CC 版本的文档类型中显示的这几种类型都是当前 W3C 组织的推荐标准。Dreamweaver 的其他版本中"新建文档"对话框界面稍有不同。操作步骤如图 1-18 所示。

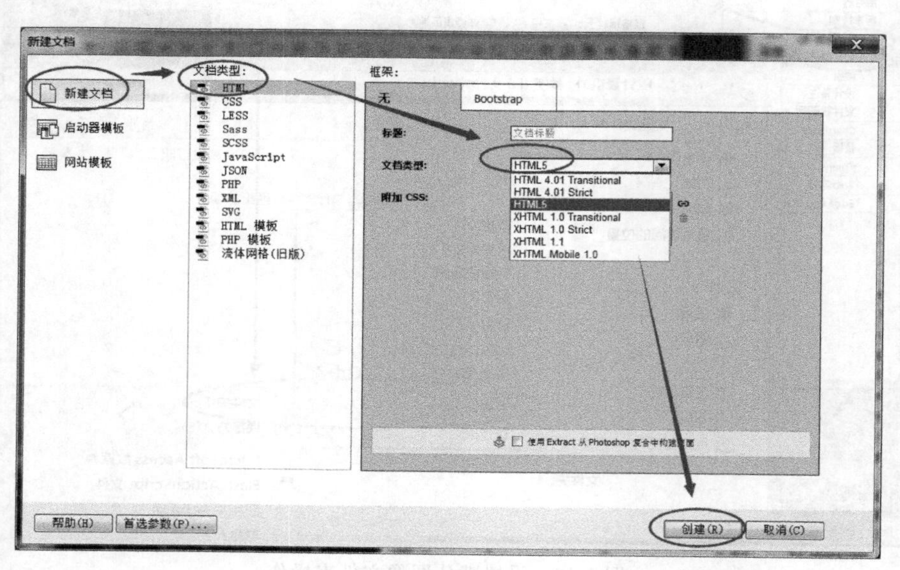

图 1-18　站点中新建 HTML5 文件

单击"新建文档"对话框【创建】按钮,则 Dreamweaver 编辑窗口中出现一个名称为"Untitle"未命名的文件,并且文件中已经预置了 HTML5 网页的最简代码,与项目 1-1 中完成的 HTML 最简网页代码非常相似,有网页头部分和网页正文部分。第一行的 <!doctype html>,是 HTML5 网页的文档类型声明,后续章节会作进一步说明。在网页头标签中的 <meta charset="utf-8">,是规定网页采用的字符编码为"utf-8",这样网页中的中文字符就可以正常显示了,如图 1-19 所示。

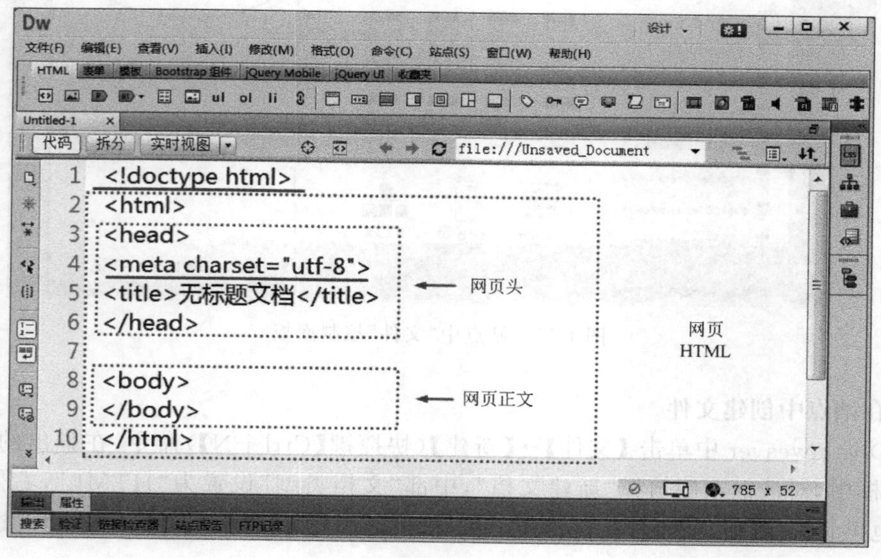

图 1-19　新建 HTML5 文档

如果在项目 1-1 的记事本中编写网页，案例的网页头部加上<meta charset="utf-8">，并且网页正文中有中文字符，保存时必须在图 1-12 下方的“编码”下拉列表中选择“UTF-8”，否则会出现中文乱码情况。

5. 网页文档要先保存再编辑

新建网页文档后，将新建的文档保存在站点目录中，再进行文档的编辑。单击【文件】→【保存】(快捷键【Ctrl+S】)命令，在弹出的对话框中将文件命名为“index”，单击【保存】按钮，在站点“文件”控制面板中看到文件名为“index.html”，这就是新创建的网站的首页。网站首页的默认文件名为“index”或是“default”，静态网页的扩展名为“.html”或“.htm”。

保存文档后，将<title>无标题文档</title>中的文档标题更改为“某某同学的第一个网站”，在<body>…</body>标签之间插入“Hello，World!”等内容，并且分别单击 Dreamweaver 编辑窗口左上的“代码”“拆分”“设计”或“实时视图”，观察编辑窗口的变化。单击“设计”按钮右侧的“▼”按钮，可以实现切换“设计”或“实时视图”两种状态。设置当前状态为“设计”状态，单击“拆分”按钮，使 Dreamweaver 编辑窗口被拆分为上下两个部分，在窗口的上半部分即“设计”窗口中输入“Hello，World!”按回车键，观察窗口下半部分即“代码”窗口中是否生成了段落标签<p>…</p>。输入其他文本内容，如果按下【Shift】+回车键，观察“代码”窗口将新增一个
换行标签。在“代码”窗口中输入<hr>，观察“设计”窗口中将新增一条水平线。输入作者信息文本内容，单击【文件】→【保存】(快捷键【Ctrl+S】)命令保存网页，如图 1-20 所示。

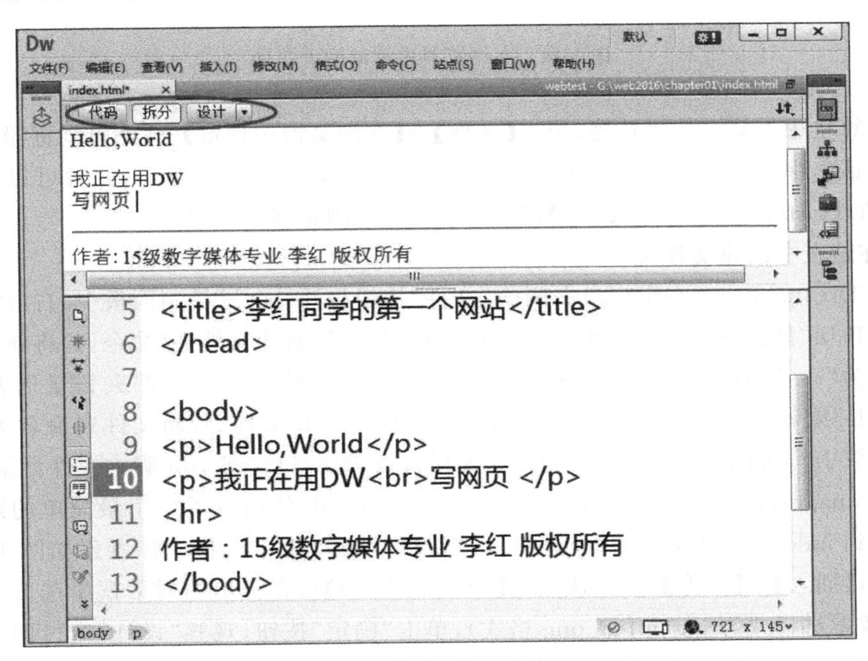

图 1-20 在“拆分”状态下编辑网页

6. 在浏览器中测试网页效果

单击【文件】→【在浏览器中预览】命令(快捷键【F12】)，选择一款浏览器则可以在浏览器中看到网页的显示效果。网页制作完成后，经常需要在多个浏览器中预览网页效果以测试网页的浏览器兼容性,因此要在网上下载并安装各种主流浏览器,如火狐 Mozilla Firefox、谷歌 Google Chrome、苹果 Safari、欧朋 Opera 和 Internet Explorer 浏览器。上述网页在火狐和谷歌浏览器中的显示效果如图 1-21 所示。

图 1-21 在浏览器中测试网页效果

在计算机中安装多个浏览器,单击【文件】→【在浏览器中预览】→【编辑浏览器列表】,在弹出的对话框中单击“+”及“−”按钮可以增加或减少列表中的浏览器,并且可以设置主次浏览器,在 Dreamweaver 中按【F12】键会自动启动主浏览器显示网页。

7. 在站点中创建文件夹

单击 Dreamweaver 编辑窗口右侧“文件”按钮打开“文件”控制面板中,右击“文件”控制面板最顶层“站点”根目录,在弹出的快捷菜单中选择“新建文件夹”命令,并将新创建的文件夹命名为“css”,这个目录将用来放置网页的样式文件。样式文件夹目录通常命名为“css”“style”或者“stylesheet”。以相同的方法创建一个新文件夹,新文件夹命名为“js”,后续用来存放 JavaScript 脚本文件。创建完成样式目录 css,JavaScript 脚本文件目录 js,网站图片目录 images,以及站点根目录下的首页 index. html,就构成了一个最简单的网站目录结构。回到 index. html 文档的编辑窗口,在“设计”窗口中单击将光标置于如图 1-19 所示位置,单击【插入】→【图像】命令(快捷键【Ctrl+Alt+I】),在弹出的对话框中选取一张图像素材(图像素材格式为 jpg、gif 或 png 格式),单击“确定”按钮,观察“设计”窗口网页效果及“代码”窗口的变化,单击右侧“文件”按钮打开“文件”控制面板,打开“images”目录可以看到插入的图像文件会位于图像文件夹中,如图 1-22 所示。

至此本案例制作完毕。

本章主要学习了网页设计相关的一些重要的概念和术语的意义,并且讲解了网站设计与制作的基本流程,以及网页设计与制作的主要开发工具软件及多种网页浏览器。通过实

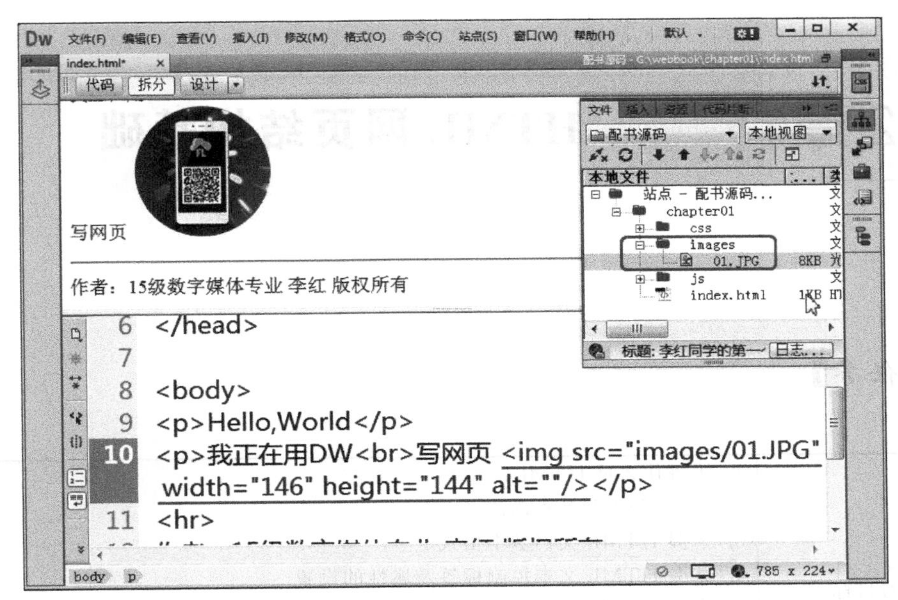

图 1-22　站点目录结构

际案例项目的制作，使读者对网页制作和网站的创建有基本的了解。

【实训作业】

实训任务 1-1　创建站点目录结构及第一个 HTML 网页

在 Dreamweaver 中创建站点，并制作第一个 HTML 网页，网页命名为 index. html 或 index. htm。要求案例网页中有网页头部分必须要有标题<title>，网页主体部分中要有网页主标题、正文内容及页脚，底部页脚位置放置作者版权等信息。案例网页在浏览器中的显示效果及网页源代码类似图 1-23 所示，要求姓名、日期等替换为学生个人信息。

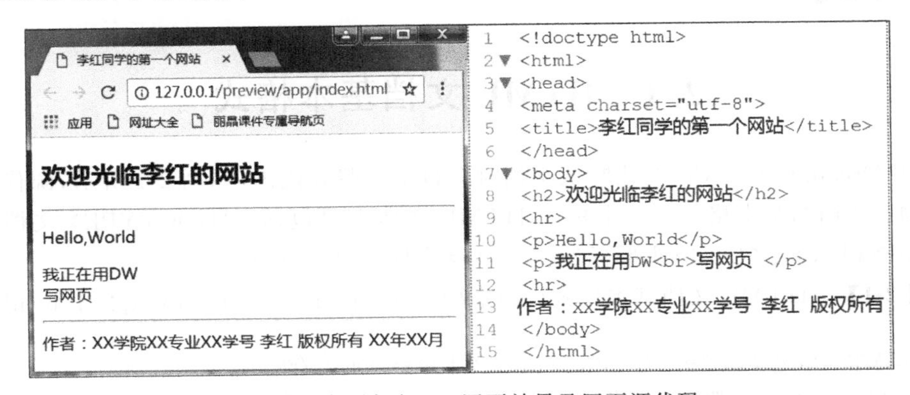

图 1-23　实训任务 1-1 网页效果及网页源代码

实训任务 1-2　下载安装多种浏览器和主流开发工具

尝试下载并安装 Chrome、Opera、Firefox 等浏览器以及 Sublime、WebStorm 软件，分别使用记事本、Sublime 或 WebStorm 完成实战项目 1-1，在各种浏览器中测试网页效果并截图。

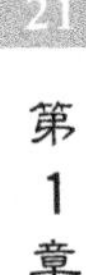

第2章 HTML 网页结构基础

【目标任务】

学习目标	1. 了解什么是 HTML 2. 掌握 HTML 基本语法 3. 掌握 HTML 文档基本格式 4. 掌握 HTML 文本控制标签及属性的设置 5. 掌握 HTML 图像标签及属性的设置 6. 掌握 HTML 超链接标签及属性的设置 7. 掌握列表标签及属性的设置 8. 掌握 HTML5 新增的语义化结构标签
重点知识	1. HTML 基本语法 2. HTML 文档基本格式 3. 标题、段落、span、br、hr、img、a、列表等 HTML 标签及其属性
项目实战	项目 2-1 制作"网页设计与制作"课程作业网站
实训作业	实训任务 2-1 制作"第 2 章 HTML 网页结构基础篇"案例作业网站

【知识技能】

2.1 HTML 文档基本格式

使用 Dreamweaver CC 新建默认文档时会自带一些源代码，如例 2-1 所示，源代码构成了 HTML 文档的基本格式。一个标准 HTML 文档主要包括<!DOCTYPE>文档类型声明、<html>根标签、<head>头部标签、<body>主体标签 4 部分。

【例 2-1】 HTML 文档基本格式(案例文件：chapter02\example\exp2_1.html)

```
<!DOCTYPE html PUBLIC "-//W3C//DTD XHTML 1.0 Transitional//EN"
"http://www.w3.org/TR/xhtml1/DTD/xhtml1-transitional.dtd>"
<html xmlns = "http://www.w3.org/1999/xhtml"
    <head>
    <meta http-equiv = "Content-Type" content = "text/html; charset = utf-8" />
    <title>无标题文档</title>
```

```
    </head>
    <body>
    </body>
</html>
```

HTML 使用标签来描述网页,在 HTML 页面中,带有"<>"符号的元素被称为 HTML 标签,标签也被称为元素。大部分 HTML 标签是成对出现的,包含开始标签和结束标签。HTML 开始标签是由尖括号(< 和 >)包围的关键词,如例 2-1 代码中的 <html>、<head>、<title>、<body> 等。HTML 结束标签在开始标签基础上添加反斜杠,如例 2-1 代码中的 </html>、</head>、</title>、</body> 等。成对出现的标签称为双标签,不成对出现的标签称为单标签,如例 2-1 代码中的 <meta> 标签。当文档类型声明为 XHTM 时,要求单标签以"/ >"结束,如 <meta/ >、<br/ > 等,但浏览器容错机制强大,两种写法都能解析。

一个 HTML 元素包含了开始标签与结束标签。基本语法格式如下。

```
<标签>内容</标签>
```

示例代码如下。

```
<h2>网页设计与制作网络课程</h2>
```

HTML 标签对大小写不敏感,如 <HTML> 等同于 <html>。万维网联盟(W3C)在 HTML 4 中推荐使用小写,在(X)HTML 版本中强制使用小写,在 HTML5 版本中不区分大小写,建议培养良好的编程习惯,采用小写标签。

2.1.1 文档类型声明 <!doctype html>

在计算机世界中存在许多不同文件类型(如 .txt、.doc、.wps 等),计算机根据不同的文档类型选择相对应的软件对文件进行打开、修改等操作。同样 Web 世界中也存在许多不同的文档,但是 Web 网页是使用浏览器来打开、渲染、显示的,如何才能让浏览器正确显示文档,这就需要声明文档的类型。HTML 有多个不同的版本,只有准确地在页面中指定确切的 HTML 版本,浏览器才能正确无误地显示 HTML 页面。在编写一个标准化网页时,第一行的文档类型声明是必需的。

【例 2-2】 Dreamweaver CC 生成不同类型的文档类型声明

单击【修改】→【页面属性】命令,打开"页面属性"对话框,选择【标题/编码】选项,如图 2-1 所示。Dreamweaver CC 选择的文档类型是 XHTML1.0 Transitional,这是 XHTML 1.0 文档过渡定义类型,此外还有 XHTML 1.0 文档严格定义类型等。

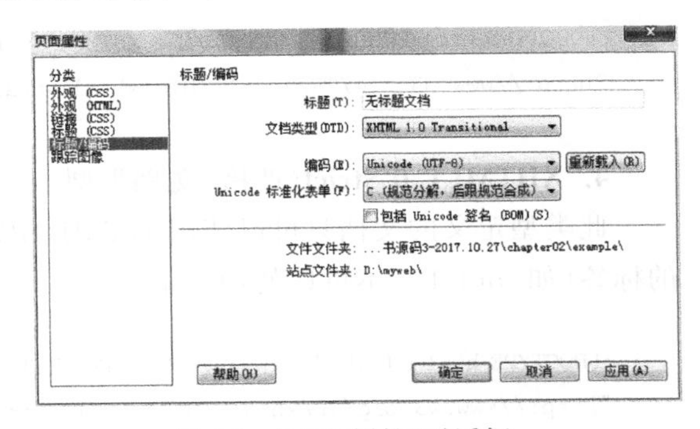

图 2-1 "页面属性"对话框

在"文档类型"下拉列表中选择不同的文档类型,即可设置 HTML 文档为指定的文档类型,如图 2-2 所示。

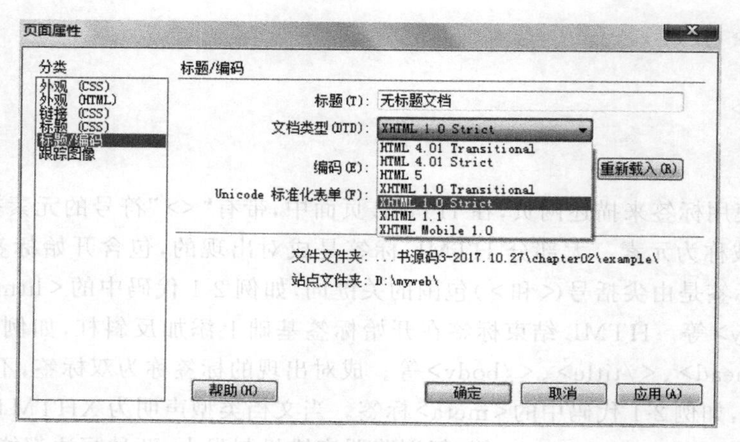

图 2-2　变更文档类型

常见网页的文档类型有以下几种。

1. HTML4.01 Transitional(过渡)文档类型

此类型定义的文档可以使用 HTML 中的标签与元素，包括一些不被 W3C 推荐的标签(如 font、b 等)，不可以使用框架。

```
<!DOCTYPE HTML PUBLIC "-//W3C//DTD HTML 4.01 Transitional//EN"
"http://www.w3.org/TR/html4/loose.dtd">
```

2. HTML4.01 Strict(严格)文档类型

此类型定义的文档可以使用 HTML 中的标签与元素，不能包含不被 W3C 推荐的标签(如 font、b 等)，不可以使用框架。

```
<!DOCTYPE HTML PUBLIC "-//W3C//DTD HTML 4.01//EN"
"http://www.w3.org/TR/html4/strict.dtd">
```

3. XHTML1.0 Transitional(过渡)文档类型

此类型定义的文档可以使用 HTML 中的标签与元素，包括一些不被 W3C 推荐的标签(如 font、b 等)，不可以使用框架。

```
<!DOCTYPE html PUBLIC "-//W3C//DTD XHTML 1.0 Transitional//EN"
"http://www.w3.org/TR/xhtml1/DTD/xhtml1-transitional.dtd">
```

4. XHTML1.0 Strict(严格)文档类型

此类型定义的文档只可以使用 HTML 中定义的标签与元素，不能包含不被 W3C 推荐的标签(如 font、b)，不可以使用框架。

```
<!DOCTYPE html PUBLIC "-//W3C//DTD XHTML 1.0 Strict//EN"
"http://www.w3.org/TR/xhtml1/DTD/xhtml1-strict.dtd">
```

5. HTML5 文档类型

HTML5 采用了简化的文档类型声明。HTML5 不基于 SGML,因此不需要对 DTD 进行引用,但是需要 doctype 来规范浏览器的行为。

```
<!doctype html>
```

为了节省篇幅,在后续的章节中涉及大段代码时,省略了文档类型声明等代码,只写出关键代码,完整的代码请查看随书附带的案例文件。推荐使用 HTML5 格式的文档。

2.1.2 HTML 页面结构

从例 2-1 中可以看到标签之间的关系,如图 2-3 所示。

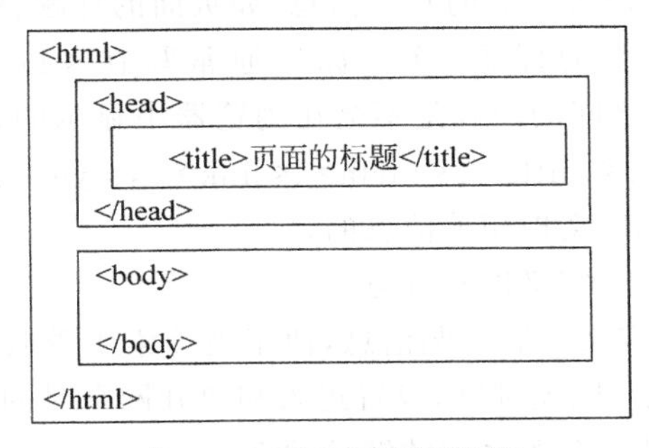

图 2-3 HTML 页面结构

书写 HTML 页面时,经常会在一对标签之间再定义其他的标签,在 HTML 中,把这种标签间的包含关系称为标签的嵌套。在嵌套结构中,HTML 元素的样式总是遵从"就近原则",先结束最靠近的标签,再由内而外依次关闭。

【例 2-3】 标签的嵌套(案例文件:chapter02\example\exp2_3.html)

```
<!DOCTYPE html>
<html lang="en">
    <head>
        <meta charset="UTF-8">
        <title>标签的嵌套</title>
    </head>
    <body>
        <div>
            <p>标签的嵌套,要注意正确关闭:<span>先结束最靠近的标签,再由内而外依次关闭
</span></p>
        </div>
        <div>
            <ul>
                <li><a href="#">回首页</a></li>
            </ul>
```

```
    </div>
  </body>
</html>
```


2.1.3 文档标签<html> …</html>

<html>…</html>标签告知浏览器其自身是一个 HTML 文档。<html>…</html>标签限定了文档的开始点和结束点，在此之间是文档的头部和主体。

2.1.4 文档头标签<head> … </head>

制作网页时，经常需要设置页面的基本信息，如页面的标题、作者和其他文档的关系等。为此，HTML 提供了一系列的标签，这些标签通常写在<head>…</head>标签内。<head>…</head>标签对之间的内容是不会在浏览器中显示的，在<head>和</head>标签对之间可以使用<title>、</title>、<meta>、<link>、<style>、</style>等标签对。这些标签对都是用来描述 HTML 文档相关信息的。

<title>…</title>：用于定义网页标题。

<meta>：为搜索引擎定义页眉主题信息，便于被搜索引擎收录；为用户定义用户浏览器上的 cookie、作者、版权信息、关键字，设置进入和离开网页时的特效等。

<link>：定义文档与外部资源之间的链接关系。

<style>…</style>：为 HTML 文档定义内部 CSS 样式信息。

<script>…</script>：用于定义 JavaScript 脚本。

2.1.5 文件主体标签<body> …</body>

<body>…</body>是 HTML 文档的主体部分，用来设置网页的全局信息。

网页浏览窗口中所有的内容，包括文字、图像、表格、声音、视频、动画等，都包含在这对标签之间。在此标签对之间可包含<p>…</p>、<h1>…</h1>、
、<hr>、<img>等标签，用来描述段落、标题格式等，它们所定义的文本、图像等将会在浏览器中显示。注意，只有<body>…</body>标签内的内容才会在浏览器中显示。

2.1.6 文档标题标签<title> …</title>

网页标题就是在浏览器中浏览网页时，浏览器窗口顶部显示的文本信息。网页标题可以简明地概括网页的内容，点明网页的主题。当网页被“加入收藏夹”或“另存为”时，网页标题又作为网页的名称出现在“收藏夹”或“另存为”窗口的文件名称栏中。网页标题也是搜索引擎 robots 搜索的主要依据之一。

Dreamweaver CC 在新建网页时，默认的页面标题为“无标题文档”。设置网页标题的方法有以下 3 种。

方法一。Dreamweaver CC 设计视图模式下，单击文件头内容窗口中的【标题】按钮，在【属性】面板(【Ctrl+F3】)中查看并修改网页标题属性。

方法二。在 Dreamweaver CC【文档】工具栏的【标题】文本框中直接输入网页标题。

方法三。在代码视图中，在<title>…</title>标签对内添加标题文字。

【例 2-4】 设置网页标题(案例文件：chapter02\example\exp2_4.html)

```
<!DOCTYPE html>
<html lang="en">
    <head>
        <meta charset="UTF-8">
        <title>网页标题</title>
    </head>
    <body>
        <p>注意：title标签对只能放在head标签对之间.</p>
    </body>
</html>
```

需要注意的是，<title>标签必须位于<head>标签之内。一个 HTML 文档只能含有一对<title></title>标签，<title></title>之间的内容将显示在浏览器窗口的标题栏中。

2.1.7 引用外部文件标签<link/>

一个页面往往需要多个外部文件的配合，在<head>中使用<link>标签可引用外部文件，一个页面允许使用多个<link>标签引用多个外部文件。基本语法格式如下。

```
<link 属性="属性值" />
```

例如，使用<link>标签引用外部 CSS 样式表。

```
<link rel="stylesheet" type="text/css" href="style-1.css" />
<link rel="stylesheet" type="text/css" href="style-2.css" />
```

以上代码表示引用当前 HTML 页面所在文件夹中，文件名为“style-1.css”和“style-2.css”的 CSS 样式表文件。

<link>标签属于单标签，HTML 要求所有元素都必须被关闭，文档类型声明为 XHTML 规范的网页文档要求单标签的闭合标签前要加上“/”。

2.1.8 内嵌样式标签<style> … </style>

<style>标签用于为 HTML 文档定义样式信息，位于<head>头部标签之内，基本语法格式如下。

```
<style 属性="属性值">样式内容</style>
```

在 HTML 中使用 style 标签时，常常定义其属性为 type，相应的属性值为 text/css，表示使用内嵌式的 CSS 样式。示例代码如下。

```
<head>
    <style type="text/css">
        body {background-color: #eee; }
        p {color: #333; }
    </style>
</head>
```

以上代码表示，设置文档的背景颜色为＃eee浅灰色，段落的文字颜色为＃333深灰色。

2.1.9 页面元信息标签<meta>

<meta>标签是一个单标签，用于定义页面的元信息，可重复出现在<head>头部标签中。<meta>标签本身不包含任何内容，通过"名称"="值"的形式成对地使用来定义页面的相关参数，如为搜索引擎提供网页的关键字、作者、内容描述，以及定义网页的刷新时间、字符集等。基本语法格式如下。

```
<meta name="名称" content="值" />
<meta http-equiv="名称" content="值" />
```

在<meta>标签中，使用name/content属性为搜索引擎提供信息，其中name属性提供搜索内容的名称，content属性提供对应的搜索内容的值。示例代码如下。

```
<meta name="keywords"  content="网页设计与制作,网络课程"/>
<meta name="author"  content="某某某"/>
<meta name="description"  content="网页设计与制作相关理论和技术"/>
```

以上代码中，第一行代码表示设置网页的关键字为“网页设计与制作”和“网络课程”，多个关键字之间用逗号隔开。第二行代码表示设置网页的作者为“某某某”。第三行代码表示设置网页的描述信息为“网页设计与制作相关理论和技术”。

在<meta>标签中，使用http-equiv/content属性设置服务器发送给浏览器的HTTP头部信息，为浏览器显示该页面提供相关的参数。其中，http-equiv属性提供参数类型，content属性提供对应的参数值。示例代码如下。

```
<meta http-equiv="Content-Type" content="text/html; charset=utf-8" />
<meta http-equiv="refresh" content="5 " />
<meta http-equiv="refresh" content="5; url=http://baidu.com" />
```

以上代码中，第一行代码表示当前文档是HTML文档，并且使用的字符集是“utf-8”。第二行代码表示每5秒刷新一次页面，该时间默认以秒为单位。第三行代码表示5秒后，当前页面转至目标页面“http://baidu.com”，该时间默认以秒为单位。

通过Dreamweaver CC【页面属性】对话框的【标题/编码】选项里【编码】下拉列表也可以设置网页的文字编码方式，Dreamweaver CC默认文档编码方式为Unicode(UTF-8)，也可以选择简体中文(GB2312)。对应修改的是<meta>标签中的charset属性。

2.1.10 页面注释标签

在 HTML 网页文档中，使用"<!--注释-->"加入注释，用于解释文档中某些代码的作用和功能，注释的内容是给程序开发人员看的，不会被浏览器解析，所以可以使用注释标签来暂时屏蔽某些 HTML 语句，让浏览器暂时不要解析这些语句，如果需要时，只须简单地取消注释标签，这些 HTML 语句就可以被浏览器解析。注释标签的基本语法格式如下。

```
<!-- 注释语句 -->
```

【例 2-5】 页面注释(案例文件：chapter02\example\exp2_5.html)

```
<!DOCTYPE html>
<html lang="en">
    <head>
        <meta charset="UTF-8">
        <title>注释</title>
    </head>
    <body>
        <h1>文章的标题</h1> <!-- 这是一个标题 -->
        <p>段落 1</p>    <!-- 这是一个段落 -->
        <p>段落 2</p>    <!-- 这是又一个段落 -->
        <!-- <p>段落 3</p> -->
        <!-- 浏览器不在屏幕上显示位于起始和结束注释标签之间的信息 -->
    </body>
</html>
```

例 2-5 的运行效果如图 2-4 所示。

图 2-4　注释标签运行效果

浏览器不显示位于起始注释和结束注释标签之间的信息，网站访问者可以通过查看网页原代码的方法来阅读注释。

需要注意的是，"<!-- …-->"中不能嵌套"<!-- …-->"，例如，以下的注释是非法的，因为第一个"<!--"会以在它后面第一次出现的"-->"作为与它配对的结束注释符。

```
<!-- 大段注释
```

```
......
<! --局部注释-->
......
-->
```

2.1.11 标签的属性

<meta>标签和<style>标签中，还有其他的参数设置。使用HTML制作网页时，如果想让HTML标签提供更多的信息，可以使用HTML标签的属性加以设置。

属性必须写在开始标签中，位于标签名后面，用以表示该标签的性质和特性；通常都是以"属性名="值""的形式来表示，一对"属性名="值""叫作一个键值对，属性值使用英文状态下的引号；多个键值对之间用空格隔开，指定多个属性时不用区分顺序；属性和属性值对大小写不敏感，(X)HTML要求使用小写，建议项目开发时，养成使用小写的习惯。

标签属性的基本语法格式如下。

```
<标签名 属性1="属性值1" 属性2="属性值2"…>内容</标签名>
```

示例代码如下。

```
<body bgcolor="#ccc" text="blue">
    <p>段落</p>
    ......
</body>
```

所有的HTML标签都可以设置属性，<body>标签可以通过属性设置调整整个文档的背景颜色、背景图像、页边距、正文和超链接的颜色等基本属性。<body>标签主要属性及其示例代码如表2-1所示。

表2-1 <body>标签主要属性

属性	用途	示例代码
background="URL"	设置背景图片	<body background="images/bg.jpg">
bgcolor="颜色值"	设置背景颜色	<body bgcolor="#red">
text="颜色值"	设置文本颜色	<body text="#0000ff">
link="颜色值"	设置链接颜色	<body link="blue">
vlink="颜色值"	设置已使用的链接的颜色	<body vlink="#ff0000">
alink="颜色值"	设置鼠标指向时链接的颜色	<body alink="yellow">
leftmargin="数值" topmargin="数值"	设置页面边距	<body leftmargin="1"> <body topmargin="1">

【例2-6】 <body>标签的属性(案例文件：chapter02\example\exp2_6.html)

```
<!DOCTYPE html>
<html lang="en">
```

```
    <head>
        <meta charset="UTF-8">
        <title>body 标签的属性</title>
</head>
<body background="images/bg.gif" text="#FF0000">
        <h1>文章的标题</h1>
        <p>段落 1</p>
        <p>段落 2</p>
    </body>
</html>
```

例 2-6 的运行效果如图 2-5 所示。

图 2-5　body 标签的属性运行效果

在 Dreamweaver CC 中，单击【修改】→【页面属性】命令，打开“页面属性”对话框，选择【外观(HTML)】选项，可以设置<body>标签的背景图像、背景颜色、文本颜色、超链接颜色以及页面边距等属性，生成相应代码，如图 2-6 所示。

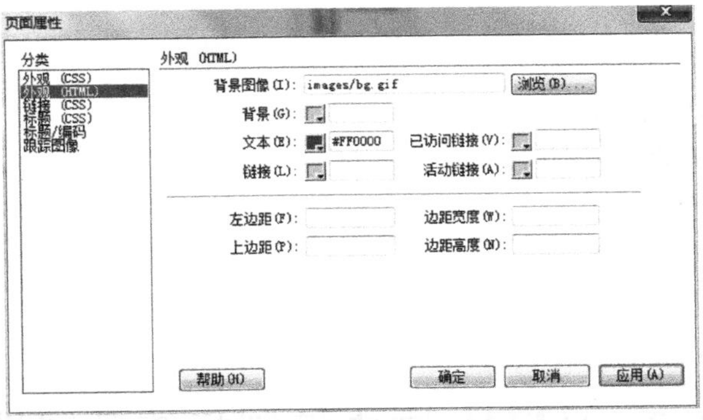

图 2-6　设置背景颜色和背景图像

为标签设置属性的方式，生成的代码是 HTML 标签的属性，这样的代码样式与结构不分离，代码烦琐，不符合 Web 标准的理念。在实际项目开发时，常使用 CSS 样式表来设置文档的背景、文本和超链接的颜色、页面边距等样式。

在 Dreamweaver CC 中，单击【文件】→【页面属性】命令，打开“页面属性”对话框，选择【外观(CSS)】选项，如图 2-7 所示，即可用 CSS 样式表设置文档的背景、文本等样式，生成的代码以 CSS 样式的方式与 HTML 标签分开存放，CSS 的内容将在第 3 章详细讲解。

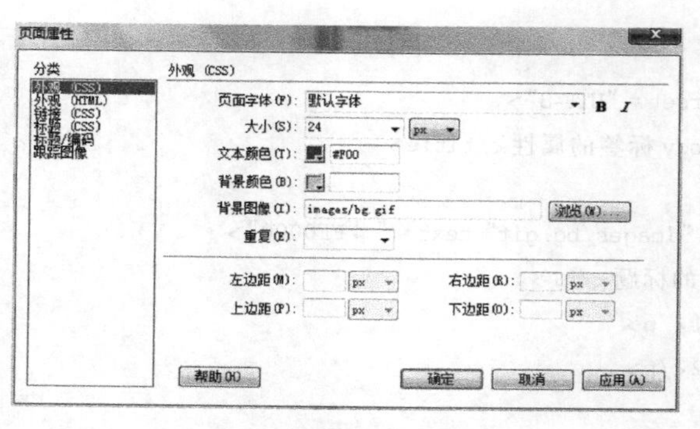

图 2-7　CSS 样式的设置

【例 2-7】 CSS 的方式设置 body 样式(案例文件：chapter02\example\exp2_7. html)

```
<!DOCTYPE html>
<html lang = "en">
    <head>
        <meta charset = "UTF-8">
        <title>body 标签的 CSS 样式</title>
        <style type = "text/css">
            body{
                font-size: 24px;
                color: #F00;
                background - image: url(images/bg.gif);
            }
        </style>
    </head>
    <body>
    <h1>文章的标题</h1>
        <p>段落 1</p>
        <p>段落 2</p>
    </body>
</html>
```

2.2　HTML 文本控制标签及属性

一篇结构清晰的文章通常都有标题和段落，HTML 网页也不例外，为了使网页中的文字有条理地显示，HTML 提供了相应的标签。使用 Dreamweaver CC 的【插入】面板中的【字符】选项可以插入各种类型的文字字符，生成相应的文本控制标签，执行【窗口】→【插入】(【Ctrl+F2】)，如图 2-8 所示。

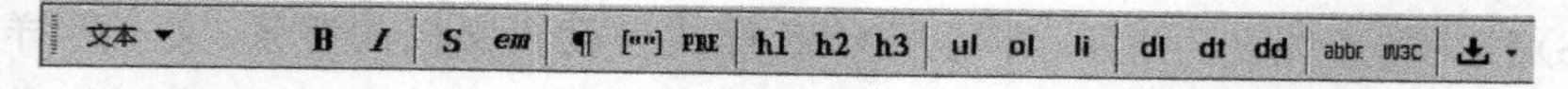

图 2-8　【插入】面板字符选项

2.2.1 标题标签及其属性

为了使网页更具语义化，经常在页面中用到标题标签，HTML 提供了<h1>、<h2>、<h3>、<h4>、<h5>和<h6>6 个等级的标题标签，从<h1>～<h6>重要性递减。基本语法格式如下。

```
<hn 属性="属性值">标题文本</hn>
```

n 的取值为 1～6，属性为可选属性，可设置标题的对齐方式、文字颜色等，实际项目开发时一般不采用设置属性的方式，推荐采用 CSS 样式的方式，关于标签的属性了解即可。

【例 2-8】 标题标签及其属性(案例文件：chapter02\example\exp2_8.html)

```
<!DOCTYPE html>
<html lang="en">
    <head>
        <meta charset="UTF-8">
        <title>标题标签及其属性</title>
    </head>
    <body>
        <h1 align="center">«网页设计与制作»网络课程</h1>
        <h2>第 1 章 网页设计基础知识</h2>
        <h3>第一节 Web 发展史</h3>
        <h3>第二节 网页基本概念</h3>
        <h4>1、互联网</h4>
        <h2>第 2 章 HTML 语言基础知识</h2>
    </body>
</html>
```

例 2-8 的运行效果如图 2-9 所示。

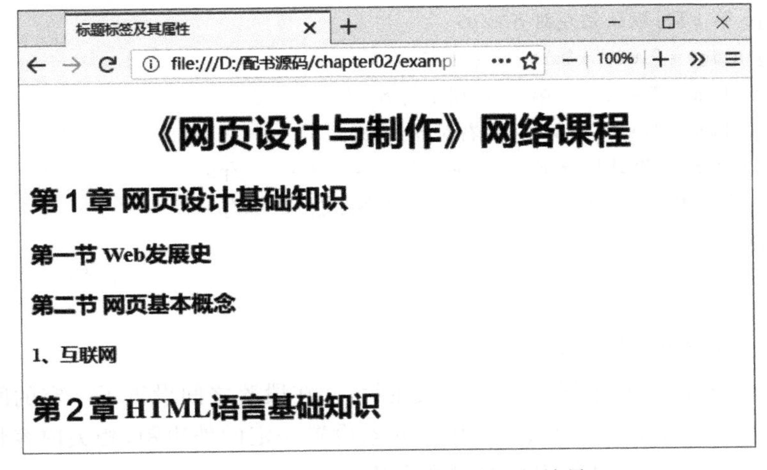

图 2-9 标题标签及其属性的运行效果

默认情况下,标题文字是加粗左对齐的,并且浏览器默认的标题文本的大小从<h1>~<h6>字号递减。实际项目开发时,用标题来呈现文档结构,如将h1用作主标题或网页的logo或名称(最重要的),一个网站一般只使用一次h1标签,其次是h2(次重要的),再其次是h3,以此类推。不要仅仅是为了生成粗体或大号的文本而使用标题。align属性设置标题标签的对齐方式,默认是left左对齐,属性值还有center居中对齐和right右对齐,align="center"表示使h1标题居中对齐。

2.2.2 段落标签及其属性

在网页中编辑文章就像写文章一样,整个网页分为若干个段落,段落通过<p>标签定义。在Dreamweaver CC的设计视图中,按回车键就能生成一个段落标签。基本语法格式如下。

```
<p align="对齐方式">段落文本</p>
```

align属性为<p>标签的可选属性,用来设置段落文本的对齐方式,属性值同<h1>~<h6>标签中的align属性值。

<p>是HTML文档中最为常见的标签,默认情况下,文本在一个段落中会根据浏览器窗口的大小自动换行,各个段落之间有一定的空间间隔,因为浏览器默认给<p>标签设置有一定的外边距,关于外边距的内容将在第4章详细讲解。

【例2-9】 段落标签及其属性(案例文件:chapter02\example\exp2_9.html)

```
<!DOCTYPE html>
<html lang="en">
    <head>
        <meta charset="UTF-8">
        <title>段落标签及其属性</title>
    </head>
    <body>
        <p>第1段,默认是左对齐</p>
        <p align="left">第2段,左对齐</p>
        <p align="center">第3段,居中对齐</p>
        <p align="right">第4段,右对齐</p>
        <p>第5段,默认情况下,文本在一个段落中会……</p>
        <p>第6段,默认情况下,文本在一个段落中会……</p>
    </body>
</html>
```

例2-9的运行效果如图2-10所示。

通过使用<p>标签,每个段落都会单独显示,并在段落之间设置了一定的间隔距离。段落标签<p>是块级元素,浏览器默认为块级元素设置一定的外边距,相关内容将在第4章详细讲解。align属性设置了段落文本的对齐方式。

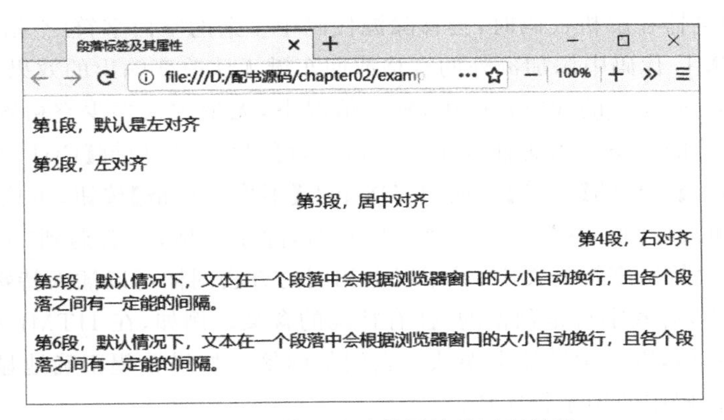

图 2-10　段落标签及其属性的运行效果

2.2.3　换行标签

在 HTML 中，文本在一个段落中会根据浏览器窗口的大小自动换行。换行标签
可以在不产生一个新段落的情况下进行换行，在 Dreamweaver CC 中，按住【Shift＋Enter】即可产生换行符。

【例 2-10】　换行标签(案例文件：chapter02\example\exp2_10.html)

```
<!DOCTYPE html>
<html lang = "en">
    <head>
        <meta charset = "UTF-8">
        <title>换行标签</title>
    </head>
    <body>
        <h3>悯农</h3>
        <p>锄禾日当午<br />
        汗滴禾下土<br />
        谁知盘中餐<br />
        粒粒皆辛苦</p>
    </body>
</html>
```

例 2-10 的运行效果如图 2-11 所示。

使用
标签实现硬换行，与<p>标签相比，
标签生成的行间距比较小，没有出现段与段之间的间隔距离，这是因为这四行诗句还是一个段落。

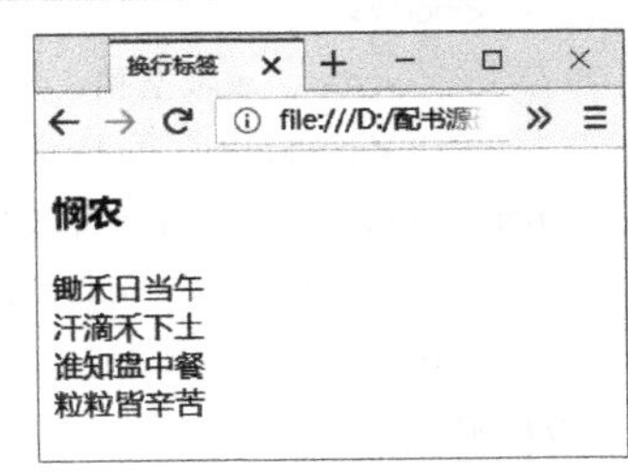

图 2-11　换行标签

2.2.4　特殊字符

在代码中键入回车键，并不能在浏览器中生成换行效果。这是因为浏览器在解析代码时,会移除源代码中多余的空白字符(空格键或回车键等),所以通过在 HTML 代码中添加额外的空格或回车键无法改变输出的效果。

在 Dreamweaver CC 的代码视图中,默认情况下,无论键入多少空格键,浏览器运行都只能实现一个字符的空格。若想插入多个空格键,可以使用快捷键【Ctrl+Shift+Space】组合键,或者在【插入】面板的【字符】选项中多次单击【不换行空格】按钮,生成" "空格符代码,以实现插入空白字符效果。在浏览网页时,除了空格,还会遇到"大于号""小于号""版权符号"等包含特殊字符的文本,采用以上相同的方法同样可以插入特殊符号。

在 HTML 中,有些字符是预留的,拥有特殊的含义。例如,在 HTML 中不能使用小于号(<)和大于号(>),因为浏览器会误认为它们是标签。如果希望正确地显示预留字符,必须在 HTML 源代码中使用字符实体。

字符实体由 3 部分组成,"&""实体名称"或"#实体编号",和英文状态下的分号";"。实体名称对大小写敏感,要严格按照表 2-2 中规定的名称书写。常用的特殊字符实体如表 2-2 所示。

表 2-2 常用的特殊字符

特殊字符	描述	实体名称	实体编号
	空格符		
<	小于号	<	<
>	大于号	>	>
&	和号	&	&
¥	人民币	¥	¥
©	版权	©	©
®	注册商标	®	®

【例 2-11】 空格代码(案例文件:chapter02\example\exp2_11.html)

```
<!DOCTYPE html>
<html lang="en">
    <head>
        <meta charset="UTF-8">
        <title>空格代码</title>
    </head>
    <body>
        <p>      敲空格      不管用!</p>
        <p>                使用空格符代码"&amp;nbsp;"可以实现空白字符效果,如首行缩进两字符!</p>
        <p>&copy; Itcast.cn 版权所有</p>
    </body>
</html>
```

例 2-11 的运行效果如图 2-12 所示。

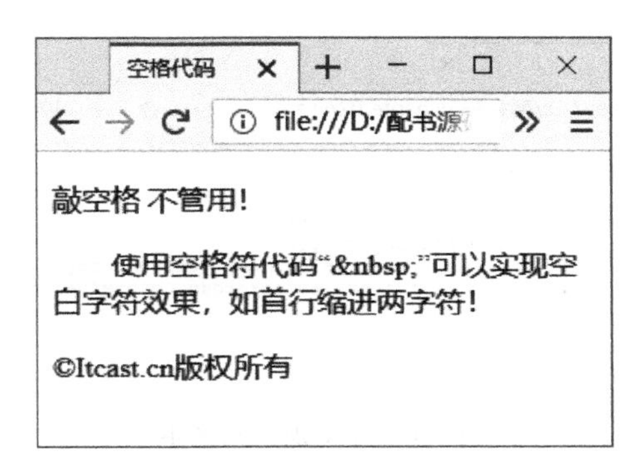

图 2-12　空格代码

不同的浏览器对代码" "的解析存在差异，本书第 3 章将详细介绍使用更好的方法实现首行缩进两个字符。

2.2.5　预格式文本

<pre>标签的主要作用是预格式化文本，预格式化是保留文字在源代码中的格式，即浏览器在解析代码时，会完全按照源代码中的格式显示。例如，原封不动地保留源代码中的空格、制表符、换行等。

【例 2-12】　pre 预格式文本(案例文件：chapter02\example\exp2_12. html)

```
<!DOCTYPE html>
<html lang="en">
    <head>
        <meta charset="UTF-8">
        <title>pre 预格式文本</title>
    </head>
    <body>
        <p>pre 标签很适合显示计算机代码:</p>

        <pre>
            &lt; script  language="javascript"&gt;
                    function changeBg(){
                    var obj=document.getElementById("tx2");
                    obj.style.backgroundColor="yellow";
                }
            &lt; /script&gt;
        </pre>
    </body>
</html>
```

例 2-12 的运行效果如图 2-13 所示。

预格式文本保留了源代码中的空格、制表符和换行。<pre>标签的常见应用是用来表示

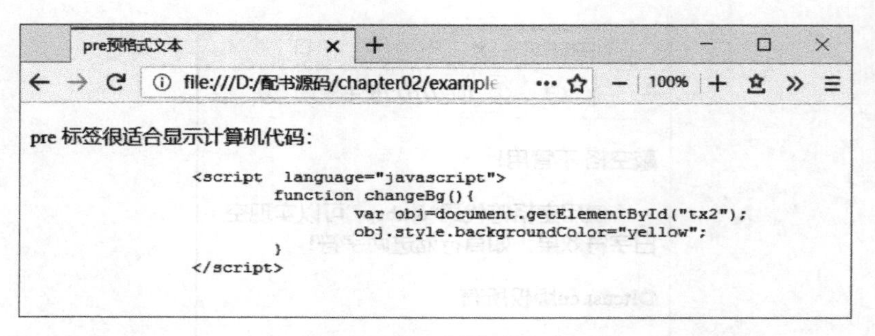

图 2-13 pre 预格式文本

计算机的源代码,HTML 标签的"<"和">"需要使用字符实体来表示。注意:不要将使文本换行的标签(如<h1>~<h6>、<p>)包含在<pre>标签内。

2.2.6 水平线标签及其属性

水平线可以起到分割作用,使得文档结构清晰,层次分明。水平线可以通过插入图片实现,也可以通过设置盒子模型的底边框实现(本书第 4 章讲解),也可以通过<hr/>标签来创建。其基本语法格式如下。

```
<hr 属性="属性值" />
```

<hr>标签有 size、color、width 和 noshade 等属性。size 用来设置水平线的厚度;width 用来设定水平线的宽度,默认单位是像素;noshade 属性不用赋值,用来加入一条没有阴影的水平线,不加入此属性水平线将默认有阴影;color 设置水平线的颜色。

【例 2-13】 水平线标签的用法(案例文件:chapter02\example\exp2_13.html)

```
<!DOCTYPE html>
<html lang="en">
    <head>
        <meta charset="UTF-8">
        <title>水平线标签的用法</title>
    </head>
    <body>
        <p>段落 1:水平线将段落之间隔开,使文档结构清晰,层次分明.</p>
        <hr />
        <p>段落 2:水平线的颜色、对齐方式、粗细、宽度的设置.</p>
        <hr color="red" align="center" size="5" width="600"/>
        <p>段落 3:水平线颜色、对齐方式、粗细、宽度的设置.</p>
        <hr color="#0066FF" align="right" size="2" width="50%"/>
    </body>
</html>
```

例 2-13 的运行效果如图 2-14 所示。

水平线标签的用法

file:///D:/配书源码/chapter02/example/ex

段落1：水平线将段落之间隔开，使文档结构清晰，层次分明。

段落2：水平线的颜色、对齐方式、粗细、宽度的设置。

段落3：水平线颜色、对齐方式、粗细、宽度的设置。

图 2-14　水平线标签的用法

2.2.7　文本格式化标签

文本的粗体、斜体等样式同样可以通过相应的标签来设置，常用的文本格式化标签如表 2-3 所示。

表 2-3　常用的文本格式化标签

文本格式化标签	描　述	显示效果
<b></b>	定义粗体文本	加粗
<i></i>	定义斜体文字	斜体
<strong></strong>	定义重要文字，以加粗方式突出显示	加粗
<em></em>	定义强调的文字，以斜体方式突出显示	斜体

从语义化的角度来讲，同样是加粗或斜体效果，<strong>标签和<em>标签具有语义性，实际项目开发时，推荐使用这两种标签。标签的使用要结合具体的文本语义，若仅仅是为了达到某种视觉效果，不要使用文本格式化标签，建议使用 CSS 与<span>标签结合的方式设置丰富的文字样式效果。<span>标签将在本章后续环节讲解，CSS 将在本书第 3 章详细讲解。

【例 2-14】　文本格式化标签(案例文件：chapter02\example\exp2_14.html)

```
<!DOCTYPE html>
<html lang="en">
    <head>
        <meta charset="UTF-8">
        <title>文本格式化标签</title>
    </head>
    <body>
        <p>正常的文本</p>
        <p>
            <strong>strong 标签加粗</strong>       
            <b>b 标签加粗</b>         
```

```
            <i>i标签斜体</i>          
            <em>em标签斜体</em>
        </p>
    </body>
</html>
```

例 2-14 的运行效果如图 2-15 所示。

图 2-15　文本格式化标签的用法

<p>标签独占一行,<b>、<i>、<strong>、<em>标签默认状态是行间的一部分,文字内容有多宽就占用多宽的空间距离,不会换行。

2.2.8　<span>标签

<span>标签将网页中文本的一部分独立出来,文字内容有多宽就占用多宽的空间距离,不会换行。它没有固定的格式表现,需要配合 CSS 的 class 属性,进行文本颜色、大小、加粗、斜体、下画线等样式的设置,如果不对<span>标签应用 CSS 样式,<span>标签中的文本与其他文本不会有任何视觉上的差异。<span>与</span>之间只能包含文本和各种行内标签,如加粗标签<strong>、倾斜标签<em>等。

【例 2-15】 <span>标签(案例文件:chapter02\example\exp2_15.html)

```
<!DOCTYPE html>
<html lang="en">
    <head>
        <meta charset="UTF-8">
        <title>span标签</title>
        <style type="text/css">
            .special {color: #F00; }
        </style>
    </head>
    <body>
        <p>span标签是行内元素,默认状态是<span>行的一部分</span>.span占用的空间是:文字内容有多宽就占用多宽的空间距离,<span class="special">不会换行</span>.</p>
        <p>span标签常用于定义网页中某些
        <span class="special"> <strong>特殊显示的文本</strong> </span>,
        配合<span class="special">class属性</span>使用.
```

```
    </p>
  </body>
</html>
```

例 2-15 的运行效果如图 2-16 所示。

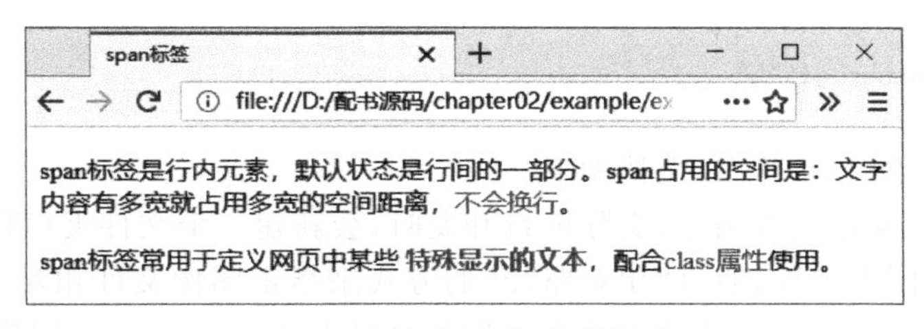

图 2-16 <span>标签的用法

从效果图容易看出，所有的<span>标签都是行的一部分，不会换行；第一个<span>标签没有设置 class 属性，在没有 CSS 样式的情况下，<span>标签内的文本与其他文本显示效果是一样的；第三个<span>标签内还嵌套了<strong>标签。

2.3 图像标签及属性

再简单、朴素的网页如果只有文字而没有图像将失去许多活力，图像在网页设计与制作中是非常重要的元素，HTML 语言也专门提供了<img>标签来处理图像的输出。

2.3.1 <img>标签基本语法

<img>标签并不是真正地将图像插入 HTML 文档中，而是将<img>标签的 src 属性赋值，通过路径将图像文件嵌入到文档中。基本语法格式如下。

```
<img src="图像 URL" />
```

src 属性是<img>标签的必须属性，必须赋值，是标签中不可缺少的一部分，用于指定图像文件的路径和文件名。网页中的路径分为绝对路径和相对路径。

1. 绝对路径

绝对路径是指带有盘符的路径或完整的网络地址，以下示例为图像文件在计算机中的绝对地址。

```
<img src=" D: /HTML+CSS 网页制作/chapter02/images/banner.gif " />
<img src=" http://www.webdesign.cn/images/banner.gif " />
```

实际项目开发时，不推荐使用绝对路径，因为网页制作完成之后会将所有的文件上传到服务器，这时图像文件可能在服务器的 C 盘或 D 盘或者 E 盘，整个站点可能在 X 文件夹中或 Y 文件夹中。也就是说，服务器上有可能不存在“D：\HTML+CSS 网页制作\chapter02\img\ banner. gif”这样的路径，导致浏览器无法正常显示该图像。

2. 相对路径

相对路径是指不带有盘符的路径，通常是以 HTML 网页文件为起点，通过层级关系描述目标图像的位置。

(1) 图像文件和 HTML 文档位于同一文件夹，只需输入图像文件的名称即可，插入图像的代码如下。

```
<img  src = "banner.gif" />
```

(2) 图像文件位于 HTML 文档的下一级。

一个网站中会使用很多图像，实际项目开发时，会新建一个文件夹(可命名 images、img 等)专门用于存放图像文件，通过“相对路径”的方式来指定图像文件相对于当前 HTML 文档的存储位置。例如，在 img 文件夹中存放图像文件 banner. gif，插入图像的代码如下。

```
<img  src = "images/ banner.gif" />
```

在以上的代码中，“/”用于指定下一级文件夹。

(3) 图像文件位于 HTML 文档的上一级文件夹。

在文件名之前加入“../”，如果是上两级，则需要使用“../../”，以此类推，插入图像的代码如下。

```
<img  src = "../images/ banner.gif" />
```

【例 2-16】 图像标签基本语法(案例文件：chapter02\example\exp2_16. html)

```
<!DOCTYPE html>
<html lang = "en">
    <head>
        <meta charset = "UTF-8">
        <title>图像标签基本语法</title>
    </head>
    <body>
        <img src = "images/chapter1.jpg" />
    </body>
</html>
```

例 2-16 的运行效果如图 2-17 所示。

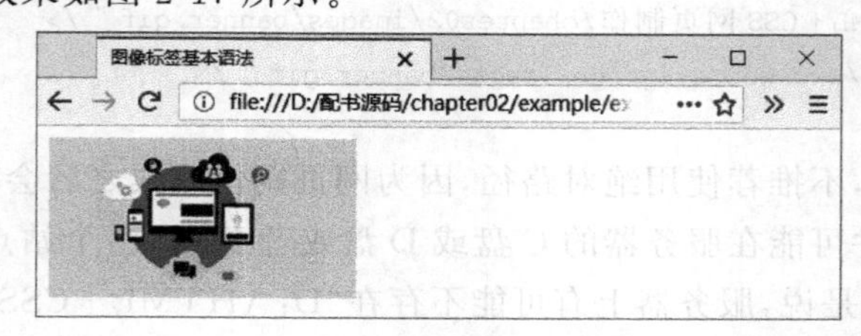

图 2-17 图像标签基本语法

2.3.2 <img> 标签其他属性

除了 src 属性，<img>标签还有 alt、align、width 和 height 等属性。

1. 图像的替换文本 alt 属性

由于网速等原因可能导致图像无法正常显示，因此，为页面上的图像加上替换文本是个很好的习惯，在图像无法显示时，浏览器会显示 alt 属性指定的内容。

【例 2-17】 图像标签 alt 属性(案例文件：chapter02\example\exp2_17.html)

```
<!DOCTYPE html>
<html lang="en">
    <head>
        <meta charset="UTF-8" />
        <title>图像标签 alt 属性</title>
    </head>
    <body>
        <img src="images/chapter.jpg" alt="专题 1 网页设计基础知识" />
    </body>
</html>
```

例 2-17 的运行效果如图 2-18 所示。

由于 images 文件夹内没有 chapter.jpg 文件，所以浏览器无法正常显示图像，从而显示 alt 属性指定的替换文本。

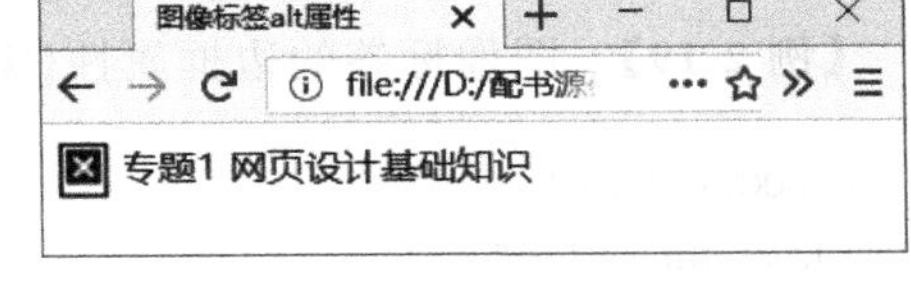

图 2-18 图像标签 alt 属性

2. 图像的宽度(width)、高度(height)属性

一般情况下，如果不给<img>标签设置宽和高，图片就会按照它的原始尺寸显示。width 和 height 属性用来定义图片的宽度和高度，一般只须设置其中的一个值，另一个值会按原图等比例显示。若同时设置两个属性，且其比例和原图大小的比例不一致，显示的图像就会变形或失真。

【例 2-18】 图像标签 width、height 属性(案例文件：chapter02\example\exp2_18.html)

```
<!DOCTYPE html>
<html lang="en">
    <head>
        <meta charset="UTF-8">
        <title>图像标签宽高属性</title>
    </head>
    <body>
        <img src="images/chapter1.jpg" />
        <img src="images/chapter1.jpg" width="150PX" />
        <img src="images/chapter1.jpg" height="50PX" />
        <img src="images/chapter1.jpg" width="150PX" height="50PX" />
```

```
    </body>
</html>
```


例 2-18 的运行效果如图 2-19 所示。

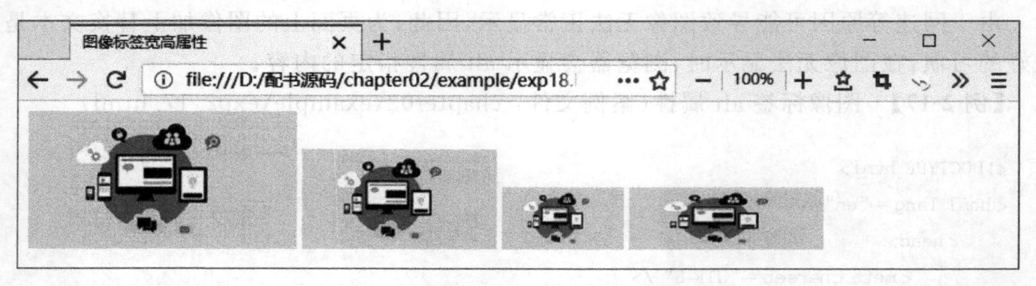

图 2-19　图像标签 width、height 属性

第一个图像显示为原尺寸大小；第二个图像由于仅设置了<img>标签的宽度属性，高度按原图像等比例显示；第三个图像则由于设置了<img>标签的高度属性，宽度按原图像等比例显示；第四个图像设置了<img>标签的宽度和高度与原始图像宽高比不一致，不等比例的宽度和高度导致图像的变形。

3. 图像的边框 border 属性

默认情况下，图像是没有边框的，通过 border 属性可以为图像添加边框、设置边框的宽度。

【例 2-19】 图像标签的边框属性(案例文件：chapter02\example\exp2_19. html)

```
<!DOCTYPE html>
<html lang="en">
    <head>
        <meta charset="UTF-8">
    <title>图像标签边框属性</title>
    </head>
    <body>
        <img src="images/chapter1.jpg" border="2" />
        <img src="images/chapter1.jpg" border="4" />
    </body>
</html>
```

例 2-19 的运行效果如图 2-20 所示。

默认情况下，边框颜色是黑色，通过 HTML 标签属性的方法并不能设置图像边框的颜色，需要使用 CSS 样式的方法设置边框颜色。

4. 图像的对齐 align 属性

默认情况下，图像的底部会相对于文本的第一行文字对齐。但是在制作网页时经常需要实现图像和文字环绕效果，使用图像的对齐属性可以实现此效果。

5. 图像的边距 vspace 和 hspace 属性

图文混排是网页中较为常见的效果。进行图文混排时，图像与文字之间留有一定的间

图 2-20　图像标签边框属性

距会比较美观，这就需要调整图像的边距。HTML 中通过 vspace 和 hspace 属性可以分别调整图像的垂直边距和水平边距。

【例 2-20】　图像标签的边距和对齐属性(案例文件：chapter02\example\exp2_20.html)

```
<!DOCTYPE html>
<html lang="en">
    <head>
        <meta charset="UTF-8">
        <title>图像标签边距属性</title>
    </head>
    <body>
    <img src="images/chapter1.jpg" border="2" align="right" hspace="20"
        vspace="20" />在网页中,进行图文混排时,图像与文字之间留有一定的间距会比较美观,
这就需要调整图像的边距.HTML 中通过 vspace 和 hspace 属性可以分别调整图像的垂直边距和水平
边距.在网页中,进行图文混排时,图像与文字之间留有一定的间距会比较美观,这就需要调整图像
的边距.HTML 中通过 vspace 和 hspace 属性可以分别调整图像的垂直边距和水平边距.
    </body>
</html>
```

例 2-20 的运行效果如图 2-21 所示。

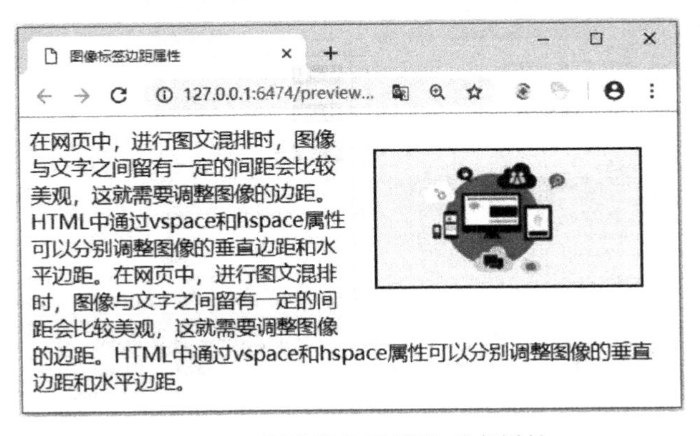

图 2-21　图像标签边距和对齐属性

上述操作并不符合 Web 标准的要求，在实际开发时，一般不用 HTML 标签的属性，经常使用 CSS 技术控制图像的边框宽度、边框颜色、图像与文字之间的间距等样式。

2.4 超链接标签及属性

创建超链接较为简单,只须用<a>…</a>标签环绕需要被链接的对象即可,其基本语法格式如下。

```
<a href = "链接地址">链接内容</a>
```

href 属性是必需的,不可省略,用于指定链接目标的地址。链接的内容可以是一个字、一个词或者一段话,也可以是一幅图像,所以<a>标签内可以嵌套多种网页元素,实现以文本、图像为介质的超链接。示例代码如下。

```
<a href = "../index.html">返回主页</a>
<a href = "http://www.baidu.com/"> <img src = "images/baiduLogo.jpg" /> </a>
```

暂时没有指定链接目标时,将 href 属性值设为#,表示空链接,待有了链接目标,再修改链接地址。

```
<a href = "#">空链接</a>
```

2.5 列表标签及属性

在 Word 中排版,为了文章结构的需要,有时候会用到项目编号和项目符号,在 Dreamweaver CC 中,同样可以做出这样的效果。在 Dreamweaver CC 中,输入 3 段文字,选中文字,在【属性】对话框选择列表标签,如图 2-22 所示,即可生成列表标签。

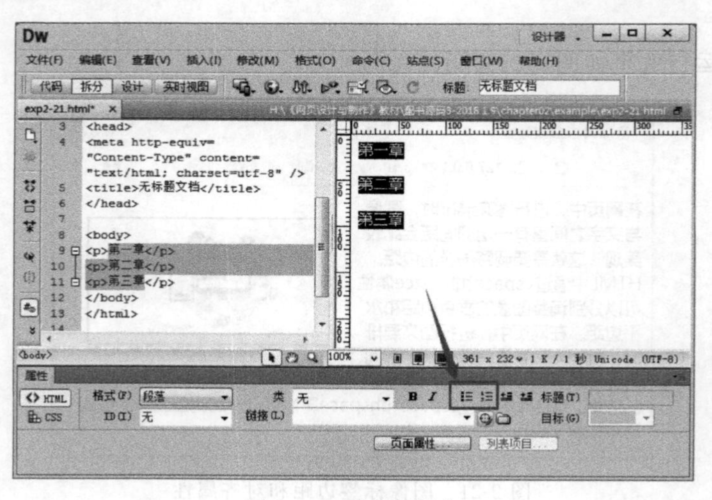

图 2-22 列表的制作

为了满足网页排版的需求,HTML 语言提供了 3 种常用的列表:无序列表、有序列表和定义列表。

2.5.1 有序列表

有序列表就如同 Word 中的项目编号，是有排列顺序的列表，各个列表项按照一定的顺序排列，浏览器中显示效果为列表项前面添加数字、字母等项目编号。网页中常见的歌曲排行榜、游戏排行榜等均可以使用有序列表。其基本语法如下。

```
<ol>
    <li>列表项 1</li>
    <li>列表项 2</li>
    <li>列表项 3</li>
    ……
</ol>
```

<ol>代表的是 order list，<li>代表的是 list。<ol></ol>标签用于定义有序列表，<li></li>标签为具体的列表项，每对<ol></ol>标签中至少应包含一对<li></li>标签。不能直接在<ol>标签内输入文字，必须将文字输入在<li></li>标签对内。示例代码如下。

```
<ol>
    <li>第 1 章 网页设计基础知识</li>
    <li>第 2 章 HTML 网页结构基础</li>
    <li>第 3 章 CSS 网页样式基础</li>
</ol>
```

以下直接在<ol>标签内部输入文字的写法是错误的。

```
<ol>
    第 1 章 网页设计基础知识
    第 2 章 HTML 网页结构基础
    第 3 章 CSS 网页样式基础
</ol>
```

<li></li>标签对内不仅可以设置文字，还可以嵌套段落、图像、超链接或其他列表等标签，<li>列表标签内嵌套<a>标签常用来设置网页导航，相关案例将在本书第 6 章详细讲解。示例代码如下。

```
<ol>
    <li> <img src = "images/logo.jpg"/> </li>
    <li> <a href = "index.html" > 首页 </a> </li>
    <li> <a href = "chapter1.html"/> 第 1 章 </li>
    <li> <a href = "chapter1.html"/> 第 2 章 </li>
    <li> <a href = "chapter1.html"/> 第 3 章 </li>
</ol>
```

在有序列表中，可以为<ol>标签定义 type 属性、start 属性，它们决定有序列表的项目符号的值，其取值和含义如表 2-4 所示。

表 2-4　有序列表属性及属性值

属性	属性值	项目符号描述	示例代码	显示效果
type	1 (默认)	数字 1 2 3…	<ol type="1"> <li>有序列表 1</li> <li>有序列表 2</li> <li>有序列表 3</li> </ol>	1. 有序列表 1 2. 有序列表 2 3. 有序列表 3
	a 或 A	英文字母 a b c… 或 A B C…	<ol type="a"> ……(列表项同上) </ol>	a. 有序列表 1 b. 有序列表 2 c. 有序列表 3
	i 或 I	罗马数字 ⅰ ⅱ ⅲ… 或 Ⅰ Ⅱ Ⅲ…	<ol type="I"> ……(列表项同上) </ol>	Ⅰ. 有序列表 1 Ⅱ. 有序列表 2 Ⅲ. 有序列表 3
start	数字	规定项目符号的起始值，之后的值自增长	<ol type="A" start="3"> ……(列表项同上) </ol>	C. 有序列表 1 D. 有序列表 2 E. 有序列表 3

2.5.2　无序列表

无序列表就如同 Word 中的项目符号，是无排列顺序的列表，各个列表项是并列的，没有顺序级别之分，浏览器中显示效果为列表项前面添加实心圆圈、空心圆圈或者实心正方形等项目符号。网页中常见的导航、新闻列表等均可以使用无序列表来制作。其基本语法如下。

```
<ul>
    <li>列表项 1</li>
    <li>列表项 2</li>
    <li>列表项 3</li>
    ……
</ul>
```

<ul>代表的是 unorder list，<li>代表的是 list。<ul></ul>标签用于定义无序列表，<li></li>标签嵌套在<ul></ul>标签中，用于描述具体的列表项，每对<ul></ul>中至少应包含一对<li></li>。不能直接在<ul>标签内输入文字，必须将文字输入在<li></li>标签对内，<li></li>标签对内还可以嵌套段落、换行符、图片、超链接或其他列表等。

<ul>标签和<li>标签都拥有 type 属性，用于指定列表项目符号。在无序列表中 type 属性的常用值有 3 个，其取值和含义如表 2-5 所示。

表 2-5　有序列表属性及属性值

属性	属性值	项目符号描述	示例代码	显示效果
type	Disc （默认样式）	显示“●”	<ul type="disc"> <li>无序列表 1</li> <li>无序列表 2</li> <li>无序列表 3</li> </ul>	• 无序列表 1 • 无序列表 2 • 无序列表 3
	circle	显示“○”	<ul type="circle"> ……（列表项同上） </ul>	• 无序列表 1 • 无序列表 2 • 无序列表 3
	square	显示“■”	<ul type="square"> ……（列表项同上） </ul>	• 无序列表 1 • 无序列表 2 • 无序列表 3

值得注意的是，各种浏览器对列表属性的解析存在差异，实际项目开发中，一般不使用<ol>、<li>标签的 type、start 等属性，而是用 CSS 样式属性替代，相关知识将在本书第 3 章和第 4 章详细讲解。

【例 2-21】 有序列表与无序列表设置网页结构（案例文件：chapter02\example\exp2_21.html）

```
<!DOCTYPE html>
<html lang = "en">
    <head>
        <meta charset = "UTF-8">
        <title>有序列表与无序列表设置网页结构</title>
    </head>
    <body>
        <h3>技术专栏</h3>
        <ul>
            <li> <a href = "#">深入理解 line-height</a> </li>
            <li> <a href = "#">定位与 margin 负值实现居中</a> </li>
            <li> <a href = "#">图标字体的使用</a> </li>
        </ul>
        <h3>通知公告</h3>
        <ol>
            <li> <a href = "#">请及时课前预习，完成预习任务.</a> </li>
            <li> <a href = "#">作业通知：课下完成项目制作.</a> </li>
            <li> <a href = "#">自主选择拓展模块或巩固模块的学习.</a> </li>
        </ol>
    </body>
</html>
```

例 2-2 的运行效果如图 2-23 所示。

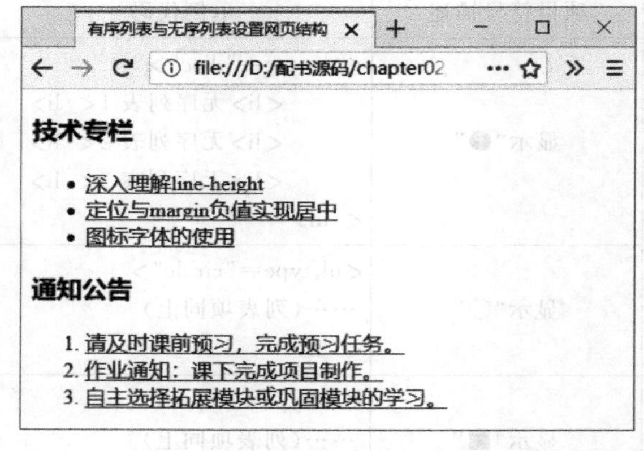

图 2-23　有序列表与无序列表

2.5.3 定义列表

定义列表的列表项前没有任何项目符号和编号。定义列表不仅是一个列项目，而是项目及其注释的组合，常用于对术语或名词进行解释和描述。基本语法格式如下。

```
<dl>
    <dt>名词 1</dt>
    <dd>名词 1 解释 1</dd>
    <dd>名词 1 解释 2</dd>
    ……
    <dt>名词 2</dt>
    <dd>名词 2 解释 1</dd>
    ……
</dl>
```

<dl></dl>标签用于指定定义列表，<dt></dt>标签嵌套于<dl></dl>中，用于指定名词术语，<dd></dd>标签嵌套于<dl></dl>中，在<dt></dt>标签之后，用于对名词进行解释和描述。一对<dt></dt>可以对应多对<dd></dd>，即可以对一个名词进行多项解释。一对<dl></dl>标签内可以包含多对<dt></dt>与<dd></dd>的组合。

【例 2-22】　定义列表设置网页结构(案例文件：chapter02\example\exp2_22.html)

```
<!DOCTYPE html>
<html lang="en">
    <head>
        <meta charset="UTF-8">
        <title>定义列表设置网页结构</title>
    </head>
    <body>
```

```
        <h3>Web标准</h3>
        <dl>
            <dt>结构</dt>
            <dd>结构用于对网页元素进行整理和分类.</dd>
            <dd>结构化标准语言主要包括 HTML,XHTML 和 XML</dd>

            <dt>表现</dt>
            <dd>表现用于设置网页元素的版式、颜色、大小等外观样式.</dd>
            <dd>表现标准语言主要包括 CSS.</dd>

            <dt>行为</dt>
            <dd>行为是指网页模型的定义及交互的编写.</dd>
            <dd>行为标准主要包括对象模型(如 W3C DOM)、ECMAScript 等.</dd>
        </dl>
    </body>
</html>
```

例 2-22 的运行效果如图 2-24 所示。

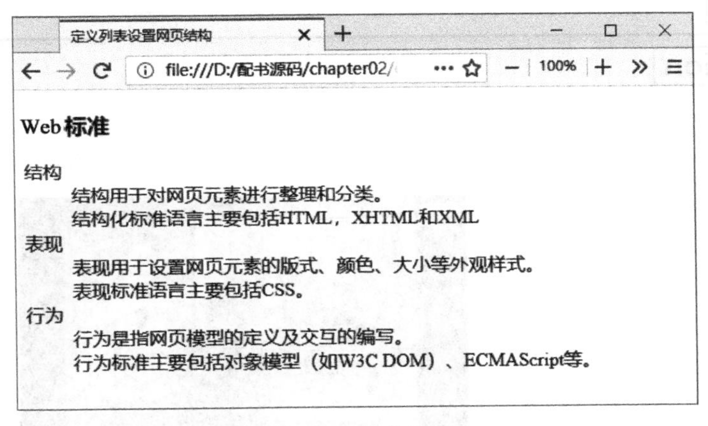

图 2-24　定义列表

从图 2-24 看出，相对于<dt></dt>标签中的术语或名词，<dd></dd>标签中解释和描述性的内容会产生一定的缩进效果。定义列表还可以用于图文混排，在<dt></dt>标签中插入图像，<dd></dd>标签中放入对图像解释和说明的文字。

2.6　HTML5 新增的语义化结构标签

HTML5 是超文本标签语言(HTML)的第 5 次重大修改版本，HTML5 草案的前身名为 Web Applications 1.0，2004 年由 WHATWG 提出，2007 年被万维网联盟 W3C 组织接纳，2008 年 1 月 22 日第一份 HTML5 正式草案公布，2014 年 10 月 29 日万维网联盟宣布 HTML5 标准规范制定完成并公开发布。现在 HTML5 已经成为 HTML 新标准，并且已经得到了PC端和移动端的绝大多数浏览器的支持。

HTML5正在推动Web进入新的时代,HTML5已经进入一个稳定阶段,成为Web新标准。HTML5在语义化、多媒体支持、图形特效及本地存储等方面表现优异,HTML5解决了跨浏览器问题,减少了对外部插件的依赖,新增了许多新特性,HTML5新标准的制定是以用户优先为原则的,拥有更优秀的错误处理机制,引入了一种新的安全模型。HTML5新标准强调表现与内容分离,在Web 2.0时代,提出结构与表现相分离,强调网站重构。HTML5和CSS3分别是HTML和CSS样式的新版本,二者双剑合璧开创了网页设计新篇章。

HTML5拥有一个语义化新特性,而什么是语义化呢?通俗的说,就是对数据和信息进行处理,使这些数据和信息不仅能让人读得懂,也可以让机器程序能读得懂,语义化网页文档符合人工智能技术发展新潮流。一个常规网页应用新增的HTML5语义化结构标签而搭建的HTML结构示意图,如图2-25所示。

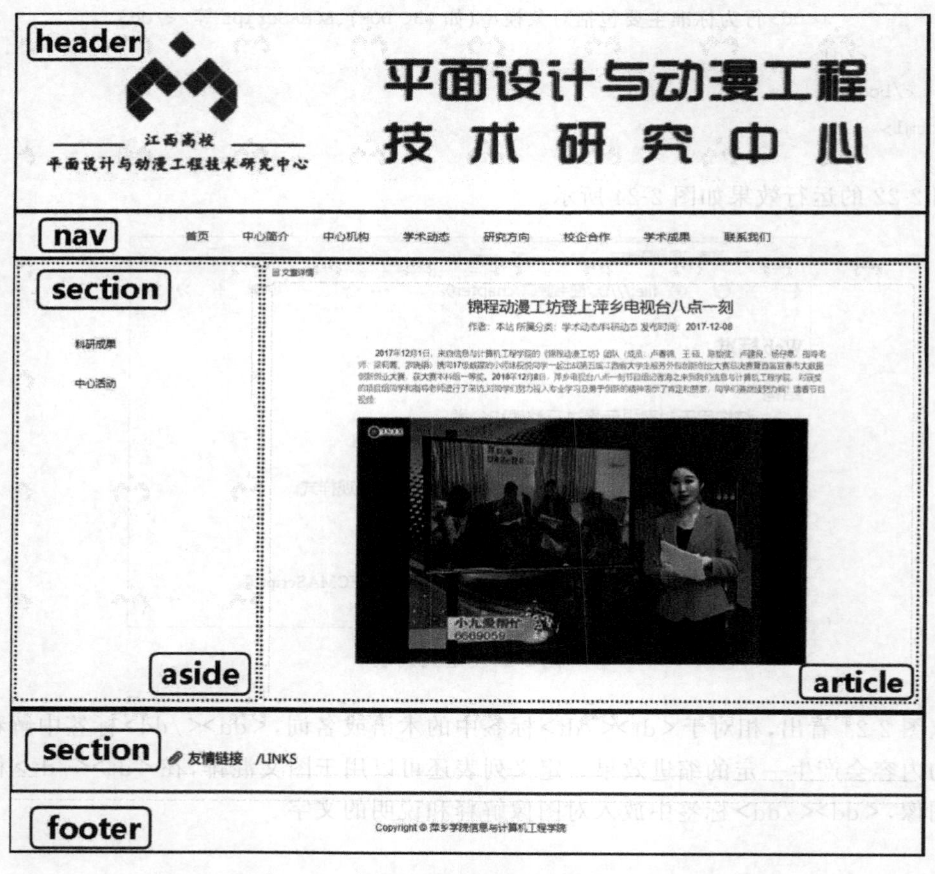

图2-25 常规网页的HTML5结构示意图

由图2-25得知,在HTML5中,新增了<header>、<nav>、<section>、<article>、<aside>、<footer>等特殊内容的标签来标注HTML文档中各部分内容,图2-25的案例代码如例2-23所示。

【例2-23】 HTML5语义化标签结构(案例文件:chapter02\example\exp2_23.html)

```
<!DOCTYPE html>
<html>
    <head>
        <meta charset = "UTF-8">
        <title>HTML5 语义化标签结构</title>
    </head>
    <body>
        <header><div id = "top">顶部网站 Logo 等</div></header>
        <nav>
            <ul>
                <li>首页</li> <li>中心简介</li> …
            </ul>
        </nav>
        <section>
            <article><div>文章内容</div></article>
            <aside><div>侧边栏导航栏</div></aside>
        </section>
        <section><div>友情链接内容</div></section>
        <footer>丽晶课件 &copy; 版权所有</footer>
    </body>
</html>
```

由例 2-23 代码得知，使用 HTML5 中新增的语义化结构元素，对网页文档中各部分内容的功能描述更加准确，使得 HTML5 网页结构代码可读性增强，既方便网页制作人员维护和开发，也使机器程序代码更好的读懂，这就是语义化的功能与目的所在。以下分别介绍新增的语义化结构标签的用法。

2.6.1 <header> … </header> 标签

<header>…</header>标签是 HTML5 中的新增标签。用来表示网页的顶部位置内容，如网页顶部的网页标题、Logo 或主题图，有时也会将导航条及搜索框等其他内容纳入<header>…</header>标签对之中。<header>…</header>是属于网页正文部分，能显示在浏览器窗口中的内容部分，并非容纳网页头部元素的<head>…</head>标签对，后者是定义文档的基本信息，要注意二者的区别。

2.6.2 <nav> … </nav> 标签

<nav>…</nav>标签对用于定义网页文档中的导航链接部分的内容，其内容的导航菜单仍然是常用无序列表<ul><li>…</li>…<ul/>和<a>…</a>来分隔和描述各个导航菜单命令，搭建导航菜单的 HTML 结构。

2.6.3 <section> … </section> 标签

<section>…</section>标签对用于定义了网页文档中的某一个区块，如章节、页眉、页

脚或文档中的某个部分。每个网页中的内容除了顶部的<header>…</header>和底部页脚<footer>…</footer>部分之外,中部的内容通常会分为多个<section>区块,每个<section>区块中又通常会含有标题<h2>~<h6>和<div>…</div>或是<p>…</p>段落,注意<section>标签对主要是标志网页中的区块,起到语义化内容的作用,但是至于此区块的样式设置,W3C标准仍然推荐使用<div>等标签元素进行样式设置。当然,<section>标签对中也经常会含有HTML5新增的<article>…</article>标签对和<aside>…</aside>标签对的内容,从图2-25中可以看出,<section>标签对的应用是比较灵活的。

2.6.4 <article> … </article> 标签

<article>…</article>标签对用于定义页面中独立的内容区域,如一篇文章、一篇日志、一条新闻或是论坛里发的帖子和用户评论等。<article>…</article>标签对中可以包含若干个<section>…</section>区块,而<section>…</section>中也可以包含若干个<article>…</article>标签对。每个<article>或是<section>标签对中也可以容纳<header>标签对或<nav>标签对。当然,<article>和<section>标签对主要是用来语义化分割网页文档中的各块内容,而样式的设置仍然推荐使用<div>、<h1>~<h6>、<p>等标签进行样式设置。

2.6.5 <aside> … </aside> 标签

<aside>…</aside>标签对用于定义侧边栏内容,网页通常会将中部主要区域分为两栏式或者三栏式,侧边栏是相对于网页主体内容栏目而言,侧边栏中通常放置纵向导航栏,或是一些图文广告性质的内容,即侧边栏中的信息一般是对主区域内容进行辅助说明的一些附属信息。侧边栏的样式设置也要依靠<div>、<h1>~<h6>、<p>等标签进行样式设置。

2.6.6 <footer> … </footer> 标签

<footer>…</footer>标签对用于声明位于网页底部的页脚部分内容,而在HTML4时代,表示页脚部分,通常会使用代码<div class="footer">页脚部分内容</div>来表示。在网页文档中,如果处处都使用<div>…</div>标签对,那机器程序就不容易读懂哪个<div>…</div>标签对中放置的是什么内容,页脚部分由<footer>标签对包裹,便能轻易地解决这个问题。同样,<footer>…</footer>标签对也是主要负责语义化地分隔页脚部分的内容,至于页脚部分内容样式设置,主要依靠<div>、<h1>~<h6>、<p>等标签进行样式设置。

2.6.7 <figure> … </figure> 标签与<figcaption> … </figcaption> 标签

<figure>…</figure>标签对主要用于定义独立的流内容,如一幅图像、一个图表或是一个代码段等。<figure>…</figure>标签对通常与<figcaption>…</figcaption>标签对配合使用,<figure>…</figure>标签对中只能有一个<figcaption>…</figcaption>标签对,而且<figcaption>…</figcaption>标签对只能位于<figure>…</figure>标签对中的第一个或最后一个子元素的位置,<figcaption>…</figcaption>标签对用于定义独立流内容的标题。如图2-25中的图片就可以使用<figure>…</figure>标签对来描述,代码如下所示。

```
<figure>
    <img src="0801.jpg" alt="" width="304" height="228">
    <figcaption>萍乡市电视台八点一刻节目组播出画面</figcaption>
</figure>
```

以上代码中，通过<figure>…</figure>标签对声明了一个独立的图像源，此标签对中的内容应该与主文档的内容相关，既然是独立的流内容，说明其位置相对于主文档内容而言是独立的，如果删除它，将不会对文档流产生影响。另外，<figcaption>…</figcaption>标签对并非<figure>…</figure>标签对内部的必选项，即上述代码中，删除图像标题的<figcaption>…</figcaption>标签对也是可以的。实质上图 2-25 中的图像并没有标题。

【项目实战】

项目 2-1　制作“网页设计与制作”课程作业网站

（案例文件目录：chapter02\demo\demo2_1）

网站目录结构

“网页设计与制作”课程作业网站目录结构如图 2-26 所示。

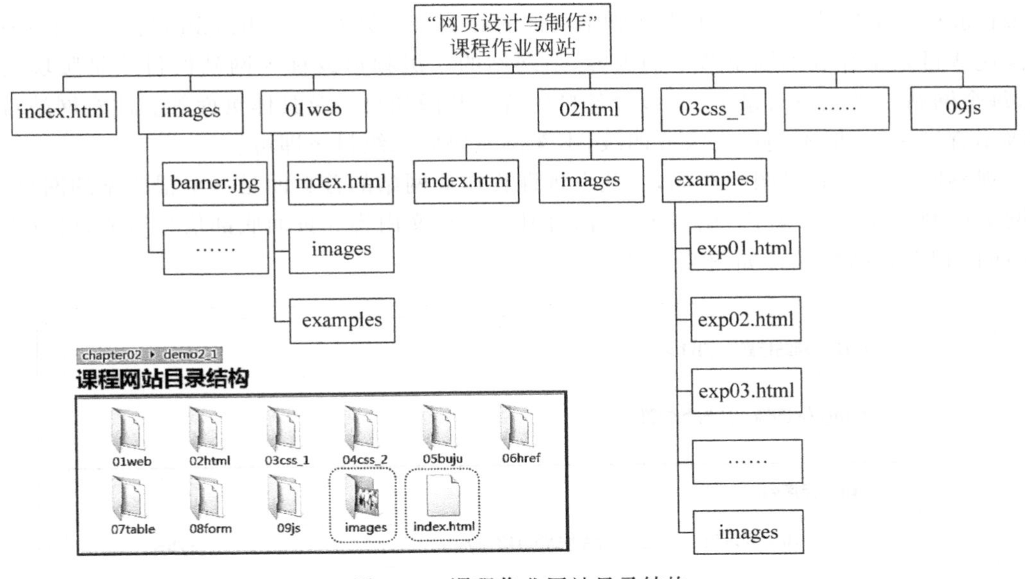

图 2-26　课程作业网站目录结构

首页效果图

“网页设计与制作”课程作业首页效果如图 2-27 所示。

思路分析

根据网站制作流程，首先确定制作的网站主题是制作课程作业网站，接下来规划网站架构再进入具体制作阶段。首先创建如图 2-26 的网站目录结构图，保证网站根目录下必须有首页，首页必须命名为“index”或“default”，而且根目录下必须要有名称为“images”或“img”的目录用来存放网页中所用的图像素材，通过本书后续章节的学习，还会在站点目录中加上

图 2-27 “网页设计与制作”课程作业网站

用来存放样式文件的 css 目录和存放脚本文件的 js 目录。另外,01web、02html、03css_1、……、09js 这些目录是存放不同章节中的内容,是网站的二级频道或称为网站栏目或是版块的内容,每个网站二级频道目录下,又包含各自的首页和图像目录及具体页面等。注意网站目录层级不宜过多,一般不超过三级或四级,本案例只要做二级目录即可。

观察网站首页效果图的布局,由此发现课程作业网站的首页面是一个很典型的网页,整个网页由网站标题、导航栏、相当于广告条的图片、正文内容和页面底部信息组成,可以将首页面的 HTML 结构设计如图 2-28 所示。

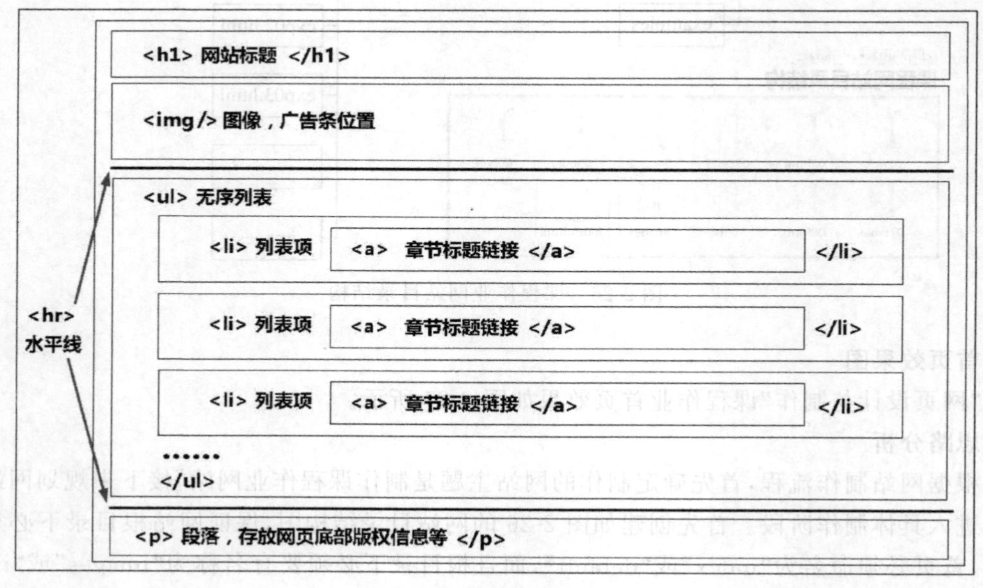

图 2-28 课程作业网站首页 HTML 结构图

二级频道目录下的首页面的版式布局与制作方法等方面与课程作业网站首页面基本一致，不同的只是二级频道主页面的实际内容要更改为相应章节中的各个案例标题链接而已，下面开始制作课程作业网站。

制作步骤

Step01. 创建网站目录结构，在 Dreamweaver 中新建站点。

按照图 2-26 所示的目录结构创建网站目录结构，包括名称为“images”的图像文件夹和各个章节目录。启动 Dreamweaver，单击【站点】→【新建站点】命令，将创建的目录设置为网站根目录，并且将设置默认图像文件夹为“images”目录。

Step02. 新建课程网站首页。

单击【文件】→【新建】命令，新建一个 HTML5 格式的文档，单击【文件】→【保存】命令，将文件保存在课程网站根目录下，文件命名为“index.html”。在 Dreamweaver 中应该先保存网页，确认当前网页属于当前站点中，再进行网页编辑。在 Dreamweaver 中观察 index.html 的 HTML 基础代码如下。

```
<!doctype html>
<html>
<head>
    <meta charset = "UTF-8">
    <title>无标题文档</title>
</head>
<body>
</body>
</html>
```

Step03. 搭建网站首页面的 HTML 结构。

1. 编辑网页标题标签

```
<title>«网页设计与制作»课程作业</title>
```

2. 插入<h1>…</h1>标签，设置网页页眉即网站标题

```
<h1 align = "center">«网页设计与制作»课程作业</h1>
```

3. 制作网站导航栏

导航栏用<div>…</div>标签对包裹<a>…</a>标签对，链接到“index.html”，即链接到首页自身。导航栏是每个网页都不可或缺的。

```
<div> <a href = "index.html">返回首页</a> </div>
```

4. 插入图像<img>标签

设置网页 banner 即网页的广告条。注意<img>是单标签，另外素材图“banner.jpg”是预先制作好的素材图，存放在“images”目录中。

```
<img src="images/banner.jpg">
```

5. 插入水平线

```
<hr>
```

6. 插入无序列表及超链接

注意,<a>…</a>标签对被包裹在<li>…</li>中,最外层是<ul>…</ul>标签对。各个列表项中的<a>链接分别如下。

```
<ul>
    <li> <a href="01web/index.html">第 1 章 网页设计基础知识</a> </li>
    <li> <a href="02html/index.html">第 2 章 HTML 网页结构基础</a> </li>
    <li> <a href="03css_1/index.html">第 3 章 CSS 网页样式基础</a> </li>
    <li> <a href="04css_2/index.html">第 4 章 CSS 网页样式进阶</a> </li>
    <li> <a href="05buju/index.html">第 5 章 网页布局技术</a> </li>
    <li> <a href="06href/index.html">第 6 章 导航与超链接</a> </li>
    <li> <a href="07table/index.html">第 7 章 表格及样式设置</a> </li>
    <li> <a href="08form/index.html">第 8 章 表单及样式设置</a> </li>
    <li> <a href="09js/index.html">第 9 章 JavaScript 基础</a> </li>
</ul>
```

7. 插入水平线

8. 制作网页页底信息

插入段落标签<p>…</p>,设置页脚。

```
<p align="center">版权所有 &copy; 学号姓名</p>
```

Step04. 在多个浏览器中测试网页的兼容性。

课程网站的首页面制作完毕后,应该在多个不同的浏览器中测试网页运行效果,以确认网页在各个浏览器中的显示效果基本一致,即网页的兼容性测试。

Step05. 制作网站二级频道目录下的首页面。

在创建课程网站目录时,不仅创建了默认图像文件夹“images”,同时还创建了用来存储各个章节内容的二级频道目录 01web、02html、03css_1、……、09js。以第 2 章 02html 目录为例,在 Dreamweaver 中单击【文件】→【新建】命令,新建一个 HTML5 格式的文档,保存在 02html 目录下,文件仍然命名为“index. html”,制作二级频道目录下的首页面。

1. 编辑网页标题标签

```
<!doctype html>
<html>
<head>
<meta charset="UTF-8">
```

```
<title>第 2 章 HTML 网页结构基础</title>
</head>
```

2. 制作页眉位置的网页标题

导航栏的“返回首页”链接，充当广告条位置的 banner 图像以及分隔用的水平线<hr>。

```
<body>
<h1 align="center">第 2 章 HTML 网页结构基础</h1>
<div> <a href="../index.html">返回首页</a> </div>
<img src="images/banner02.jpg">
<hr>
```

3. 制作第 2 章的各节标题<h3>以及各节中的案例链接

本案例仅制作二级页面，因此各个具体的案例网页暂时不制作，二级频道目录下“index.html”中各个案例的<a>链接中用 href="#"表示空链接，后续可以修改为实际链接。各小节标题用<h3>…</h3>表示，具体代码如下。

```
<hr>
<h3> <a href="#">2.1    HTML 文档基本格式</a> </h3>
<h3> <a href="#">2.2    HTML 文本控制标签及属性</a> </h3>
<h3> <a href="#">2.3    图像标签及属性</a> </h3>
<h3> <a href="#">2.4    超链接标签及属性</a> </h3>
<h3> <a href="#">2.5    列表标签及属性</a> </h3>
<h3> <a href="#">项目 2-1    制作«网页设计与制作»课程作业网站</a> </h3>
<h3> <a href="#">实训任务 2-1    制作«第二章 HTML 网页结构基础»案例作业网站
</a> </h3>
<hr>
```

4. 制作二级频道下首页的页底信息与课程作业网站首页的页底信息

二级频道下首页的页底信息与课程作业网站首页的页底信息一样，也是通过<p>标签包裹页脚的版权等信息。

```
<hr>
<p align="center">版权所有 &copy; ** 级 ** 专业 ** 班 ** 学号 ** 姓名· ** ** 年 ** 月 ** 日制
作</p>
</body>
</html>
```

Step06. 完成二级频道目录 02html 即第 2 章目录下的首页后，在浏览器中测试其显示效果，如图 2-29 所示。

Step07. 继续完成其他二级频道目录下的主页面，方法类似，其余章节也只要求显示各节标题做简单描述，链接地址可暂时以“#”空链接代替，但是要求每个网页文件都必须具备页眉标题、导航栏的“返回首页”链接，页面主体的章节链接或简单描述以及页底版权作者信息。

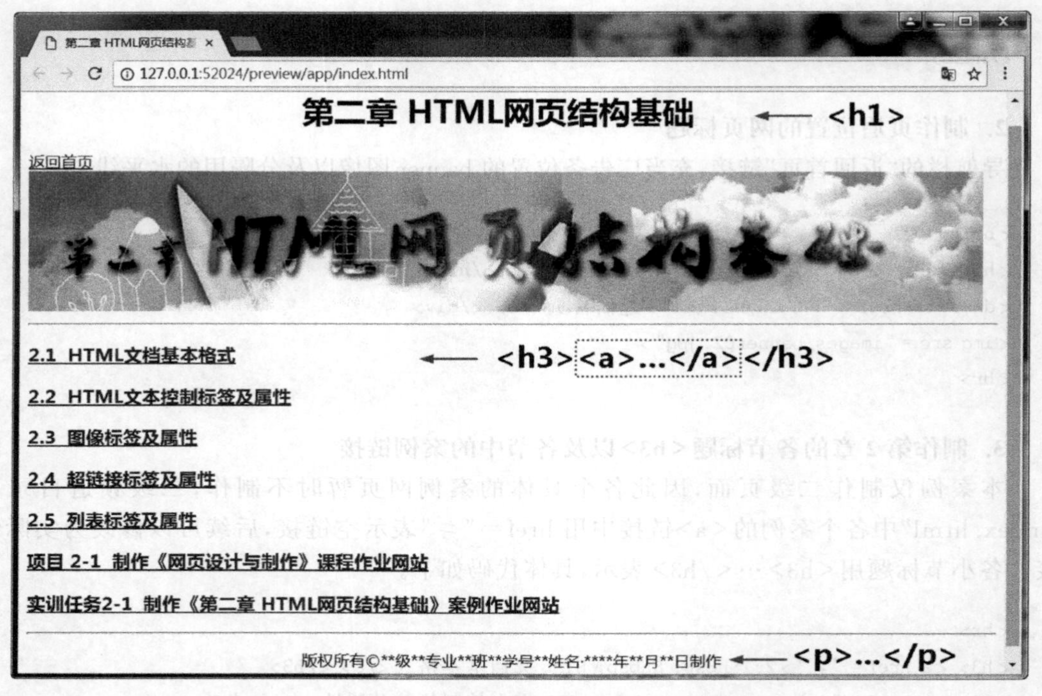

图 2-29　二级频道目录 02html 下的首页效果

Step08. 网站完成后，在多个浏览器中对完成的站点进行兼容性测试。将所完成的案例页面在多个浏览器中运行测试其兼容性，本案例在 Google Chrome、火狐、Opera、Safari for Windows 及 IE 11 版块中测试通过。

【实训作业】

实训任务 2-1　制作“第 2 章 HTML 网页结构基础”案例作业网站

仿照项目 2-1，完成第 2 章案例作业网站的制作，具体要求如下。

1. 网站目录结构明晰，有默认图像文件夹(图像文件夹命名为“images”或“img”)，图像文件命名规范。

2. 网站根目录下有首页，首页命名为“index”或“default”，首页扩展名为“html”或“htm”。

3. 网站根目录下的首页显示效果如图 2-29 所示，允许改变版式设计，作为网页广告条的 banner 图片或其他素材允许自行准备。

4. 按照第 2 章中的各个节创建二级频道目录，二级频道目录下有各自的首页及默认图像文件夹，各节目录中的首页面参考效果如图 2-30 所示。

5. 各节中的各个案例网页可以直接存放在各个二级频道目录中，注意每个案例网页文件中都必须有页眉、导航、正文、页脚。各案例页的网页效果可参考图 2-31。

6. 各个案例网页要求为 HTML5 格式文档，搭建 HTML 结构时尽量使用 HTML5 新增的语义化结构标签。

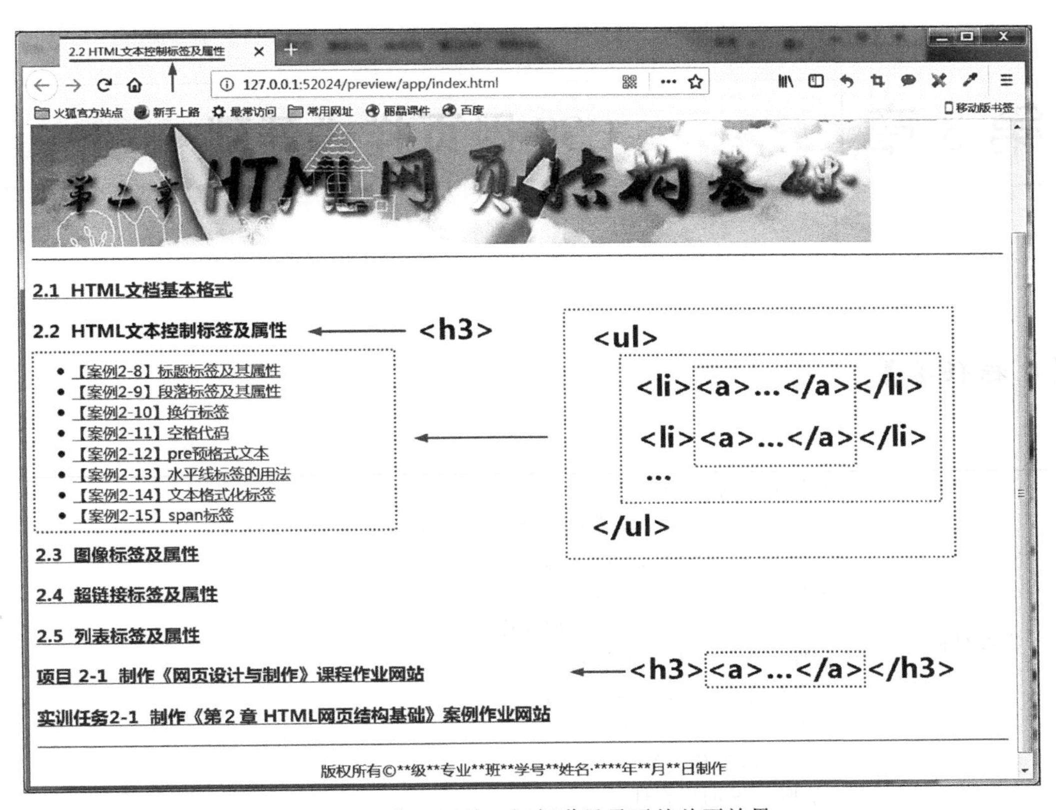

图 2-30 作业网站二级频道目录下的首页效果

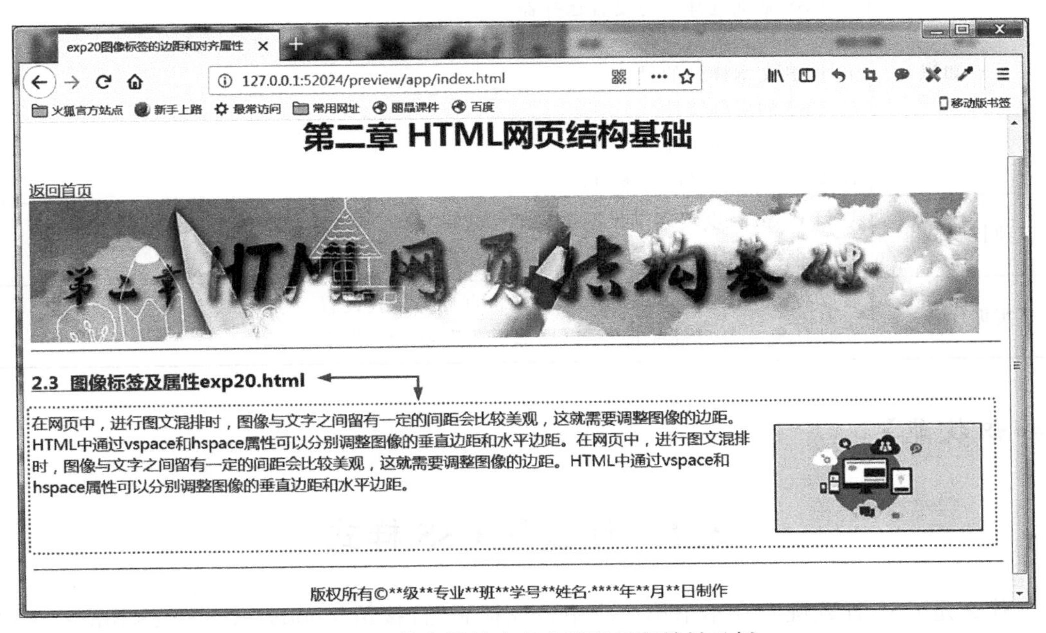

图 2-31 作业网站中各个案例网页效果示例

第3章 CSS网页样式基础

【目标任务】

学习目标	1. 掌握CSS基本概念和作用 2. 掌握Dreamweaver设置CSS样式的方法 3. 掌握引入CSS样式表的方法 4. 掌握CSS样式的语法规则 5. 掌握CSS基础选择器的类型及优先级 6. 掌握CSS文本样式的设置 7. 掌握CSS复合选择器的应用 8. 掌握CSS的继承特性 9. 掌握CSS的优先级 10. 掌握CSS的层叠性
重点知识	1. 外部、内部和行内CSS样式表的运用 2. CSS基础选择器与复合选择器 3. CSS样式语法规则 4. CSS文本样式的设置 5. CSS的层叠特性 6. CSS的继承特性 7. CSS的优先级的判断方法
项目实战	项目3-1　百度搜索结果网页局部样式设置 项目3-2　端午节习俗新闻页面
实训作业	实训任务3-1　Web前端试学班广告页局部样式设置 实训任务3-2　“商品推荐”页局部样式设置

【知识技能】

3.1　什么是CSS样式

什么是CSS样式呢？在本书第2章中曾经提到，直接给<body>、<p>、<img>、<ul>等HTML标签设置属性的方式使网页代码变得臃肿、维护不方便，并不符合Web标准的理念，在实际项目开发时，常用CSS的方式来格式化网页文档。

CSS于1994年由哈坤·利(Hakon Wium Lie)提出,当时伯特·波斯(Bert Bos)正在设计一个名为Argo的浏览器,于是他们决定一起设计CSS,以解决HTML为了满足页面设计者的需求,增加了多种显示功能属性,使得HTML网页代码变得越来越杂乱、越来越臃肿的难题。

CSS是Cascading Style Sheets的缩写,译作层叠样式表。CSS是一组样式设置规则,用于控制Web页面内容的外观,也是一种表示HTML或XML等文件样式的计算机语言,它的定义是由W3C来维护。

关于网页样式的代码通常存储在样式表文件中,与控制网页结构和内容的HTML代码分别存放在不同的位置,解决内容与表现分离的问题,符合Web标准的要求。

如图3-1所示,HTML标签设置了网页的结构,<p>标签内设置了网页的内容。应用内部CSS样式表控制页面的外观,如字体、颜色、对齐、文字间距和行间距、去掉链接下画线等文字样式;设置列表样式;设置图像阴影和透明度;设置段落或页面的背景颜色、背景图像;控制网页的布局等。

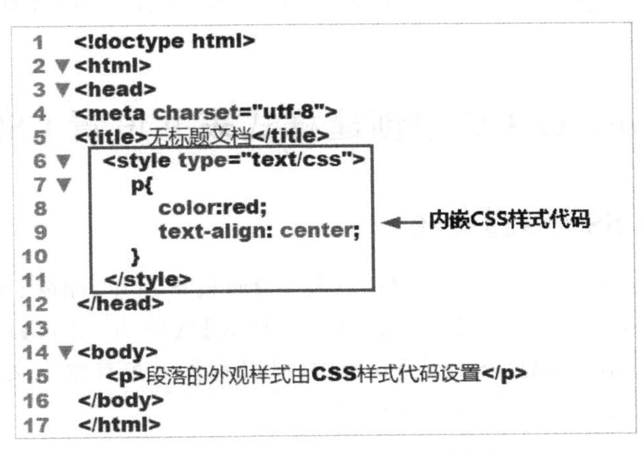

图3-1 HTML结构与CSS样式

CSS样式的优点有以下几点。

1. 表达效果丰富,更易于控制页面外观

CSS支持文字、图像的精确定位,三维层技术以及交互操作等,应用CSS样式可以更好地控制页面的外观,如字体、颜色、尺寸、调整文字间距和行间距、去掉链接下画线、设置列表样式、设置图像阴影和透明度,控制网页的布局等。

2. 内容和表现形式分离,代码简练、修改方便,更方便控制页面外观

如果说HTML是用于构建网页骨架,那么CSS就是为网页装修外观。CSS可以将页面的内容和表现形式分离,页面内容即HTML代码放在HTML文件中,用于定义代码表现形式的CSS规则,放在另一个文件(外部样式表)或HTML文档的另一部分(通常放在文件头部分)。当需要给这些网页定义样式时,只要将样式文件链接至各个网页即可,而不必再把烦琐的样式编写在每个文档结构中,这样使得HTML文档的代码更为简练,缩短浏览器的加载时间,同时也方便修改和更新,只改变CSS文件中的某一行,整个站点的网页随之改变,无须对每个页面上的每个属性都进行更新。

3. 文档体积小,节约带宽,提高传输速度

相同标签的内容有相同的样式表现,使用传统的方法需要为每个标签分别定义显示格式,造成大量重复定义,使网页代码臃肿。使用CSS,对同一类标签只需进行一次格式定义即可,大大缩小文件体积,提高传输速度,节约带宽。

4. 便于信息检索

样式与内容、结构分离,显示细节的描述并不会影响文档中数据的内在结构,搜索引擎对文档进行检索时,更容易检索到有用信息。

5. 可读性好

CSS文件内,对各种标签的显示集中定义,且定义方式直观易读,使得易学、易用、可读性、可维护性提高。而且,结构化的数据也相对简洁、清晰,突出对内容本身的描述。

6. 极大地提高了工作效率

样式通常保存在外部的 .css 文件中,站点中的所有页面的相同的样式,建立一个样式表,多个页面都可以链接此样式表。通过编辑一个简单的CSS文档,外部样式表可同时改变站点中所有页面的布局和外观,使得HTML文档的代码更为简练,缩短浏览器的加载时间。同一页面中,样式表可以控制所有相同属性的标签、类、ID,同样,通过修改style样式,控制整个页面的外观。

3.2 Dreamweaver CC中创建样式表并设置CSS样式的方法

3.2.1 认识【CSS样式】面板

在Dreamweaver CC中,可以通过【CSS样式】面板来新建、删除、编辑和应用CSS样式,以及附加外部样式表等。单击【窗口】→【CSS样式】(【Shift＋F11】)菜单,打开【CSS样式】面板,如图3-2所示。在【CSS样式】面板中,可以直观地查看整个文档中定义的所有样式,也可以直接快速更改当前所选样式的属性。

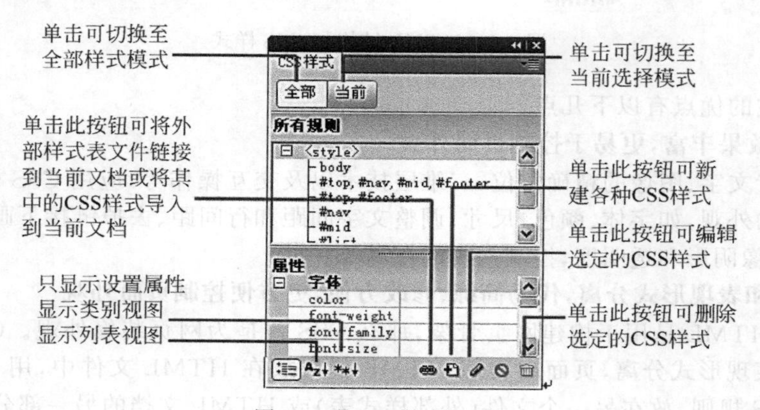

图3-2　【CSS样式】面板

【CSS样式】面板的【全部】选项卡包含两个窗格。其中,上半部分的【所有规则】窗格显示了当前文档中定义的样式和链接到当前文档的样式文件中定义的样式;下半部分的【属性】窗格可以快速编辑【所有规则】窗格中所选CSS样式的属性。

通过单击面板左下角的3个按钮,可控制属性的显示方式。其中,【类别】视图表示按类别分组显示属性（如“字体”“背景”“区块”“边框”等），并且已设置的属性位于每个类别的顶部；【列表】视图表示按字母顺序显示属性，并且已设置的属性排在顶部。此外，在类别视图和列表视图模式下，已设置的属性将以蓝色显示。要修改属性，可直接单击选择属性，进行修改。

单击【当前】选项卡按钮，【CSS 样式】面板将显示 3 个窗格（如图 3-3 所示），上部是当前所选内容的 CSS 属性摘要，中部显示了所选属性位于哪个样式中，下部显示了 CSS 样式属性。

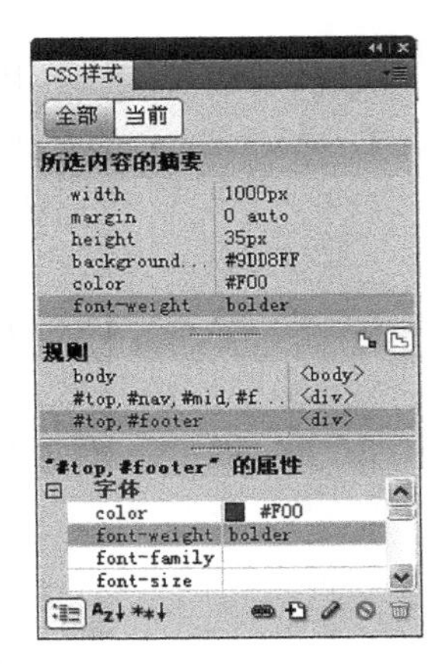

图 3-3 【CSS 样式】面板的【当前】选项卡

3.2.2 创建并编辑 CCS 样式的过程

在 Dreamweaver CC 中，可按照以下方法来创建 CSS 样式。

Step01. 在【CSS 样式】面板中单击【新建 CSS 规则】按钮，弹出【新建 CSS 规则】对话框，如图 3-4 所示。

Step02. 在【选择器类型】下拉列表中选择要创建的选择器类型，如图 3-5 所示。输入选择器名称，标签选择器不用定义选择器名称，在下拉列表中进行选择即可。在 Dreamweaver CC 中，【选择器类型】主要共有 4 种，具体内容将在本书后续章节详细讲解。

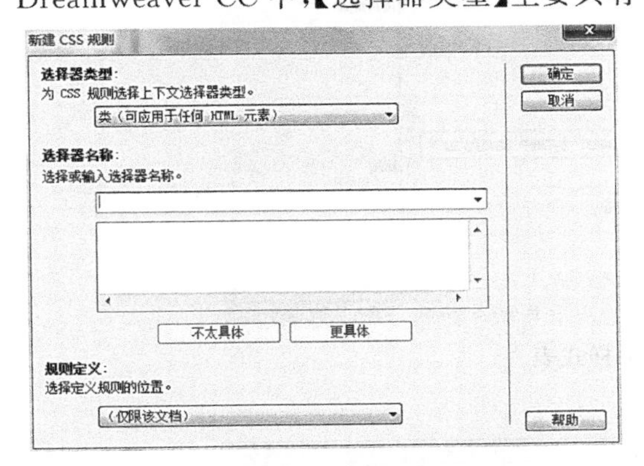

图 3-4 【新建 CSS 规则】对话框

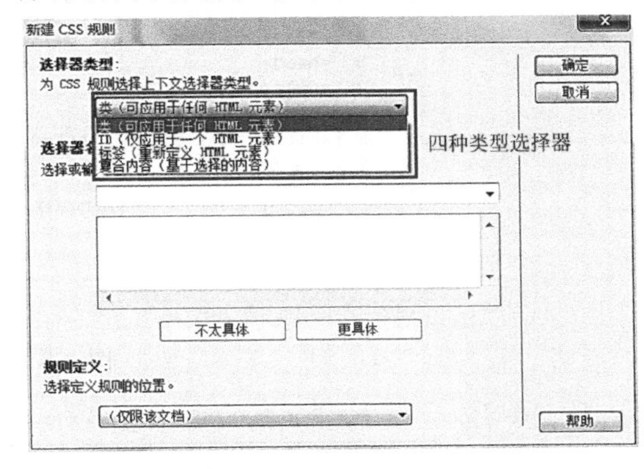

图 3-5 选择器类型

Step03. 在【规则定义】选项组中指定保存样式的位置，如图 3-6 所示。

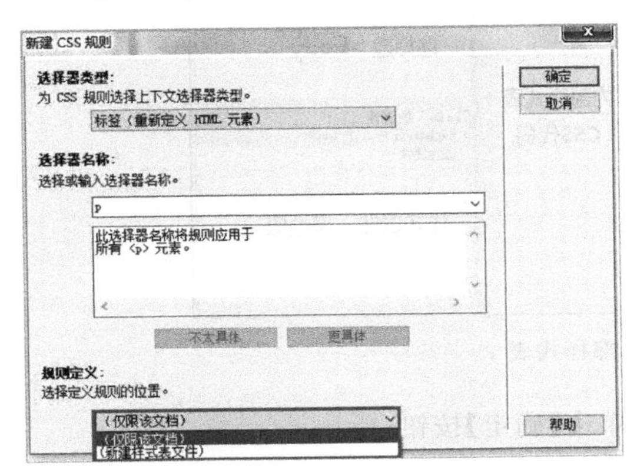

图 3-6 引入样式表的方式

选择“新建样式表文件”，弹出【将样式表另存为】对话框，如图 3-7 所示，创建一个扩展名为.css 的外部样式表文件。

在代码视图中会产生链接外部样式表的代码，如图 3-8 所示。

若在图 3-6 中选择“仅限该文档”，将新建样式保存在指定目录中，并在代码视图生成内部样式表代码，如图 3-9 所示。

Step04. 单击【确定】按钮，弹出【CSS 规则定义】对话框，如图 3-10 所示。在【body 的 CSS 规则定义】对话框左侧的【分类】列

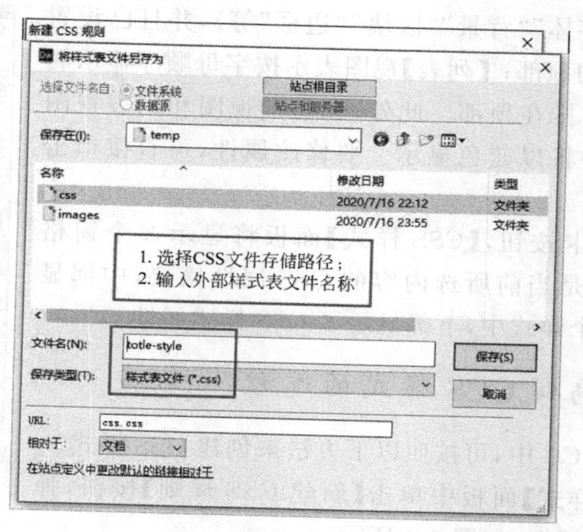

图 3-7　创建外部样式表

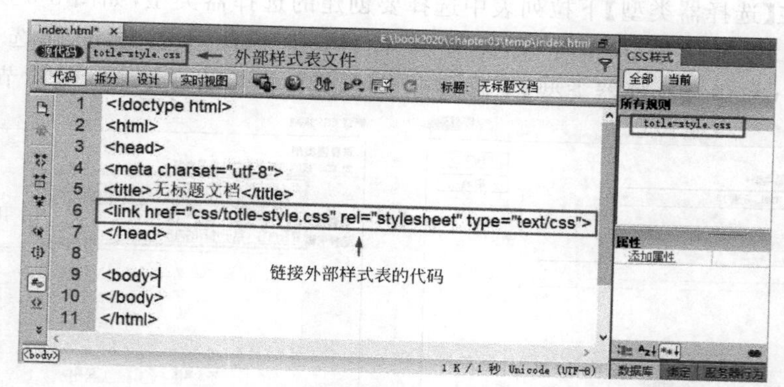

图 3-8　外部样式表

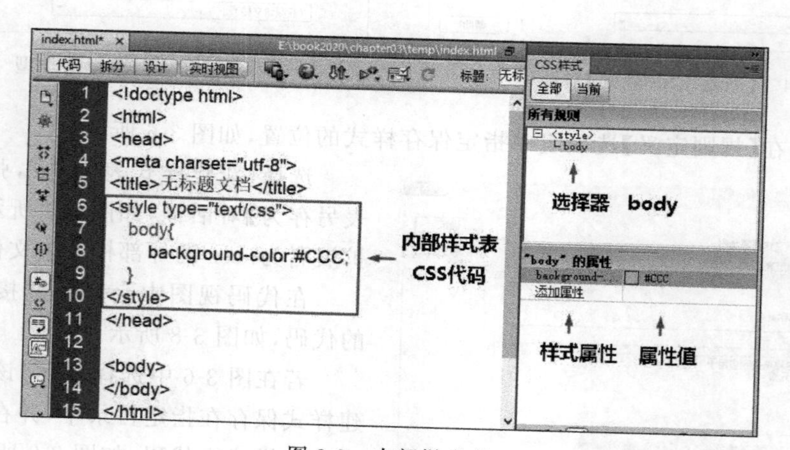

图 3-9　内部样式表

表区选择不同分类，可设置样式的不同属性。单击【确定】按钮。

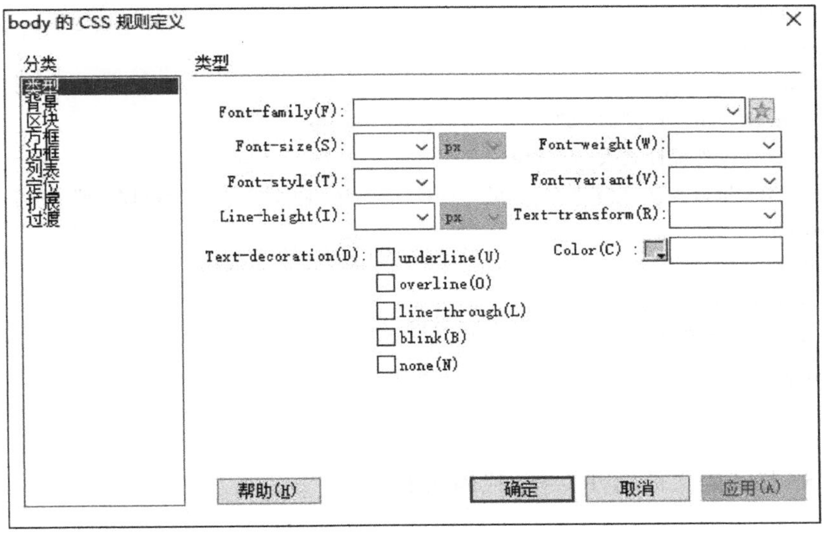

图 3-10 【CSS 规则定义】对话框

3.3 引入 CSS 样式表的方法

在 HTML 中，引入 CSS 样式有 3 种方式：外部样式表、内部样式表和行内样式。

3.3.1 外部样式表

外部样式表是将所有的样式放在一个或多个以.css 为扩展名的外部样式表文件中，在 HTML 文件的<head>标签中，通过<link />标签将外部样式表文件（扩展名为.css 的样式表文件）链接到 HTML 文档中，其基本语法格式如下。

```
<head>
<link href = "CSS 文件的路径" type = "text/css" rel = "stylesheet" />
</head>
```

该语法中，<link />标签需要放在<head>头部标签中，并且必须指定<link />标签的 3 个属性，具体如下。

- href：定义所链接外部样式表文件的 URL，可以是相对路径，也可以是绝对路径。
- type：定义所链接文档的类型，这里需要指定为“text/css”，表示链接的外部文件为 CSS 样式表。
- rel：定义当前文档与被链接文档之间的关系，这里需要指定为“stylesheet”，表示被链接的文档是一个样式表文件。

【例 3-1】 外部样式表的应用（案例文件：chapter03\example\exp3_1.html）

HTML 文档 exp3_1.html 代码如下。

```
<!DOCTYPE html>
<html lang = "en">
    <head>
        <meta charset = "UTF-8">
        <title>外部样式表</title>
        <link href = "css/style1.css"  rel = "stylesheet" type = "text/css" />
    </head>
    <body>
        <h2>exp01 标题 2</h2>
        <p>exp01 段落</p>
    </body>
</html>
```

外部CSS样式表文件 style1.css 代码如下。

```
@charset "utf-8";
/* CSS Document */
h2{color: red; }
p{color: blue; }
```

第一行代码声明该CSS文件使用utf-8编码，当文件保存为utf-8编码时，其中的中文字体可以正确显示为中文，中文注释文字也能正常显示，否则中文注释显示为乱码。第二行代码是CSS样式表的注释，表明这是一个CSS样式。

同HTML的注释一样，注释起解释说明的作用，浏览器不会解释CSS注释，也不会被显示，只有用户打开CSS文件才会看见注释与注释内容。CSS注释的开始使用/*，结束使用*/，基本语法格式如下。

```
/* 注释内容 */
```

示例代码如下。

```
h2{color: red; }  /* 设置<h2>标签的文字颜色为红色 */
p{color: blue; }  /* 设置<p>标签的文字颜色为蓝色 */
```

为了节省篇幅，在本书后续章节中省略这两行代码，只书写关键的CSS代码，完整的代码请看随书附带的CSS代码。

【例3-2】 一个外部样式表被多个HTML文档调用(案例文件：chapter03\example\exp3_2.html)

外部样式表最大的优点是同一个CSS样式表可以被不同的HTML页面链接使用，如例3-1中HTML文档exp3_1.html和本例中的HTML文档exp3_2.html都调用了外部样式表style1.css，省去了对每一个HTML网页都要进行样式设置的麻烦。

HTML 文档 exp3_2. html 代码如下。

```
<!DOCTYPE html>
<html lang = "en" >
    <head>
        <meta charset = "UTF-8" >
        <title>外部样式表</title>
        <link href = "css/style1.css"   rel = "stylesheet" type = "text/css" />
    </head>
    <body>
        <h2>exp02 标题 2</h2>
        <p>exp02 段落</p>
    </body>
</html>
```

【例 3-3】 一个 HTML 文档调用多个外部样式表(案例文件：chapter03\example\exp3_3. html)

一个 HTML 页面也可以通过多个<link />标签链接多个 CSS 外部样式表。

HTML 文档 exp3_3. html 代码如下。

```
<!DOCTYPE html>
<html lang = "en">
    <head>
        <meta charset = "UTF-8" >
        <title>外部样式表</title>
        <link href = "css/style1.css"   rel = "stylesheet" type = "text/css" />
        <link href = "css/style2.css"   rel = "stylesheet" type = "text/css" />
    </head>
    <body>
        <h2>exp03 标题 2</h2>
        <p>exp03 段落</p>
    </body>
</html>
```

外部 CSS 样式表 style1. css 代码如下。

```
h2{color: red; }   /* 设置<h2>标签的文字颜色为红色 */
p{color: blue; }   /* 设置<p>标签的文字颜色为蓝色 */
```

外部 CSS 样式表 style2. css 代码如下。

```
h2{font-size: 48px}   /* 设置<h2>标签的文字字号为 48 像素 */
p{font-size: 24px; }   /* 设置<p>标签的文字字号为 24 像素 */
```

两个外部样式表共同控制 HTML 标签的样式，<h2>标签的文字颜色为红色，字号为48 像素，<p>标签的文字颜色为蓝色，字号为 24 像素。

3.3.2 内部样式表

内部样式表是将 CSS 代码集中写在 HTML 文档的<head>头部标签中，并且用<style>标签定义，其基本语法格式如下。

```
<head>
    <title>标题</title>
    <style type="text/css">
        选择器 {属性 1: 属性值 1; 属性 2: 属性值 2; 属性 3: 属性值 3; … }
    </style>
</head>
```

<style>标签一般位于<head>标签中<title>标签之后。<style>标签的 type 属性是必需的，取值是唯一的，取值为“text/css”。表示 style 标签对之间的文本内容要作为层叠样式表 (css)来解析。

【例 3-4】 内部样式表的应用(案例文件：chapter03\example\exp3_4. html)

```
<!DOCTYPE html>
<html lang="en">
    <head>
        <meta charset="UTF-8">
        <title>内部样式表</title>
        <style type="text/css">
            h2{text-align: center; }
            p{
                font-size: 16px;
                color: red;
            }
        </style>
    </head>
    <body>
        <h2>标题 2</h2>
        <p>段落</p>
    </body>
</html>
```

内部样式只对其所在的 HTML 页面有效，因此，当单个文档需要特殊的样式时，使用内嵌式是个不错的选择。如果是一个网站，内部样式表不能充分发挥 CSS 代码的重用优势。有关网站统一样式建议使用外部样式表，可被多个网页调用；有关当前网页自身独特的样式，可以使用内部样式表。

3.3.3 行内样式

行内样式又称内联样式，是通过 HTML 标签的 style 属性来控制标签的样式，任何 HTML 标签都拥有 style 属性，用来设置行内式。其基本语法格式如下。

```
<标签名 style = "属性 1: 属性值 1; 属性 2: 属性值 2; 属性 3: 属性值 3; … ">
    内容
</标签名>
```

【例 3-5】 行内样式表的应用(案例文件：chapter03\example\exp3_5.html)

```
<!DOCTYPE html>
<html lang = "en">
    <head>
        <meta charset = "UTF-8">
        <title>行内样式</title>
    </head>
    <body>
        <h2>标题 2</h2>
        <p>段落 1</p>
        <p style = "color: red; ">段落 2, 只有段落 2 的文字变为<span>红色</span> </p>
        <p>段落 3</p>
    </body>
</html>
```

在浏览器中运行，可以看到，只有段落 2 的文字颜色变为红色，可见，行内样式只对其所在的标签及嵌套在其中的子标签起作用。行内样式以标签属性的方式存在，并没有做到结构与表现的分离，代码臃肿，一般很少使用。只有在样式规则较少且只在该元素上使用一次，或者临时修改某个样式规则时使用。

3.3.4 CSS 样式表的混合使用

行内样式表、内部样式表、外部样式表各有优势，实际项目开发中常常需要混合使用。有关整个网站统一风格的样式代码，放置在独立的外部样式文件 *.css 中，可以被各个 HTML 文档调用。某些样式独特的页面，除了链接外部样式文件，还需定义内部样式表，只控制当前页面的样式。某张网页内，需要临时修改样式规则，可暂时采用行内样式。

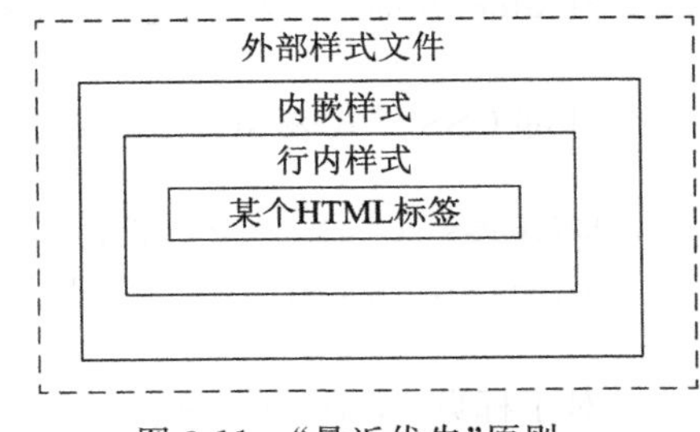

图 3-11 “最近优先”原则

对于某个 HTML 标签，如果既设置了外部样式，又设置了内部样式和行内样式，如果规定的样式没有冲突，则样式叠加；如果有冲突，则依据“最近优先”原则，如图 3-11 所示。最先考虑行内样式表显示，再考虑内部样式显示，最后采用外部样式显示，没有设置的按照 HTML 的默认样式显示。

【例 3-6】 CSS 样式表的混合应用(案例文件：chapter03\example\exp3_6.html)

HTML 文档代码如下。

```
<!DOCTYPE html>
<html lang = "en">
    <head>
        <meta charset = "UTF-8">
        <title>样式表的优先级</title>
        <link href = "css/style1.css"  rel = "stylesheet" type = "text/css" />
        <link href = "css/style2.css"  rel = "stylesheet" type = "text/css" />
        <style type = "text/css">
            h2{text-align: center; }
            p{
                font-size: 16px;
                color: green;
            }
        </style>
    </head>
    <body>
        <h2>标题 2</h2>
        <p>段落 1</p>
        <p style = "color: red; ">段落 2, 只有段落 2 的文字变为
<span>红色</span>
</p>
        <p>段落 3</p>
    </body>
</html>
```

外部 CSS 样式表 style1.css 代码如下。

```
h2{color: red; }  /* 设置<h2>标签的文字颜色为红色 */
p{color: blue; }  /*设置<p>标签的文字颜色为蓝色*/
```

外部 CSS 样式表 style2.css 代码如下。

```
h2{font-size: 48px}  /* 设置<h2>标签的文字字号为 48 像素 */
p{font-size: 24px; }  /* 设置<p>标签的文字字号为 24 像素 */
```

对于标题 2，style1.css、style2.css 和内部样式表中设置的样式没有冲突，所以，样式叠加显示；对于段落 1 和段落 3，外部样式表和内部样式表中都设置了 color 和 font-size，产生冲突，按照内部样式表设置的样式显示；对于段落 2，font-size 按照内部样式表的设置显示，color 按照行内样式表的设置显示。

3.4 CSS 样式的语法规则

使用 HTML 时，需要遵从一定的规范。CSS 亦是如此，要想熟练地使用 CSS 对网页进行修饰，首先需要了解 CSS 样式规则。CSS 样式具体格式如下。

```
选择器{属性 1: 属性值 1; 属性 2: 属性值 2; 属性 3: 属性值 3; }
```

在以上的样式规则中，选择器用于指定 CSS 样式作用的 HTML 对象，花括号内是对该对象设置的具体样式。其中，属性和属性值以"键值对"的形式出现，称为一个"声明"，属性是对指定的对象设置的样式属性，如字体大小、文本颜色等。属性和属性值之间用英文":"连接，多个"键值对"之间用英文";"进行区分。

以下代码的作用是将 p 元素内的文字颜色定义为红色，同时将字体大小设置为 20 像素。p 是选择器，color 和 font-size 是属性，red 和 20px 是属性值。

```
p {color: red; font-size: 20px; }
```

以上代码的结构如图 3-12 所示。

图 3-12　CSS 语法规则

书写 CSS 样式时，除了要遵循 CSS 样式规则，还必须注意以下几个问题。

1. 选择器区分大小写

CSS 样式中的选择器，除标签选择器外，其他选择器严格区分大小写，标签选择器最好使用小写。

2. 属性和值不区分大小写

属性和值不区分大小写，按照书写习惯，最好采用小写方式。

3. 属性名值对分号隔开

多个声明之间必须用英文状态下的分号隔开，最后一个属性后的分号可以省略。有经验的网页设计人员会在每条声明的末尾都加上分号，从现有的规则中增加声明时，尽可能地减少出错的可能性。示例代码如下。

```
p {text-align: center; color: red; }
```

4. 属性值中的双引号

如果属性的值由多个单词组成且中间包含空格，则必须为这个属性值加上英文状态下的双引号。示例代码如下。

```
p{font-family: "Times New Roman"; }
```

5. CSS 注释

在编写 CSS 代码时,为了提高代码的可读性,通常会加上 CSS 注释。注释是用以解释代码,便于开发人员查看,浏览器不会解析它。CSS 注释以“/ *”开始,以“ * /”结束。示例代码如下。

```
p {
    text-align: center; /* 文本居中对齐 */
    color: black;       /* 文字颜色为黑色 */
    font-size: 24px;    /* 文字字号为 24 像素 */
}
```

6. CSS 代码缩进

CSS 代码的排版最好在每行只描述一个属性,并且注意缩进,这样可以增强样式定义的可读性,建议初学者形成良好的 CSS 书写规范。

3.5 CSS 样式基础选择器

若将 CSS 样式应用于特定的 HTML 元素,需要找到该目标元素。在 CSS 中,执行这一任务的样式规则部分被称为选择器。

3.5.1 标签选择器

标签选择器是指用 HTML 标签名称作为选择器,按标签名称分类,为页面中某一类标签指定统一的 CSS 样式。基本语法格式如下。

```
标签名{属性 1: 属性值 1; 属性 2: 属性值 2; 属性 3: 属性值 3; … }
```

所有 HTML 标签名都可以作为标签选择器,例如 body、h1~h6、p、span、a、img 等 HTML 标签。用标签选择器定义的样式对页面中该类型的所有标签都有效。在创建或更改一个 HTML 标签的 CSS 样式后,所有使用该标签的文本的样式将得到更新。示例代码如下。

```
p{ font-size: 12px; color: #666; font-family: "宋体"; }
```

以上 CSS 样式代码用于设置 HTML 页面中所有的段落文本的字号大小为 12 像素、颜色为#666、字体为宋体。

【例 3-7】 标签选择器(案例文件: chapter03\example\exp3_7.html)

```
<!DOCTYPE html>
<html lang = "en">
    <head>
        <meta charset = "UTF-8">
        <title>标签选择器</title>
        <style type = "text/css">
            h1{color: blue; }
            p{color: #333; }
```

```
        </style>
    </head>
    <body>
        <h1>第 1 个标题</h1>
        <p>第 1 个段落</p>
        <p>第 2 个段落</p>
        <h1>第 2 个标题</h1>
        <p>第 3 个段落</p>
        <p>第 4 个段落</p>
    </body>
</html>
```

为标签<h1>设置文本颜色为蓝色，所有的<h1>标签内的文本都变成蓝色；为标签<p>设置文本颜色为#333，所有的段落文本颜色都是#333。

标签选择器最大的优点是能快速为页面中同类型的标签统一样式，但这也是它的缺点，不能设计差异化样式。如果使用标签选择器定义了<p>标签的样式，则网页中所有<p>标签的内容都变成定义的样式。若有一个<p>标签内容要求不按照预先定义的标签样式显示，就需要用到类选择器。

3.5.2 类选择器

类选择器又称自定义 CSS 样式，类选择器主要用于定义一些特殊的样式，可以多次被相同的标签调用，也可以被多种不同的标签调用，一个标签还可以同时调用多个类。类选择器名称必须以英文的句点(.)开头，类名使用字母、数字、下画线，第一个字符不能是数字，严格区分大小写。基本语法格式如下。

```
.类名{属性 1: 属性值 1; 属性 2: 属性值 2; 属性 3: 属性值 3; … }
```

类名即为 HTML 元素的 class 属性值，大多数 HTML 元素都可以定义 class 属性。在 HTML 文档中，通过标签的 class 属性调用类。注意，在 HTML 标签中调用类时，不用加英文句点。基本语法格式如下。

```
<开始标签  class = "类名">  内容 … </结束标签>
<开始标签  class = "类名 1  类名 2">  内容 …  </结束标签>
```

【例 3-8】 类选择器(案例文件：chapter03\example\exp3_8.html)

```
<!DOCTYPE html>
<html lang = "en">
    <head>
        <meta charset = "UTF-8">
        <title>类选择器</title>
        <style type = "text/css">
            h1{color: blue; }
```

```
            p{color: #333; }
            .special_1{color: red; }
            .special_2{font-size: 24px; }
        </style>
    </head>
    <body>
        <h1 class="special_1">第 1 个标题</h1>
        <p>第 1 个段落</p>
        <p class="special_1">第 2 个段落</p>
        <p class="special_1">第 3 个段落</p>
        <p class="special_1 special_2">第 4 个段落</p>
        <h1>第 2 个标题</h1>
        <p>第 5 个段落</p>
        <p>第 6 个段落</p>
    </body>
</html>
```

定义类名为.special_1 和.special_2 的类选择器并设置了 CSS 样式,.special_1 多次被<p>标签调用,也被多种标签(<h1>和<p>标签)调用,第四个段落<p>标签同时调用了两个类,两个类名之间要用空格隔开。以下写法是错误的。

```
<p class="special_1" class="special_2">内容… </p>
```

3.5.3 ID 选择器

ID 选择器的使用方法和类选择器基本相同,不同之处在于网页中的 ID 值是唯一的,同一个页面不能出现相同的 ID 名。因此,ID 选择器只能在 HTML 中使用一次,只用来对单一元素定义单独的样式。通常情况下,对页面中比较唯一、固定且不会在同一个页面内重复出现的对象使用 ID 来标志,如布局中的 logo、导航、主体包含块、版权等。基本语法格式如下。

```
#id名{属性1: 属性值1; 属性2: 属性值2; 属性3: 属性值3; … }
```

ID 选择器使用"#"进行标识,后面紧跟 id 名。id 名即为 HTML 元素的 id 属性值,大多数 HTML 元素都可以定义 id 属性,id 的命名使用字母、数字、下画线,第一个字符不能是数字,严格区分大小写。

在 HTML 文档中,通过标签的 id 属性调用 id 选择器,注意,在 HTML 标签中调用类时,不用加#。基本语法格式如下。

```
<开始标签  id="id名">内容… </结束标签>
```

【例 3-9】 ID 选择器(案例文件:chapter03\example\exp3_9.html)

```
<!DOCTYPE html>
<html lang="en">
    <head>
        <meta charset="UTF-8">
```

```
        <title>ID选择器</title>
        <style type="text/css">
            p {font-size: 20px;
                color: black;
                text-align: center;
            }
            div{width: 960px; border: 1px solid red; }/*设置所有div标签的宽度和边框*/
            #nav{height: 50px; }/*设置高度*/
            #banner{height: 80px; }
            #main{height: 200px; }
            #footer{height: 50px; }
        </style>
    </head>
    <body>
        <div id="nav"> <p>导航区</p> </div>
        <div id="banner"> <p>banner区</p> </div>
        <div id="main"> <p>主内容区</p> </div>
        <div id="footer"> <p>页脚区</p> </div>
    </body>
</html>
```

例3-9的运行效果如图3-13所示。

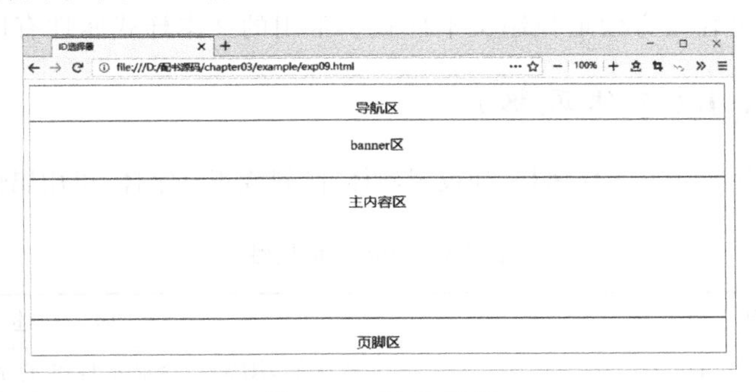

图3-13　ID选择器

不同于类选择器的多次调用，一个标签应用多个id是错误的。以下写法是错误的。

```
<p id="logo  nav">这种用法是错误的</p>
```

注意，在很多浏览器中，同一个id应用于多个标签，浏览器并不报错，但这种做法是不合理的。id不能多次使用，而class类选择器却可以重复使用，因为id的优先级高于class，所以id应该按需使用，而不能滥用。

3.5.4　通配符选择器

通配符选择器使用"*"号表示，它是所有选择器中作用范围最为广泛的，能匹配页面中所有的元素。通配符选择器经常用于CSS样式重置(reset),清除浏览器的默认样式。基本语法格式如下。

```
*{属性1: 属性值1; 属性2: 属性值2; 属性3: 属性值3; }
```

使用通配符选择器定义CSS样式,清除所有HTML标签的默认边距。示例代码如下。

```
* {
    margin: 0;                    /* 定义所有标签的外边距 */
    padding: 0;                   /* 定义所有标签的内边距 */
}
```

通配符选择器在CSS中的优先级是最低的。实际项目开发中,不建议使用通配符选择器,因为它设置的样式对所有的HTML标签都生效,这样反而降低了代码的执行速度,比较耗费资源。常连接一个外部的reset.css文件,针对不同的标签进行相关的清零设置,请参考本书附带的文件chapter03\example\css\reset.css。

3.6 常用CSS文本样式

学习HTML时,可以使用标签的属性简单控制文本的显示样式,但是这种方式烦琐且不利于代码的共享和移植,不符合Web标准的要求,因此,CSS提供了相应的文本样式属性,使用CSS可以更轻松方便地控制文本样式。常用的文本样式属性有以下几种。

3.6.1 font-style(字体风格)

font-style属性用于定义字体风格,如设置斜体、倾斜或正常字体,可用属性值如表3-1所示。

表3-1 font-style属性

属性值	描述
normal	默认值,浏览器会显示标准的字体样式
italic	浏览器会显示文字斜体的字体样式
oblique	浏览器会将文字倾斜,包括无斜体属性的文字

【例3-10】 font-style(案例文件:chapter03\example\exp3_10.html)

```
<!DOCTYPE html>
<html lang = "en">
    <head>
        <meta charset = "UTF-8">
        <title>font-style</title>
        <style type = "text/css">
```

```
            p {font-size: 20px; }
            .it{font-style: italic; }
            .ob{font-style: oblique; }
            .normal{font-style: normal; }
        </style>
    </head>
    <body>
        <p>p 标签的默认值</p>
        <p class = "it" >italic 样式</p>
        <p class = "ob" >oblique 样式</p>
        <i>i 标签的默认值</i>
        <br> <br>
        <i class = "normal" >利用"font-style: normal"取消 i 标签的默认斜体样式
</i>
    </body>
</html>
```

例 3-10 的运行效果如图 3-14 所示。

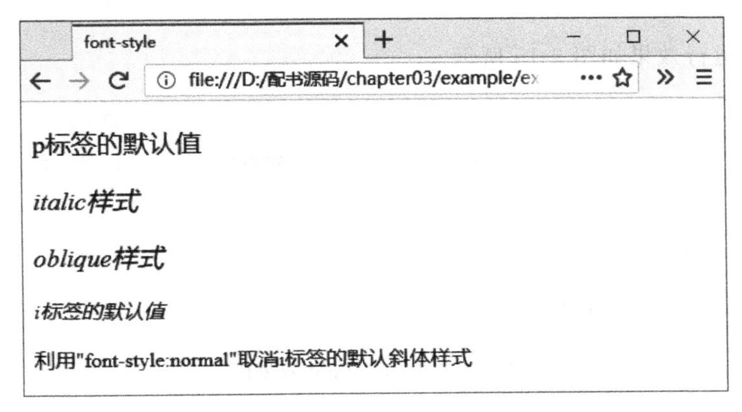

图 3-14　font-style 效果图

由图 3-14 可见，italic 与 oblique 显示效果几乎一样，实际项目开发中，常用 italic。使用 CSS 的 font-style：normal 可以取消 <i> 标签的斜体样式。

3.6.2　font-variant（变体）

font-variant 属性一般用于使英文字符表现为小型大写字母，仅对英文字符有效。可用属性值如表 3-2 所示。

表 3-2　font-variant 属性

属　性　值	描　　述
normal	默认值，浏览器会显示标准的字体
small-caps	浏览器会显示小型大写的字体，即所有的小写字母均会转换为大写。但是所有使用小型大写字体的字母与其余文本相比，其字体尺寸更小

【例 3-11】　font-variant（案例文件：chapter03\example\exp3_11.html）

```
<!DOCTYPE html>
<html lang = "en">
    <head>
        <meta charset = "UTF-8">
        <title>font-variant</title>
        <style type = "text/css">
            .var{font-variant: small-caps; }
        </style>
    </head>
    <body>
        <p>小写 www.http://hsnc.edu.com</p>
        <p class = "var">小写变小型大写 www.http://hsnc.edu.com</p>
        <p>大写 WWW.HTTP: //HSNC.EDU.COM</p>
    </body>
</html>
```

例 3-11 的运行效果如图 3-15 所示。

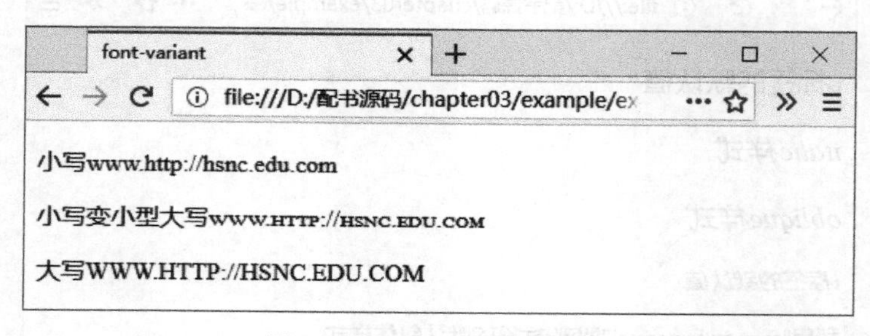

图 3-15　font-variant 效果图

由图 3-15 可见,"font-variant: small-caps"的效果大小跟小写字母一样,但样式是大写的。

3.6.3 font-weight(字体粗细)

font-weight 属性用于设置文本的粗细,可用属性值如表 3-3 所示。

表 3-3　font-weight 属性

属 性 值	描　述
normal	默认值。定义标准的字符
bold	定义粗体字符
bolder	定义更粗的字符
lighter	定义更细的字符
100～900(100 的整数倍)	定义由细到粗的字符。其中 400 等同于 normal,700 等同于 bold,值越大字体越粗

【例 3-12】　font-weight(案例文件: chapter03\example\exp3_12.html)

```html
<!DOCTYPE html>
<html lang = "en" >
<head>
    <meta charset = "UTF-8" >
    <title>font-weight</title>
    <style type = "text/css" >
        p{font-size: 24px; }
    </style>
</head>
<body>
    <p>默认值: 文字粗细</p>
    <p style = "font-weight: 400; ">400: 文字粗细</p>
    <p style = "font-weight: bold; ">bold: 文字粗细</p>
    <p style = "font-weight: 700; ">700: 文字粗细</p>
    <p style = "font-weight: 700; ">900: 文字粗细</p>
    <p style = "font-weight: bolder; ">bolder: 文字粗细</p>
    <p style = "font-weight: lighter; ">lighter: 文字粗细</p>
</body>
</html>
```

例 3-12 的运行效果如图 3-16 所示。

图 3-16　font-weight 效果图

由图 3-16 可见,数字值 400 相当于关键字 normal,也就是默认的样式,数值 700 相当于关键字 bold,即加粗样式。

3.6.4 font-size(字号大小)

font-size 属性用于设置字号大小，该属性的值可以使用相对长度单位，也可以使用绝对长度单位，具体如表 3-4 所示。

表 3-4 font-size 属性

相对长度单位	描 述
em	相对于父元素文本字号的倍数，默认 1em=16px
rem	相对于 HTML 根元素文本字号的倍数，CSS3 新增
px	像素
绝对长度单位	描 述
in	英寸
cm	厘米
mm	毫米
pt	点

相对长度单位比较常用，绝对长度单位较少使用。px 表示像素，各种浏览器的默认字号都是 16px，默认 1em=16px。rem 是 CSS3 新增的字号单位，其相对的是 Html 根元素。font-size 也可以设置为基于父元素的百分比值。

【例 3-13】 font-size(案例文件：chapter03\example\exp3_13.html)

```
<!DOCTYPE html>
<html>
    <head>
        <meta charset = "UTF-8">
        <title>font-size</title>
        <style type = "text/css">
            p{font-size: 24px; }
            span{font-size: 2em; }
        </style>
    </head>
    <body>
        <p>p 标签设置的文本字号<span>span 标签内的文本</span> </p>
    </body>
</html>
```

例 3-13 的运行效果如图 3-17 所示。

图 3-17 font-size 效果图

由图 3-17 可见，<span>标签设置字号大小是 2em，是相对于其父元素<p>标签字号大小来计算的。

3.6.5 line-height（行高）

line-height 称为行高，line-height 属性用于设置行与行之间的距离，即字符的垂直间距，行间距、行高与文字字号之间的关系如图 3-18 所示。line-height 常用单位有 3 种，分别为像素 px、相对值 em 和百分比%。初学者使用较多的是像素 px，em 是相对于当前文字字号大小来计算的。

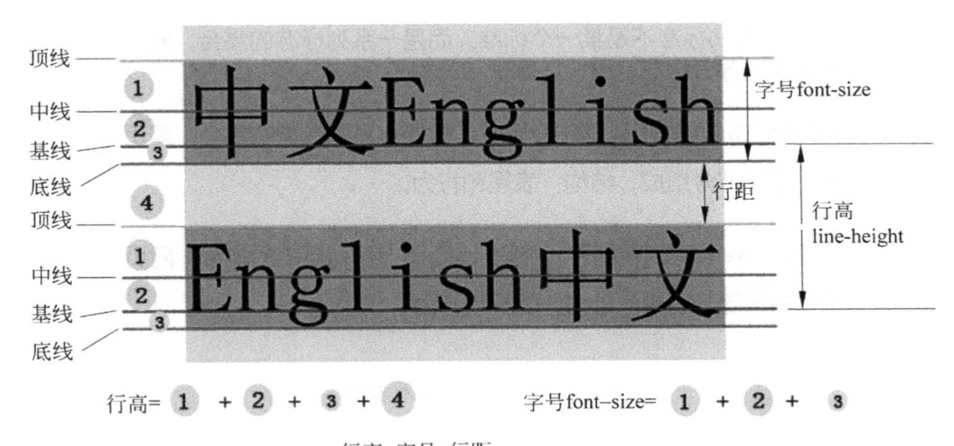

图 3-18 行间距、行高与文字字号之间的关系

line-height 与 font-size 的计算值之差（行距）分为两半，分别加到一个文本行内容的顶部和底部。因此，把 line-height 设置为与包含框相同的大小可以实现单行文字的垂直居中。

【例 3-14】 line-height（案例文件：chapter03\example\exp3_14.html）

```
<!DOCTYPE html>
<html lang="en">
    <head>
        <meta charset="UTF-8">
        <title>line-height</title>
        <style type="text/css">
            p{font-size: 24px; }
        </style>
    </head>
    <body>
        <p>第 1 段：Web 标准不是某一个标准，而是一系列标准的集合.网页主要由三部分组成：结构、表现和行为。</p>
        <p style="line-height: 48px; ">第 2 段：Web 标准不是某一个标准，而是一系列标准的集合.网页主要由三部分组成：结构、表现和行为。</p>
```

```
    <p style="line-height: 2em; ">第 3 段: Web 标准不是某一个标准,而是一系列标准的集
合.网页主要由三部分组成: 结构、表现和行为。</p>
  </body>
</html>
```

例 3-14 的运行效果如图 3-19 所示。

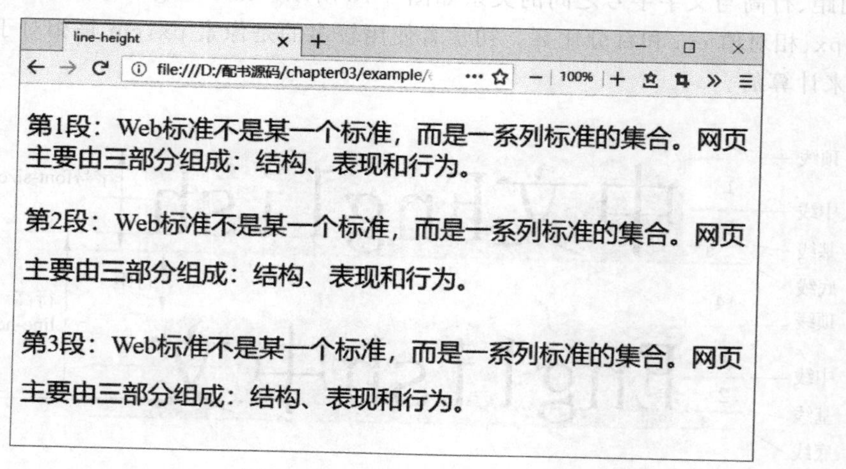

图 3-19　line-height 效果图

"line-height：48px;"与"line-height：2em;"效果相同。line-height 属性值不能使用负值,为了网页的效果美观,line-height 的值是 font-size 值的 1.2～1.5 倍。

3.6.6　font-family(字体)

font-family 属性用于设置元素的字体,前提条件是用户计算机必须安装相应的字体,才能正确显示。font-family 可以同时指定多个字体,中间以逗号隔开,如果用户浏览器不支持第一个字体,则会尝试下一个字体,若所有字体用户浏览器都不支持,则采用浏览器默认的字体显示,示例代码如下。

```
p{ font-family: "宋体"; }
h1{font-family: "黑体","微软雅黑"; }
```

以上的代码将网页中所有段落文本的字体设置为宋体,一级标题首选黑体,如果用户计算机中没有安装该字体则选择微软雅黑,当指定的字体都没有安装时,则使用浏览器默认字体。

使用 font-family 设置字体时,需要注意以下几点。

- 各种字体之间必须使用英文状态下的逗号隔开。
- 中文字体需要加英文状态下的引号,英文字体一般不需要加引号。当需要设置英文字体时,英文字体名必须位于中文字体名之前。示例代码如下。

```
h1{font-family: "宋体"; }
p{font-family: Arial, "宋体"; }
```

- 如果字体名中包含空格、#、$等符号，则该字体必须加英文状态下的单引号或双引号，示例代码如下。

```
p{font-family: "Times New Roman"; }
```

- 尽量使用系统默认字体，保证在任何用户的浏览器中都能正确显示。

3.6.7 font(综合设置字体样式)

font 属性属于复合属性，在一个声明中设置 3.6.1～3.6.6 节中所有字体属性，基本语法格式如下。

```
选择器{font: font-style  font-variant  font-weight  font-size/line-height  font-family; }
```

使用 font 属性时，必须按以上语法格式中的顺序书写，各个属性以空格隔开，font-size 与 line-height 之间采用"/"分割。示例代码如下。

```
p{ font: italic  small-caps  bold  18px/45px "微软雅黑","宋体" ; }
```

以上代码等价于以下代码。

```
p{
    font-style: italic;
    font-variant: small-caps;
    font-weight: bold;
    font-size: 18px;
    line-height: 45px;
    font-family: "微软雅黑","宋体";
}
```

其中，font-size 和 font-family 的值是必须的，其他不需要设置的属性可以省略(省略则取默认值)。例如，下面代码中表示为 h1 标签设置加粗、18 像素字号、字体为黑体。

```
h1{ font: bold  18px  "黑体"; }
```

3.6.8 color(文本颜色)

color 属性用于设置文本的颜色，取值方式有如下几种。

1. 预定义颜色值

英文单词 pink，red，green，blue 等。

```
p{ color: red; }
```

2. 十六进制的颜色值

十六进制的颜色值以"#"开头的 6 位十六进制数值表示一种颜色。6 位数字分为 3 组，每组两位，依次表示红、绿、蓝 3 种颜色的强度。实际工作中，十六进制是最为常用的方式。

```
p{ color: #ff0000; }
```


3. 十六进制颜色的缩写

当十六进制的颜色值的3组数中两两相等时,可以进行缩写。示例如下。

#ff0000　缩写为　#f00

#cc3366　缩写为　#c36

4. RGB颜色值

RGB颜色值的语法是rgb(red, green, blue)。每个参数(red、green以及blue)定义颜色的强度,取值是介于0～255的整数,或者是百分比值(0%～100%)。注意,即使百分比值为0,百分号也不能省略。

```
p{ color: rgb(255,0,0); }
p{ color: rgb(100%,0%,0%); }
```

一些典型颜色对应关系如表3-5所示。

表3-5　典型颜色对应关系

预定义颜色	十六进制	十六进制缩写	RGB
red	#ff0000	#f00	rgb(255,0,0)
green	#00ff00	#0f0	rgb(0,255, 0)
blue	#0000ff	#00f	rgb(0,0,255)
white	#ffffff	#fff	rgb(255,255,255)
black	#000000	#000	rgb(0,0,0)

5. RGBA透明色

RGBA颜色值是RGB颜色值的扩展,带有一个alpha通道,它规定了颜色的不透明度。RGBA颜色值的语法如下。

```
rgba(red, green, blue, alpha)
```

alpha参数是介于0.0(完全透明)至1.0(完全不透明)的数字。red, green, blue取值是0～255的整数。RGBA透明色需要浏览器版本为IE 9+、Firefox 3+、Chrome、Safari以及Opera 10+。示例代码如下。

```
p{ color: rgba(100%,0%,0%,.5); }
p{ color: rgba(255,0,0,.5); }
```

3.6.9　text-decoration(文本装饰)

text-decoration属性用于设置文本的装饰效果,如下画线、上画线和删除线等装饰效果,常使用text-decoration: none于取消超链接默认的下画线样式。可用属性值如表3-6所示。

表 3-6　text-decoration 属性

属　性　值	描　　述
none	默认值,没有装饰(正常文本)
underline	下画线
overline	上画线
line-through	删除线

【例 3-15】　text-decoration(案例文件：chapter03\example\exp3_15.html)

```
<!DOCTYPE html>
<html lang="en">
    <head>
        <meta charset="UTF-8">
        <title>text-decoration</title>
        <style type="text/css">
            p{font-size: 20px; }
        </style>
    </head>
    <body>
        <span>正常</span>
        <span style="text-decoration: underline; ">下画线</span>
        <span style="text-decoration: overline; ">上画线</span>
        <a href="#">默认超链接</a>
        <a href="#" style="text-decoration: none; ">去掉超链接下画线</a>
    </body>
</html>
```

例 3-15 的运行效果如图 3-20 所示。

图 3-20　text-decoration 效果图

3.6.10　text-align(水平对齐方式)

text-align 属性用于设置文本内容的水平对齐方式,相当于 HTML 标签属性中的 align 对齐属性,可用属性值如表 3-7 所示。

表 3-7　text-align 属性值

属　性　值	描　　述
left	默认值,左对齐
right	右对齐

续表

属性值	描述
center	居中对齐
justify	两端对齐

【例 3-16】 text-align(案例文件：chapter03\example\exp3_16.html)

```
<!DOCTYPE html>
<html lang="en">
   <head>
        <meta charset="UTF-8">
        <title>text-align</title>
        <style type="text/css">
             h1{text-align: center; }
             h3{text-align: right; }
             p{text-align: right; }
             span{text-align: center; }
        </style>
   </head>
   <body>
        <h1>h1 标签居中对齐</h1>
        <h2>h2 标签默认左对齐</h2>
        <h3>h3 标签右对齐</h3>
        <p>p 标签段落右对齐<span>span 标签</span> </p>
   </body>
</html>
```

例 3-16 的运行效果如图 3-21 所示。

图 3-21　text-align 效果图

text-align 可以对 h1～h6、<p>标签设置水平对齐样式，但对<span>标签设置对齐样式无效，因为 text-align 只能为块级元素设置水平对齐样式，不可以对行内元素设置，关于块级元素和行内元素的知识将在本书第 4 章讲解。

3.6.11 text-indent（首行缩进）

在浏览网页中的文章时，文本格式中最重要的效果之一是段落的首行缩进。若使用空格的方式实现首行缩进，因为不同的浏览器对空格的解析不一致，则会导致效果不理想。使每个段落首行开头文字缩进，如缩进 2 个文字距离样式，用 text-indent 属性效果非常好。其属性值可以是 px、em 等，px 表示首行缩进多少像素值，是一个固定的值；em 表示缩进值是当前文字字号的多少倍，实际项目开发时，建议使用 em 作为设置单位。

【例 3-17】 text-indent（案例文件：chapter03\example\exp3_17.html）

```
<!DOCTYPE html>
<html lang="en">
    <head>
        <meta charset="UTF-8">
        <title>text-indent</title>
        <style type="text/css">
            p{font-size: 16px; }
        </style>
    </head>
    <body>
        <p>        段落 1：在浏览网页上的文章时，文本格式中最重要的效果之一就是段落的首行缩进.若用空格的方式实现，不同的浏览器对空格的解析不一致，导致效果不理想.让每个段落首行开头文字缩进，如缩进 2 个文字距离样式，用 text-indent 属性效果非常好. </p>
        <p style="text-indent: 32px; ">段落 2：在浏览网页上的文章时，文本格式中最重要的效果之一就是段落的首行缩进.若用空格的方式实现，不同的浏览器对空格的解析不一致，导致效果不理想.让每个段落首行开头文字缩进，如缩进 2 个文字距离样式，用 text-indent 属性效果非常好. </p>
        <p style="font-size: 24px; text-indent: 48px; ">段落 3：在浏览网页上的文章时，文本格式中最重要的效果之一就是段落的首行缩进.若用空格的方式实现，不同的浏览器对空格的解析不一致，导致效果不理想.让每个段落首行开头文字缩进，如缩进 2 个文字距离样式，用 text-indent 属性效果非常好. </p>
        <p style="text-indent: 2em; ">段落 4：在浏览网页上的文章时，文本格式中最重要的效果之一就是段落的首行缩进.若用空格的方式实现，不同的浏览器对空格的解析不一致，导致效果不理想.让每个段落首行开头文字缩进，如缩进 2 个文字距离样式，用 text-indent 属性效果非常好. </p>
    </body>
</html>
```

例 3-17 的运行效果如图 3-22 所示。

段落 1 采用在 HTML 代码中添加空格代码“ ”的方式实现首行缩进，代码较为臃肿。段落 2、段落 3 和段落 4 采用 CSS 样式 text-indent 设置段落缩进，若修改为内部样式表或外部样式表，代码较为简洁；段落 2 和段落 3 的 text-indent 采用像素为单位，需要计算

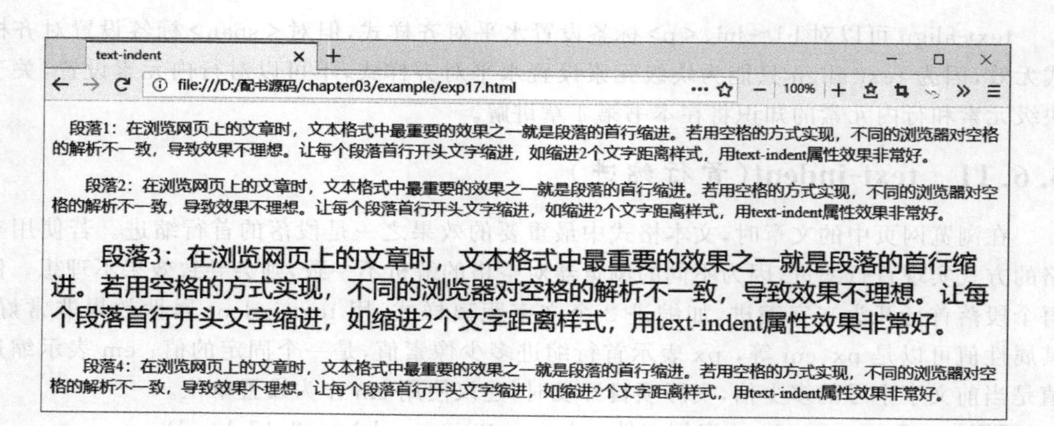

图 3-22　text-indent 效果图

当前文本的字号乘 2。段落 4 采用 em 做单位，缩进值是当前文本字号的 2 倍。

3.7　CSS 控制列表样式

定义无序或有序列表时，可以通过 HTML 标签的属性控制列表的项目符号，但是这种方式并不符合 Web 标准的理念。CSS 中有一系列的列表样式属性，可以控制列表的项目符号等样式。

list-style-type 属性可以设置无序和有序列表的项目符号或编号，list-style-type 属性值如表 3-8 所示，基本语法格式如下。

```
选择器{list-style-type: 属性值; }
```

表 3-8　list-style-type 属性值

属性值		描述
无序列表(ul)	none	不显示任何符号
	disc	显示“●”
	circle	显示“○”
	square	显示“■”
有序列表(ol)	none	不显示任何编号
	decimal	阿拉伯数字 1,2,3,…
	upper-alpha	大写英文字母 A,B,C,…
	lower-alpha	小写英文字母 a,b,c,…
	upper-roman	大写罗马数字 Ⅰ,Ⅱ,Ⅲ,…
	lower-roman	小写罗马数字 ⅰ,ⅱ,ⅲ,…

list-style-image 属性可以为各个列表项设置项目图像，属性值通过 url 的方式指定列表项目的图像路径，基本语法格式如下。

```
选择器{list-style-image: url(图像路径); }
```

list-style-position 属性可以控制列表项目符号的位置，属性值默认为 outside，表示列表项目符号位于列表文本以外。属性值还可以设置为 inside，表示列表项目符号位于列表文本以内，代码如下。

```
选择器{list-style-position: inside; }
```

【例 3-18】 CSS 控制列表样式（案例文件：chapter03\example\exp3_18.html）

```
<!DOCTYPE html>
<html lang = "en">
    <head>
        <meta charset = "UTF-8">
        <title>CSS 控制列表样式</title>
        <style type = "text/css">
            li{border: 1px solid red; }
            #test1{list-style-type: circle; }
            #test2{list-style-image: url(images/heart.png); }
            #test3{list-style-position: inside; }
        </style>
    </head>
    <body>
        <ul id = "test1">
            <li>首页</li>
            <li>HTML</li>
            <li>CSS</li>
        </ul>
        <ul id = "test2">
            <li>首页</li>
            <li>HTML</li>
            <li>CSS</li>
        </ul>
        <ul id = "test3">
            <li>首页</li>
            <li>HTML</li>
            <li>CSS</li>
        </ul>
    </body>
</html>
```

list-style 是一个复合属性，可以综合设置列表的 list-style-type、list-style-position 和 list-style-image 属性，基本语法格式如下。

```
list-style: list-style-type  list-style-position  list-style-image
```

示例代码如下。

```
ul{ list-style: circle  inside; }
```

使用复合属性 list-style 时,通常按以上语法格式中的顺序书写,各个样式之间以空格隔开,不需要的样式可以省略。

由于各个浏览器对 list-style-type 属性的解析不一致,仅靠 list-style-type 无法实现列表项目符号大小的控制,因此在实际网页制作过程中不推荐使用 list-style-type 属性来控制项目符号。

实际项目开发中,使用较多的是通过“list-style: none;”取消列表默认的项目符号或项目编号,再使用盒子模型的原理来设计列表的样式,有关盒子模型的知识将在本书第 4 章讲解。

取消列表的项目符号或项目编号的代码如下。

```
ul{list-style-type: none; }
```

或者使用 list-style 复合属性,代码如下。

```
ul{list-style: none; }
```

3.8 CSS 复合选择器

3.5 节中讲解了常用的标签选择器、类选择器 class 选择器、ID 选择器,使用这些基础选择器基本可以选中目标元素,但是在实际网页制作时,一个网页中有很多标签,好多标签存在嵌套关系,如果仅使用 CSS 的基础选择器,不能很好地组织页面样式。

CSS 复合选择器也称为派生选择器,是通过依据元素在其位置的上下文关系来定义样式,由两个或多个基础选择器,通过不同的方式组合而成,可以使标签更加简洁。对 HTML 标签也实现了更强、更方便的选择功能。

3.8.1 群组选择器

在声明 CSS 选择器时,若某些选择器的 CSS 声明是相同的,这时可以使用群组选择器(又称并集选择器),利用集体声明的方法,把相同属性和值的选择器组合同时声明。标签选择器、class 类选择器和 ID 选择器等都可以作为并集选择器的一部分,各个选择器之间通过英文状态下的逗号连接。基本语法格式如下。

```
p,h1,.special,#nav{ color: red; }
```

以上代码声明了段落、标题 1 标签内的文字,以及设置了 class 属性值为 special 和 id 属性值为 nav 的标签内的文字颜色为 red。群组选择器实际上是对 CSS 的一种简化写法,减少样式重复定义，使代码更加简洁。它的作用与单独声明每一个标签的 CSS 样式是一样的。以下代码与群组选择器声明效果是一样的，代码如下。

```
p{ color: red; }
h1{color: red; }
.special {color: red; }
#nav {color: red; }
```

【例 3-19】 群组选择器(案例文件：chapter03\example\exp3_19.html)

```
<!DOCTYPE html>
<html lang="en">
    <head>
        <meta charset="UTF-8">
        <title>群组选择器</title>
        <style type="text/css">
            span,.special,#tit{color: red; text-decoration: underline; }
        </style>
    </head>
    <body>
        <h1  id="tit">网页设计与制作</h1>
        <h2>专题 1 网页设计基础</h2>
        <h3>第一节: Web 标准</h3>
            <p class="special">Web 标准不是某一个标准,而是一系列标准的集合.</p>
            <p>Web 标准主要由三部分组成:
            <span>结构化标准语言</span>主要包括 HTML,XHTML 和 XML;
            <span>表现标准语言</span>主要包括 CSS;
            <span>行为标准</span>主要包括 W3C DOM、ECMAScript 等.
            </p>
    </body>
</html>
```

设置了<span>标签内的文本；设置了 class 属性且属性值为 special 的标签内的文本；设置了 id 属性且属性值为 tit 的标签内的文本被设置了红色、下画线。例 3-19 的运行效果如图 3-23 所示。

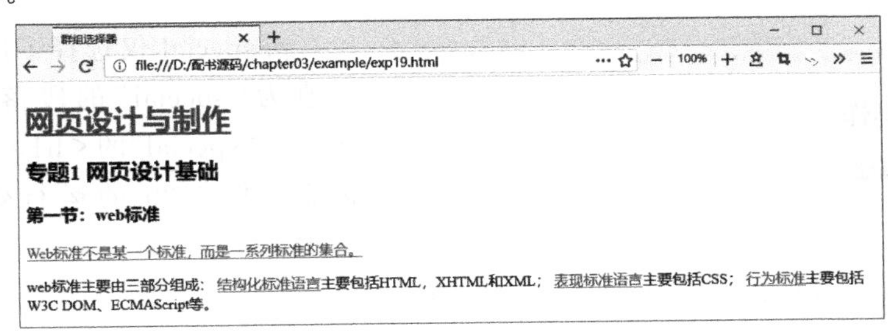

图 3-23 群组选择器

3.8.2 标签指定选择器

标签指定选择器又称交集选择器,是由两个选择器直接连接构成。第一个选择器为标签选择器,第二个选择器为 class 选择器或 ID 选择器,两个选择器之间不能有空格,必须连续书写。其结果是选中二者各自元素范围的交集,如 p. special,选择所有“class=special”的段落,即指定设置了<p>段落那些 class 属性值或者 id 属性值为指定值的标签。

例 3-20 的 HTML 网页代码中,网页正文中有很多<p>段落,有的<p>段落设置了 class=“special”,即设置了此段落的 class 类属性的值为“special”,其他标签如<h1>标签也设置了 class=“special”属性。若需要选中设置了 class=“special”的段落,而不选择设置了 class=“special”的<h1>标签,基础选择器就无法实现这一要求,必须使用标签指定式选择器。

【例 3-20】 标签指定选择器(案例文件: chapter03\example\exp3_20. html)

```
<!DOCTYPE html>
<html lang = "en">
    <head>
        <meta charset = "UTF-8">
        <title>标签指定选择器</title>
        <style type = "text/css">
            p. spe{color: red; text-decoration: underline; }
        </style>
    </head>
    <body>
        <h1 class = "spe">网页设计与制作</h1>
        <h2>专题 1 网页设计基础</h2>
        <h3>第一节: Web 标准</h3>
            <p class = "spe">Web 标准不是某一个标准,是一系列标准的集合.</p>
            <p>Web 标准主要由三部分组成:
            <span class = "spe">结构化标准语言</span>包括 HTML, XHTML 和 XML,
            <span class = "spe">表现标准语言</span>主要包括 CSS,
            <span class = "spe">行为标准</span>包括 W3C DOM、ECMAScript 等.
            </p>
    </body>
</html>
```

图 3-24 标签指定选择器

p. special 仅选择了所有 class 类属性值为“special”的段落,而没有选中 class=“special”的<h1>标签和<span>标签。例 3-20 的运行效果如图 3-24 所示。

3.8.3 后代选择器

当标签发生嵌套时，内层元素就成为外层元素的后代。网页中的导航栏会将导航栏中的各个超链接<a>标签，放在<ul>无序列表中的<li>标签内嵌套。如例 3-21 的网页 HTML 代码中，<li>标签就有<a>标签，但是<a href="#">专题学习</a>位于<ul>列表之外，若想选中<ul>标签下的所有<a>标签，而不选择其他位置的<a>标签，基础选择器就无法实现这一要求。后代选择器又称包含选择器，用来选择元素的后代元素，其写法是把父元素写在前面，后代元素写在后面，中间用空格分隔。

【例 3-21】 后代选择器(案例文件：chapter03\example\exp3_21.html)

```
<!DOCTYPE html>
<html lang="en">
    <head>
        <meta charset="UTF-8">
        <title>后代选择器</title>
        <style type="text/css">
            ul a{color: red; }
        </style>
    </head>
    <body>
        <ul class="nav">
            <li> <a href="#">首页</a> </li>
            <li>
                <a href="#">课程概要</a>
                <ul>
                    <li> <a href="#">课程简介</a> </li>
                    <li> <a href="#">教学大纲</a> </li>
                    <li> <a href="#">授课计划</a> </li>
                    <li> <a href="#">考核方案</a> </li>
                </ul>
            </li>
            <li>
                <a href="#">学习资源</a>
                <ul>
                    <li> <a href="#">项目案例</a> </li>
                    <li> <a href="#">技术拓展</a> </li>
                    <li> <a href="#">教程下载</a> </li>
                </ul>
            </li>
        </ul>
        <a href="#">专题学习</a>
```

```
    </body>
</html>
```


定义<ul>标签中的所有后代标签<a>标签文字为红色，但处在网页中其他位置的<a>标签(如本例中的“专题学习”)不受影响。

在后代选择器中，“ul a”选择器就是“ul 标签中的 a 标签”，可以解释为“作为 ul 元素后代的所有 a 元素”。使用后代选择器，直接对所需要的元素进行设置，可以避免过多地为标签设置 id 和 class 属性，代码更为简洁。后代选择器还可以多级包含，示例代码如下。

```
ul  li  ul  li a {color: red; }
ul  ul  li  a {color: red; }
```

3.8.4 子选择器

后代选择器能选择标签的所有后代元素，而子选择器只能选择作为某元素子元素的元素，如在例 3-21 的 HTML 代码中，若只想选中<ul>标签下的一级导航<li>标签，不想选中二级导航里的<li>标签，使用后代选择器就不合适了。子选择器使用大于号(子结合符)将父元素和子元素连接起来，表示只选择某个元素的子元素。

【例 3-22】 子选择器(案例文件：chapter03\example\exp3_22.html)

HTML 结构同例 3-21，CSS 代码如下。

```
<style type = "text/css">
    .nav>li>a {color: red; text-decoration: none; }   /* 选择一级导航 */
    .nav>li>ul>li>a {color: green; }                  /* 选择二级导航 */
</style>
```

例 3-22 的运行效果如图 3-25 所示。

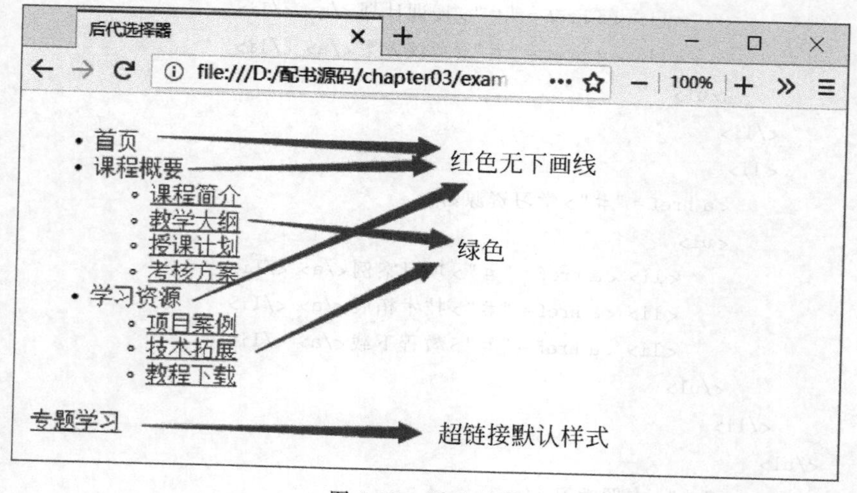

图 3-25 子选择器

子结合符两边可以有空白符，以下写法都是正确的，建议不要有空格。

```
ul>li
ul>li
ul>li
```

3.9　CSS 的继承性

CSS 样式具有继承性，所谓的继承性，是给某些元素设置样式时，子标签会继承父标签的样式。例如 color 属性设置字体颜色，后代自动继承。如果为<body>标签选择器设置文字颜色，其他标签不设置，则所有的后代标签文字颜色都继承<body>的设置(超链接、<h1>～<h6>等标签由于浏览器有默认样式，根据优先级，不显示继承的样式)。具有继承特性的样式，不必对每一个标签都书写样式属性，只需要在父标签中书写一次，子标签继承此属性，可以在一定程度上简化代码，降低 CSS 样式的复杂性。

字体、字号、文字颜色等文本样式属性具有继承性，可以在 body 元素中统一设置，通过继承影响文档中所有文本。本书第 4 章将要学习的盒子模型以及第 5 章将要学习的定位属性则不具有继承性。

【例 3-23】 CSS 的继承性(案例文件：chapter03\example\exp3_23.html)

```
<!DOCTYPE html>
<html lang="en">
    <head>
        <meta charset="UTF-8">
        <title>CSS 的继承性</title>
        <style type="text/css">
            body{
                color: red;
                font-size: 20px;
            }
        </style>
    </head>
    <body>
        <h2>h2 标签</h2>
        <h3>h3 标签</h3>
        <p>p 标签段落<span>span 标签</span> </p>
        <a href="#">a 标签超链接</a>
    </body>
</html>
```

例 3-23 的运行效果如图 3-26 所示。

<P>标签和<span>标签的文字颜色和字号大小继承了对<body>标签的设置。<h1>～

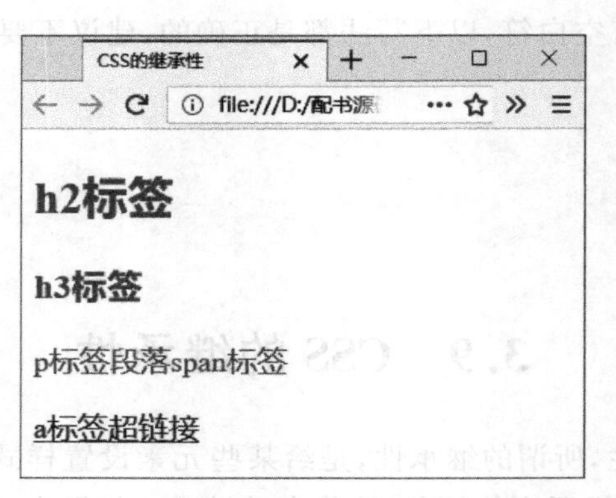

图 3-26 CSS 的继承性

<h6>标签和<a>标签，先继承<body>的设置，又由于浏览器有默认的样式，浏览器默认样式的优先级大于继承的样式优先级，所以<h1>～<h6>标签只显示继承的文本颜色，字号大小采用浏览器默认的样式，<a>标签继承 body 的字号大小，文字颜色显示浏览器默认的颜色。

3.10 CSS 的优先级

定义 CSS 样式时，经常出现两个或更多规则应用在同一元素上，这时就会出现优先级的问题。

3.10.1 外部样式表、内部样式表和行内样式的优先级

在 3.3 节的例 3-6 中，可以看到外部样式表、内部样式表、行内样式的优先级是“外部样式表＜内部样式表＜行内样式”。

当外部样式表、内部样式表都为<p>标签定义相同的 CSS 样式时，根据 CSS 的优先级，显示内部样式表定义的 CSS 样式。当外部样式表、内部样式表和行内样式都为<p>标签定义了相同的 CSS 样式时，根据 CSS 的优先级，显示行内样式定义的 CSS 样式。

3.10.2 基础选择器的优先级

CSS 基础选择器包括通配符选择器、标签选择器、类选择器和 ID 选择器。为了研究 CSS 基础选择器的优先级，首先来看一个具体的示例。

【例 3-24】 基础选择器的优先级(案例文件：chapter03\example\exp3_24.html)

```
<!DOCTYPE html>
<html lang = "en">
    <head>
        <meta charset = "UTF-8">
        <title>基础选择器的优先级</title>
        <style>
            *{color: pink; }
```

```
            p{color: red; }
            .special-1{color: blue; }
            #special-2{color: green; }
        </style>
    </head>
    <body>
        <p>第 1 个段落</p>
        <p class = "special-1" >第 2 个段落</p>
        <p class = "special-1" id = "special-2" >第 3 个段落</p>
    </body>
</html>
```

例 3-24 的运行效果如图 3-27 所示。

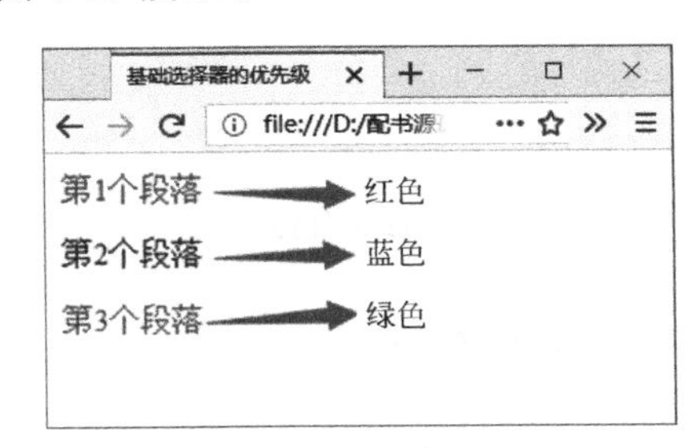

图 3-27　基础选择器的优先级

以上示例中，使用不同的选择器对同一个元素设置文本颜色，浏览器根据选择器的优先级规则解析 CSS 样式。第 1 个段落，通配符选择器的优先级低于标签选择器，文字颜色显示红色。第 2 个段落，class 选择器优先级大于标签选择器，文字颜色显示蓝色。第 3 个段落，ID 选择器优先级大于 class 选择器，文字颜色显示绿色。各种样式表中基础选择器的优先级总结如图 3-28 所示。

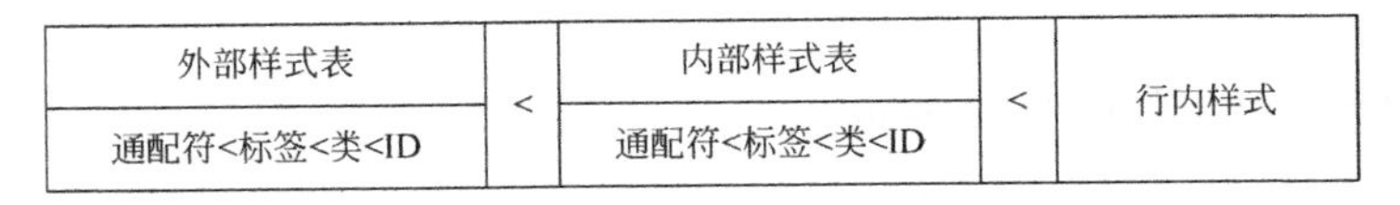

外部样式表	<	内部样式表	<	行内样式
通配符<标签<类<ID		通配符<标签<类<ID		

图 3-28　基础选择器的优先级

3.10.3　复合选择器的优先级

对于由多个基础选择器构成的复合选择器，优先级的判断需要计算权重。CSS 为每一种基础选择器都分配了一个权重，其中，标签选择器权重为 1，类选择器权重为 10，ID 选择器权重为 100。这就能很好地理解前面讲的基础选择器的优先级“标签 < 类 < id”了。此外，继承样式的权重为 0，即子元素定义的样式会覆盖继承来的样式。一个复合选择器的权重值等于组成它的基础选择器权重的叠加（并集选择器除外）。

【例 3-25】 复合选择器的优先级（案例文件：chapter03\example\exp3_25.html）

```
<!DOCTYPE html>
<html lang = "en" >
```

```
    <head>
        <meta charset = "UTF-8">
        <title>复合选择器的优先级</title>
        <style type = "text/css">
            body{color: #333; }      /*权重为: 0*/
            ul a{color: red; }       /*权重为: 1+1*/
            ul li a{color: pink; }   /*权重为: 1+1+1*/
            .nav li a{color: black; } /*权重为: 10+1+1*/
            #jianjie{color: green; }  /*权重为: 100*/
            ul li #jianjie{color: orange; }  /*权重为: 1+1+100*/
        </style>
    </head>
    <body>
        <ul class = "nav">
            <li> <a href = "#">首页</a> </li>
            <li>
                <a href = "#">课程概要</a>
                <ul>
                    <li> <a href = "#" id = "jianjie">课程简介</a> </li>
                    <li> <a href = "#">教学大纲</a> </li>
                    <li> <a href = "#">授课计划</a> </li>
                </ul>
            </li>
        </ul>
    </body>
</html>
```

例 3-25 的运行结果如图 3-29 所示。

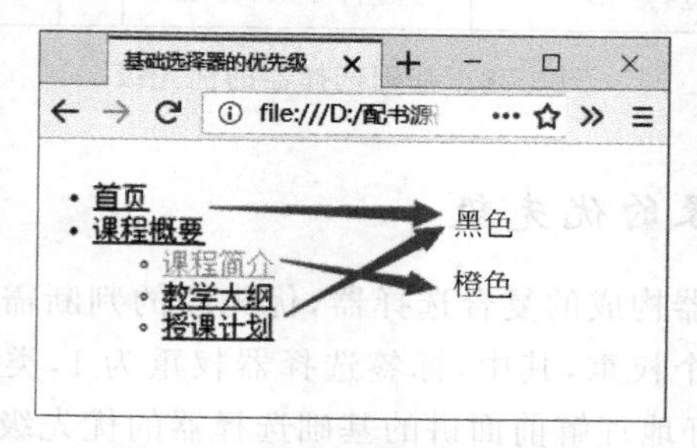

图 3-29　复合选择器的优先级

3.11　CSS 的层叠性

当同一个元素被两个选择器选中时，CSS 会根据选择器的权重决定使用哪一个选择器，权重低的选择器效果会被权重高的选择器效果覆盖，这就是 CSS 的层叠性的表现。所谓层叠性是指多种 CSS 样式的叠加。CSS 的层叠性分以下几种情况。

3.11.1 样式不冲突的层叠

当多种 CSS 样式不冲突时，多种样式叠加。

【例 3-26】 不冲突的层叠(案例文件：chapter03\example\exp3_26.html)

HTML 结构和 CSS 代码如下。

```
<!DOCTYPE html>
<html lang="en">
    <head>
        <meta charset="UTF-8">
        <title>CSS 层叠性</title>
        <style type="text/css">
            p{
                color: red;
                font-size: 14px;
            }
            .special{
                font-weight: bold;
                background-color: yellow;
            }
        </style>
    </head>
    <body>
        <p>段落文本 1</p>
        <p class="special"  id="special">段落文本 2</p>
        <p>段落文本 3</p>
    </body>
</html>
```

例 3-26 的运行效果如图 3-30 所示。

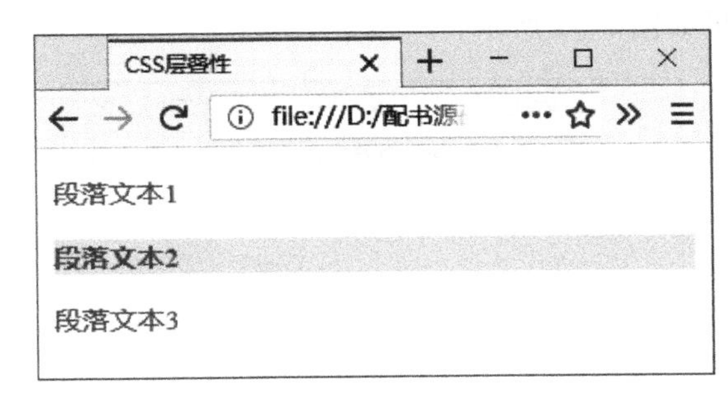

图 3-30 样式不冲突的层叠

3.11.2 样式冲突且存在优先级差别的层叠

当多种CSS样式冲突,且选择器存在优先级差别时,优先级高的选择器定义的样式将覆盖优先级低的选择器定义的样式。

【例 3-27】 存在优先级差别的层叠(案例文件:chapter03\example\exp3_27.html)

HTML结构和CSS代码如下。

```
<!DOCTYPE html>
<html lang="en">
    <head>
        <meta charset="UTF-8">
        <title>CSS 层叠性</title>
        <style type="text/css">
            p{
                color: red;
                font-size: 14px;    /* 冲突 */
            }
            .special{
                font-size: 24px;    /* 冲突 */
                font-weight: bold;
                background-color: yellow;
            }
        </style>
    </head>
    <body>
        <p>段落文本 1</p>
        <p class="special"  id="special">段落文本 2</p>
        <p>段落文本 3</p>
    </body>
</html>
```

例 3-27 的运行效果如图 3-31 所示。

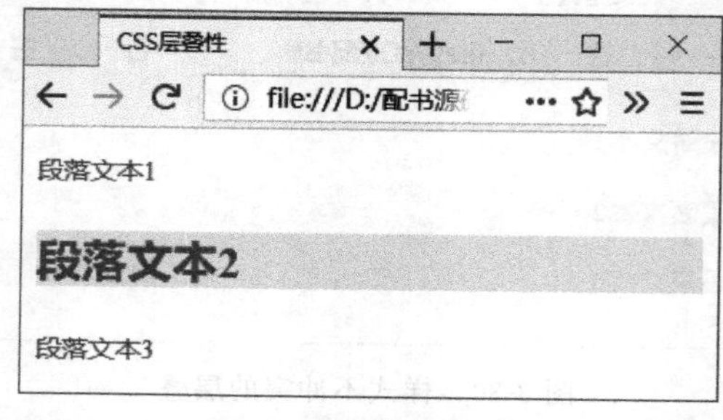

图 3-31 样式冲突且存在优先级差别的层叠

3.11.3 样式冲突且选择器优先级相同的层叠

当多种 CSS 样式冲突，且选择器优先级相同时，例如，同一选择器被多次定义，采取“后来居上”原则，即最后定义的样式将覆盖先前定义的样式。

【例 3-28】 同一选择器被多次定义(案例文件：chapter03\example\exp3_28.html)

HTML 结构和 CSS 代码如下。

```
<!DOCTYPE html>
<html lang="en">
    <head>
        <meta charset="UTF-8">
        <title>CSS 层叠性</title>
        <style type="text/css">
            p{font-size: 24px; color: red; }
            p{color: green; }
            p{color: blue; }
        </style>
    </head>
    <body>
        <p>段落文本 1</p>
        <p class="special"  id="special">段落文本 2</p>
        <p>段落文本 3</p>
    </body>
</html>
```

例 3-28 的运行效果如图 3-32 所示。

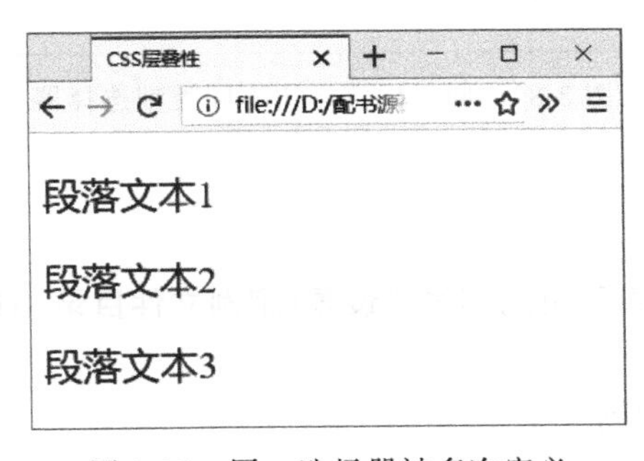

图 3-32 同一选择器被多次定义

3.11.4 样式冲突且同一标签运用不同类型选择器的层叠

同一标签运用不同类型的选择器时，优先级高的选择器定义的样式覆盖优先级低的选择器定义的样式。

【例 3-29】 同一标签运用不同类型选择器(案例文件：chapter03\example\exp3_29.html)

HTML 结构与 CSS 代码如下。

```
<!DOCTYPE html>
<html lang="en">
    <head>
        <meta charset="UTF-8">
        <title>CSS层叠性</title>
        <style type="text/css">
            .special{ background-color: yellow; }
            #special{ background-color: pink; }
        </style>
    </head>
    <body>
        <p>段落文本 1</p>
        <p class="special" id="special">段落文本 2</p>
        <p>段落文本 3</p>
    </body>
</html>
```

例 3-29 的运行效果如图 3-33 所示。

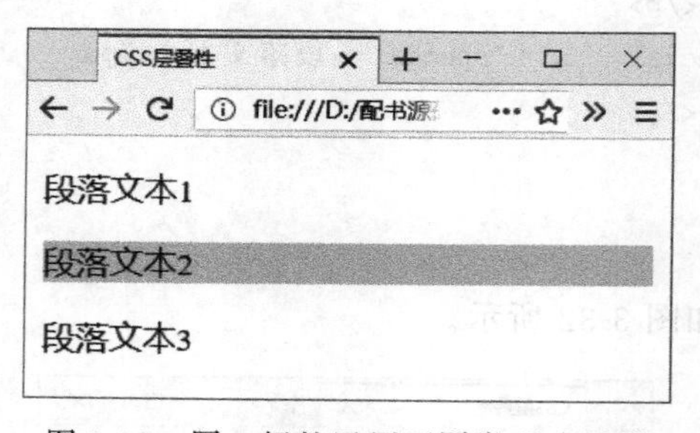

图 3-33　同一标签运用不同类型选择器

【项目实战】

项目 3-1　百度搜索结果网页局部样式设置(案例文件目录：chapter03\demo\demo3_1)

效果图

项目 3-1 的运行效果如图 3-34 所示。

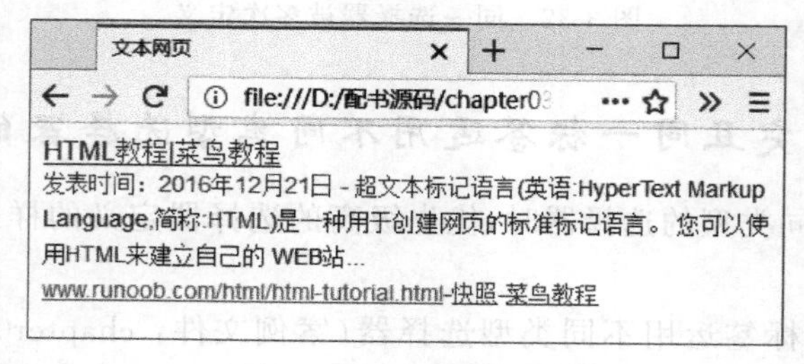

图 3-34　文本网页效果

思路分析

这是一个纯文本的网页，在百度搜索等搜索引擎中搜索的界面效果。效果图中，带下画线的是超链接，文本的颜色主要有红色、灰色、蓝色、绿色和黑色，其中，黑色是浏览器默认的文本颜色，蓝色是浏览器默认的超链接的颜色。第一行，可以用<h2>标签嵌套<a>标签，红色的文字使用<span>标签，最后一行使用<p>标签嵌套3个<a>标签，第一个<a>标签通过<class>选择器(cite)设置文字颜色为绿色，第二和第三个<a>标签通过class选择器(gray)设置为灰色。中间的文字利用<p>标签，设为一个段落，灰色和红色的文字使用<span>标签，设置<span>标签的文字颜色为红色，并用class选择器(gray)设置文字颜色为灰色。HTML结构分析如图3-35所示。

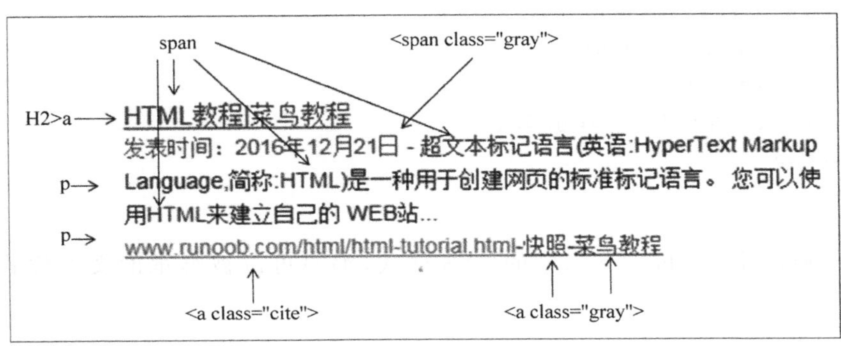

图3-35　HTML结构图示

制作步骤

Step01. 根据图3-35 HTML结构分析图，编写HTML结构代码。

```
<!DOCTYPE html>
<html lang = "en">
    <head>
        <meta charset = "UTF-8" />
        <title>文本网页</title>
    </head>
    <body>
        <h2>
            <a href = "#"> <span>HTML 教程</span>|菜鸟教程</a>
        </h2>
        <p>
            <span class = "gray">发表时间: 2016 年 12 月 21 日 - </span> <span>超文本标记语
言</span>(英语: HyperText Markup Language,简称: <span>HTML</span>)是一种用于创建网页的标
准标记语言. 您可以使用<span>HTML</span>来建立自己的 WEB 站…
        </p>
        <p>
            <a href = "#" class = "cite" >www.runoob.com/html/html-tutorial.html</a> - <a
href = "#" class = "gray">快照</a> - <a href = "http://http://www.runoob.com/" class =
"gray">菜鸟教程</a>
```

```
        </p>
    </body>
</html>
```

Step02. 建立内部 CSS 样式表，清除浏览器默认的样式，由于本例中使用了<p>、<h2>、<a>、<span>4 种标签，因为后两种标签不具备 margin 属性和 padding 属性，所以仅对<p>和<span>标签进行样式设置即可。

```
<head>
    <meta charset = "UTF-8" />
    <title>文本网页</title>
    <style type = "text/css">
        p,h2{margin: 0; padding: 0; }
    </style>
</head>
```

Step03. 通过设置<body>标签的 CSS 样式，编写可以被继承的文本样式——文字字体。

```
<style type = "text/css">
    p,h2{margin: 0; padding: 0; }
    body{font-family: arial,"宋体"; }
</style>
```

Step04. 设置<h2>标签的文字样式。

```
<style type = "text/css">
    p,h2{margin: 0; padding: 0; }
    body{font-family: arial,"宋体"; }
    h2{font-size: 16px; font-weight: 400; }
</style>
```

此时，在浏览器中测试页面显示效果如图 3-36 所示。

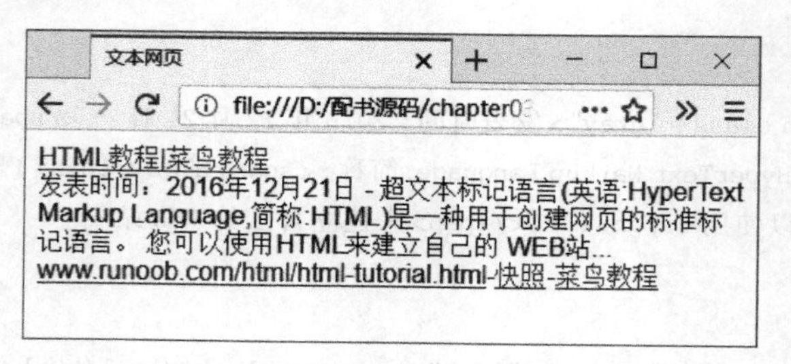

图 3-36　Step04 效果

Step05. 从图 3-36 中可见，<span>标签内的“HTML 教程”下画线是蓝色的，而效果图中下画线是红色的。设置<span>标签的文字样式可以解决这个问题。

```
<style type = "text/css">
    p,h2{margin: 0; padding: 0; }
    body{font-family: arial,"宋体"; }
    h2{font-size: 16px; font-weight: 400; }
    span{color: #c00; }
</style>
```

此时,在浏览器中测试页面显示效果如图 3-37 所示。

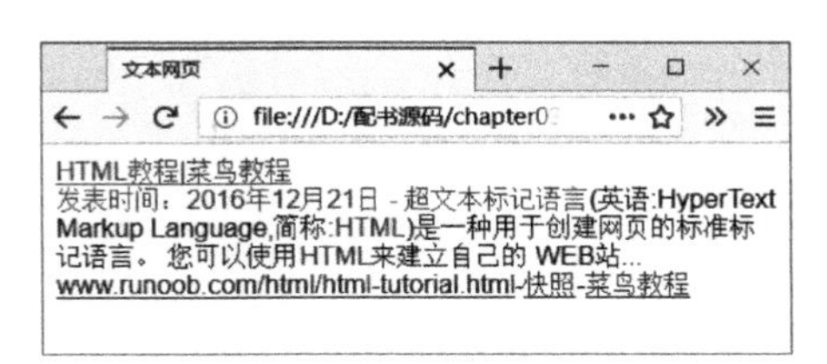

图 3-37　Step05 效果

Step06. 从图 3-37 中可以看到,中间的段落文字颜色是黑色而不是深灰色(#333),<span>标签内的“发表时间：2016 年 12 月 21 日 —”文字颜色是红色。设置段落<p>标签的文字颜色、字号、行间距,为 class=“gray”设置文字颜色为浅灰色(#666)。

```
<style type = "text/css">
    p,h2{margin: 0; padding: 0; }
    body{font-family: arial,"宋体"; }
    h2{font-size: 16px; font-weight: 400; }
    span{color: #c00; }
    p{
        font-size: 14px;
        color: #333;
        line-height: 22px;
    }
    .gray{color: #666; }
</style>
```

此时,在浏览器中测试页面显示效果如图 3-38 所示。

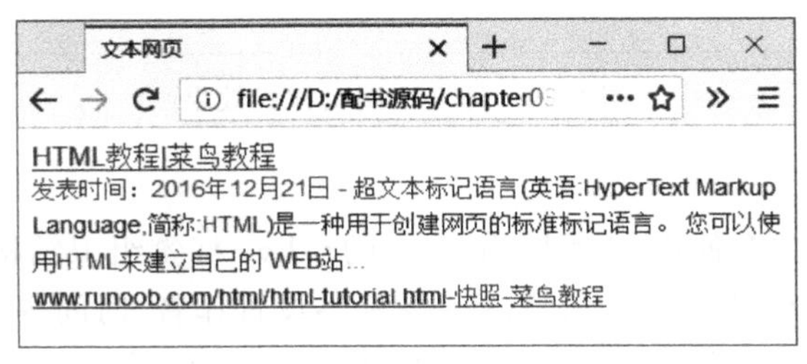

图 3-38　Step06 效果

Step07. 设置最后一行，第一个超链接的文字样式。

```
<style type = "text/css">
    p,h2{margin: 0; padding: 0; }
    body{font-family: arial,"宋体"; }
    h2{font-size: 16px; font-weight: 400; }
    span{color: #c00; }
    p{
        font-size: 14px;
        color: #333;
        line-height: 22px;
    }
    .gray{color: #666; }
    .cite{color: #4e9c62; }
</style>
```

Step08. 浏览器兼容性测试，即将所完成的案例页面在多个浏览器中运行测试其兼容性，本案例在 Google Chrome、火狐、Opera、Safari for Windows 及 IE 11 版块中测试通过。

项目 3-2　端午节习俗新闻页面（案例文件目录：chapter03\demo\demo3_2）

效果图

项目 3-2 的运行效果图如图 3-39 所示。

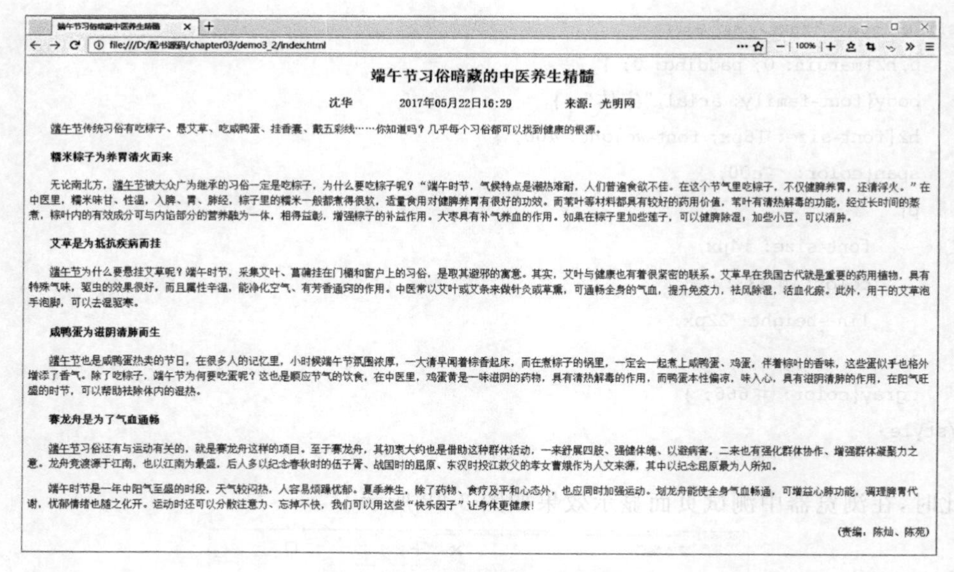

图 3-39　纯文本网页样式效果

思路分析

在本案例中，整篇文章使用 id 属性为 page 的<div>标签组织结构，并通过 ID 选择器设置文章的。利用<h2>标签设置大标题，<h3>标签设置作者、时间等信息，通过群组选择器设置居中样式。<h4>标签设置小标题，<p>标签设置段落，并通过群组选择器设置首行缩进两字符。<a>标签为“端午节”设置超链接。通过为最后一个段落设置为 class=“right”，并通过标签指定选择器设置居右对齐。

制作步骤

Step01. 根据布局及 HTML 结构分析图，编写 HTML 结构代码。

```
<!DOCTYPE html>
<html lang="en">
    <head>
        <meta charset="UTF-8">
        <title>端午节习俗暗藏中医养生精髓</title>
    </head>
    <body>
        <div id="page">
            <h2>端午节习俗暗藏的中医养生精髓</h2>
            <h3>沈华         2017 年 05 月 22 日 16: 29     
    来源: 光明网</h3>
            <p> <a href="#">端午节</a>传统习俗有吃粽子、悬艾草、吃咸鸭蛋、挂香囊、戴五彩
线……你知道吗?几乎每个习俗都可以找到健康的根源.</p>
            <h4>糯米粽子为养胃清火而来</h4>
            <p>无论南北方,<a href="#">端午节</a>被大众广为继承的习俗……</p>
            <h4>艾草是为抵抗疾病而挂</h4>
            <p> <a href="#">端午节</a>为什么要悬挂艾草呢?……</p>
            <h4>咸鸭蛋为滋阴清肺而生</h4>
            <p> <a href="#">端午节</a>也是咸鸭蛋热卖的节日,在很多人的……</p>
            <h4>赛龙舟是为了气血通畅</h4>
            <p> <a href="#">端午节</a>习俗还有与运动有关的,就是赛龙舟……</p>
            <p>端午时节是一年中阳气至盛的时段,天气较闷热,……</p>
            <p class="right">(责编: 陈灿、陈苑)</p>
        </div>
    </body>
</html>
```

Step02. 建立内部 CSS 样式表，编写 #page 的文本样式。

```
<head>
    <meta charset="UTF-8">
    <title>端午节习俗暗藏中医养生精髓</title>
    <style type="text/css">
        #page {
            font-family: "宋体";
            color: #333;
            font-size: 16px;
            line-height: 1.5em;
```

```
        }
    </style>
</head>
```


Step03. 编写<h2>、<h3>标签文本 CSS 样式，h2 采用了默认的文字大小和加粗，h3 设置文字字号，通过 font-weight 取消浏览器默认的加粗效果，利用群组选择器设置居中。

```
<style type="text/css">
    #page {
        font-family: "宋体";
        color: #333;
        font-size: 16px;
        line-height: 1.5em;
    }
    h2,h3{text-align: center; }
    h3{
        font-size: 18px;
        font-weight: normal;
    }
</style>
```

Step04. 通过群组选择器设置<h4>、<p>标签首行缩进两字符。

```
<style type="text/css">
    #page {
        font-family: "宋体";
        color: #333;
        font-size: 16px;
        line-height: 1.5em;
    }
    h2,h3{text-align: center; }
    h3{
        font-size: 18px;
        font-weight: normal;
    }
    h4,p {text-indent: 2em; }
</style>
```

Step05. 通过标签指定选择器为 class="right"设置居右对齐。

```
<style type="text/css">
    #page {
        font-family: "宋体";
        color: #333;
```

```
        font-size: 16px;
        line-height: 1.5em;
    }
    h2,h3{text-align: center; }
    h3{
        font-size: 18px;
        font-weight: normal;
    }
    h4,p {text-indent: 2em; }
    p. rigt{text-align: right; }
</style>
```

Step06. 浏览器兼容性测试，即将所完成的案例页面在多个浏览器中运行测试其兼容性，本案例在 Google Chrome、火狐、Opera、Safari for Windows 及 IE 11 版块中测试通过。

【实训作业】

实训任务 3-1　Web 前端试学班广告页局部样式设置

利用<p>标签、标题标签、<span>标签和<a>标签以及 CSS 技术制作页面效果，如图 3-40 所示。

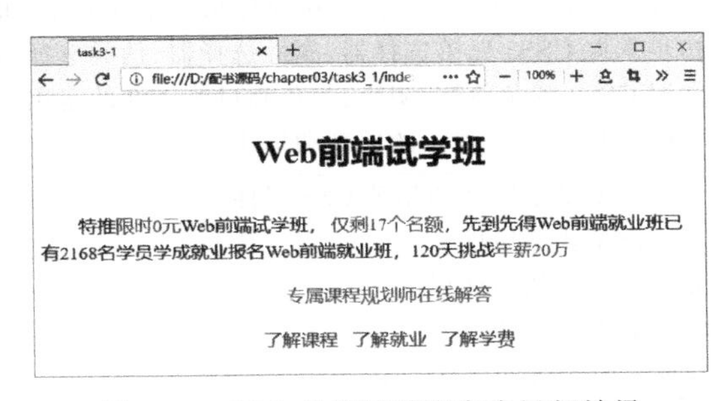

图 3-40　Web 前端试学班广告局部效果

具体要求如下。

1. 首页命名为 index 或 default，首页扩展名为. html 或. htm。
2. 合理使用<p>标签、标题标签、<span>标签和<a>标签组织网页结构。
3. 合理使用 CSS 选择器，选择器命名规范，设置文本 CSS 样式。

实训任务 3-2　"商品推荐"页局部样式设置

利用所学 HTML 标签和 CSS 技术制作"商品推荐"页面效果，如图 3-41 所示。具体要求如下。

1. 目录结构明晰，有默认图像文件夹(图像文件夹命名为 images 或 img)，图像文件命名规范。
2. 根目录下有首页，首页命名为 index 或 default，首页扩展名为. html 或. htm。
3. 合理使用所学 HTML 标签组织网页结构和布局。
4. 合理使用 CSS 选择器，选择器命名规范，设置文本 CSS 样式。

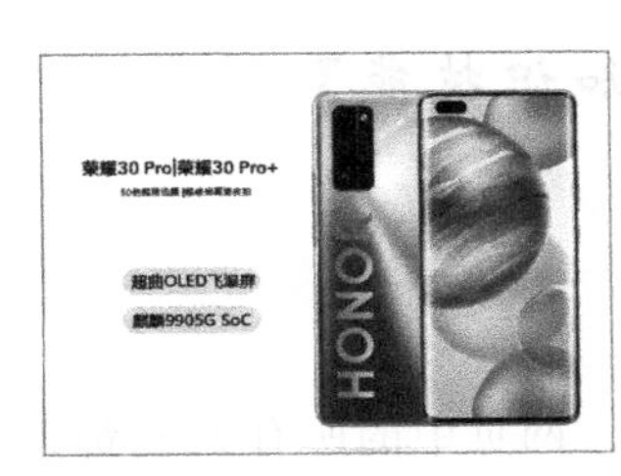

华为荣耀30 ￥3999-5499 ~~￥4999-6499~~
来自数码达人悟空大师推荐
超曲OLED飞瀑屏　麒麟9905G SoC
999666人说好

图 3-41　"商品推荐"页面效果

第4章 CSS网页样式进阶

【目标任务】

学习目标	1. 掌握盒子模型的原理 2. 掌握盒子模型相关属性(宽高属性、边框属性、内边距属性、外边距属性、背景属性) 3. 掌握元素所占空间的计算方法 4. 初步掌握 CSS3 选择器及常用的样式属性 5. 掌握元素的类型与转换 6. 掌握块元素垂直外边距合并和嵌套元素外边距合并的原理 7. 初步掌握 CSS3 兄弟选择器、属性选择器、伪类选择器的运用 8. 掌握 CSS3 圆角边框、阴影、颜色和过渡属性的运用 9. 掌握 CSS 精灵图技术的原理和运用
重点知识	1. 盒子模型基本原理和相关 CSS 属性 2. 盒子模型相关属性 3. 元素所占空间的计算 4. 元素的类型与转换 5. 块元素垂直外边距的合并
项目实战	项目 4-1 利用盒子模型原理制作“专题学习”模块效果 项目 4-2 精灵图技术的运用 项目 4-3 仿腾讯 IMQQ 网页视差背景效果
实训作业	实训任务 4-1 使用精灵图技术制作淘宝首页局部效果 实训任务 4-2 商品展示页局部效果的实现

【知识技能】

4.1 认识盒子模型

网页中的所有元素都形成某种矩形框，这里的矩形框就是本章所讲的“盒子”，所有 Html 元素都可以看作是一个盒子。深入研究盒子模型，方便对网页上各元素进行样式的设置。盒子模型是 CSS 网页布局的基础，只有掌握了盒子模型的各种规律和特征，才能更好地控制网页中各个元素所呈现的效果。

在学习盒子模型之前首先学习一个新的 HTML 标签——<div>标签。<div>标签不同于<p>标签,它不具有语义性。<div>标签可以把文档分割为独立的、不同的部分,并可以嵌套之前学过的 HTML 标签。经常为<div>标签设置 id 或 class 属性,为此标签设置相关的 CSS。基本语法格式如下。

```
<div id = "nav"> <p>导航区</p> </div>
<div id = "banner"> <p>banner 区</p> </div>
<div id = "main"> <p>主内容区</p> </div>
<div id = "footer"> <p>页脚区</p> </div>
```

盒子的组成如图 4-1 所示。在网页布局设计时,一般给盛装图片和文字的 div 盒子添加边框,而且为了美观,还在图片与盒子边框之间添加一定的留白,给图片提供适量的空间;当多个 div 盒子排列时,盒子与盒子之间最好留有一定的空隙。

盒子模型是把 HTML 页面中的元素看作一个可以装东西的矩形盒子,每个盒子都由元素的内容(content)、内边距(padding)、边框(border)和外边距(margin)4 部分组成;盒子的内容相当于盒子里所装物体的空间,由 width 与 height 控制内容的宽与高;边框相当于盒子的厚度;内边距又称填充,相当于为了防震而在盒子内填充的泡沫,即盒子内容与盒子边框之间的距离;外边距相当于在盒子周围留有一定的空间,即此盒子与其他盒子之间的距离,方便取出;每个盒子有 4 条边,因此,内边距、边框和外边距又分为上、右、下、左 4 条边,完整的盒子模型的组成如图 4-2 所示。

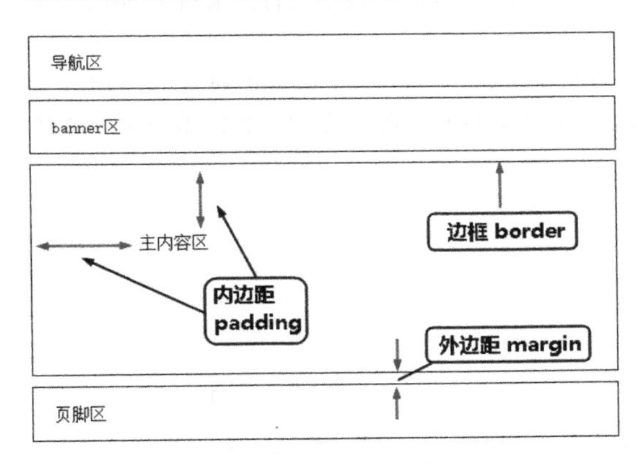

图 4-1　盒子的组成

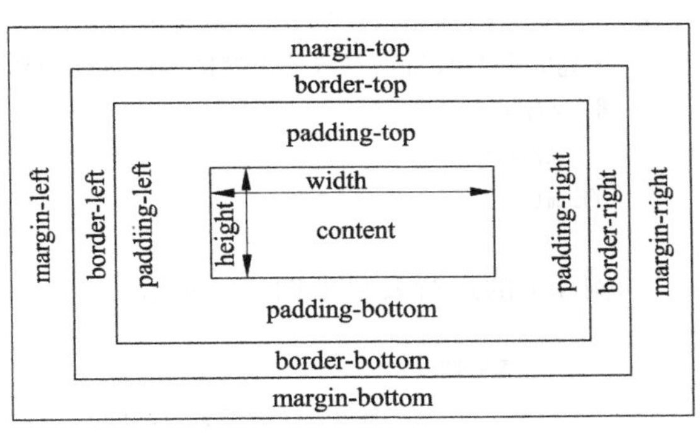

图 4-2　完整盒子模型的结构

4.2　盒子模型相关属性

要想随心所欲地控制页面中每个盒子的样式,需要通过 CSS 设置盒子模型的相关属性,达到美化、布局等作用。

4.2.1　宽高属性

网页是由多个盒子排列而成的,每个盒子都有固定的大小。在 CSS 中使用宽度属性 width 和高度属性 height 可以对盒子内容区域的大小进行控制。width 和 height 的属性值可以为不同单位的数值或相对单位(如百分比%、em 或 rem),初学者最常用的单位是像素值,制作响应式网页常用百分比、em 等单位。

【例 4-1】 宽高属性(案例文件：chapter04\example\exp4_1. html)

```
<!doctype html>
<html>
    <head>
        <meta charset = "utf-8">
        <title>宽高属性</title>
        <style>
            p{
                font-size: 20px;
                text-indent: 2em;
                background-color: #eee; /* 浅灰色背景 */
            }
            .test{ width: 400px; height: 150px; }
        </style>
    </head>
    <body>
        <p>p 标签——段落 1,未指定段落 width 属性时,默认宽度是其父元素(本例中,段落标签 p 的父元素是 body 标签。)宽度的 100%。段落内容超过父元素宽度时出现第二行。未指定 height 属性时,段落的高度由内容撑开。</p>
        <p class = "test">p 标签——段落 2,当指定段落的 width 与 height 属性后,width 与 height 属性设置的是段落内容区域的宽度和高度。本例内容区域: 宽度是 400 像素,高度是 150 像素。</p>
    </body>
</html>
```

例 4-1 的运行效果如图 4-3 所示。

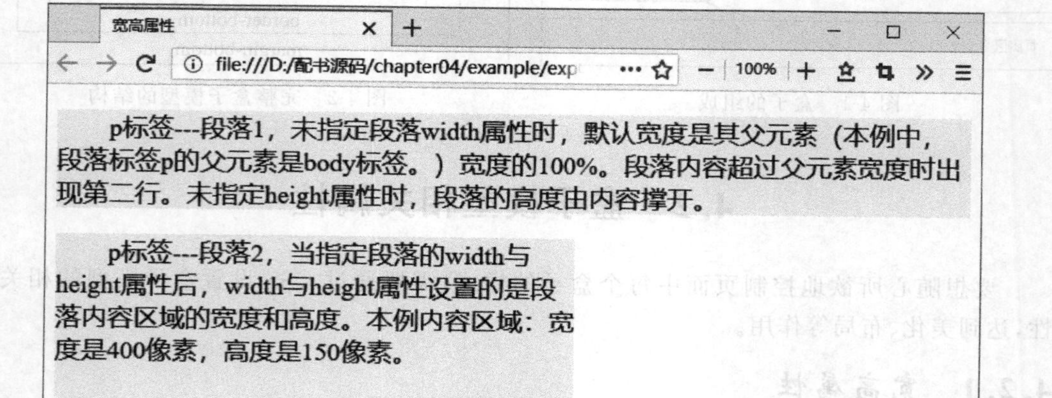

图 4-3 宽高属性的效果图

由图 4-3 所见，width 与 height 属性的设置效果，为段落标签<p>添加了声明“background-color:＃eee;”，表示为段落添加背景颜色＃eee。

4.2.2 边框属性

为了分割页面中不同的盒子，经常需要给元素设置边框效果，在网页中 HTML 元素的边框属性包括边框样式属性、边框宽度属性和边框颜色属性。常用的边框样式及属性值如表 4-1 所示。

表 4-1 边框样式属性值

属性值	说明	效果
none	无边框，即忽略所有边框的宽度（默认值）	无边框
solid	单实线边框	实线边框
hidden	隐藏边框，有边框，但边框隐藏不可见	隐藏边框
dashed	虚线边框	虚线边框
dotted	点线边框	点线边框
double	双实线边框	双实线边框
inset	内嵌效果边框	内嵌效果边框
outset	外凸效果边框	外凸效果边框
ridge	脊线式边框	脊线式边框
groove	凹槽边框	凹槽边框

1. 设置边框样式

border-style 属性用于定义页面中边框的风格。边框样式的设置方法如下。

```
border-style: 上边框样式  [右边框样式  下边框样式  左边框样式];
```

使用 border-style 属性综合设置四边样式时，方括号代表可选，必须按“上、右、下、左”的顺时针顺序进行定义，省略时采用值复制的原则，即一个值为四边边框样式相同；两个值为上下/左右；三个值为上/左右/下。

示例代码如下。

```
div {border-style: solid; }
```

上述代码表示，为 div 设置四条边的边框样式为实线。

```
div {border-style: solid  dashed; }
```

上述代码表示，为 div 设置上、右、下、左四条边的边框样式分别为实线、虚线、实线、虚线。

```
div {border-style: solid  dashed  dotted; }
```

上述代码表示，为 div 设置上、右、下、左四条边的边框样式分别为实线、虚线、点线、虚线。

```
div {border-style: solid  dashed  dotted  double; }
```


上述代码表示，为 div 设置上、右、下、左四条边的边框样式分别为实线、虚线、点线、双实线。

可以通过 border-style 属性，综合设置四条边的样式，也可以对盒子的单边进行设置，设置方法如下。

```
border-top-style: 上边框样式;
border-right-style: 右边框样式;
border-bottom-style: 下边框样式;
border-left-style: 左边框样式;
```

示例代码如下。

```
border-top-style: solid;
border-right-style: dashed;
border-bottom-style: dotted;
border-left-style: double;
```

上述代码表示，为 div 设置上、右、下、左四条边的边框样式分别为实线、虚线、点线、双实线。效果与通过 border-style 4 个属性值设置四条边样式一样。

注意：当设置边框样式为虚线、点线时，IE 8 和火狐下的显示效果不同，即虚线和点线存在兼容问题。实际项目开发时，采用背景图像的方式实现点线和虚线边框效果，背景图像的设置在本章后续部分详细介绍。

2. 设置边框宽度

border-width 属性用于定义页面中边框的宽度。边框宽度的设置方法如下。

```
border-width: 上边框宽度  [右边框宽度  下边框宽度  左边框宽度];
border-top-width: 上边框宽度;
border-right-width: 右边框宽度;
border-bottom-width: 下边框宽度;
border-left-width: 左边框宽度;
```

使用 border-width 属性综合设置四边宽度时，必须按“上、右、下、左”的顺时针顺序进行定义，采用值复制的方式，即一个值为四边相同；两个值为上下/左右；三个值为上/左右/下。边框宽度的定义规则与边框样式 border-style 的定义规则相同，此处不再赘述。

边框宽度的取值单位可以是像素或相对单位(如百分比、em、rem)。示例代码如下。

```
div {
    border-style: solid;
    border-width: 2px 4px 6px 8px;
}
```

上述代码表示，为 div 设置四条边的边框样式均为实线，上、右、下、左四条边的宽度分别为 2px、4px、6px、8px。

3. 设置边框颜色

border-color 属性用于设置边框颜色，具体设置方法如下。

```
border-color: 上边框颜色  [右边框颜色  下边框颜色  左边框颜色];
border-top - color: 上边框颜色;
border-right-color: 右边框颜色;
border-bottom - color: 下边框颜色;
border-left-color: 左边框颜色;
```

边框颜色的取值可为预定义的颜色值、十六进制的颜色值、rgb(r,g,b)或 rgb(r%,g%,b%)等，实际工作中最常用的是十六进制的颜色值。边框颜色的定义规则与边框样式 border-style 属性的定义规则相同，此处不再赘述。如下面的代码所示。

```
div {
    border-style: solid;
    border-width: 2px;
    border-color: red blue;
}
```

上述代码表示，为 div 设置四条边的边框样式均为实线，四条边的宽度均为 2px，上下边的边框颜色为 red，左右边的边框颜色为 blue。

4. 边框复合属性

能够用一个属性定义元素的多种样式，这种属性在 CSS 中称之为复合属性。font 属性就是复合属性。复合属性可以简化代码，提高页面的运行速度。边框的样式、宽度和颜色可以使用边框复合属性来定义。具体设置方法如下。

```
border-top: 上边框宽度  样式  颜色;
border-right: 右边框宽度  样式  颜色;
border-bottom: 下边框宽度  样式  颜色;
border-left: 左边框宽度  样式  颜色;
border: 四边宽度  四边样式  四边颜色;
```

注意：该设置方式中的宽度、样式、颜色顺序任意，不分先后。必须指定边框样式，若未设置边框样式或将边框样式设置为 none，则其他的边框属性无效。边框颜色和边框宽度可以省略，省略的部分将取默认值，但会因浏览器不同而有差异，所以不建议省略。

【例 4-2】 边框的设置(案例文件：chapter04\example\exp4_2.html)

```
<!doctype html>
<html>
    <head>
        <meta charset = "UTF-8">
        <title>边框</title>
        <style>
            p{
                width: 300px;
                height: 30px;
```

```
                background-color: #eee;
            }
            #test1{border: solid 2px #333; }
            #test2{
                border-style: solid;
                border-width: 2px;
                border-color: #333;
            }
            #test3{border-top: solid 4px #999; }
            #test4{border-left: double 8px #000; }
            #test5{border: red 2px; }
            #test6{
                color: green;
                border: solid 2px;
            }
        </style>
    </head>
    <body>
        <p id="test1"> </p>
        <p id="test2"> </p>
        <p id="test3"> </p>
        <p id="test4"> </p>
        <p id="test5">未设置边框样式,其他边框属性无效.</p>
        <p id="test6">边框颜色省略</p>
    </body>
</html>
```

例 4-2 的运行效果如图 4-4 所示。

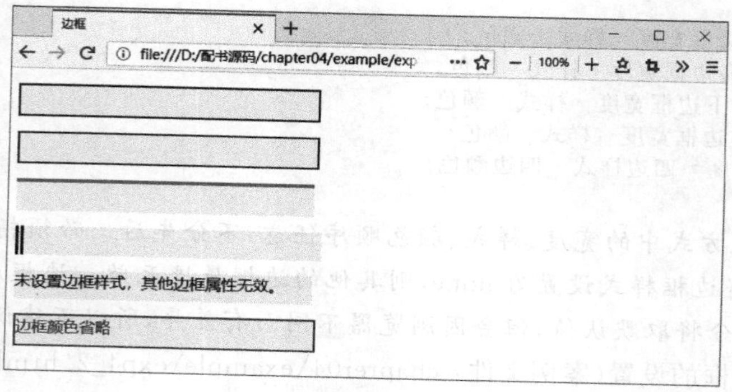

图 4-4　边框的设置效果图

例 4-2 中,为了视觉效果,为段落标签 <p> 添加了声明“background-color: #eee;”,表示为段落添加了背景颜色 #eee,关于背景的设置将在本节后续部分详细讲解。

#test1 与 #test2 视觉效果相同,#test1 代码更为简洁。#test3 仅设置了上边框的样式。#test5 未设置边框样式,导致边框宽度和边框颜色的设置无效,这是初学者经常犯的错误,注意边框样式不能省略。#test6 省略了边框颜色,定义了文本颜色为 green,边框颜色与文本颜色相同。

4.2.3 内边距属性

由图 4-4 可见，文字与边框紧密相连，网页布局并不美观。为了调整内容在盒子中的显示位置，经常需要给元素设置内边距。内边距指的是元素内容与边框之间的距离，也称为内填充。在 CSS 中，padding 属性用于设置内边距，同边框属性 border 一样，padding 也是复合属性，也可以分别设置四条边的内边距，其相关设置如下。

```
padding: 上内边距  [右内边距  下内边距  左内边距];
padding-top: 上内边距;
padding-right: 右内边距;
padding-bottom: 下内边距;
padding-left: 左内边距;
```

以上设置中，padding 相关属性的取值可为 auto（自动，默认值）、不同单位的数值、相对于父元素（或浏览器）宽度的百分比%，以及 em、rem 等，初学者最常用的是像素值，属性值 padding 不允许使用负值。同边框相关属性一样，使用复合属性 padding 定义内边距时，方括号代表可选，必须按“上、右、下、左”的顺时针顺序，省略时采用值复制的原则，即一个值为四边内边距相等；两个值为上下/左右；三个值为上/左右/下。四个值为上/右/下/左。

【例 4-3】 内边距的设置（案例文件：chapter04\example\exp4_3.html）

```
<!doctype html>
<html>
  <head>
    <meta charset="utf-8">
    <title>内边距</title>
    <style>
        div{
            width: 200px;
            height: 50px;
            border: solid 2px #666;
        }
        #test1{padding: 0px; }
        #test2{padding: 5px; }
        #test3{padding-top: 10px; }
        #test4{padding: 0 10px; }
    </style>
  </head>
  <body>
    <div id="test1"><img src="images/img01.jpg" alt=""></div><br/>
    <div id="test2"><img src="images/img01.jpg" alt=""></div><br/>
    <div id="test3"><img src="images/img01.jpg" alt=""></div><br/>
    <div id="test4"><img src="images/img01.jpg" alt=""></div>
```

```
    </body>
</html>
```


例 4-3 的运行效果如图 4-5 所示。

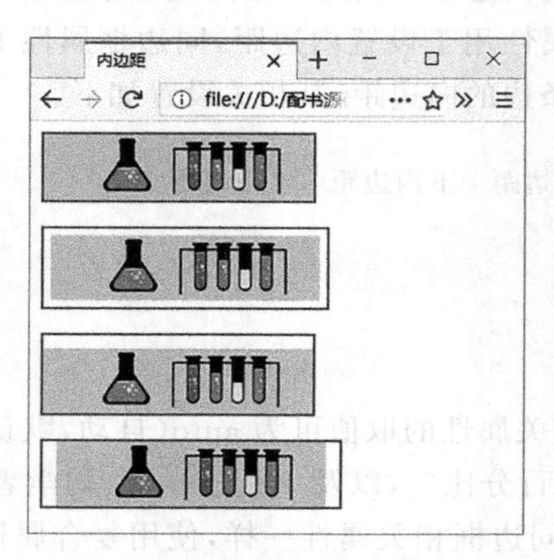

图 4-5　内边距属性的效果图

由图 4-5 可见,随着内边距的变化,宽高为"width: 200px; height: 50px;"的 div 盒子所占的空间随之变化,在后续内容中将详细探讨盒子所占空间问题。

4.2.4　外边距属性

网页是由多个盒子排列而成的,要想拉开盒子与盒子之间的距离,合理地利用留白为网页进行布局设计,就需要为盒子设置外边距。外边距指的是元素边框与相邻元素之间的距离。

1. 外边距的基本语法

在 CSS 中,margin 属性用于设置外边距。margin 是一个复合属性,属性值取 1～4 个值的情况与内边距 padding 的用法相同,也可以分别设置四条边的外边距,具体设置方法如下。

```
margin: 上外边距 [右外边距　下外边距　左外边距];
margin-top: 上外边距;
margin-right: 右外边距;
margin-bottom: 下外边距;
margin-left: 上外边距;
```

以上设置中,margin 属性的取值可为 auto(自动,默认值)、不同单位的数值、相对于父元素(或浏览器)宽度的百分比%,以及 em、rem 等,初学者最常用的是像素值。同边框相关属性一样,使用复合属性 margin 定义外边距时,方括号代表可选,必须按"上、右、下、左"的顺时针顺序,省略时采用值复制的原则,即一个值为四边外边距相等;两个值为上下/左右;三个值为上/左右/下。

【例 4-4】　外边距的设置(案例文件: chapter04\example\exp4_4.html)

```
<!doctype html>
<html>
    <head>
```

```
        <meta charset = "utf-8" >
        <title>外边距</title>
        <style>
            body{padding: 0; margin: 0; }
            div{
                float: left;
                width: 100px;
                height: 80px;
                border: solid 3px #999;
                padding: 10px;
                margin: 0px;
            }
        </style>
    </head>
    <body>
        <div> <img src = "images/img02.jpg" alt = ""> </div>
        <div> <img src = "images/img02.jpg" alt = ""> </div>
    </body>
</html>
```

例 4-4 的运行效果如图 4-6 所示。

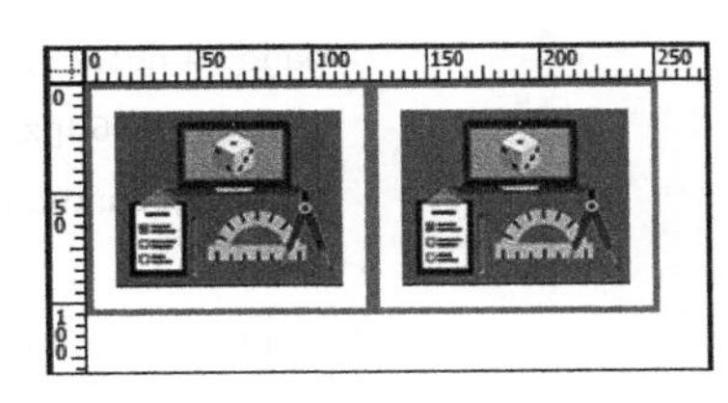

图 4-6 设置外边距为 0 时的效果

若不设置 margin 和 padding 的值，浏览器会为 <body>、<div>、<p>等标签的 margin 和 padding 分配默认的一个非零值。为了验证 margin 的效果，通过"body{padding: 0; margin: 0; }"声明了 body 的内边距、外边距为 0。左侧 div 与页面边框之间的距离为 0，两个 div 与页面上边框之间的距离为 0。

通过"float: left;"声明使两个 div 在一行显示。关于 float 属性将在本书第 5 章讲解。当设置 div 外边距为 0 时，与两个 div 之间的距离是 0，两个 div 边框之间没有一点空隙。

将上面 CSS 代码中 margin 的值改为 20px，如下面代码所示。

```
margin: 20px;
```

上述代码的运行效果如图 4-7 所示。

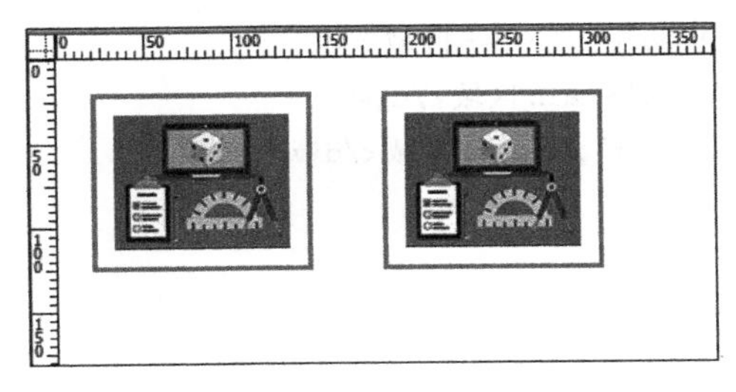

图 4-7 设置外边距为正数时的效果

两个 div 之间的横向距离为前一个 div 右外边距数值与后一个 div 左外边距数值之和，即 20px+20px=40px。

2. 左右外边距设置为 auto 使块元素居中

外边距取值为 auto 时，表示自动分配外边距。实际设计中，进行网页布局时经常对块元素设置宽度属性 width，并将左右外边距都设置为 auto，可以使块级元素水平居中，示例代码如下。

【例 4-5】 外边距取值为 auto(案例文件：chapter04\example\exp4_5.html)

```
<!doctype html>
<html>
    <head>
        <meta charset = "utf-8">
        <title>外边距取值 auto 实现居中布局</title>
        <style>
            body{
                margin: 0;
                padding: 0;
                font-size: 60px;
                text-align: center;
            }
            #page, #header, #main, #footer{
                width: 960px;
                background-color: #ccc;
            }
            #page{ margin: 0 auto; }/*外边距取值 auto 实现居中布局*/
            #header{ height: 100px; }
            #main{
                height: 350px;
                background-color: #eee;
            }
            #footer{height: 80px; }
        </style>
    </head>
    <body>
        <div id = "page">
            <div id = "header">header 区域</div>
            <div id = "main">main 区域</div>
            <div id = "footer">footer 区域</div>
        </div>
    </body>
</html>
```

例 4-5 的运行效果如图 4-8 所示。

图 4-8 左右外边距设置为 auto 实现居中效果

当浏览器宽度大于 div 宽度时，无论浏览器多大，div 始终居中显示。这样的布局设计，使得固定宽度的网页在高分辨率的计算机中，以居中的方式处理多余的空间，显示效果比较好。

3. 外边距取负值

前文讲解了外边距取正数和 auto 的情况，外边距的取值还可以使用负值，使相邻元素重叠，或者使子元素"冲出"父元素的范围。

【例 4-6】 外边距取值为负值(案例文件：chapter04\example\exp4_6.html)

```
<!doctype html>
<html>
    <head>
        <meta charset = "utf-8">
        <title>外边距取负值</title>
        <style>
            * {padding: 0; margin: 0; }
            body{font-size: 36px; }
            .outer{
                width: 400px;
                height: 300px;
                background-color: #eee;
                padding: 0;
                margin: 50px auto;
            }
            .inner1,.inner2{
                width: 150px;
                height: 50px;
                border: 3px solid red;
            }

            .inner3,.inner4{
```

```
                float: left; /*使两个盒子在一行排列*/
                border: 2px solid red;
            }
        </style>
    </head>
    <body>
        <div class="outer">
            <div class="inner1">inner1</div>
            <div class="inner2">inner2</div>
            <br>
            <div class="inner3"><img src="images/img03.png"></div>
            <div class="inner4"><img src="images/img04.png"></div>
        </div>
    </body>
</html>
```

例 4-6 的运行效果如图 4-9 所示。

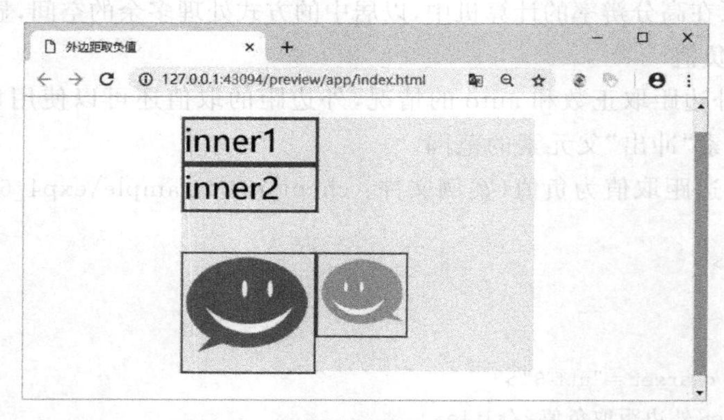

图 4-9　元素外边距为 0 时的效果

使用通配符选择器将所有元素外边距设置为“0”,“.inner1”和“.inner2”外边距为“0”,二者在“.outer”盒子内;“float:left;”声明使两个盒子在一行排列,当“.inner3”和“.inner4”外边距为“0”时,二者相邻排列。当将“.inner2”和“.inner4”的左外边距设置为负值时,代码如下所示。

```
.inner2{margin-left: -40px; }
.inner4{
    margin-left: -60px;
    margin-top: -20px;
}
```

其运行效果如图 4-10 所示。

“.inner2”左外边距为“-40px”,子元素“冲出”父元素的范围;“.inner4”左外边距为“-60px”,“.inner3”与“.inner4”发生重叠现象,上外边距为“-20px”,“.inner4”在原来位置基础上向上移动 20px。取消边框效果,如图 4-11 所示。

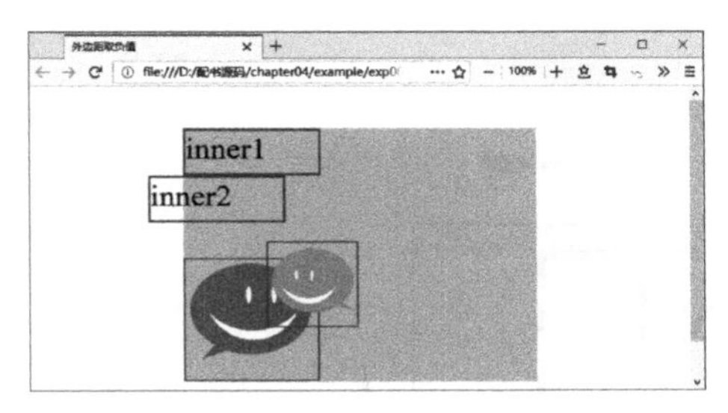

图 4-10　左外边距设置为负值

图 4-11　微笑气泡

4. 块元素垂直外边距合并

使用 margin 定义垂直排列的两个块元素的上下外边距时，会出现外边距的合并。当上下相邻的两个块元素排列时，如果上面的块元素有下外边距 margin-bottom，下面的块元素有上外边距 margin-top，则其垂直间距不是 margin-bottom 与 margin-top 之和，而是两者中的较大值。这种现象被称为相邻块元素垂直外边距的合并。

【例 4-7】 块元素垂直外边距合并（案例文件：chapter04\example\exp4_7.html）

```
<!doctype html>
<html>
    <head>
        <meta charset = "utf-8">
        <title>垂直外边距合并</title>
        <style>
            body{
                margin: 0;
                padding: 0;
                font-size: 60px;
                text-align: center;
            }
            div{
                width: 200px;
                height: 90px;
                border: solid 5px #666;
            }
            .box1{margin-bottom: 30px; }
            .box2{margin-top: 50px; }
        </style>
    </head>
    <body>
        <div class = "box1">box1</div>
        <div class = "box2">box2</div>
    </body>
```

```
</html>
```


例 4-7 的运行效果如图 4-12 所示。

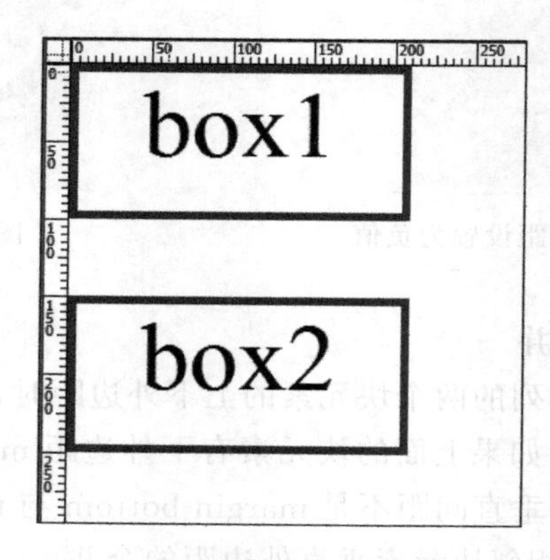

图 4-12　块元素垂直外边距合并

根据代码,box1 的下外边距为"30px",box2 的上外边距为"50px",二者之间的距离并不是 30px+50px=80px,而是两者中较大值 50px。

5. 嵌套块元素垂直外边距合并

嵌套块元素的垂直外边距,也可能出现外边距的合并。对于两个嵌套关系的块元素,如果父元素没有上内边距及边框,则父元素的上外边距会与子元素的上外边距发生合并,合并后的外边距为两者中的较大值,即使父元素的上外边距为"0",也会发生外边距合并。

【例 4-8】　嵌套块元素垂直外边距合并(案例文件:chapter04\example\exp4_8.html)

```
<!doctype html>
<html>
    <head>
        <meta charset = "utf-8">
        <title>嵌套块元素垂直外边距合并</title>
        <style>
            .father{
                width: 200px;
                height: 200px;
                background-color: #ccc;
            }
            .son{
                width: 100px;
                height: 100px;
                background-color: #666;
                margin-top: 50px;
            }
```

```
        </style>
    </head>
    <body>
        <div class = "father" >
            <div class = "son" > </div>
        </div>
    </body>
</html>
```

例 4-8 的运行效果如图 4-13 所示。

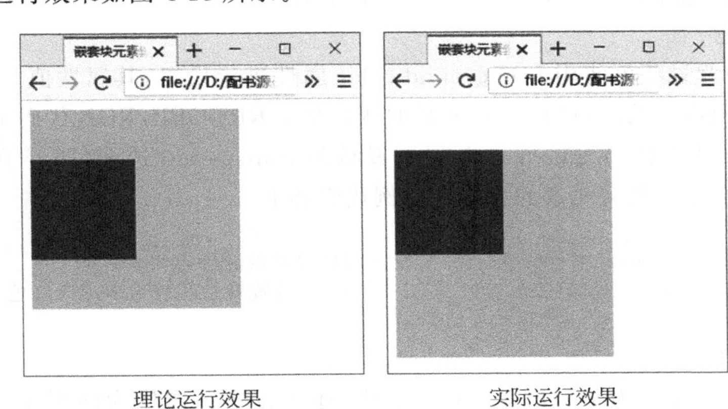

图 4-13　嵌套块元素垂直外边距合并

根据代码，子元素的上外边距为“50px”，理论上子元素距离父元素上边应该是 50px，但是，由于父元素没有设置边框和上内边距属性，导致出现“嵌套块元素垂直外边距合并”，实际的运行效果是子元素的外边距重叠在父元素的外边距上，父元素的外边距为“50px”。

常用于避免嵌套元素外边距重叠的方法有以下几种。

(1) 给父元素设置 1px 的上内边距，将父子的外边距分隔。

```
.father{ padding-top: 1px; }
```

(2) 给父元素设置上边框。

```
.father{ border-top: 1px solid #FCC; }
```

(3) 为父元素设置 overflow：hidden。

```
.father{ overflow: hidden; }
```

6. 内边距、外边距清零

浏览器默认给块元素的内边距和外边距分配一个值，这个值会影响到网页的设计，所以需要给内边距、外边距清零。在本书中为了方便，有时使用通配符选择器，为所有的标签进行清零，但在实际项目开发时，常连接一个外部的 reset. css 文件，针对 html、body、p、div 等块级元素进行清零设置,请参考随书附带的文件 chapter04\example\css\reset.css。

```
*{
    padding: 0;            /*清除所有标签的内边距*/
    margin: 0;             /*清除所有标签的外边距*/
}
```

4.2.5 背景属性

网页可以通过背景颜色和背景图像突出视觉效果,给人留下深刻的印象,所以在网页设计中,控制背景颜色和背景图像是一个很重要的属性。

1. 背景颜色

网页元素的背景颜色使用 background-color 属性进行设置,其属性值与文本颜色的取值一样,可使用预定义的颜色值、十六进制的颜色值 #RRGGBB,RGB 代码 rgb(r,g,b),或者含透明度的 RGBA 代码 rgba(r,g,b,a)。默认为 transparent 透明,即若子元素不设置背景颜色,则子元素显示其父元素的背景。示例代码如下。

```
body { background-color: #eee; }     /*设置网页的背景颜色为#eee */
div{ background-color: rgba(255,0,0,.5);     } /*设置背景颜色为半透明红色 */
```

2. 背景图像

背景不仅可以设置为某种颜色,在 CSS 中,还可以将图像作为网页元素的背景,通过 background-image 属性实现。通过 url()指定背景图像的路径和文件名,一般使用相对路径,格式同 img 标签相对目录格式。基本语法格式如下。

```
选择器 { background-image: url(图像路径); }
```

示例代码如下。

```
ul { background-image: url(images/bg01.jpg); } /*设置 ul 的背景图像*/
li {
    list-style: none;
    background-image: url(images/heart.jpg);
} /*设置 li 的背景图像实现项目符号效果*/
```

通过为 li 设置背景图像,实现项目编号的定义,这样的方法比为 li 设置 list-style-image 属性效果更好。

3. 背景图像平铺

默认情况下,背景图像会自动向水平和竖直两个方向平铺,如果不希望图像平铺,或者只沿着某一个方向平铺,可以通过 background-repeat 属性进行设置,具体使用方法如下。

```
background-repeat: repeat;     /*沿水平和竖直两个方向平铺(默认值)*/
background-repeat: no-repeat;    /*不平铺,只显示一次*/
background-repeat: repeat-x;    /*只沿水平方向平铺*/
background-repeat: repeat-y;    /*只沿竖直方向平铺*/
```

【例 4-9】 背景图像平铺方式(案例文件：chapter04\example\exp4_9.html)

```
<!doctype html>
<html>
    <head>
        <meta charset = "utf-8">
        <title>background-repeat</title>
        <style>
            body{
                font-size: 32px;
                text-align: center;
            }
            div{
                width: 400px;
                margin: 20px;
                border: 2px solid red;
                background-image: url(images/nav - bg.gif);
                }
            .nav1{ height: 120px; }
            .nav2{ height: 47px; background - repeat: no - repeat; }
            .nav3{ height: 47px; background - repeat: repeat-x; }
        </style>
    </head>
    <body>
        <div class = "nav1">默认沿水平和竖直两个方向平铺</div>
        <div class = "nav2">no - repeat</div>
        <div class = "nav3">repeat-x</div>
    </body>
</html>
```

例 4-9 的运行效果如图 4-14 所示。

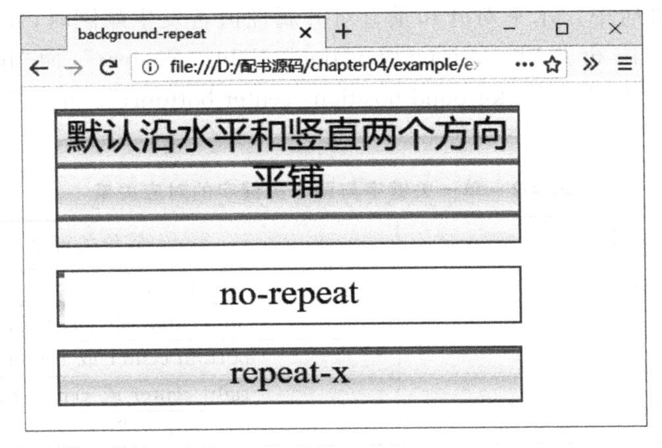

图 4-14 背景图像平铺方式

4. 背景图像位置

背景图像的位置默认与元素的左上角对齐，即背景图像位于元素的左上角，如图 4-15 所示。若希望背景图像出现在指定的位置，需要使用 CSS 中 background-position 属性，设置背景图像的位置。

图 4-15　背景图像默认位置

在 CSS 中，background-position 属性的值通常设置为两个，中间用空格隔开，用于定义背景图像在元素的水平方向和垂直方向的坐标。基本语法如下。

```
background-position: 水平位置　垂直位置;
```

background-position 属性的"水平位置"和"垂直位置"取值有多种，具体如下。

(1) 使用关键字。指定背景图像在元素中的对齐方式。

水平方向值有 3 种：left、center、right。垂直方向值有 3 种：top、center、bottom。

```
background-position: left  top; /* 背景图左上角与元素的左上角对齐 */
background-position: center  center; /* 背景图在元素中居中对齐 */
background-position: right  center;
/* 背景图在元素中水平右对齐,垂直居中对齐 */
background-position: right  bottom;
/* 背景图在元素中水平右对齐,垂直底对齐 */
```

背景图像的位置默认是"background-position：left　top;"即左上角对齐。当只设置一个关键字时，另一个值默认是"center"，即"background-position：right"代表背景图像在元素中水平居右，垂直居中。水平对齐和垂直对齐属性值若发生颠倒时，"background-position：center　right;"会被解析为"background-position：right　center;"，而"background-position：bottom center;"，会被解析为 background-position：center bottom;"。单一关键字与两个关键字的对应关系如表 4-2 所示。

表 4-2　单一关键字与两个关键字的对应关系

单一关键字	等价关键字
center	center center
top	top center 或 center top
bottom	bottom center 或 center bottom
right	right center 或 center right
left	left center 或 center left

(2) 使用不同单位(最为常用的单位是 px)的数值。直接设置图像左上角在元素中的坐标。第一个值代表背景图像在元素中的水平位置,第二个值代表背景图像在元素中的垂直位置,若只规定一个值,则另一个值是 50%,即居中。

```
background-position: 0 0; /* 背景图左上角与元素的左上角对齐 */
background-position: 20px 40px; /* 背景图在元素中距左边 20px,距上边 40px */
background-position: 20px -40px; /* 背景图在元素中距左边 20px,距上边 -40px */
background-position: 20px; /* 背景图在元素中距左边 20px,垂直居中 */
```

在精灵图技术中常用背景图像取负值,详见项目实战中的精灵图技术。

(3) 使用百分比。按背景图像和元素的指定点对齐。第一个值代表背景图像在元素中的水平位置,第二个值代表背景图像在元素中的垂直位置,若只规定一个值,则另一个值是 50%,即居中。

- 0% 0% 表示背景图像左上角与元素的左上角对齐。
- 50% 50% 表示背景图像 50% 50%中心点与元素 50% 50%的中心点对齐。
- 20% 30% 表示背景图像 20% 30%的点与元素 20% 30%的点对齐。
- 100% 100% 表示背景图像右下角与元素的右下角对齐,而不是图像充满元素。

【例 4-10】 背景图像位置(案例文件: chapter04\example\exp4_10.html)

```
<!doctype html>
<html>
    <head>
        <meta charset="utf-8">
        <title>背景颜色与背景图像</title>
        <style type="text/css">
            body{background-color: #eee; }
            ul {
                list-style: none;
                width: 250px;
                border: 1px solid #666666;
                background-color: #fff;
                background-image: url(images/bg01.jpg);
                background-repeat: no-repeat;
                background-position: center bottom;
                padding-bottom: 100px;
            }
            li {
                margin: 10px;
            }
        </style>
    </head>
<body>
```

```
        <ul>
            <li>有好心情才会有好风景。</li>
            <li>有好眼光才会有好发现。</li>
            <li>有好思考才会有好主意。</li>
            <li>人可以不美丽,但要健康。</li>
            <li>人可以不伟大,但要快乐。</li>
            <li>人可以不完美,但要追求。</li>
        </ul>
    </body>
</html>
```

例 4-10 的运行效果如图 4-16 所示。

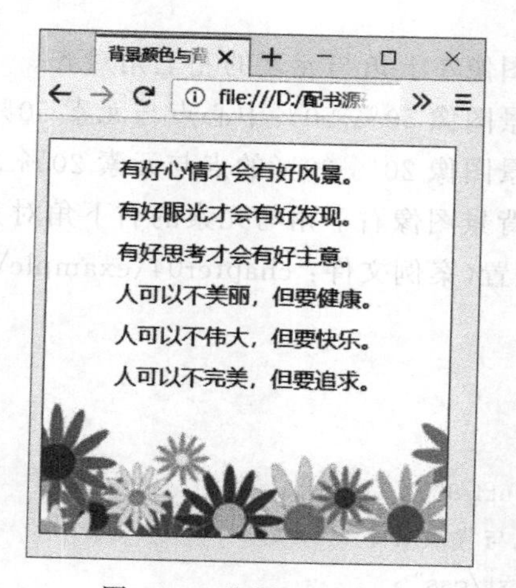

图 4-16 背景图像位置

5. 背景图像固定

在网页上设置背景图像时,默认情况下,随着页面滚动条的移动,背景图像也会随之滚动。若希望背景图像固定在屏幕上,不随着页面元素的滚动而滚动,可以使用 background-attachment 属性来设置,其属性值如下。

- scroll: 背景图像随页面元素一起滚动(默认值)。
- fixed: 背景图像固定在屏幕上,不随页面元素的滚动而滚动。

【例 4-11】 背景图像固定(案例文件: chapter04\example\exp4_11. html)

```
<!doctype html>
<html>
    <head>
        <meta charset = "utf-8">
        <title>背景图像固定</title>
        <style type = "text/css">
            body{
```

```
                    background-image: url(images/bg01.jpg);
                    background-repeat: no-repeat;
                    background-position: center bottom;
                    background-attachment: fixed; /* 背景图像固定 */
                }
            </style>
        </head>
        <body>
            <p>有好心情才会有好风景。</p>
            <p>有好眼光才会有好发现。</p>
            <p>有好思考才会有好主意。</p>
            <p>人可以不美丽,但要健康。</p>
            <p>人可以不伟大,但要快乐。</p>
            <p>人可以不完美,但要追求。</p>
            <p>有理想,才会有追求。</p>
            <p>心里有春天,心花才能怒放。</p>
            <p>胸中有大海,胸怀才能开阔。</p>
            <p>腹中有良策,处事才能利落。</p>
            <p>眼睛有炯神,目光才能敏锐。</p>
            <p>臂膀有力量,出手才有重拳。</p>
            <p>脚步有节奏,步履才能轻盈。</p>
        </body>
    </html>
```

例 4-11 的运行效果如图 4-17 所示。

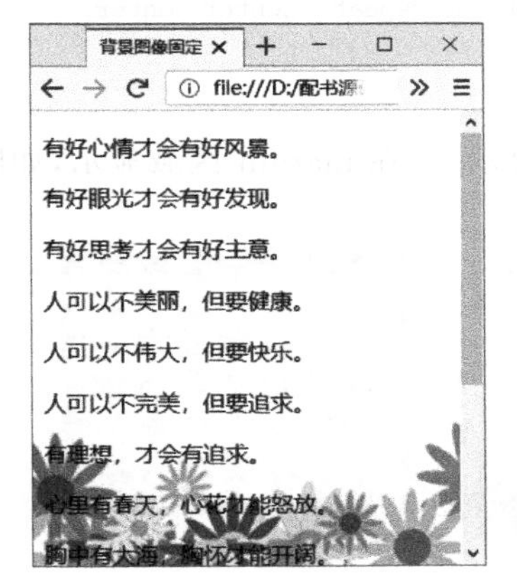

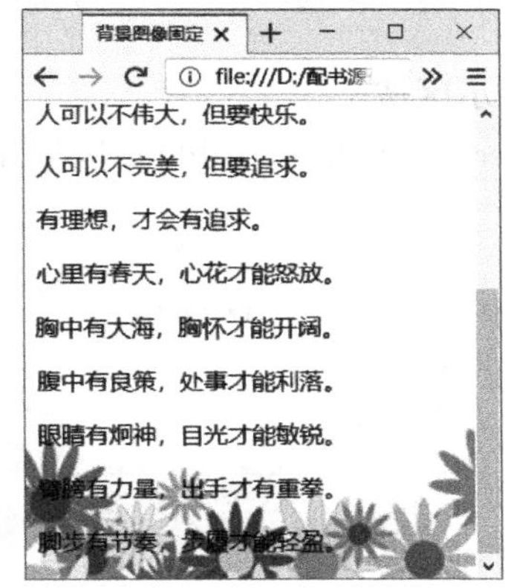

图 4-17　背景图像固定

由图 4-17 可见,设置“background-attachment: fixed;”,背景图像固定在屏幕上,不随页面元素的滚动而滚动。

6. 背景复合属性

背景属性 background 是一个复合属性,可以将背景相关的样式都综合定义在一个复合属性 background 中。其语法格式如下。

```
background: 背景色  url("图像") 平铺  定位  固定;
```

在上述的语法格式中,各个样式顺序任意,中间用空格隔开,不需要的样式可以省略。

但实际工作中通常按照背景色、url(“图像”)、平铺、定位、固定的顺序进行书写。定义背景颜色和背景图像的代码如下。

```
background-color: #fff;
background-image: url(images/bg01.jpg);
background-repeat: no-repeat;
background-position: center bottom;
```

效果与以下采用背景图像复合属性是一样的。

```
background: #fff url(images/bg01.jpg) no-repeat center bottom; 是一样的.
```

注意：不能先指定背景颜色，再通过背景复合属性指定背景图像。这样的话，背景颜色是不显示的，CSS具有层叠性，background复合属性包括了背景颜色，导致background属性的设置替代了background-color属性的设置。

错误的代码如下。

```
background-color: red;
background: url(images/button-bg.jpg)  no-repeat  center center;
```

正确的代码如下。

```
background: red  url(images/button-bg.jpg)  no-repeat  center center;
```

7. 背景的显示区域

(1) 背景在content区域、padding区域显示，不在margin区域显示，如图4-18所示。

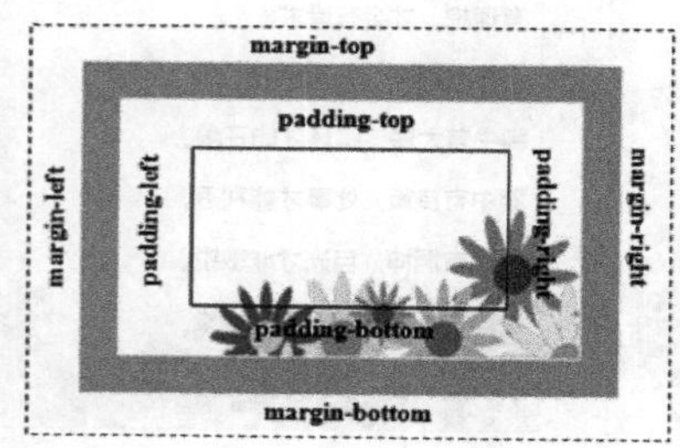

图4-18　背景显示区域

(2) 背景与边框。CSS2.1规范指出，元素的背景是内容、内边距和边框区的背景，所以边框绘制在元素的背景之上。有些边框是“间断的”。例如，点线边框或虚线框，元素的背景应当出现在边框的可见部分之间。

4.3　元素类型

HTML标签语言提供了丰富的标签，用于组织页面结构。为了使页面结构的组织更加轻松、合理，HTML标签被定义成了不同的类型。有的元素独占一行，如div、p、h1～h6等标签。有的元素不分行，如 span、a 等标签。一般把 HTML 元素分为以下 3 种基本形态。

- block：块级元素。
- inline：行内元素。
- inline-block：行内块元素。

4.3.1 块级元素

块级元素在页面中以区域块的形式出现，常用于网页布局和网页结构的搭建。默认状态下，每个块元素独自占据一整行或多整行，宽度为 100%。常见的块元素有<h1>～<h6>、<p>、<div>、<ul>、<ol>、<li>等标签，其中<div>标签是最典型的块元素，常作为其他元素的容器，进行网页布局。可以通过 width 和 height 设置块级元素的宽度和高度，还可以设置块级元素的边框 border、内边距 padding、外边距 margin、背景、对齐等属性。

4.3.2 行内元素

行内元素也称内联元素或内嵌元素，其特点是一个行内元素通常会和它前后的其他行内元素显示在同一行中，不占有独立的区域，仅靠自身的字体大小和图像尺寸支撑结构。常见的行内元素有<strong>、<b>、<em>、<i>、<del>、<s>、<ins>、<u>、<a>、<span>等标签，其中<span>标签是最为常用的行内元素，配合 CSS 可以设置文本的样式。一般不可以设置行内元素的宽度、高度、对齐、上下外边距等属性。

4.3.3 行内块元素

行内块元素是块元素和行内元素的结合体，可以按照“盒子模型”对元素的任意构成部分进行设置，并且两个行内块元素共享一行。常见的行内块元素有<img />、<input />。可以对它们设置宽、高、内边距、外边距、边框和对齐属性，但是两个相邻元素在一行显示。

【例 4-12】 元素类型(案例文件：chapter04\example\exp4_12.html)

```
<!doctype html>
<html>
    <head>
        <meta charset = "utf-8">
        <title>元素类型</title>
        <style type = "text/css">
            .box{
                width: 400px;
                height: 60px;
                background: pink;
                padding: 10px;
            }
            span{
                font-weight: bold;
```

```
                color: blue;
                margin-bottom: 20px; /*行内元素设置上下 margin 不起作用*/
                margin-left: 40px; /*行内元素设置左右 margin 起作用*/
                background: yellow url(images/nav-bg.gif);
/*行内元素设置背景起作用*/
            }
            a{
                height: 50px; /*行内元素设置宽度、高度不起作用*/
                width: 100px;
                padding: 20px 50px 0 0; /*行内元素设置 padding 起作用*/
                background: yellow ;
            }
        </style>
    </head>
    <body>
        <div style="background: yellow; padding: 10px; ">
            div 是块元素,未设置宽度,占一整行
        </div>
        <div class="box">
            div 是块元素,独占一行,设置宽度、高度等盒模型属性均起作用
        </div>
        <p class="box">p 是块元素,浏览器默认给 p 标签分配 margin 值</p>
        <p class="box">
            span、a 是<span>行内元素</span>,一个<a href="#">行内元素</a>
            与其他行内元素显示在同一行中
        </p>
    </body>
</html>
```

例 4-12 的运行效果如图 4-19 所示。

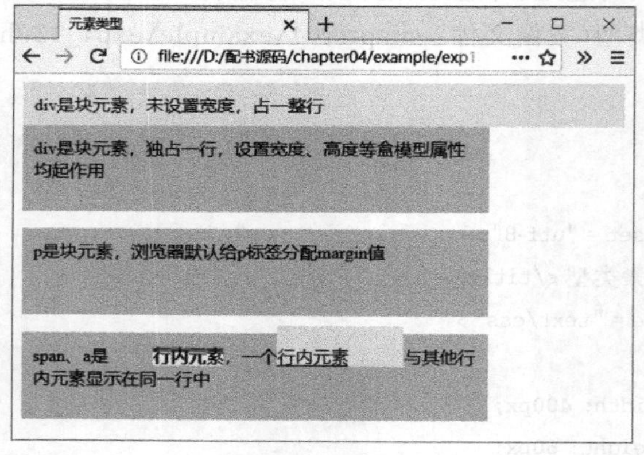

图 4-19　元素类型

4.4　元素类型的转换

若希望行内元素具有块元素的某些特性,例如需要对超链接<a>标签设置宽、高、外边距等属性,或者需要块元素具有行内元素的某些特性,例如使两个 div 在一行排列,可以使

用 display 属性来改变元素的显示方式。

display 的取值有以下几种。

- inline：将元素显示为行内元素(行内元素默认 display 属性值)。
- block：将元素显示为块元素(块元素默认 display 属性值)。
- inline-block：将元素显示为行内块元素，可以对其设置宽高和对齐等属性，但是该元素不独占一行。
- none：将元素隐藏，不显示且不占用页面空间，相当于该元素不存在。

【例 4-13】 元素类型的转换(案例文件：chapter04\example\exp4_13.html)

```
<!doctype html>
<html>
    <head>
        <meta charset = "utf-8">
        <title>元素类型的转换</title>
        <style type = "text/css">
            div{
                width: 200px;
                height: 100px;
                background-color: pink;
                border: 2px solid red;
                display: inline-block;    /*将 div 转换为行内块*/
            }
            ul{list-style: none; }
            a{
                text-decoration: none;
                text-align: center;
                display: block;   /*将 a 转换为块元素 */
                width: 80px;
                height: 47px;
                line-height: 40px;
                padding: 0 20px;
                background: url(images/nav-bg.gif) repeat-x;
            }
        </style>
    </head>
    <body>
        <div>div1</div>
        <div>div2</div>
        <ul>
            <li> <a href = "#">女装</a> </li>
            <li> <a href = "#">鞋包</a> </li>
```

```
            <li> <a href = "#">饰品</a> </li>
        </ul>
    </body>
</html>
```

例 4-13 的运行效果如图 4-20 所示。对 div 进行"display：inline-block；"声明，将 div 转换为行内块元素，div 不再独占一行，而是两个 div 在一行排列；行内块元素同样具有块级元素设置盒子模型相关属性的特征。若对<a>标签不进行"display：block；"声明，width、height 的设置不起作用，只有将<a>转换为块级元素后，对<a>进行的宽度和高度的设置才会起作用。

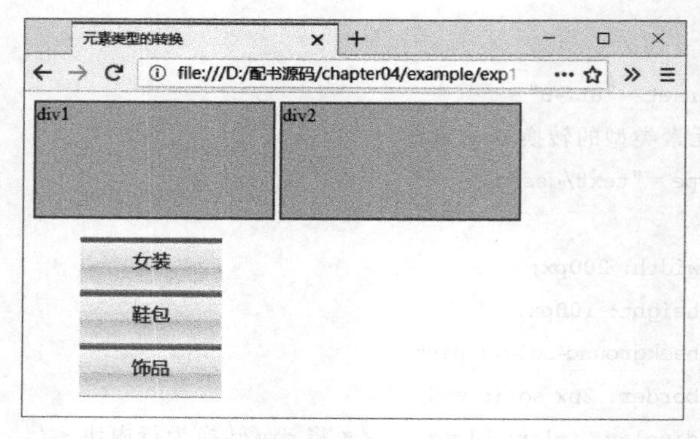

图 4-20　元素类型转换

4.5　元素所占空间的计算

由以上案例发现，块级元素在网页中所占空间并不是 width 和 height 的属性值，还要考虑盒子的边框、内边距、外边距等属性。根据是否设置 width 和 height 的属性值，元素所占空间的计算分以下几种情况。

4.5.1　元素未设置 width 和 height 属性

当元素未设置 width 和 height 属性时，由于块级元素默认独占一整行，在水平方向上，左右 border、左右 padding 和左右 margin 会挤占内容区域的空间，它们的总和是父元素 width 的 100%；在垂直方向上，盒子的高度会被盒子里的内容撑开，盒子所占垂直空间除考虑盒子内容撑开的高度外，还要考虑上下 border、上下 padding 和上下 margin。

所以，当未设置盒子的 width 和 height 属性时，水平方向上始终占父元素 width 的 100%，随着左右 border、左右 padding 和左右 margin 挤占内容区域的空间，内容区域会变窄，垂直方向将占据更大的空间。

【例 4-14】　块级元素未设置 width 和 height 时，所占空间的计算(案例文件：chapter04\example\exp4_14.html)

```
<!doctype html>
```

```
<html>
    <head>
        <meta charset = "utf-8" >
        <title>块级元素未设置 width 时所占空间的计算</title>
        <style type = "text/css" >
            * {padding: 0; margin: 0; }
            div{ background-color: #eee; border: 2px solid red; }
            div.addPadding{padding: 20px; }
            div.addMargin{padding: 20px; margin: 50px; }
        </style>
    </head>
    <body>
        <div>设置了 border,未设置 width、height、padding、margin 时,盒子内容区域的宽度和左右
border 的属性值之和是父元素 width 的 100%,盒子内容区域的高度由内容的多少撑开。盒子所占
的空间：宽度是父元素 width 的 100%,高度需要考虑内容撑开的高度和上下 border。</div>
        <div class = "addPadding" >设置了 border、padding 时,盒子内容区域的宽度和左右
border、左右 padding 的属性值之和是父元素 width 的 100%,盒子内容区域的高度由内容的多少撑
开。盒子在网页中所占空间：宽度是父元素 width 的 100%,高度需要考虑内容撑开的高度和上下
border、上下 padding。内容区域在宽度上被挤压,即内容区域变窄。</div>
        <div class = "addMargin" >设置了 border、padding、margin 时,盒子内容区域的宽度和左右
border、左右 padding、左右 margin 的属性值之和是父元素 width 的 100%,盒子内容区域的高度由内
容的多少撑开。盒子在网页中所占空间：宽度是父元素 width 的 100%,高度需要考虑内容撑开的高
度和上下 border、上下 padding、上下 margin。内容区域在宽度上继续被挤压,即内容区域变得更窄
了。</div>
    </body>
</html>>
```

例 4-14 的运行效果如图 4-21 所示。

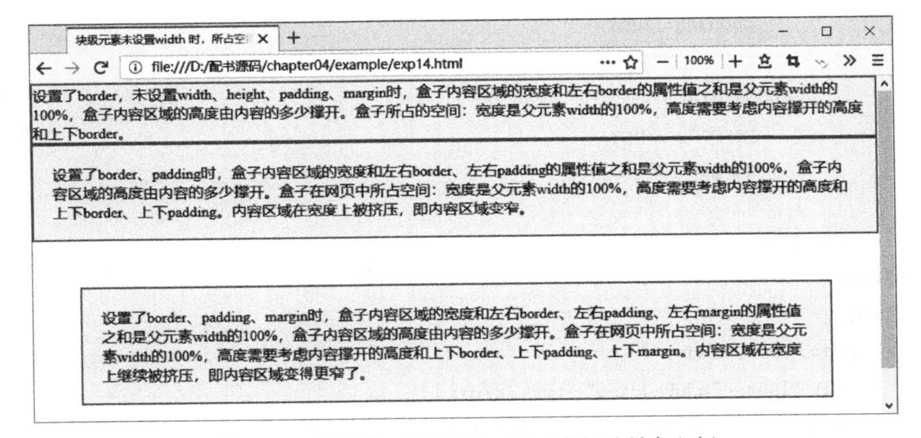

图 4-21　未定义 width 与 height 时盒子所占空间

由图 4-21 可见，div 未设置 width 和 height 时，div 在网页中水平方向上，始终占一整

行。随着 border、padding、margin 的设置,内容区域水平方向上被挤压(变窄),总体所占水平空间还是一整行;垂直方向上所占空间除考虑内容撑开的高度外,还要考虑 border、padding 和 margin 的值。

4.5.2 元素设置 width 和 height 属性

当元素设置 width 和 height 属性时,内容区域固定不变,随着 border、padding、margin 的设置,盒子所占空间逐渐变大。此时,盒子所占空间的计算方法如下。

```
盒子所占水平空间 = width + 左右 padding + 左右 border + 左右 margin
盒子所占垂直空间 = height + 上下 padding + 上下 border + 上下 margin
```

【例 4-15】 块级元素设置 width 和 height 属性时,所占空间的计算(案例文件:chapter04\example\exp4_15.html)

```
<!doctype html>
<html>
    <head>
        <meta charset = "utf-8">
        <title>块级元素设置 width 时,所占空间的计算</title>
            <style type = "text/css">
                *{padding: 0; margin: 0; }
                div{
                    width: 100px;
                    height: 100px;
                    border: 2px solid red;
                    background-color: #ccc;
                }
                .addPadding{
                    padding: 20px;
                }
                .addMargin{
                    padding: 20px;
                    margin: 20px;
                }
        </style>
    </head>
    <body>
        <div>test1</div>
        <div class = "addPadding">test2</div>
        <div class = "addMargin">test3</div>
    </body>
</html>
```

例 4-15 的运行效果如图 4-22 所示。

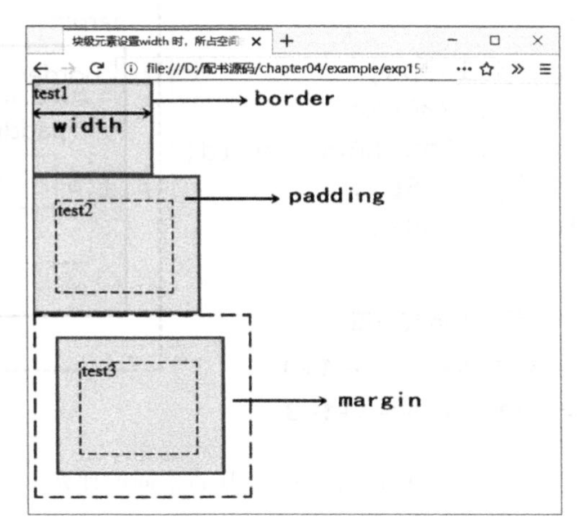

图 4-22　定义 width 与 height 后盒子所占空间

元素设置了 width 和 height 属性，内容区域的宽度和高度不变，test1 的内容区域、test2 和 test3 的内容区域(虚线框内)大小相同。由于 padding 区域也显示背景，所以显示 padding 的 test2 看起来变大了。margin 区域不显示背景，所以 test3 看起来和 test2 一样大，但是由于 margin 的存在，test3 所占空间要比 test2 大。

内容区域的高度 height 是一个固定值，不会随着内容的多少而被撑开。如图 4-23 所示，当盒子内的内容超出盒子自身的大小时，内容就会溢出，若要规范溢出内容的显示方式，需要使用 CSS 的 overflow 属性，具体内容详见 5.4 节。

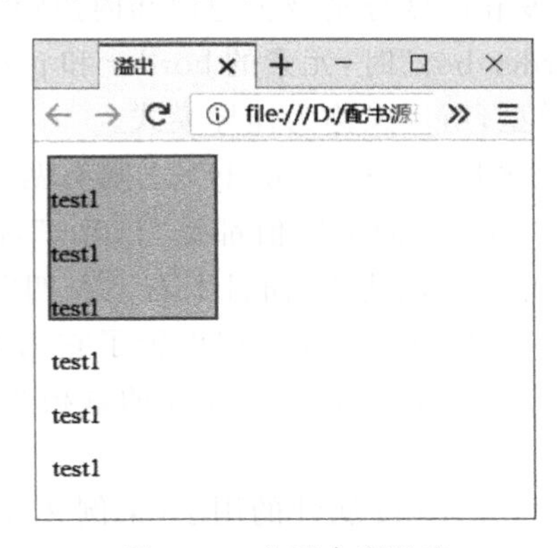

图 4-23　盒子内容溢出

4.5.3　CSS3 新增的 box-sizing 属性

由前文可知，标准盒模型元素在网页中所占位置默认的计算方式是块元素所占宽高＝左右 border＋左右 padding＋左右 margin＋内容宽高。如图 4-24 标准盒模型元素所占空间的计算中，左侧带黑色边框的中国结小图是从网页中截取出来的，中间部分是左侧小图所在的 div 层的样式设置代码，右侧部分是浏览器开发者工具中所显示的左侧小图的标准盒模型的示意图，从示意图中可以很清楚地看出标准盒模型元素在网页中所占的宽高如何计算。

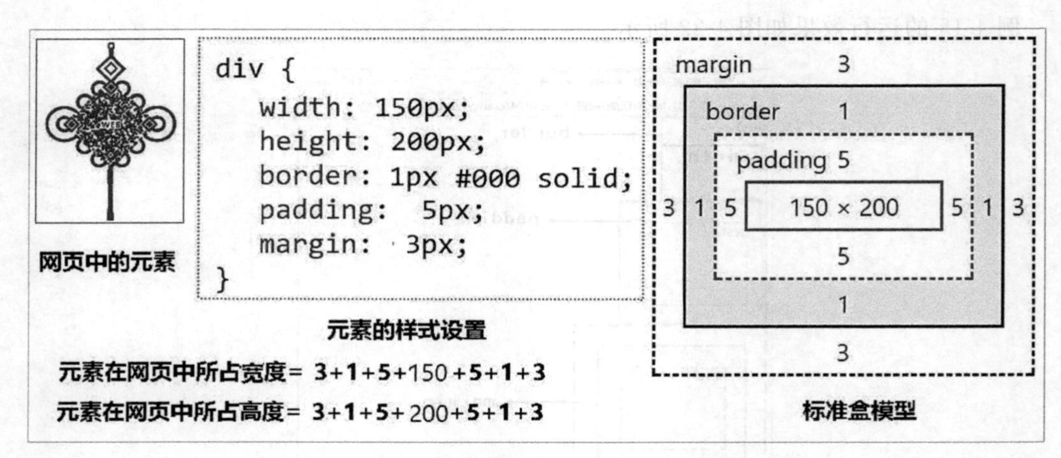

图 4-24 标准盒模型元素所占空间的计算

在 CSS3 中新增了多个用户界面特性,包括重设元素尺寸、元素盒尺寸以及轮廓等。以下介绍 CSS3 新增的 box-sizing 属性。box-sizing 属性允许以确切的方式定义适应某个区域的具体内容,或者说是以适应区域而用某种方式定义某些元素。

box-sizing 的标准语法格式为"box-sizing: content-box | border-box | inherit;"。当 box-sizing 属性值为"content-box"时,元素的宽和高仍然遵照 CSS2.1 规定的标准盒模型元素的宽度和高度,width 和 height 分别应用到元素的内容框,在元素的内容框之外绘制元素的内边距和边框。当 box-sizing 属性值为"border-box"时,为元素设定的宽度和高度决定了元素的边框盒。也就是说,为元素指定的任何内边距和边框都将在已设定的宽度和高度内进行绘制,通过从已设定的宽度和高度分别减去边框和内边距才能得到内容的宽度和高度,即当 box-sizing 属性值为"border-box"时,元素的 border 和 padding 值都要计算在 width 之内。因为这种模式非标准盒模型,所以又称为怪异模式。

例 4-16 中的网页正文部分<body>…</body>之间有两个 div 层,两个 div 层的 id 值分别为"z01"和"z02",而且两个 div 层的宽度值都是"150px",高度值都是"200px",都设置了"10px"的实线边框,以及"10px"的内边距,而且上右下左四向的边框和内边距都相同,两个 div 层最大的不同之处是 id 值为"z02"的 div 层设置了它的 box-sizing 属性,而且将其属性设置为"border-box",即第二个 div 层不再是标准的盒模型元素了,变成了所谓的怪异盒子。

【例 4-16】 CSS3 新增的 box-sizing 属性的用法(案例文件: chapter04\example\exp4_16.html)

```
<!DOCTYPE html>
<html>
    <head>
        <meta charset = "utf-8">
        <title>CSS3 新增的 box-sizing 属性</title>
        <style type = "text/css">
            #z01{
```

```
            width: 150px;
            height: 200px;
            border: 10px #000 solid;
            padding: 10px;
            background: url(images/zzj.png) center no-repeat;
            margin: 5px auto;
        }
        #z02{
            box-sizing: border-box;
            width: 150px;
            height: 200px;
            border: 10px #F00 solid;
            padding: 10px;
            background: url(images/zzj.png) center no-repeat;
            margin: 5px auto;
        }
    </style>
  </head>
  <body>
      <div id="z01"> </div>
      <div id="z02"> </div>
  </body>
</html>
```

例 4-16 的网页代码在浏览器中的运行效果及重点代码如图 4-25 所示。

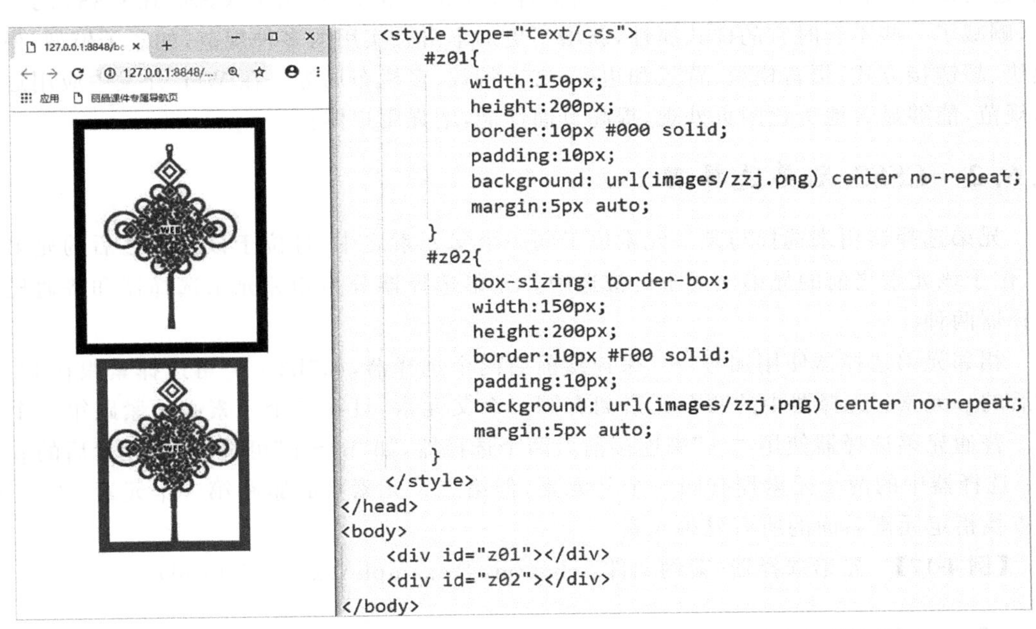

图 4-25　CSS3 的 box-sizing 属性值为 border-box 时元素所占空间的计算

由图 4-25 可见，虽然两个 div 层的宽度、高度、边框和内边距都一样，但是第二个 div 层的宽度值中包括了边框和内边距在内，即当 box-sizing 属性值为“border-box”时，怪异盒子的宽高值的计算方法如下。

```
元素宽度 width = 左边框 + 左内边距 padding + 内容宽度 + 右内边距 padding + 右边框
元素高度 height = 上边框 + 上内边距 padding + 内容高度 + 下内边距 padding + 下边框
```


4.6 CSS3 选择器与常用的样式属性

4.6.1 CSS3 简介

CSS(Cascading Style Sheets,层叠样式表)是一种用来表现 HTML 文件的外观样式的计算机语言,可以有效地控制页面的布局、字体、颜色、背景和其他效果,只需要一些简单的修改,就可以改变整个网页甚至是整个网站中所有页面的外观和样式效果。

自 1996 年 12 月 W3C 组织发布了第一个有关样式的标准 CSS1 以来,CSS 的发展共经历了 4 个版本,分别是 CSS1、CSS2、CSS2.1 和 CSS3 版本,现阶段 CSS3 已逐步成为主流,已经得到 PC 端和移动端的绝大多数浏览器支持,CSS3 已经成为层叠样式表的新标准。早在 2001 年 W3C 就完成了 CSS3 的草案规范。CSS3 规范的一个新特点是 W3C 将 CSS3 分为若干相互独立的模块。一方面,分成若干较小的模块较利于规范及时更新和发布,及时调整模块的内容。另一方面,模块的独立实现和发布,也为日后 CSS 的继续扩展奠定了基础。

CSS3 是 CSS 技术的升级版本,CSS3 与之前的 CSS 版本一样,不仅可以静态地修饰网页,还可以配合各种脚本语言动态地对网页各元素进行格式化,并且 CSS3 在 CSS2 的基础上,删减了一些不合时宜的样式属性,新增了更加丰富且实用的多种规范,如盒子模型、列表模块、超链接方式、语言模块、背景和边框、文字特效、多栏布局等。在 Web 开发中应用这些新规范,能够显著地美化网页外观,提高页面性能,增强用户体验。

4.6.2 CSS3 兄弟选择器

兄弟选择器用来选择与某一元素位于同一个父元素之中,且位于该元素之后的兄弟元素,位于该元素之前的兄弟元素不会被选中。兄弟选择器分为相邻兄弟选择器和普通兄弟选择器两种。

相邻兄弟选择器使用加号"+"来连接前后两个选择器,如"h2+p"可选择紧跟在 h2 元素后的 p 元素;选择器中的两个元素拥有同一个父元素,且第二个元素必须紧跟第一个元素。普通兄弟选择器使用"~"来连接前后两个选择器,如"h2~p"可选择 h2 元素后的 p 元素;选择器中的两个元素拥有同一个父元素,但第二个元素不必紧跟第一个元素。"~"用来查找指定元素后面的所有兄弟元素。

【例 4-17】 兄弟选择器(案例文件:chapter04\example\exp4_17.html)

```
<!DOCTYPE html>
<html>
    <head>
        <meta charset = "UTF-8" />
        <title>兄弟选择器</title>
```

```
        <style type="text/css">
            p{font-size: 24px; }
            .test1 + p {color: red; }          /* 相邻兄弟选择器 */
            .test2~p {color: blue; }        /* 普通兄弟选择器 */
        </style>
    </head>
    <body>
        <h2 class="test1">第 1 部分</h2>
        <p>1.1</p>
        <p>1.2</p>
        <p>1.3</p>
        <h2 class="test2">第 2 部分</h2>
        <p>2.1</p>
        <p>2.2</p>
        <p>2.3</p>
    </body>
</html>
```

例 4-17 的运行效果如图 4-26 所示。

代码“.test1＋p {color：red；}”表示将.test1 后面紧跟的<p>标签内的文本颜色设置为红色；代码“.test2～p {color：blue；}”表示将.test2 后面所有的<p>标签内的文本颜色设置为蓝色。

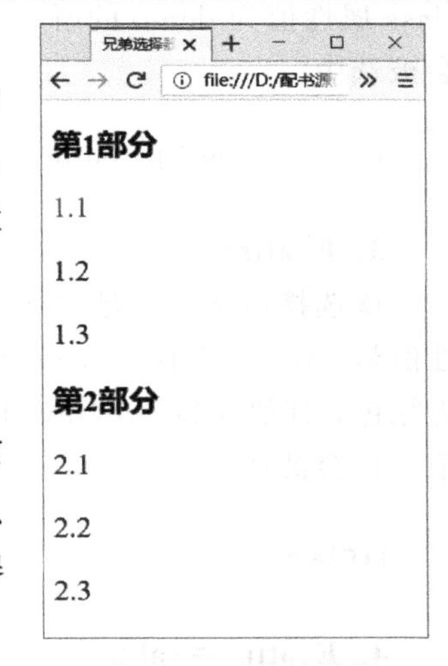

图 4-26　兄弟选择器

4.6.3　CSS3 属性选择器

属性选择器根据元素的属性和属性值进行匹配元素。它的通用语法由方括号（[]）组成，其中包含标签名称（可省略）、属性名称、可选条件以及匹配属性的值（可省略）。属性选择器有以下几种类型。

【例 4-18】　属性选择器（案例文件：chapter04\example\exp4_18.html）

HTML 结构如下。

```
<div class="test">div class=test</div>
<div class="test1">div class=test1</div>
<div class="test2">div class=test2</div>
<div class="demo ">div class=demo</div>
<div class="demo_test1">div class=demo_test1</div>
<div class="demo_test2">div class=demo_test2</div>
<p class="test">p class=test</p>
```

```
<p class = "test1" > p class = test1 </p>
<p class = "test2" > p class = test2 </p>
<p class = "demo " > p class = demo</p>
<p class = "demo_test1" > p class = demo_test1 </p>
<p class = "demo_test2" > p class = demo_test </p>
<p id = "id01" > p 设置了 id 属性的段落 </p>
<p> p 普通段落 </p>
```

1. [attr]

该选择器选择包含 attr 属性的所有元素,不论 attr 属性的值是什么。以下代码表示把包含 class 属性的所有元素的文本变为蓝色。例 4-18 的 HTML 结构中,第 1～12 行均会被选择器[class]选中。

```
[class] { color: blue; }
```

2. [attr=val]

该选择器选择 attr 属性被赋值为 val 的所有元素。以下代码表示把包含 class 属性且 class 属性值为 demo 的所有元素的文本变为红色。例 4-18 的 HTML 结构中,第 4 和 10 行会被选中。

```
[class = "demo"] { color: red; }
```

3. E[attr=val]

该选择器选择满足以下 3 个条件的元素,标签名称为 E、标签定义了 attr 属性、attr 属性值是 val。以下代码表示把包含 class 属性且 class 属性值为 test 的<p>标签中的文本变为绿色;其他标签(如<div class="test">中的文本)不受影响。例 4-18 的 HTML 结构中,第 7 行会被选中。

```
p[class = "test"] { color: green; }
```

4. E[attr^=val]

该选择器选择满足以下 3 个条件的元素:标签名称为 E、标签定义了 attr 属性、attr 属性值包含前缀为 val 的子字符串。以下代码表示把包含 class 属性且 class 属性值的前缀为 test 的<p>标签中的文本变为粉色。例 4-18 的 HTML 结构中,第 7～9 行会被选中。

```
p[class^ = "test"] { color: pink; }
```

由于 E 是可选项,若去掉 E,则选择满足以下两个条件的元素:定义了 attr 属性、attr 属性值包含前缀为 val 的子字符串。以下代码表示把包含 class 属性且 class 属性值的前缀为 test 的所有标签中的文本变为紫色。例 4-18 的 HTML 结构中,第 1～3 行和 7～9 行会被选中。

```
[class^ = "test"] { color: pink; }
```

5. E[attr $ =val]

该选择器选择满足以下 3 个条件的元素：标签名称为 E、标签定义了 attr 属性、attr 属性值包含后缀为 val 的子字符串，即匹配属性值以指定值结尾的每个元素。以下代码表示把包含 class 属性且 class 属性值的后缀为 test2 的<p>标签中的文本变为紫色。例 4-18 的 HTML 结构中，第 9、12 行会被选中。

```
p[class $ = "test2"] { color: purple; }
```

由于 E 是可选项，若去掉 E，则选择满足以下两个条件的元素：定义了 attr 属性、attr 属性值包含后缀为 val 的子字符串。以下代码表示把包含 class 属性且 class 属性值的后缀为 test2 的所有标签中的文本变为紫色。例 4-18 的 HTML 结构中，第 3、6、9、12 行会被选中。

```
[class $ = "test2"] { color: purple; }
```

6. E[attr * =val]

该选择器选择满足以下 3 个条件的元素：标签名称为 E、标签定义了 attr 属性、attr 属性值包含字符串 val。以下代码表示把包含 class 属性且 class 属性值包含字符串 test 的<p>标签中的文本变为黄色。例 4-18 的 HTML 结构中，第 7～9、11、12 行会被选中。

```
p[class * = "test"] { color: yellow; }
```

由于 E 是可选项，若去掉 E，则选择满足以下两个条件的元素：定义了 attr 属性、attr 属性值包含字符串 val。以下代码表示把包含 class 属性且 class 属性值包含字符串 test 的所有标签中的文本变为黄色。例 4-18 的 HTML 结构中，第 1～3、5～8、9、11、12 行会被选中。

```
[class * = "test"] { color: yellow; }
```

4.6.4 CSS3 伪类选择器

【例 4-19】 CSS3 伪类（伪元素）选择器（案例文件：chapter04\example\exp4_19.html）

HTML 结构如下。

```
<ol>
    <li>有序列表的第 1 行</li>
    <li>有序列表的第 2 行</li>
    <li>有序列表的第 3 行</li>
    <li>有序列表的第 4 行</li>
    <li>有序列表的第 5 行</li>
    <li>有序列表的第 6 行</li>
    <li>有序列表的第 7 行</li>
```

```
</ol>
<ul>
    <li>无序列表的第 1 行</li>
    <li>无序列表的第 2 行</li>
    <li>无序列表的第 3 行</li>
    <li>无序列表的第 4 行</li>
    <li>无序列表的第 5 行</li>
    <li>无序列表的第 6 行</li>
</ul>
```

1. :first-child 和:last-child 选择器

:first-child 选择器用于选择某父元素中的第一个子元素；:last-child 选择器用于选择某父元素中的最后一个子元素。示例代码如下。

```
li: first-child {color: red; }          /*匹配所有列表中第 1 个 li*/
li: last-child {color: blue; }          /*匹配所有列表中最后 1 个 li*/
```

上述代码中，li 作为 ul 或 ol 的子元素，有序列表和无序列表的第 1 行文本颜色均为红色，有序列表和无序列表的最后 1 行文本颜色均为蓝色。

```
ul li: first-child {color: green; }       /*匹配无序列表中第 1 个 li*/
ol li: last-child {color: pink; }         /*匹配有序列表中最后 1 个 li*/
```

上述代码中，li 作为 ul 的子元素，无序列表的第 1 行文本颜色为绿色；li 作为 ol 的子元素，有序列表的最后 1 行文本颜色为粉色。

2. :nth-child(n)和:nth-last-child(n)选择器

:nth-child(n)选择器用于选择属于某父元素的第 n 个子元素；:nth-last-child(n)选择器用于选择属于某父元素的倒数第 n 个子元素。示例代码如下。

```
li: nth-child(3){color: red; }                    /*匹配所有列表中第 3 个 li*/
li: nth-last-child(3){color: green; }             /*匹配所有列表中倒数第 3 个 li*/
```

上述代码中，li 作为 ul 或 ol 的子元素，有序列表和无序列表的第 3 行文本颜色均为红色，有序列表和无序列表的倒数第 3 行文本颜色均为绿色。

```
ul   li: nth-child(3){color: red; }               /*匹配无序列表中第 3 个 li*/
ol   li: nth-last-child(3){color: green; }        /*匹配有序列表中倒数第 3 个 li*/
```

上述代码中，li 作为 ul 的子元素，无序列表的第 3 行文本颜色为红色；li 作为 ol 的子元素，有序列表的倒数第 3 行文本颜色为绿色。

3. :nth-of-type(n)和:nth-last-of-type(n)选择器

:nth-of-type(n)用于选择属于父元素的特定类型的第 n 个子元素；:nth-last-of-type(n)用于选择属于父元素的特定类型的倒数第 n 个子元素。odd 代表奇数行、even 代表偶数行。

示例代码如下。

```
li: nth-of-ype(odd) {color: red; }                    /*匹配所有列表 li 元素中的奇数行*/
li: nth-of-type(even) {color: green; }                /*匹配所有列表 li 元素中的偶数行*/
li: nth-of-type(2) {text-decoration: underline; }     /*匹配倒数第 2 个 p*/
li: nth-last-of-type(2) {font-weight: bold; }         /*匹配倒数第 2 个 p*/
```

上述代码中，li 作为 ul 或 ol 的子元素，有序列表和无序列表的奇数行文本颜色为红色，偶数行文本颜色为绿色，第 2 行文本加下画线，倒数第 2 行文本字体加粗。

```
ul li: nth-of-type(odd) {color: red; }         /*匹配无序列表 li 元素中的奇数行*/
ol li: nth-of-type(even) {color: green; }      /*匹配有序列表 li 元素中的偶数行*/
```

上述代码中，li 作为 ul 的子元素，无序列表的奇数行文本颜色为红色；li 作为 ol 的子元素，有序列表的偶数行文本颜色为绿色。

4. :before 和 :after 选择器

:before 伪元素选择器用于在被选元素的内容前面插入一些新内容；:after 伪元素选择器用于在被选元素的内容之后插入一些新内容。此选择器必须配合 content 属性来指定要插入的具体内容。其基本语法格式如下。

```
E: before{
    content: 文字/url();
}
E: after{
    content: 文字/url();
}
```

在上述语法中，content 属性用于指定要插入的具体内容，可以是文本或图像。以下代码中，在每一个 li 后面插入一张图 heart.png，在每一个 li 前面插入文字“插入的内容”。

```
li: after {content: url(images/heart.png); }    /*为每一个 li 后面插入一张图*/
li: before {content: "插入的内容"; }              /*为每一个 li 前面插入文字"插入的内容"*/
```

4.6.5 CSS3 圆角边框属性和阴影属性

在 CSS2 中创建圆角是极为困难的，通常的解决方案是使用图像处理软件(如 Photoshop 等软件)设计制作好圆角图片文件，再将圆角图片应用到网页文档中，操作麻烦、浪费时间又耗费了网站空间。在 CSS3 中，可以很方便地创建圆角边框，添加盒模型元素的阴影，甚至可以使用丰富多彩的图像边框。以下介绍 CSS3 中新增的圆角边框样式属性。

【例 4-20】 CSS3 圆角边框属性(案例文件：chapter04\example\exp4_20.html)

```
<!DOCTYPE html>
<html lang="en">
    <head>
```

```
        <meta charset = "UTF-8">
        <title>圆角</title>
        <style type = "text/css">
            .c01{
                width: 200px;
                height: 35px;
                border: #00F 2px solid;
                border-radius: 20px;    /* 圆角(border-radius) */
                text-align: center;
                line-height: 35px;
            }
            .c02{
                width: 100px;
                height: 100px;
                border: 2px #F0F solid;
                border-radius: 100px; /* 圆角(border-radius),正圆 */
                margin-top: 10px;
                text-align: center;
                line-height: 100px;
            }
        </style>
    </head>
    <body>
        <div class = "c01">圆角矩形</div>
        <div class = "c02">正圆内阴影</div>
    </body>
</html>
```

注意,例 4-20 中出现了“-moz-”“-webkit-”“-o-”这 3 种 CSS3 属性的前缀。因为 CSS3 是网页样式新标准,各浏览器厂商在实施 CSS3 的过程中,需要针对各浏览器提供 CSS3 属性前缀。常用的 CSS3 属性前缀如下。

- -webkit- Trident 内核浏览器,主要代表为谷歌公司的 Chrome 和苹果公司的 Safari。
- -moz- Gecko 内核浏览器,主要代表为火狐(Firefox)。
- -o- Presto 内核浏览器,主要代表为欧朋(Opera)。
- -ms- Trident 内核浏览器,主要代表为微软公司的 IE 浏览器。

例 4-20 网页案例的运行效果如图 4-27 所示。

在 CSS3 中,还新增了 box-shadow 属性用于设置元素的阴影。box-shadow 属性的基本语法格式为“box-shadow: 水平阴影 垂直阴影 模糊距离 阴影尺寸 阴影颜色 inset/outset;”,基本格式中第一、第二个参数是必选参数,其余参数均为可选参数,其中最后一个参数的意义是内阴影或是常规阴影。如若在上述案例的两个 div 层的样式代码中分别增加

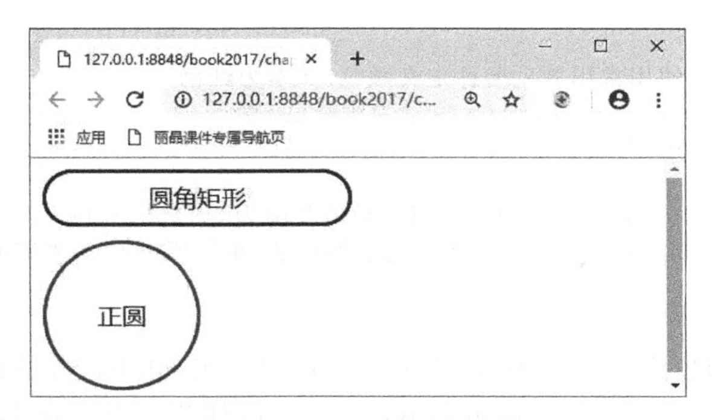

图 4-27　CSS3 的圆角边框

以下阴影设置代码：

```
.c01{box-shadow: 5px 5px 10px #999; }
.c02{box-shadow: 5px 5px 10px #999 inset; }
```

即给第一个 div 层添加常规阴影，给第二个 div 层添加 inset 内阴影，则网页在浏览器中的显示效果如图 4-28 所示。

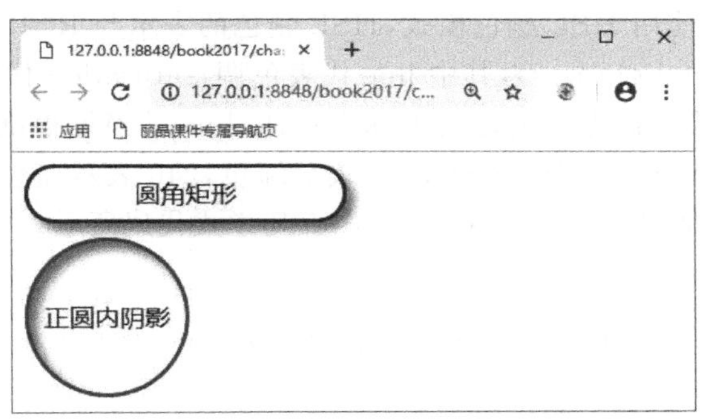

图 4-28　CSS3 的阴影设置

4.6.6　CSS3 中的颜色设置

在 CSS2 版本中，颜色一般会使用颜色名称、RGB 模式或十六进制的颜色值来表示，其中 RGB 模式由 3 个十进制数组成，分别代表红、绿、蓝 3 种颜色值，RGB 模式的基本格式为 rgb(red，green，blue)，其中代表 red、green、blue 3 种颜色的 3 个十进制数值的范围为 0～255。从 0～255 种红绿蓝值能够组合出超过 1600 万种不同的颜色(根据 256×256×256 计算)，并且大多数现代显示器都能显示出至少 16 384 种不同的颜色。

十六进制值使用 3 个双位十六进数顺序连接来表示，每个双位十六进制数值的范围为 00～FF，换算成十进制，也是 0～255，即 3 个双位十六进制颜色值实质上也是分别代表红、绿、蓝 3 种颜色值，十六进制的颜色值必须以 # 符号开头，如 #FF0000 表示红色，#00FF00 表示绿色，#0000FF 表示蓝色，#FFFFFF 表示白色，#000000 表示黑色，等等。对于一些常用颜色，也可以直接使用颜色的英文名称，如黑色用 black，白色用 white，红色用 red，蓝色用 blue，紫色用 purple，浅蓝用 lightblue，浅灰用 lightgrey，等等，如下列样式代码所示。

```
h2{
    color: red; /* 使用常用颜色名称定义颜色,文本为红色 */
    background-color: lightblue; /* 背景为浅蓝色 */
}
p{
    color: rgb(255,0,0); /* RGB 模式,每个数值范围为 0~255,红色 */
    background-color: #EEFF99; /* 十六进制颜色值,重复值可简写 #EF9 */
}
```

CSS3 版本中新增了 RGBA 颜色模式,以表示带有 alpha 通道的不透明度的颜色,RGBA 颜色值规定为 rgba(red, green, blue, alpha),其前三个十进制数与 RGB 颜色模式意义相同,最后这个参数 alpha 是介于 0~1 的数,其中 0 表示完全透明,1 表示完全不透明,0.5 表示半透明,即用 0~1 的数值来表示不透明度的程序。如下列样式代码中,使用 rgba(0,255,0,0.5)来表示 div 层的背景为半透明的绿色。

```
div{
    background-color: rgba(0,255,0,0.5); /* 背景为半透明的浅绿色 */
}
```

CSS3 颜色还可以使用 HSL 颜色模式,HSL 颜色的表示与 RGB 模式类似,其基本格式为 hsl(hue, saturation, lightness),其中 hue 代表色调,saturation 代表饱和度,lightness 代表亮度。这种颜色模式又称为颜色柱面坐标表示法,hue 是根据标准色盘来描述颜色的类别,其取值为 0~360,0 或 360 表示红色,120 表示绿色,240 表示蓝色,而 saturation 饱和度和 lightness 亮度通常是用 0~100%来表示,如下列样式代码所示。

```
span{
    color: hsl(240,60%,40%); /* 颜色为深蓝色 */
}
```

另外,在 CSS3 样式代码中还加入了渐变色功能,渐变(Gradients)指两种或两种以上颜色之间的均匀过渡效果。CSS3 中定义了两种最为常用的渐变类型,即线性渐变(Linear Gradients)和径向渐变(Radial Gradients),渐变类型的基本语法格式为 linear-gradient(渐变方向/角度, 颜色 1, 颜色 2,…),其中第一个参数,即渐变方向或角度参数可以省略,默认渐变方向是从上到下,如 linear-gradient(red,blue)表示颜色为从上到下的红到蓝的渐变,预定义的方向为 to bottom 向下、to top 向上、to right 向右、to left 向左、to bottom right 斜向 45°向下向右、to top right 斜向 45°向上向右,如果是用角度表示,则可以使用“deg”度作单位,如 0deg 表示一个从下到上的渐变,90deg 表示从左到右的渐变,而且线性渐变中的颜色值可以使用 RGBA 颜色模式,即可以表示带透明度的渐变颜色。同样,设置渐变色的代码一般也需要加上各浏览器的前缀,下列所示的样式代码为设置 div 层的背景为从红到蓝斜向 45°向下向右的渐变色。

```
div{
    height: 200px;
    background: -webkit-linear-gradient(red, blue);
```

```
    background: -o-linear-gradient(red, blue);
    background: -moz-linear-gradient(red, blue);
    background: linear-gradient(to bottom right, red , blue);
/* 标准的语法(必须放在最后),红到蓝,向下向右渐变 */
}
```

径向渐变的应用稍显复杂,可以指定渐变的中心点位置,渐变的形状有正圆和椭圆以及渐变的大小等值,其基本语法格式为 radial-gradient(渐变中心, 渐变形状,渐变大小,开始颜色,…,结束颜色)。关于径向渐变的内容在这里不作详细介绍。上述与颜色设置相关的代码见本章案例 exp4_21.html,案例代码如下。

【例 4-21】 CSS3 颜色设置(案例文件: chapter04\example\exp4_21.html)

```
<!DOCTYPE html>
<html>
    <head>
        <meta charset = "utf-8" >
        <title>CSS 颜色表示 </title>
        <style type = "text/css" >
            h2{
                color: red; /* 使用常用颜色名称定义颜色,文本为红色 */
                background-color: lightblue; /* 背景为浅蓝色 */
            }
            p{
                color: rgb(255,0,0); /* RGB 模式,数值范围为 0~255 */
                background-color: #EEFF99; /* 十六进制颜色值 */
            }
            div#cc{
                width: 100px;
                height: 100px;
                position: relative; /* 相对定位 */
                top: -25px; /* div 块上移 */
                background-color: rgba(0,255,0,0.5); /* 半透明的浅绿色 */
            }
            span{
                color: hsl(240,60%,40%); /* 颜色为深蓝色 */
                font-size: 36px;
            }
            div#xxjb{
                width: 200px;
                height: 200px;
                background: -webkit-linear-gradient(red, blue);
                background: -o-linear-gradient(red, blue);
                background: -moz-linear-gradient(red, blue);
```

```
                background: linear-gradient(to bottom right, red , blue);
                /* 标准的语法(必须放在最后),红到蓝,向下向右渐变 */
            }
            div#jxjb{
                width: 200px;
                height: 200px;
                background: -webkit-radial-gradient(red 40% , green 60% );
                background: -o-radial-gradient(red 40% , green 60% );
                background: -moz-radial-gradient(red 40% , green 60% );
                background: radial-gradient(red 20% , green 60% );
                /* 标准的语法(必须放在最后),红到绿 */
            }
        </style>
    </head>
    <body>
        <h2>h2 标题,前景红色,背景浅蓝</h2>
        <p>p 段落,前景红色,背景黄绿色#EF9</p>
        <div id = "cc">
            浅绿背景
        </div>
        <span>HSL 颜色示例</span>
        <div id = "xxjb">线性渐变</div>
        <div id = "jxjb">径向渐变</div>
    </body>
</html>
```

4.6.7 CSS3 中的过渡效果

在 CSS3 中,新增了一个可以设置过渡效果的属性 transition。可以使用 transition 属性设置某元素从一种样式转变到另一种样式的过渡效果。使用过渡效果可以完成以前只有依靠 Flash 动画或 JavaScript 脚本才能实现的一些网页中常见的动态效果,如鼠标经过某元素,某元素的某些属性就会发生相应的动态变化。

【例 4-22】 CSS3 过渡效果(案例文件:chapter04\example\exp4_22.html)

```
<!DOCTYPE html>
<html>
    <head>
        <meta charset = "utf-8">
        <title>CSS3 过渡效果</title>
        <style type = "text/css">
            div{
                width: 400px;
                height: 100px;
                background-color: #FF99EE;
                transition: all 2s; /* 所有属性都有过渡效果,过渡时间是 2 秒 */
```

```
            }
                div#width_transition: hover{
                width: 600px;
            }
            div#color_transition: hover{
                background-color: #FF0000;
            }
        </style>
    </head>
    <body>
        <div id="width_transition">宽度变化过渡</div>
        <br>
        <div id="color_transition">颜色变化过渡</div>
    </body>
</html>
```

例 4-22 的样式代码中，注意在 div 的样式中有一句代码“transition: all 2s”，此代码表示使该 div 元素的所有属性都具有过渡属性，过渡效果持续的时间为 2 秒，而网页主体中有两个 div，其 id 值分别为 width_transition 和 color_transition，当鼠标经过第一个 div 时，宽度值发生了变化，当鼠标经过第二个 div 时，div 层的背景色经过 2 秒后逐渐变成红色，这就是过渡效果。过渡效果在许多成熟网站中经常可见。

【例 4-23】 CSS3 过渡效果（案例文件：chapter04\example\exp4_23.html）

```
<!DOCTYPE html>
<html>
    <head>
        <meta charset="utf-8">
        <title>CSS3 过渡属性的应用</title>
        <style type="text/css">
            * {margin: 0; padding: 0; }
            div.container{
                width: 780px;
                height: 260px;
                margin: 10px auto;
                border: 1px #eee solid;
                overflow: hidden; /* 溢出部分隐藏 */
            }
            div.pic{
                width: 200px;
                height: 200px;
                border-radius: 100px;
                margin: 30px;
                position: relative;
                overflow: hidden; /* 溢出部分隐藏 */
                float: left; /* 浮动 */
```

```
                box-shadow: 5px 5px 10px #ccc; /* 灰色阴影 */
            }
            div.pic_info{
                width: 200px;
                height: 50px;
                padding: 10px 0;
                color: #eee;
                background-color: rgba(0,0,255,0.5);
                position: absolute;
                top: 200px;
                transition: all 0.5s;
            }
            div.pic: hover div.pic_info{
                top: 100px;
            }
            p{line-height: 30px; }
            .pic01{background: url(images/html5.jpg) center ; }
            .pic02{background: url(images/CSS.jpg) center ; }
            .pic03{background: url(images/js.jpg) center ; }
        </style>
    </head>
    <body>
        <div class = "container">
            <div class = "pic pic01">
                <div class = "pic_info">
                    <h4>HTML 教程</h4>
                    <p>HTML5 基础教程</p>
                </div>
            </div>
            <div class = "pic pic02">
                <div class = "pic_info">
                    <h4>CSS3 教程</h4>
                    <p>CSS3 样式基础</p>
                </div>
            </div>
            <div class = "pic pic03">
                <div class = "pic_info">
                    <h4>JS 教程</h4>
                    <p>JavaScript 基础</p>
                </div>
            </div>
        </div>
    </body>
</html>
```

例 4-23 中应用了前文所讲的圆角边框属性和阴影属性,并且鼠标经过这些圆形图片时,会自动呈现出相应的半透明蓝色背景的说明文本层。而这个类名为“pic_info”的说明文本层的出现,是因为当鼠标经过该图片所在的 div 层“pic”时,该 div 层中所含的类名为“pic_info”的说明文本层的“top”属性值发生了变化,而且“pic_info”层的样式规定了它的过渡属性,因此这个 div 层会呈现逐渐出现的动态效果,例 4-23 的网页在浏览器窗口的显示效果如图 4-29 所示。

图 4-29　鼠标经过 HTML 元素时出现过渡效果

过渡效果 transition 并非等同于 CSS3 的动画功能。CSS3 还提供了 CSS 2D 变换、CSS 3D 变换属性 transform，可以对元素进行移动、缩放、转动、拉长或拉伸等变换。除此之外，CSS3 还提供了专门的动画功能，主要通过 @keyframes 规则和 animation 属性实现，可以取代以往网页中通过 Flash 或 JavaScript 脚本才能实现的动画效果。关于 CSS3 的动画功能，这里不作详细阐述，有兴趣的读者可以到 W3C 中国社区成员 W3School 网站 http://www.w3school.com.cn 或其他相关网站自行查阅相关资源。

【项目实战】

项目 4-1　利用盒子模型原理制作"专题学习"模块效果（案例文件目录：chapter04\demo\demo4_1）

效果图

项目 4-1 的运行效果如图 4-30 所示。

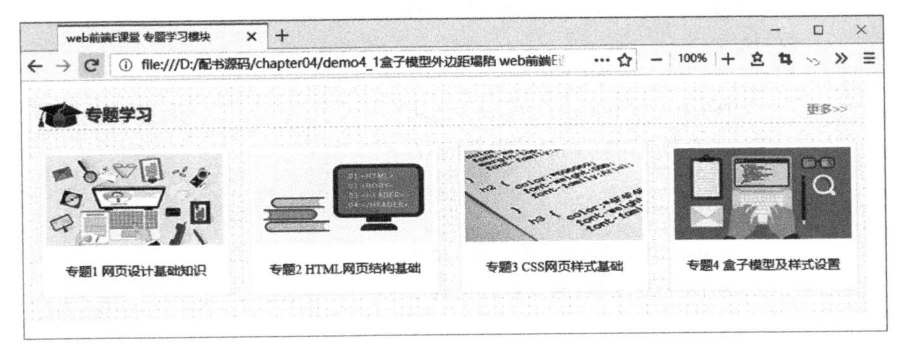

图 4-30　专题学习模块布局

思路分析

把每个元素都看作一个盒子，利用盒子模型设置相关属性，进行布局及 HTML 结构分析，如图 4-31 所示。

用<div>标签表示最外层的盒子，为 div 设置 class 属性（class="study_chapter"），并设置其宽和高、背景图像 CSS。"专题学习"采用<h3>标签，设置背景图像、左内边距、文本样

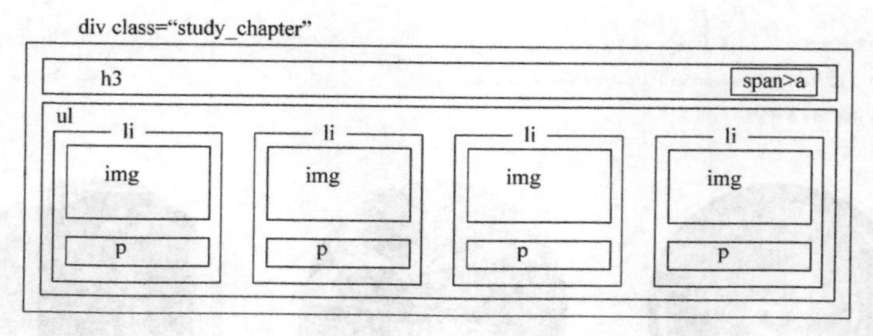

图 4-31　布局及 HTML 结构

式和基本盒子模型等 CSS。h3 中嵌套<span>标签,<span>内嵌套<a>标签,为 h3>span>a 选择器设置左外边距,实现居右效果,并设置文本样式。4 个专题采用 ul 结构,每一个 li 设置一个专题,每一个 li 内由图像(<img>标签)和段落(<p>标签)两个盒子。由于 li 是块级元素,每个 li 独占一行,通过为 li 设置"display: inline-block;"声明,使 4 个 li 在一行显示。为 li 和 p 设置盒子模型相关属性和文本样式。

制作步骤

Step01. 创建案例网站目录结构,在 Dreamweaver 中创建站点,并设置默认图像文件夹为 images,将背景等素材图存放在默认图像文件夹中备用。

Step02. 根据布局及 HTML 结构分析图,编写 HTML 结构代码如下。

```
<body>
    <div class = "study_chapter">
        <h3>专题学习<span> <a href = "#">更多>> </a> </span> </h3>
        <ul>
            <li>
                <img src = "images/chapter1.jpg">
                <p>专题 1 网页设计基础知识</p>
            </li>
            <li>
                <img src = "images/chapter2.jpg">
                <p>专题 2 HTML 网页结构基础</p>
            </li>
            <li>
                <img src = "images/chapter3.jpg">
                <p>专题 3 CSS 网页样式基础</p>
            </li>
            <li>
                <img src = "images/chapter4.jpg">
                <p>专题 4 盒子模型及样式设置</p>
            </li>
        </ul>
    </div>
</body>
```

Step03. 建立 CSS，清除浏览器默认样式。

```
<style type = "text/css">
    div,h3,ul,li,img, a{
        margin: 0;
        padding: 0;
        border: 0;
        list-style: none;
        text-decoration: none;
    }
</style>
```

上述代码并未对段落 p 进行浏览器样式清除，表示采用浏览器默认的<p>标签外边距、内边距样式。

Step04. 设置最外层 div 的宽度、高度、背景图像。

```
.study_chapter{
    width: 908px;
    height: 250px;
    background: url(images/bg1.gif);
}
```

Step05. 设置 li 的盒子模型相关属性，并通过“display: inline-block;”声明，将 li 转换为行内块元素，使 4 个 li 在一行排列。

```
li{
    width: 190px;
    height: 150px;
    background-color: #fff;
    border: 2px solid #eee;
    display: inline-block; /* 使 4 个 li 在一行排列 */
    padding: 5px;
    margin: 10px;
}
```

此时，在浏览器中测试页面显示效果如图 4-32 所示。

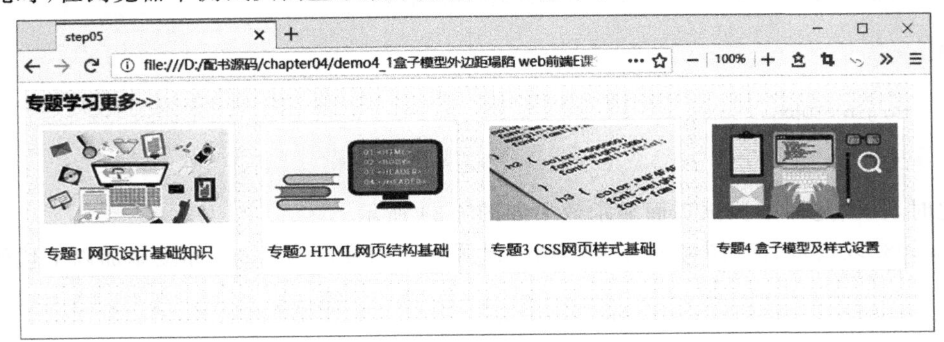

图 4-32 元素类型转换

Step06. 对 h3 进行文本样式和盒子模型相关属性设置。

```
h3{
    height: 30px;
    line-height: 30px; /* 使文字垂直居中 */
    font-size: 18px;
    color: #4B4B4B;
    border-bottom: 1px dashed #ccc;
    margin: 10px;
    margin-top: 50px;
}
```

无须设置 h3 的 width 属性。h3 是块级元素,直接占其父元素宽度的 100%,内容区域的大小会随着 padding、margin 的设置被挤压。line-height 的值与 height 一样大,作用是使文字垂直居中。由于 h3 的父元素没有设置上内边距及边框,发生嵌套元素外边距合并,所以给 h3 设置的"margin: 10px;"声明呈现效果并不是 h3 与父元素之间的距离,而是父元素与浏览器边之间的距离。为了视觉效果比较明显,暂时在"margin: 10px;"后添加代码"margin-top: 50px;"。此时,在浏览器中测试页面显示效果如图 4-33 所示。

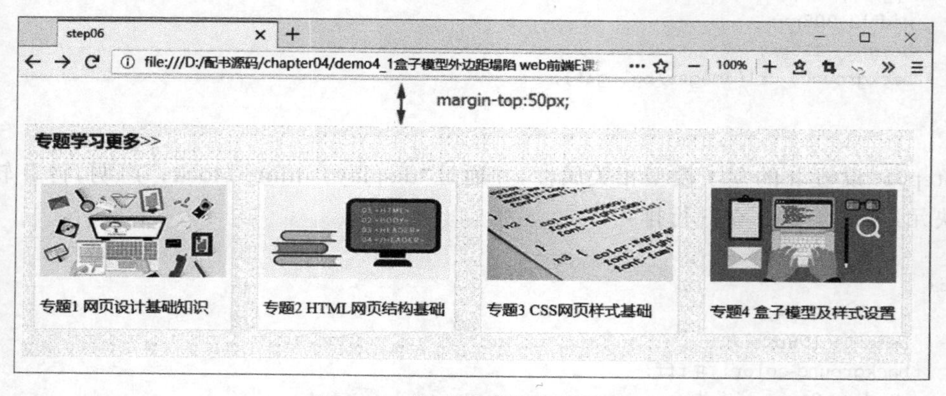

图 4-33　嵌套元素外边距塌陷

Step07. 解决嵌套元素外边距塌陷问题,为父元素". study_chapter"设置上内边距。

```
.study_chapter{
    ......
    padding-top: 5px; /* 解决嵌套元素外边距塌陷问题 */
}
h3{
    ......
    margin: 10px;
}
```

此时,在浏览器中测试页面显示效果如图 4-34 所示。

Step08. 以设置背景图像的方式,为 h3 设置左边图像。为<h3>标签添加以下代码。

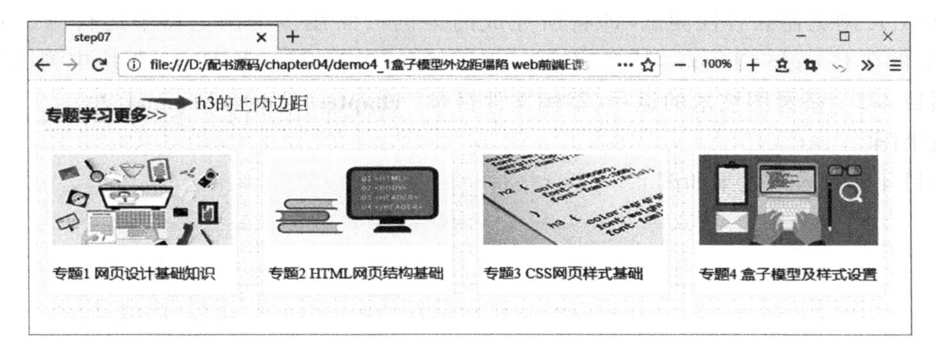

图 4-34　解决嵌套元素外边距塌陷问题

```
h3{
    ……
    padding-left: 50px; /* 为左侧图留出空间 */
    background: url(images/h3bg.png) no-repeat; /* 左侧图 */
}
```

此时，在浏览器中测试页面显示效果如图 4-35 所示。

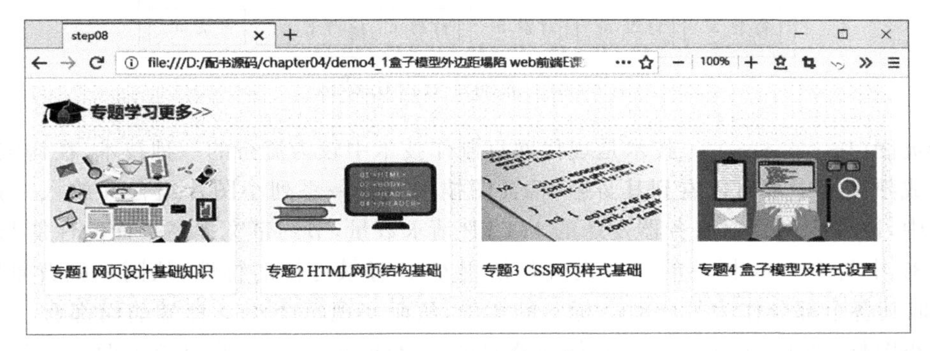

图 4-35　h3 背景图像

Step09. 设置<span>标签内部的超链接 a 的样式。通过为 a 设置左外边距的方式，使 a 在<h3>标签的右侧显示。

```
h3>span>a{
    margin-left: 700px; /* 实现居右效果 */
    font-size: 14px;
    color: #FD941F;
}
```

Step10. 设置段落 p 的样式。制作完成，显示效果与案例效果图相同。

```
p{
    font-size: 14px;
    text-align: center;
}
```

Step11. 浏览器兼容性测试,即将所完成的案例页面在多个浏览器中运行测试其兼容性,本案例在 Google Chrome、火狐、Opera、Safari for Windows 及 IE 11 版块中测试通过。

项目 4-2 精灵图技术的运用(案例文件目录:chapter04\demo\demo4_2)

效果图

项目 4-2 的运行效果如图 4-36 所示。

图 4-36 精灵图技术的应用

思路分析

本案例的布局及 HTML 结构简单明晰,可以直接在一个 div 层放置若干水平排放的 <a>标签,设置<a>标签的文字和背景样式,其结构分析如图 4-37 所示。

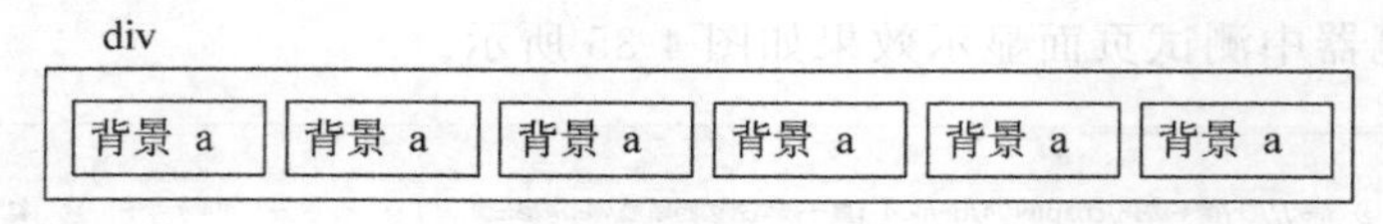

图 4-37 布局及 HTML 结构

精灵图(Image Sprites)技术是现代网页制作技术中较为流行的一种技术,在淘宝、京东等众多成熟网站中都可以看到其身影,精灵图技术是将一系列小图片组合并放入一张单独的图片中,以减少网页对服务器发送的 HTTP 请求数量,节约带宽提高页面的性能与效率。如图 4-37 中每个<a>标签的背景设置是使用 CSS 背景可控的特性,从同一幅背景图 bg.png 中取其各个部分作为每个<a>标签的背景,从而实现每个<a>标签前面都有一个独具特色的小图标,在 Photoshop 中打开作为背景的素材图 bg.png,并将其放大两倍后分析各小图的位置关系,就很容易理解精灵图技术的奥妙所在了。背景图 bg.png 分析如图 4-38 所示。

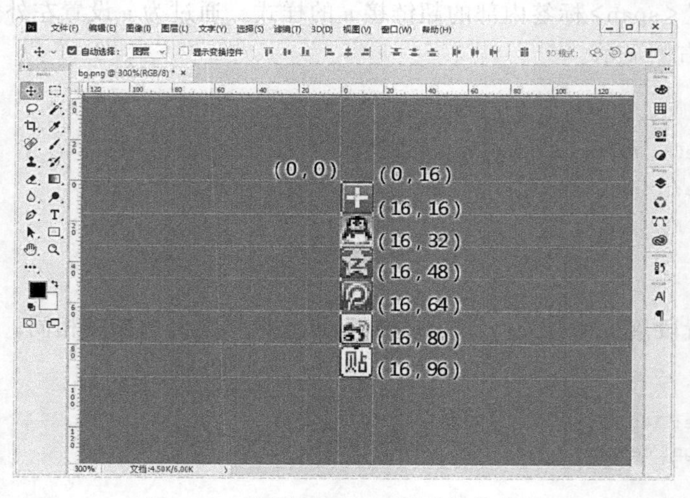

图 4-38 背景图 bg.png 组成结构分析

从图 4-38 中可以看出，6 个小图是纵向排布，大小都是 16×16px，设置<a>标签的高度值为 16px，背景不重复，那么用 bg.png 作背景，每次就只能看到高度为 16px 的小图案了，而且 CSS 的背景位置可以进行设置，因此可以控制背景图的位置而获得不同的背景图案。注意，<a>标签是内联元素，必须通过设置 display 属性将其变更为块元素或行内块元素，才能设置其宽度与高度值。

制作步骤

Step01. 创建案例网站目录结构，并在 Dreamweaver 中创建站点，设置默认图像文件夹为 images，将背景素材图存放在默认图像文件夹中备用。

Step02. 根据图 4-37 编写 HTML 结构代码如下。

```
<body>
    <div class = "icon">
        <a href = "#" class = "icon_1">分享到：</a>
        <a href = "#" class = "icon_2">QQ 好友</a>
        <a href = "#" class = "icon_3">QQ 空间</a>
        <a href = "#" class = "icon_4">腾讯微博</a>
        <a href = "#" class = "icon_5">新浪微博</a>
        <a href = "#" class = "icon_6">百度贴吧</a>
    </div>
</body>
```

注意，在上述代码中，每个<a>标签都设置了不同的 class 属性。将上述 HTML 文件在浏览器中测试页面显示效果如图 4-39 所示。

图 4-39　无样式的案例页面效果

Step03. 建立 CSS，清除浏览器默认的 margin 和 padding 样式。

```
*{margin: 0; padding: 0; }
body{padding: 20px; }
```

Step04. 设置最外层 div 的宽度、高度、边框、背景等样式。

```
.icon{
    width: 500px;
    height: 16px; /* 背景图由 6 个小图组成，一个小图是 16×16px */
    background: #f1f1f1;
    border-top: 5px solid #3bbbd5;
```

```
    padding: 20px 10px;
    font-size: 12px;
    font-family: "微软雅黑";
}
```

此时,在浏览器中测试页面显示效果如图 4-40 所示。

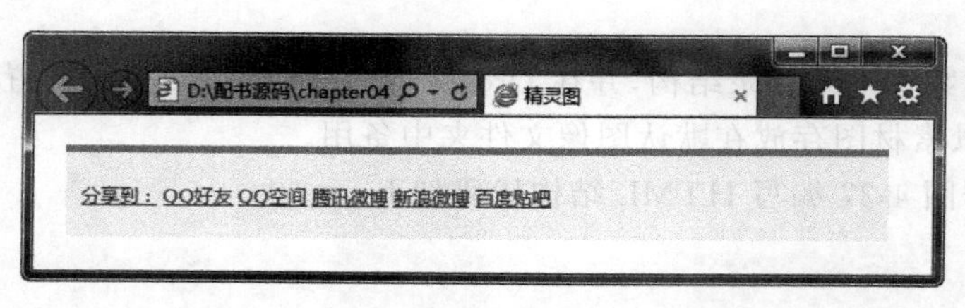

图 4-40 为 div 设置 CSS 效果

Step05. <a>标签为行内元素,为了使 6 个<a>标签在同一行排列,同时具有宽和高、背景等属性,将<a>标签设置为行内块,并设置盒子模型相关属性。

```
.icon a{
    display: inline-block; /* 行内块 */
    width: 50px;
    height: 16px; /* 注意<a>标签的高度为 16px */
    padding-left: 20px; /* 左内边距,即 a 标签中的文本将距左侧 20px 出现 */
    color: #858585;
    text-decoration: none;
    background: url(images/bg.png) no-repeat left 0; /* 背景图都是加号 */
}
```

由图 4-38 可知,<a>标签的背景图 bg.png 是由 6 个 16×16px 的小图标纵向排布组成,而默认背景图位置是水平左对齐,垂直顶对齐,因此呈现效果是所有背景图都呈现为最上面的加号图案,在浏览器中测试网页显示效果如图 4-41 所示。

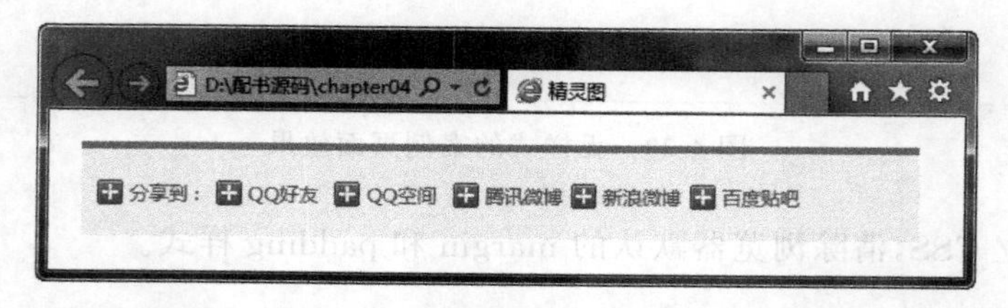

图 4-41 <a>标签设置行内块及背景等相关样式

Step06. 由于将 6 个小的背景图做成了一张图 bg.png,其余 5 个背景图需要通过设置背景图的位置来呈现,背景图的位置可以使用 left、center、right 等值,也可以直接使用坐标值。分析 bg.png 素材图,根据各个<a>标签的 class 属性,分别设置各个<a>标签的特殊背景样式,代码如下。

```
.icon .icon_2{background: url(images/bg.png) no-repeat left -16px; }
    /* 背景图向上移动 16px,显示第 2 部分背景图 */
```

```
.icon .icon_3{background: url(images/bg.png) no-repeat left-32px; }
    /* 背景图向上移动 32px,显示第 3 部分背景图 */
.icon .icon_4{background: url(images/bg.png) no-repeat left-48px; }
    /* 背景图向上移动 48px,显示第 4 部分背景图 */
.icon .icon_5{background: url(images/bg.png) no-repeat left-64px; }
    /* 背景图向上移动 64px,显示第 5 部分背景图 */
.icon .icon_6{background: url(images/bg.png) no-repeat left-80px; }
    /* 背景图向上移动 80px,显示第 6 部分背景图 */
```

Step07. 至此本案例已经制作完毕，在多个不同的浏览器中测试页面效果，可以发现其页面显示效果与图 4-36 效果一致。

Step08. 浏览器兼容性测试，即将所完成的案例页面在多个浏览器中运行测试其兼容性，本案例在 Google Chrome、火狐、Opera、Safari for Windows 及 IE 11 版块中测试通过。

项目 4-3　仿腾讯 IMQQ 网页视差背景效果（案例文件目录：chapter04\demo\demo4_3）

效果图

项目 4-3 的运行效果如图 4-42 所示。

图 4-42　仿腾讯 IMQQ 网页视差背景效果

当按下滚动条滑动时，其效果如图 4-43 所示。

图 4-43　仿腾讯 IMQQ 网页视差背景效果鼠标滑动后

思路分析

图 4-42 和图 4-43 是仿腾讯网 IMQQ 栏目(http://im. qq. com)首页效果,拖动浏览器的纵向滚动条,可以观察到神奇的视差背景效果,每滚动一屏,页面似乎会换一屏固定背景,而且页面内容会随着浏览器的变化而变化。此效果虽然效果奇特,但制作难度并不大,主要是通过<div>图层特点和背景定位属性的样式设置来实现效果。

此案例的 HTML 结构比较简单,是由一个个普通的滚动图层和一个个背景固定的图层相间而成,背景固定是通过背景的一个特殊属性"background-attachment: fixed;"实现的,正常情况下,随着垂直滚动条下拉图层一定会自动上滚,这个案例实际上是通过设置图层固定背景的方法,形成了背景固定图层似乎没有滚动的视觉假象,再通过宽度的百分比设置,使用案例显示效果能随浏览器大小的变化而发生相应变化。

制作步骤

Step01. 创建站点目录结构,包含默认文件夹 images 和默认样式文件夹 css。在浏览器中打开腾讯网站 IMQQ 版块(http://im. qq. com),通过截图或下载的方法获取素材图片,并将素材图片存放在默认文件夹 images 中,在 Dreamweaver 中创建好站点,新建 HTML5 格式文档 index. html 并保存在站点目录中。

Step02. 搭建 index. html 的 HTML 结构,假定有 5 个<div>层分别表示放置滚动的内容图层和背景固定的图层,最后一个图层中表示放置页脚信息的图层,图层中的文字暂作提示文本,最终需删除。具体 HTML 代码如下。

```
<body>
    <div class = "scrollbg sbj01">滚动的内容图层 01</div>
    <div class = "fixbg bg01">背景固定的图层 01</div>
    <div class = "scrollbg sbj02">滚动的内容图层 02</div>
    <div class = "fixbg bg02">背景固定的图层 02</div>
    <div class = "scrollbg sbj04">作为页脚的图层</div>
</body>
```

Step03. 样式设置。

为讲解方便,使用内联样式。测试效果成功后,可以将样式移至外部链接样式文件中。

1. 设置网页根节点 html,body 的 height 属性值为 100%

仿视差背景效果制作的样式设置第一步就是要设置网页根节点 html,body 的 height 属性值为 100%。因为后续要设置网页内部<div>层的高度值为百分数,而在 W3C 的规范中,百分比的高度设置需要根据这个元素的父元素容器的高度。html 和 body 都是 HTML 网页的根节点,但是 body 以<html>标签为高度参照,<html>标签以浏览器窗口为参照,因此这行代码很重要,没有它本案例的最终效果无法实现,代码如下。

```
<style type = "text/css">
    html,body{height: 100 % ; }        /* 设置根节点 html,body 的 height 属性值 */
</style>
```

2. 设置滚动内容图层的公共样式

注意观察 Step02 中 HTML 代码中样式名的写法，每个<div>标签的 class 属性中都有用空格隔开的两个样式名，这说明这两个类名的样式都对<div>起作用，其中第一个选择器中的样式相当于所有滚动层或所有背景固定层要遵守的公共样式，后一选择器所描述的则是这个图层所具有的特殊样式。所有滚动内容层都应遵循的样式代码如下。

```
.scrollbg{
    background-size: cover;
    background-repeat: no-repeat;
    background-position: center center;
}
```

由上可知，视差效果页面的滚动内容图层的背景是不重复的，背景位置居中。background-size 属性是 CSS3 版本中的新属性，用来指定背景图像的大小，cover 取值是指把背景图像扩展至足够大，以使背景图像完全覆盖背景区域，另外还有一个取值 contain，是指把背景图像扩展至最大尺寸，以使其宽度和高度完全适应内容区域。

3. 设置背景固定图层的公共样式

```
.fixbg{
    min-height: 100%;                       /* 设置元素的最小高度 */
    background-attachment: fixed;           /* 设置背景图像固定 */
    background-position: center center;     /* 设置背景图像位置居中 */
    background-repeat: no-repeat;           /* 设置背景图像不重复 */
    background-size: cover;                 /* 设置背景图像尺寸扩展至足够大 */
}
```

min-height 属性是设置元素的最小高度。元素高度值可以比指定值高，但不能比其矮，如内容太多，则层高被撑开；内容太少，则层高为 min-height 指定值。设置"min-height: 100%;"是给背景固定图层一个高度值，而这个高度是继承其父级，并且网页中顶级的父级是<html>元素，<html>元素的高度已经设置为 100%，它是以浏览器窗口为参照，因此这里<div>层高会随浏览器尺寸的变化而变化。第二行代码表示图层背景固定，即当页面的其余部分滚动时，背景图像不会移动。第三、四行代码表示设置背景位置居中，不重复，"background-size: cover;"表示背景图像扩展至足够大，覆盖整个<div>层。

4. 设置每个背景固定图层的特殊样式

每个背景固定的图层不同之处就是各自的背景图像不一致，从 HTML 结构中可以看出，每个固定层的 class 都有两个值，如<div class="fixbg bg01">表示 fixbg 和 bg01 的样式规则都会应用于这个<div>层，fixbg 是所有背景固定图层都要遵守的公共样式，而后面的样式是各个图层分别要遵循的特殊样式，其代码如下。

```
.bg01{background-image: url(images/bg01.jpg); }
.bg02{background-image: url(images/bg02.jpg); }
.bg03{background-image: url(images/bg03.jpg); }
.bg04{background-image: url(images/bg04.jpg); }
```

5. 设置每个滚动内容图层的特殊样式

每个滚动内容图层的背景图像也各不相同，层内的内容多少可能也不一样，这里使用 min-height 属性来模拟各层的高度，min-height 属性有一个特点，当层中的内容增多时，层高会被自动撑开，各个滚动内容图层的特殊样式代码如下。

```
.sbj01{background-image: url(images/sbg01.jpg); min-height: 100%; }
.sbj02{background-image: url(images/sbg02.jpg); min-height: 70%; }
.sbj03{background-image: url(images/sbg03.jpg); min-height: 80%; }
.sbj04{background-image: url(images/footbg.jpg); min-height: 50%; }
```

由上可知，每个滚动内容图层都设置了各自不同的背景图和最小高度值，第一屏的 min-height 值为 100%，即第一屏要铺满整个浏览器窗口，而后续的滚动图层可以依据设定值和层内容设置，如作为最后一屏的页脚图层，一般其最小高度就不需要设置 100%，因为页脚信息一般不需要满屏显示，其高度一般只需占窗口的一半甚至更小。至此视差效果基本完成，在浏览器中运行网页并且拖动垂直滚动条，显示效果如图 4-44 和图 4-45 所示。

图 4-44　视差效果

注意，实际制作中页脚部分并不会仅仅用背景图呈现，一定是在页脚层中加入图文信息，通过图文排版的形式进行制作，以下尝试在层中加入图文信息。

Step04. 在<div>层中加入 png 图。在第二个滚动层中加入一张 png 图片，其 HTML 结构修改如下。

```
<div class="scrollbg sbj02">滚动的内容图层 02
    <img src="images/pic01.png" class="s02jpg">
</div>
```

设置 png 图片的位置属性，使之与第二个滚动层产生突出错位效果，其样式代码如下。

```
.s02jpg{
    margin-top: -100px;
    width: 50%;
}
```

在浏览器中运行网页，拖动滚动条，观察第二个滚动层效果，如图 4-45 所示。

图 4-45　视差效果案例

Step05. 浏览器兼容性测试。将所完成的案例页面在多个浏览器中运行测试其兼容性，本案例在 Google Chrome、火狐、Opera、Safari for Windows 及 IE 11 版块中测试通过。

【实训作业】

实训任务 4-1　使用精灵图技术制作淘宝首页局部效果

精灵图技术在众多成熟的大型网站都能看到其身影，如图 4-46 所示的淘宝网首页，其右侧用粗线边框标注的区域就应用了精灵图技术。可以直接在淘宝网中通过右击此区域中的小图案，在弹出的快捷菜单中选择【查看元素】命令，分析右侧局部源代码，下载素材图，并模拟制作图 4-46 右侧局部效果。具体要求如下。

1. 网站目录结构明晰，有默认图像文件夹(图像文件夹命名为 images 或 img)，图像文件命名规范。
2. 首页命名为 index 或 default，首页扩展名为 html 或 htm。
3. 合理使用所学 HTML 标签组织网页结构。
4. 合理使用 CSS 选择器，并设置 CSS。
5. 获取精灵图或自己制作精灵图，使用精灵图技术设置背景图像。

6. 合理设置盒子模型相关属性。

图 4-46 精灵图技术在淘宝网首页中的应用

实训任务 4-2 商品展示页局部效果的实现

商品展示页面局部效果在淘宝、京东、苏宁、唯品会等购物网站较为常见,素材图可以自行选择适当图片或使用随书附带的图像素材。商品展示页局部效果如图 4-47 所示。具体要求如下。

1. 网站目录结构明晰,有默认图像文件夹(图像文件夹命名为 images 或 img),图像文件命名规范。
2. 首页命名为 index 或 default,首页扩展名为 html 或 htm。
3. 合理使用所学 HTML 标签组织网页结构。
4. 合理使用 CSS 选择器,命名规范,并设置 CSS。
5. 合理设置盒子模型相关属性。

图 4-47 商品展示页局部效果图

第5章　网页布局基础

【目标任务】

学习目标	1. 理解 CSS+DIV 布局思路与优势 2. 掌握浮动的原理及应用 3. 掌握清除浮动的方法 4. 掌握 overflow 的应用 5. 掌握相对定位的原理及应用 6. 掌握绝对定位的原理及应用 7. 掌握固定定位的原理及应用 8. 掌握 z-index 层叠的应用
重点知识	1. 浮动的原理 2. 相对定位的原理 3. 绝对定位的原理 4. 固定定位的原理
项目实战	项目 5-1　"国"字型布局网页效果制作 项目 5-2　商品广告版块效果制作
实训作业	实训任务 5-1　新浪微博发言版块制作 实训任务 5-2　制作第 5 章案例作业网站

【知识技能】

5.1　DIV+CSS 布局的思路

网页最开始的呈现就像一张白纸，我们要像排版报纸一样规划网页各个板块的大小、位置等。div 是一个块级元素，相当于一个容器，容器中可以嵌套标题、段落、表格、图片等 HTML 元素。因此，页面布局时，先使用<div>标签对页面进行板块划分，描述页面整体结构，如建立 id 属性为 top、main(嵌套 left、mid、right)、bottom 的 6 个 div。使用 CSS 盒子模型描述每一个 div 的 width、height、border、padding、margin、background 等属性，并把盒子放到合适的位置。

CSS+DIV 是网页制作中常见的术语之一，掌握基于 CSS 和 DIV 技术的网页布局方式，是实现 Web 标准的基础。DIV 负责网页的结构、CSS 负责网页的样式，实现结构与样式的分离。结构与样式的分离使得文档结构清晰,代码简洁,有效提高页面浏览速度,缩减带宽成本,易于搜索引擎的搜索;只要修改CSS代码即可实现网页的改版,后期维护方便。

5.2 文档流

HTML元素除专门制定,其他所有HTML元素都在文档流中定位。块级元素独占一行,它的位置按照元素在HTML代码中按先后顺序自上而下排列。行内元素在一行中并排显示,它的位置在每行中按照元素在HTML代码中的先后顺序从左到右地顺序排列。如例5-1的代码和图5-1所示,div是块级元素,3个div各占一行;span是行内元素,两个span元素不换行。若不进行任何定位与浮动设置,则div只能实现"三"字形布局。

【例5-1】 文档流布局(案例文件:chapter05\example\exp5_1.html)

```
<!DOCTYPE html>
<html lang="en">
<head>
    <meta charset="UTF-8">
    <title>文档流布局</title>
    <style type="text/css">
        body{font-size: 24px; }
        div{padding: 0; margin: 0px; text-align: center; line-height: 50px; }
        #box1{
            width: 50px;
            height: 50px;
            background-color: #666;
        }
        #box2{
            width: 150px;
            height: 50px;
            background-color: #999;
        }
        #box3{
            width: 250px;
            height: 50px;
            background-color: #ccc;
        }
        .span1{
            color: red;
            font-weight: bold;
        }
        .span2{
            color: blue;
```

```
                text-decoration: underline;
            }
  </style>
  </head>
      <body>
          <div id = "box1" > box1 </div>
          <div id = "box2" > box2 </div>
          <div id = "box3" > box3 </div>
          <p> span 是行内元素,
  <span  class = "span1" > span 定义的行内元素 </span>
  <span class = "span2" > span 定义的行内元素 </span> </p>
      </body>
  </html>
```

例 5-1 的运行效果如图 5-1 所示。

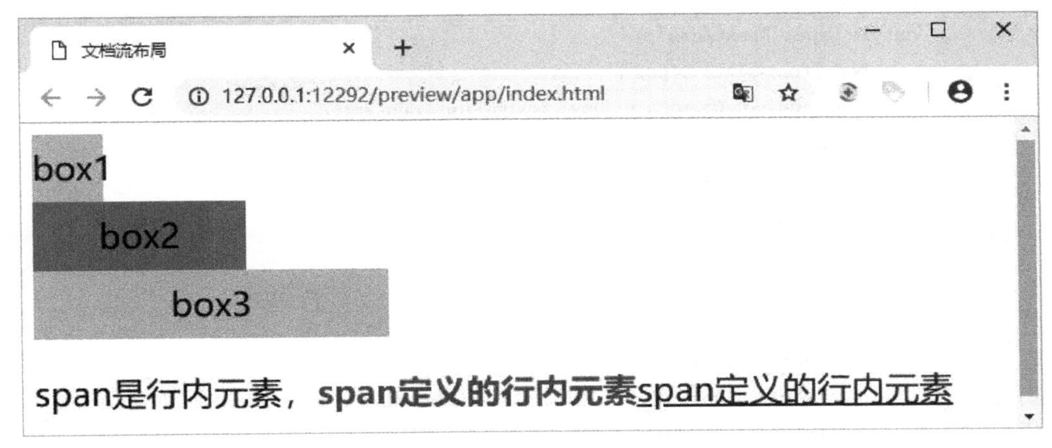

图 5-1　文档流布局

5.3　Float 浮动

由例 5-1 可见,div 是块级元素,每一个 div 默认占一整行,只能实现"三"字型布局。若想使两个 div 在一行并列显示,需要使用浮动属性。元素的浮动是指设置了浮动属性的元素会脱离标准文档流的控制,移动到指定位置的过程。

5.3.1　浮动的基本语法

float 通过 CSS 的 float 属性进行设置,可以设置对象左右浮动,直到其边缘碰到它的父元素或另一个浮动元素的边缘。浮动的语法格式如下。

```
选择器{float: left/right/none/inherit; }
```

在以上的语法中,float 属性的常用值有 4 个,分别表示不同的含义,具体介绍如下。

- left　元素向其父元素的左侧边缘浮动。

- right　元素向其父元素的右侧边缘浮动。
- none　默认值,元素不浮动。
- inherit　从父级元素获取 float 值。

5.3.2　浮动的基本原理

【例 5-2】　三列布局的实现(案例文件：chapter05\example\exp5_2.html)

1. 创建基本 HTML 与 CSS(案例文件：chapter05\example\exp5_2_Step1.html)

```
<!DOCTYPE html>
<html lang = "en">
    <head>
        <meta charset = "UTF-8">
        <title>浮动的原理</title>
        <style type = "text/css">
            body{font-size: 24px; }
            div{padding: 0; margin: 0px; text-align: center; }
            #box1{
                width: 50px;
                height: 50px;
                background-color: #666;
            }
            #box2{
                width: 150px;
                height: 50px;
                background-color: #999;
            }
            #box3{
                width: 250px;
                height: 50px;
                background-color: #ccc;
            }
        </style>
    </head>
    <body>
        <div id = "box1">box1</div>
        <div id = "box2">box2</div>
        <div id = "box3">box3</div>
    </body>
</html>
```

代码运行效果如图 5-2 所示。

不发生浮动时,块级元素独占一行,紧随其后的块级元素按照在文档流中的顺序依次在

图 5-2　文档流布局

新行显示。

2. 设置第一个 div 浮动(案例文件：chapter05\example\exp5_2_Step2. html)

修改 box1 的代码，设置 float 属性为 left 对 id="box1"应用左浮动，代码如下。

```
#box1{
......
    float: left;
}
```

修改 box1 代码后的运行效果如图 5-3 所示。

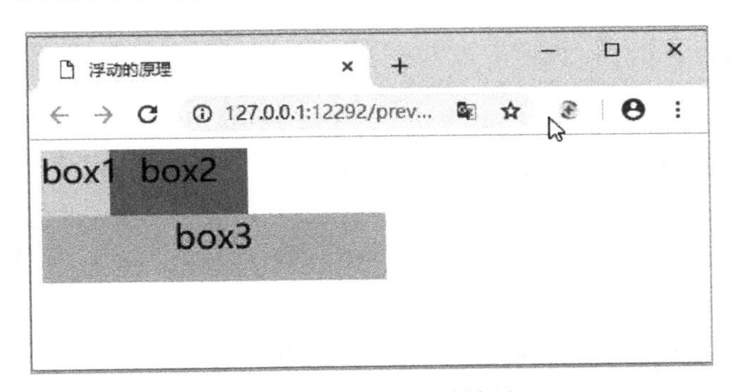

图 5-3　box1 左浮动效果

box1 设置左浮动，它脱离文档流而向左移动，直到其边缘碰到包含框(此处为 body)的边缘为止。因为 box1 脱离文档的普通流(浮在上面)，box2 会代替原来 box1 的位置，其左边框与 box1 重合。

3. 设置第 2 个 div 浮动(案例文件：chapter05\example\exp5_2_Step3. html)

修改 box2 的代码，设置 float 属性为 left 对 id="box2"应用左浮动，代码如下。

```
#box2{
    ......
    float: left;
}
```

修改 box2 代码后的运行效果如图 5-4 所示。

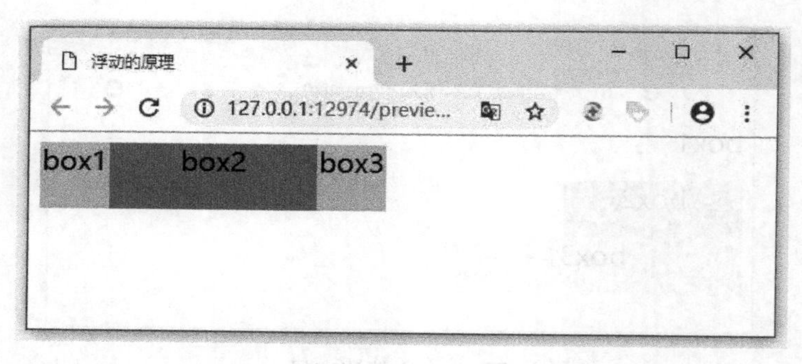

图 5-4　box1 和 box2 左浮动效果

box2 设置左浮动，它脱离文档流而向左移动，直到其边缘碰到它前面一个浮动元素(box1)的边缘为止。浮动的元素脱离文档流，box3 会代替原来 box1 的位置，其左边框与 box1 重合。其中，box1 与 box2 所占宽度为 50px＋150px＝200px，所以 box3 露出了 50px(250px－200px＝50px)宽的区域。

4. 设置第 3 个 div 层浮动(案例文件：chapter05\example\exp5_2. html)

若要实现 3 个盒子在一行显示，即“川”字形布局，为＃box3 设置左浮动即可，修改 box3 的代码，设置 float 属性为 left 对 id＝“box2”应用左浮动，代码如下。

```
#box3{
    ……
    float: left;
}
```

修改 box3 代码后的运行效果如图 5-5 所示。

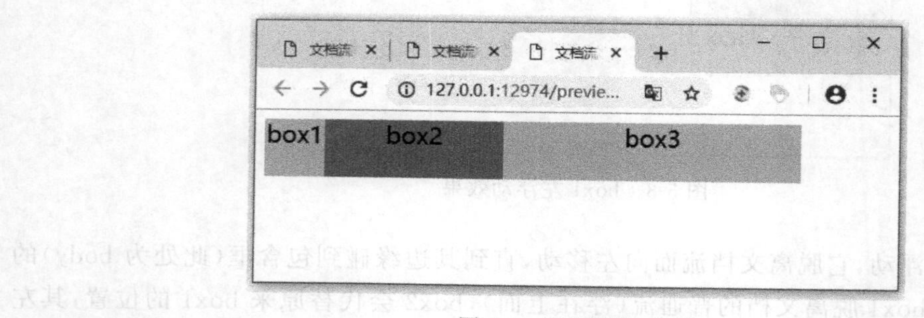

图 5-5　“川”字型布局

在 CSS 中，任何元素都可以浮动，浮动元素会生成一个块级框。不论它本身是何种元素，常常通过对 div 元素设置 float 属性进行布局。

- 不发生浮动时，块级元素独占一行，紧随其后的块级元素将在新行显示。
- 设置浮动，浮动框会脱离文档的普通流。后面的元素向前浮动。
- 对象左(右)边没有其他浮动元素时，对象左(右)浮动，直到其边缘碰到它的父元素的边缘。
- 对象左(右)边有其他浮动元素时，对象左(右)浮动，直到其边缘碰到另一个浮动元素的边缘。

5.3.3 清除浮动 clear 属性

例 5-2 中的第三步(案例文件：chapter05\example\exp5_2_Step3.html)中 box1 和 box2 与 box3 重叠，这是浮动元素对未设置浮动的元素产生的影响。由于浮动元素不再占用原文档流的位置，未设置浮动的元素向上移动，所以会对页面中的排版产生影响。在 CSS 中，clear 属性用于清除浮动的影响，其基本语法格式如下。

```
选择器{clear: left/right/both; }
```

clear 属性的常用值有 3 个，分别表示不同的含义，具体如下。

- left。清除左侧浮动的影响。
- right。清除右侧浮动的影响。
- both。清除所有浮动的影响。

【例 5-3】 清除浮动(案例文件：chapter05\example\exp5_3.html)

```
<!DOCTYPE html>
<html lang = "en">
    <head>
        <meta charset = "UTF-8">
        <title>浮动的原理</title>
        <style type = "text/css">
            body{font-size: 24px; }
            div{padding: 0; margin: 0px; text-align: center; }
            #box1{
                width: 50px;
                height: 50px;
                background-color: #666;
                float: left;
            }
            #box2{
                width: 150px;
                height: 50px;
                background-color: #999;
                float: left;
            }
            #box3{
                width: 250px;
                height: 50px;
                background-color: #ccc;
                clear: left;        /*清除浮动*/
            }
        </style>
```

```
    </head>
    <body>
        <div id="box1">box1</div>
        <div id="box2">box2</div>
        <div id="box3">box3</div>
    </body>
</html>
```

例 5-3 的运行效果如图 5-6 所示。

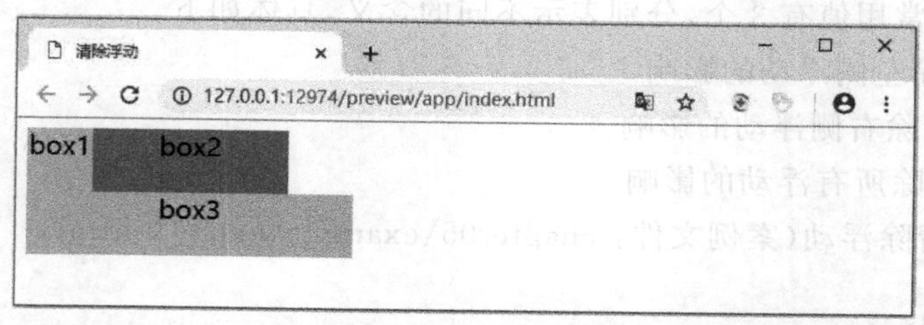

图 5-6 box3 清除浮动效果

5.3.4 子元素浮动,父元素空间不足的情况

1. 子元素浮动,父元素空间不足,子元素被移至下一行

如果父元素的 width 值不足,无法容纳水平排列的多个设置了浮动属性的子元素,即父元素可供浮动的空间小于各个浮动子元素所占空间之和,那么处于后面的浮动子元素会被移至下一行,直到父元素有足够的空间,才会移上去。

```
<!DOCTYPE html>
<html lang="en">
    <head>
        <meta charset="UTF-8">
        <title>浮动的原理-父盒子宽度不足</title>
        <style type="text/css">
            div{padding: 0; margin: 0; }
            body{font-size: 24px; }
            #page{
                width: 612px;
                height: 100px;
                background-color: #ccc;
            }
            #box1, #box2, #box3 {
                width: 200px;
                height: 50px;
                background-color: #666;
                border: 2px solid red;
```

```
                float: left;
            }
        </style>
    </head>
    <body>
        <div id = "page">
            <div id = "box1">box1</div>
            <div id = "box2">box2</div>
            <div id = "box3">box3</div>
        </div>
    </body>
</html>
```

【例 5-4】 父元素空间不足(案例文件：chapter05\example\exp5_4.html)

1. 创建基本的 HTML 与 CSS(案例文件：chapter05\example\exp5_4_Step1.html)

代码运行效果如图 5-7 所示。

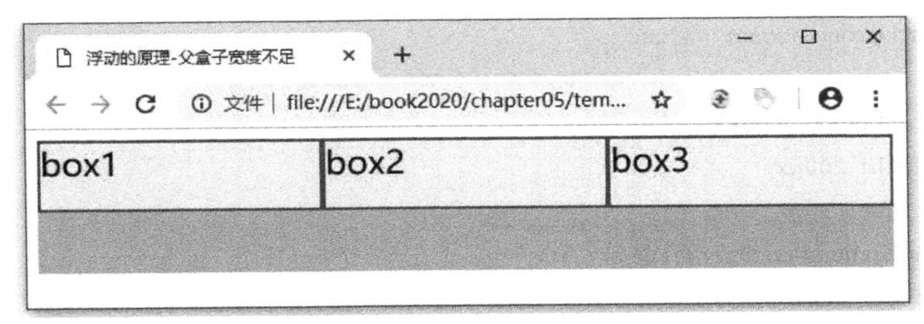

图 5-7 三列浮动效果

3 个子盒子所占宽度为(200px+2px+2px)×3=612px，当父元素 #page 的宽度大于或等于 3 个子盒子所占宽度时，3 个盒子在一行显示。

修改父盒子 page 的宽度，使父盒子宽度不足以容纳 3 个子元素(案例文件：chapter05\example\exp5_4_Step2.html)，代码如下。

```
#page{
    width: 600px;            /* width 不足 612px */
    ……
}
```

修改代码后的运行效果如图 5-8 所示。

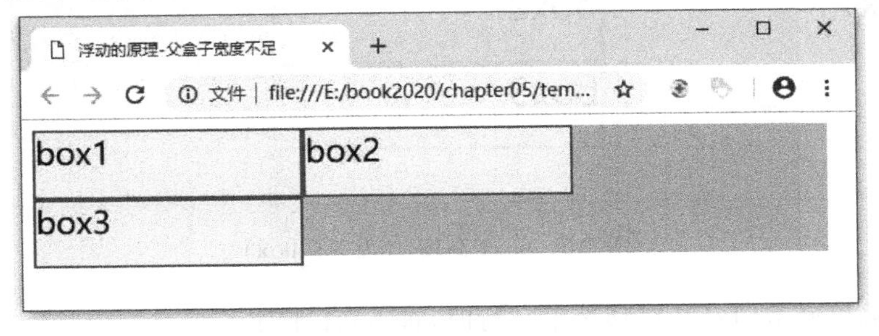

图 5-8 父元素宽度不足

当父元素 page 的宽度小于 3 个盒子所占宽度之和时，最后一个子盒子被移至下一行。

2. 子元素浮动，父元素空间不足，子元素移至下一行时被卡住

在实际项目开发时，我们经常不设置子盒子的高度，而是让内容把子盒子的高度撑开，这样会出现 3 个子盒子高度不一致的情况。如果浮动子元素的高度不同，那么当它向下移动时可能被其前面高度较高的浮动元素"卡住"。

【例 5-5】 被移至下一行的子元素被卡住(案例文件：chapter05\example\exp5_5.html)

修改例 5-4 的 CSS 代码，使 box1 的高度设置为高于 box2 和 box3，代码如下。

```
<style type = "text/css">
    div{padding: 0; margin: 0; }
    body{font-size: 24px; }
    #page{
        width: 600px; /* width 不足 612px */
        height: 100px;
        background-color: #ccc;
    }
    #box1, #box2, #box3 {
        width: 200px;
        height: 50px;
        background-color: #666;
        border: 2px solid red;
        float: left;
    }
    #box1{
        height: 80px;
    }
</style>
```

例 5-5 的代码运行效果如图 5-9 所示。

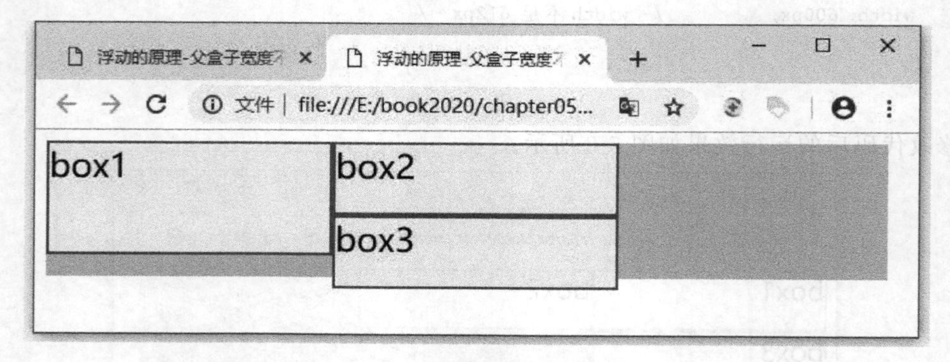

图 5-9　box1 高度"卡住"了 box3

因 box1 高度较高，box3 在移至下一行时，被 box1 卡住了。

5.3.5 浮动子元素对未设置高度的父元素的影响及解决办法

在制作网页时，经常不设置父元素的高度，而是让子元素把父元素撑开。这时，设置了浮动的子元素会对未设置浮动、未设置高度的父元素产生影响。如例 5-6 所示，父元素变成了一条直线。

【例 5-6】 父元素无高度（案例文件：chapter05\example\exp5_6.html）

代码如下：

```
<!DOCTYPE html>
<html lang="en">
    <head>
        <meta charset="UTF-8">
        <title>子元素浮动对父元素的影响</title>
        <style type="text/css">
            #box{
                width: 372px;    /*(100+20+4)*3=372*/
                border: dashed 2px #F00;
                background-color: #ccc;
            }
            #left, #main, #right{
                width: 100px;
                height: 80px;
                text-align: center;
                font-size: 20px;
                border: solid 2px #000;
                margin: 10px;
                background-color: pink;
                float: left;
            }
        </style>
    </head>
    <body>
        <div id="box">
            <div id="left">left     </div>
            <div id="main">main     </div>
            <div id="right">right   </div>
        </div>
        <!-- 对子元素设置浮动时，如果不对其父元素定义高度，则子元素的浮动会对父元素产生
影响，如例 5-6 所示父元素变成了一条直线. -->
    </body>
</html>
```

例 5-6 的代码运行效果如图 5-10 所示。

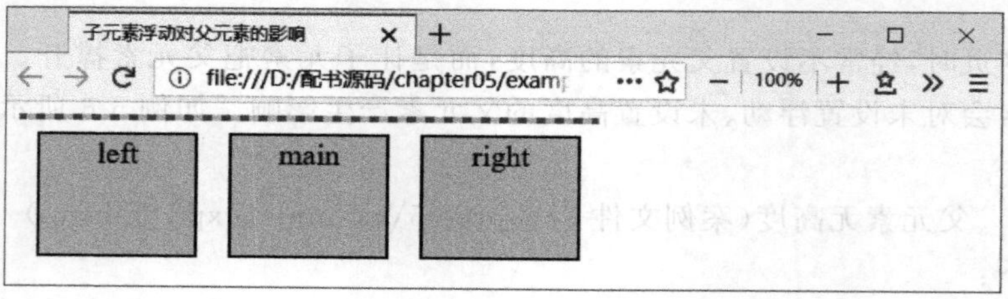

图 5-10　父元素未被子元素撑开

由于父元素没有设置高度、浮动，而子元素设置浮动，脱离文档流，子元素不能把父元素撑开，父元素的背景颜色只显示在一行。

clear 属性只能清除元素左右两侧浮动的影响。子元素的浮动对父元素产生影响，二者属于嵌套关系，clear 解决不了这种浮动影响。常见清除浮动的解决办法有以下几种。

1. 使用空标签清除浮动

在浮动元素之后添加空标签，并对该标签应用“clear：both”样式，可清除子元素浮动、父元素没设置高度所产生的影响，这个空标签可以为<div>、<p>、<hr />等任何标签。

【例 5-7】 使用空标签清除浮动(案例文件：chapter05\example\exp5_7. html)

将例 5-6 中的 HTML 结构代码修改如下。

```
<div id = "box" >
    <div id = "left" > left    </div>
    <div id = "main" > main    </div>
    <div id = "right" > right  </div>
    <div style = "clear: both; " > </div>  <! -- 使用空标签清除浮动 -->
</div>
```

例 5-7 的代码运行效果如图 5-11 所示。

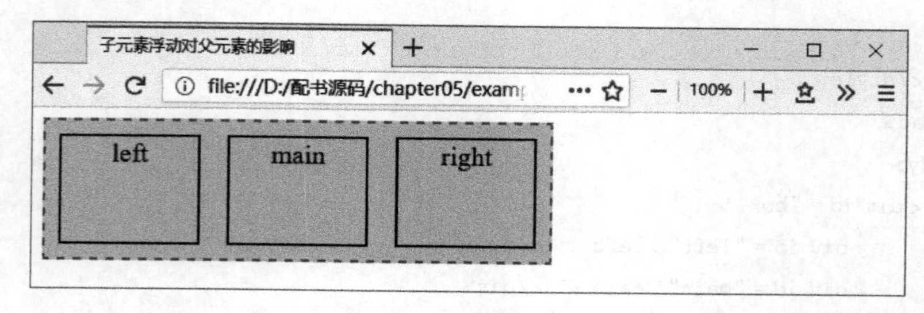

图 5-11　父元素被撑开

图 5-11 中，子元素浮动对父元素的影响已经消除。由于上述方法在无形中增加了毫无意义的 HTML 结构元素(空标签)，因此在实际工作中并不建议使用这种改变 HTML 结构的方法，通常我们会采用 CSS 的伪元素解决这个问题。

2. 使用 CSS 的伪元素清除浮动

伪元素(：after)是在某元素后面附加一个元素，早在 CSS2 版本中就提供了伪元素，例如：before 表示在某元素前面插入新内容，而：after 表示在某元素之后插入新内容，其语法格式如下。

```
:before
{
    content: url(images/a.jpg);
}
:after
{
    content: url(logo.gif);
}
```

现在的主流浏览器都支持伪元素，默认伪元素是行内元素，可以使用 display 属性转换为块级元素。在 CSS3 中，伪元素使用两个冒号“::”表示，即“::after”以及“::before”等，以区别伪类选择器，CSS3 中伪类选择器使用一个冒号表示。

使用 CSS 的伪元素(:after/::after)清除浮动，只需要将 content 属性设置为空，将元素后面新生成的内容设置为不占空间，设置伪元素高度值为 0。以下代码为清除浮动的经典代码。

```
#box:after{                     /*对父元素应用 after 伪对象样式*/
    content:"";                 /*内容为空*/
    height:0;
    display:block;              /*转换为块级元素*/
    clear:both;
    visibility:hidden;          /*元素不可见*/
}
```

以上代码用于设置了浮动属性的元素的父元素之上，为父元素应用伪元素，设置以上样式代码，以达到清除浮动的目的。

3. 使用 overflow 属性清除浮动

对父元素应用“overflow：hidden；”样式，也可以实现清除子元素浮动对父元素的影响。有时还常见后面会跟一句 zoom：1；这是用来兼容 IE 6 浏览器，不过 IE 6 现在已基本退出历史舞台了，因此这句代码不再是那么重要了。在父元素的样式代码中使用 overflow 属性清除浮动，代码简洁使用方便。如果父元素中使用了定位，则此句代码还有溢出隐藏的效果，其清除浮动功能就会受到影响，因此实践中比较推荐使用伪元素清除浮动的方法。

【例 5-8】 使用 overflow 属性清除浮动(案例文件：chapter05\example\exp5_8.html)

将例 5-6 中的 CSS 代码修改如下。

```
#box{
……
overflow:hidden; /*使用 overflow 属性清除浮动*/
}
```

代码运行效果如图 5-11 所示，子元素浮动对父元素的影响已经清除，背景正常显示。当父元素浮动时，未设置高度的父元素也能被子元素撑开。

【例 5-9】 父元素也浮动(案例文件：chapter05\example\exp5_9. html)

将例 5-6 中的 CSS 代码修改如下。

```
#box{
    ……
    float: left;
}
```

代码运行效果如图 5-11 所示，子元素浮动对父元素的影响已经清除，背景正常显示。

5.4 overflow 属性

当盒子的内容超出盒子自身的大小时，内容就会溢出。规范溢出内容的显示方式，需要使用 CSS 的 overflow 属性，其基本语法格式如下。

```
选择器{overflow: visible/ hidden/ auto/ scroll; }
```

在上面的语法中，overflow 属性的常用值有 4 个，分别表示不同的含义，具体如下。

- visible：盒子溢出的内容不会被修剪，而呈现在元素框之外。
- hidden：盒子溢出的内容将会被修剪且不可见。
- auto：元素框能够自动适应其内容的多少，在内容溢出时，产生滚动条。
- scroll：盒子溢出的内容将会被修剪，且元素框始终产生滚动条。不论元素是否溢出，元素框中的水平和竖直方向的滚动条都始终存在。

【例 5-10】 overflow 属性(案例文件：chapter05\example\exp5_10. html)

代码如下：

```
<!DOCTYPE html>
<html lang = "en">
    <head>
        <meta charset = "UTF-8">
        <title>overflow-y 属性</title>
        <style type = "text/css">
            div{
                width: 180px;
                height: 150px;
                font-size: 12px;
                line-height: 24px;
                padding: 5px;
                margin: 10px;
                float: left;
                background-color: #9f0;
            }
            #box1{overflow: visible; }
```

```
            #box2{overflow: hidden; }
            #box3{overflow: auto; }
            #box4{overflow: scroll; }
            #box5{overflow-y: scroll; }
        </style>
    </head>
    <body>
        <div id="box1">
            <h3>overflow: visible;</h3>
            <p>盒子溢出的内容不会被修剪,而呈现在元素框之外.</p>
            <p>测试文本……</p>
        </div>
        <div id="box2">
            <h3>overflow: hidden;</h3>
            <p>盒子溢出的内容将会被修剪且不可见.</p>
            <p>测试文本……</p>
        </div>
        <div id="box3">
            <h3>overflow: auto;</h3>
            <p>在内容溢出时,产生滚动条,否则,则不会产生滚动条.</p>
            <p>测试文本……</p>
        </div>
        <div id="box3">
            <h3>overflow: auto;</h3>
            <p>在内容不溢出时,不产生滚动条.</p>
        </div>
        <div id="box4">
            <h3>overflow: scroll;</h3>
            <p>盒子溢出的内容将会被修剪,且元素框始终产生滚动条.</p>
            <p>测试文本……</p>
        </div>
        <div id="box5">
            <h3>overflow: scroll;</h3>
            <p>内容不溢出时也产生滚动条.</p>
        </div>
    </body>
</html>
```

例 5-10 的代码运行效果如图 5-12 所示。

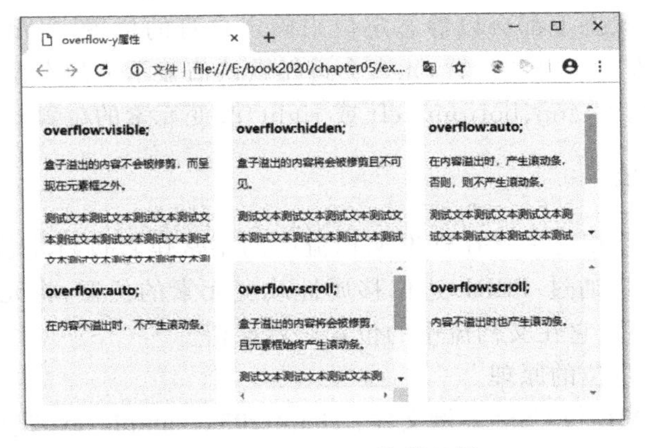

图 5-12　overflow 取值效果

5.5 定位属性

float只能控制元素向左、向右浮动,当需要为元素进行精确定位时,则需要使用定位属性。

5.5.1 定位属性

元素的定位属性包括定位模式和边偏移两部分。

1. 定位模式

在CSS中,position属性用于定义元素的定位模式,其基本语法格式如下。

```
选择器{position: static/ relative/ absolute/ fixed; }
```

在上面的语法中,position属性的常用值有4个,分别表示不同的定位模式,具体如下。

- static:自动定位(默认定位方式)。
- relative:相对定位,相对于其原文档流的位置进行定位。
- absolute:绝对定位,相对于上一个已经定位的父元素进行定位。
- fixed:固定定位,相对于浏览器窗口进行定位。

2. 边偏移

通过边偏移属性top、bottom、left或right,精确定位元素的位置,在本书的阐述中,常用TBRL代表这4个边偏移量。TBRL的取值为不同单位的数值或百分比,对它们的具体解释如下。

- top:顶端偏移量。
- bottom:底部偏移量。
- left:左侧偏移量。
- right:右侧偏移量。

5.5.2 静态定位

静态位置是各个元素在HTML文档流中默认的位置。静态定位是元素的默认定位方式,当position属性的取值为static时,可以将元素定位于静态位置。

任何元素在默认状态下都会以静态定位来确定自身的位置,当没有定义position属性时,并不说明该元素没有自身的位置,元素会遵循默认值显示为静态位置。在静态定位状态下,无法通过边偏移属性(top、bottom、left或right)改变元素的位置。

5.5.3 相对定位

相对定位是将元素相对于它在标准文档流中的正常位置进行定位,当position属性的取值为relative时,可以通过TBRL边偏移属性改变元素的位置,将元素定位于相对位置。对元素设置相对定位后,它在文档流中的位置仍然保留。

【例5-11】 相对定位的原理

1. 创建基本HTML与CSS(案例文件:chapter05\example\exp5_11_Step1.html)

```
<!DOCTYPE html>
<html lang = "en" >
    <head>
        <meta charset = "UTF-8" >
        <title>相对定位</title>
        <style type = "text/css" >
            * {padding: 0; margin: 0; }
            body{font-size: 24px; }
            #father-box{
                width: 300px;
                height: 200px;
                background-color: #ccc;
                padding: 50px;
                margin: 0 auto;
            }
            #box1, #box2 {
                width: 100px;
                height: 50px;
                color: #fff;
                line-height: 50px;
                text-align: center;
                background-color: #333;
            }
            #box2{
                margin-top: 50px;
            }
        </style>
    </head>
    <body>
        <div id = "father-box" >
            <div id = "box1" >box1</div>
            <div id = "box2" >box2</div>
        </div>
    </body>
</html>
```

代码运行效果如图 5-13 所示。

不设置相对定位时，块级元素独占一行，按照在文档流中的顺序依次向下排列。

2. 为 box1 设置相对定位并设置边偏移量 TL(案例文件：chapter05\example\exp5_11_Step2.html)

```
#box1{
```

```
    position: relative;
    top: 100px;
    left: 150px;
}
```


设置 box1 后的代码运行效果如图 5-14 所示。

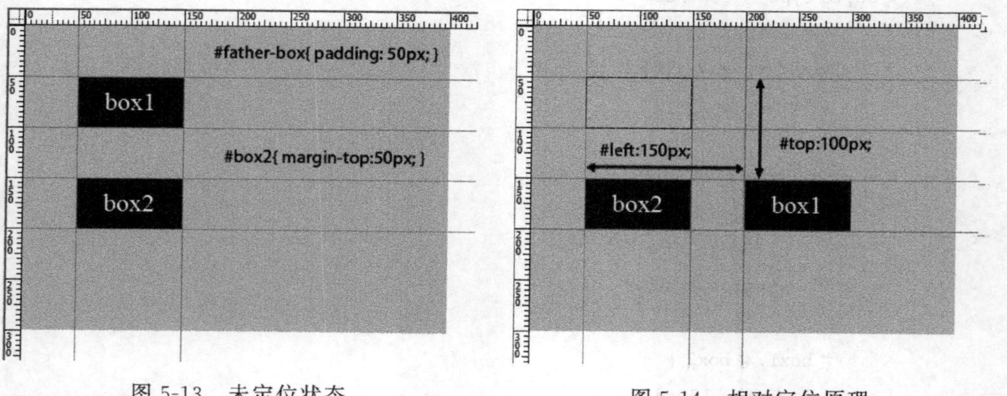

图 5-13　未定位状态　　　图 5-14　相对定位原理

对 box1 设置相对定位后,它会相对于其自身原来的位置进行偏移,但是它在文档流中的位置仍然保留,虚线框为 box1 原来的位置。语句“top: 100px;”使 box1 向下移动 100px,语句“left: 150px;”使 box1 向右移动 150px。

3. 为 box1 设置相对定位并设置边偏移量 BR(案例文件: chapter05\example\exp5_11_Step3.html)

```
#box1{
    position: relative;
    bottom: 50px;
    right: 50px;
}
```

设置 box1 后的代码运行效果如图 5-15 所示。

虚线框为 box1 原来的位置,语句“bottom: 50px;”使 box1 向上移动 50px,语句“right: 50px;”使 box1 向左移动了 50px。

- top: 顶端偏移量,定义元素相对于原来位置向下移动的距离。
- bottom: 底部偏移量,定义元素相对于原来位置向上移动的距离。
- left: 左侧偏移量,定义元素相对于原来位置向右移动的距离。
- right: 右侧偏移量,定义元素相对于原来位置向左移动的距离。

4. 边偏移量可以取负值(案例文件: chapter05\example\exp5_11_Step4.html)

```
#box1{
    position: relative;
```

```
    top: -20px;
    left: -20px;
}
```

设置 box1 后的代码运行效果如图 5-16 所示。

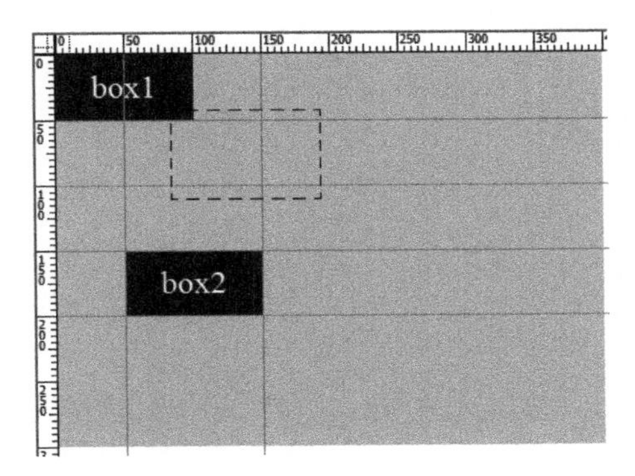

图 5-15　相对定位边偏移量

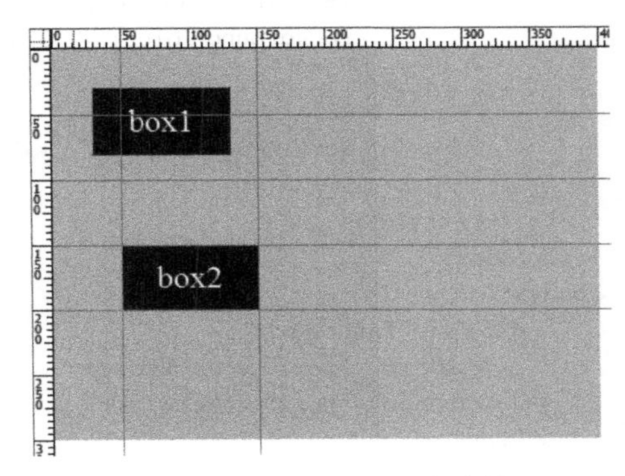

图 5-16　相对定位边偏移量

TBRL 的值可以取负值，此时，“top：－20px；”“left：－20px；”的效果与“bottom：20px；”“right：20px；”相同。

5.5.4　绝对定位

当 position 属性的取值为 absolute 时，可以将元素的定位模式设置为绝对定位。绝对定位是将元素依据最近的已经定位(绝对、固定或相对定位)的祖先元素进行定位，若所有祖先元素都没有定位，则依据 body 根元素(浏览器窗口)进行定位。

【例 5-12】　绝对定位的原理

1. 创建基本 HTML 与 CSS(案例文件：chapter05\example\exp5_12_Step1.html)

```
<!DOCTYPE html>
<html lang="en">
    <head>
        <meta charset="UTF-8">
        <title>绝对定位</title>
        <style type="text/css">
            *{padding: 0; margin: 0; }
            body{font-size: 24px; }
            #father-box{
                width: 300px;
                height: 200px;
                background-color: #ccc;
                padding: 50px;
                margin: 0 auto;
            }
```

```
            #box1, #box2 {
                width: 100px;
                height: 50px;
                color: #fff;
                line-height: 50px;
                text-align: center;
                background-color: #333;
            }
            #box2{
                margin-top: 50px;
            }
        </style>
    </head>
<body>
    <div id = "father-box">
        <div id = "box1">box1</div>
        <div id = "box2">box2</div>
    </div>
    </body>
</html>
```

代码运行效果如图 5-17 所示。

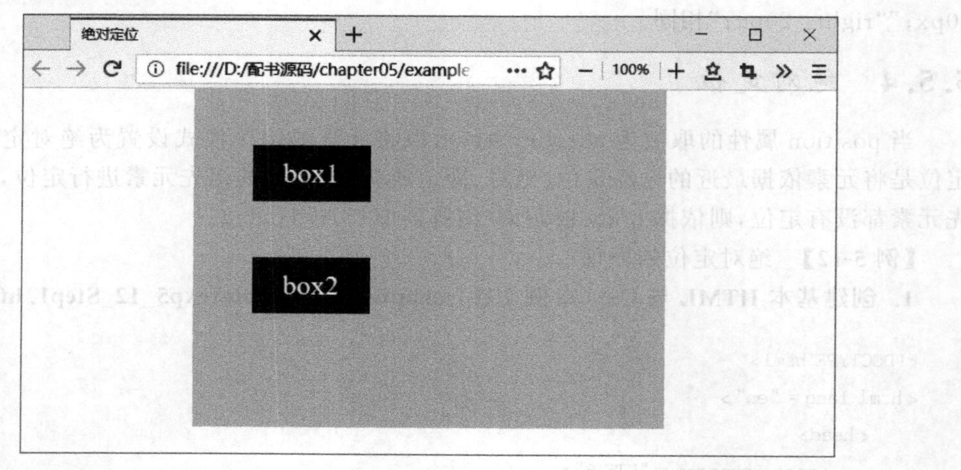

图 5-17　未设置定位属性

2. 设置绝对定位并设置边偏移量 TL

为 box1 设置绝对定位并设置边偏移量 TL(案例文件：chapter05\example\exp5_12_Step2. html)

```
#box1{
    position: absolute;
    top: 50px;
    left: 50px;
}
```

代码运行效果如图 5-18 所示。

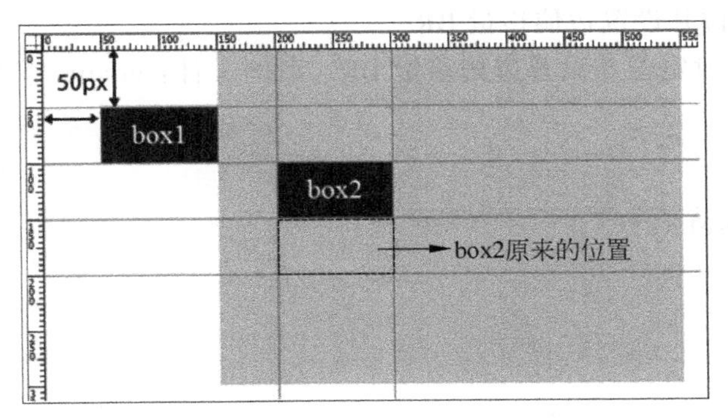

图 5-18　绝对定位原理

当没有给 box1 的祖先元素 father-box 设置定位属性时，box1 设置绝对定位，TL 相对于浏览器窗口进行定位和偏移，top 为相对于浏览器上边的距离，left 为相对于浏览器左边的距离。绝对定位使元素脱离文档流，不占据文档流空间。box1 脱离文档流，浮在页面上，后面的 box2 自动往上移。

改变浏览器的宽度，发现父盒子一直居中，子盒子 box1 一直相对于浏览器窗口进行定位，box1 相对于它的直接父元素的位置发生了变化，如图 5-19 所示。

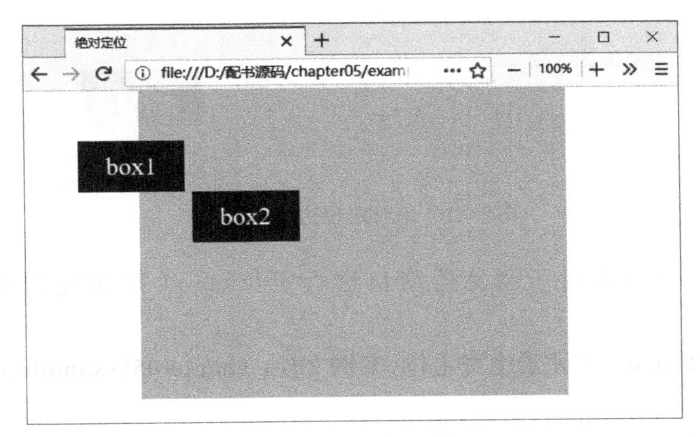

图 5-19　浏览器窗口较小效果

再次改变浏览器的宽度，发现父盒子一直居中，子盒子 box1 一直相对于浏览器窗口进行定位，box1 相对于它的直接父元素的位置发生了变化，如图 5-20 所示。

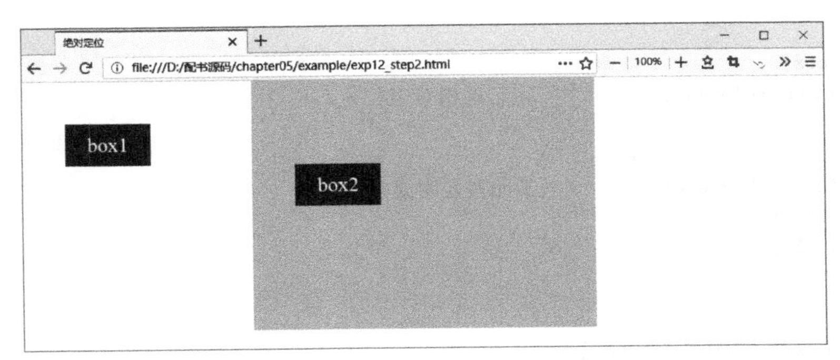

图 5-20　浏览器窗口变宽效果

3. 设置绝对定位并设置边偏移量 BR

为 box1 设置绝对定位并设置边偏移量 BR（案例文件：chapter05\example\exp5_12_Step3. html）

```
#box1{
    position: absolute;
    bottom: 50px;
    right: 50px;
}
```

代码运行效果如图 5-21 所示。

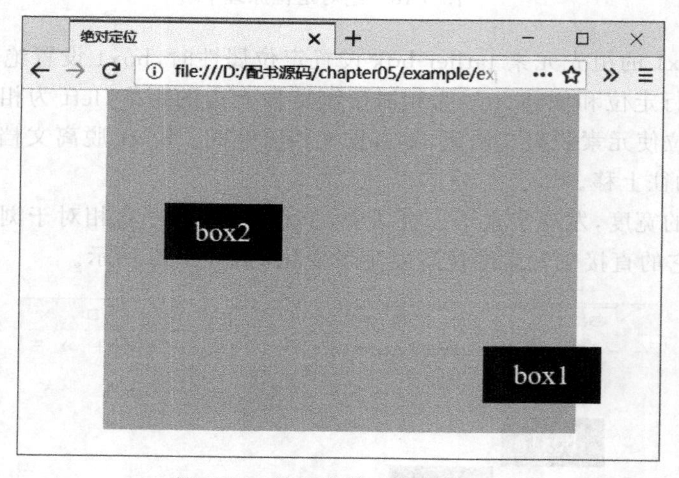

图 5-21　绝对定位边偏移量 BR

子盒子 box1 一直相对于浏览器窗口进行定位，box1 距浏览器窗口底部和右侧各 50px。

4. 父元素相对定位、子元素绝对定位（案例文件：chapter05\example\exp5_12_Step4. html）

从上面的例子中可以看到，改变浏览器的宽度，发现父盒子一直居中，子盒子 box1 一直相对于浏览器窗口进行定位，box1 相对于它的祖先元素的位置发生变化。若想随着浏览器窗口的变化，父盒子一直居中，子盒子一直相对于父盒子而绝对定位，则需要为父元素设置定位属性。

```
#father-box{
    position: relative;        /*父元素相对定位*/
}
#box1{
    position: absolute;        /*子元素绝对定位*/
    top: 150px;
    left: 150px;
}
```

代码运行效果如图 5-22 所示。

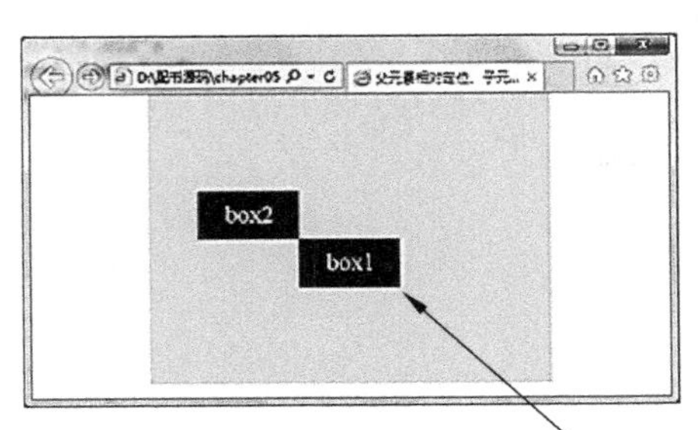

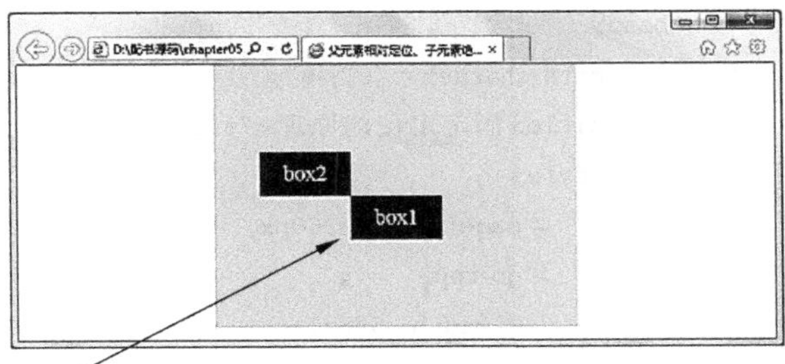

图 5-22　浏览器宽度变化，父子元素相对位置不变

绝对定位是将元素依据最近的已经定位(绝对、固定或相对定位)的祖先元素进行定位。box1 的父元素 father-box 设置定位属性后，box1 设置绝对定位，TL 相对于父元素 father-box 进行定位和偏移，top 为相对于 father-box 上边的距离，left 为相对于 father-box 左边的距离。无论浏览器窗口如何变化，子元素始终相对于其祖先元素进行定位和偏移，如图 5-23 所示。

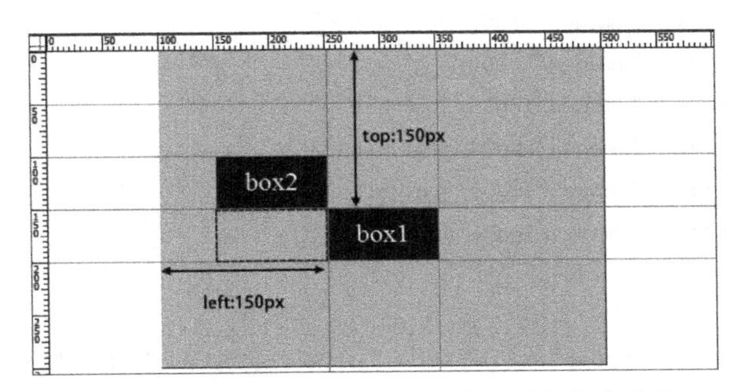

图 5-23　父元素相对定位、子元素绝对定位偏移量

5.5.5　固定定位

固定定位是绝对定位的一种特殊形式，它以浏览器窗口作为参照物来定义网页元素。当 position 属性的取值为 fixed 时，即将元素定位模式设置为固定定位。

当对元素设置固定定位后，它将脱离标准文档流的控制，始终依据浏览器窗口来定义自身的显示位置。不管浏览器滚动条如何滚动，不管浏览器窗口大小如何变化，该元素始终显示在浏览器窗口的固定位置。常见固定定位的应用有网页上返回顶端的按钮、网站侧边栏、顶部或者底部位置不变的导航、广告条等(案例文件：配书源码/fixed)。

【例 5-13】　固定定位的原理(案例文件：chapter05\example\exp5_13.html)

代码如下：

```
<!DOCTYPE html>
<html lang = "en">
```

```
    <head>
        <meta charset = "UTF-8">
        <title>固定定位的原理</title>
        <style>
            #page{width: 260px; }
            #go-top{
                width: 58px;
                height: 70px;
                position: fixed; /* 固定定位 */
                top: 400px;
                left: 280px;
            }
        </style>
    </head>
    <body>
        <div id = "page">
            <img src = "images/img01.jpg" alt = ""
            <img src = "images/img02.jpg" alt = "">
            <img src = "images/img03.jpg" alt = "">
            <img src = "images/img04.jpg" alt = "">
            <img src = "images/img05.jpg" alt = "">
            <img src = "images/img06.jpg" alt = "">
        </div>
        <div id = "go-top">
            <a href = "#page"> <img src = "images/goTop.png" alt = ""> </a>
        </div>
    </body>
</html>
```

在浏览器中运行，无论如何滚动滚动条，返回顶部的图片一直都在固定的位置，如图 5-24 所示。

5.5.6 z-index 层叠等级属性

当对多个元素同时设置定位时，定位元素之间有可能发生重叠。在 CSS 中，如果调整重叠定位元素的堆叠顺序，可以对定位元素应用 z-index 层叠等级属性，其取值可为正整数、负整数和 0。z-index 的默认属性值是 0，取值越大，定位元素在层叠元素中越居上。

【例 5-14】 z-index 的原理(案例文件：chapter05\example\exp5_14.html)

代码如下：

```
<!DOCTYPE html>
<html lang = "en">
```

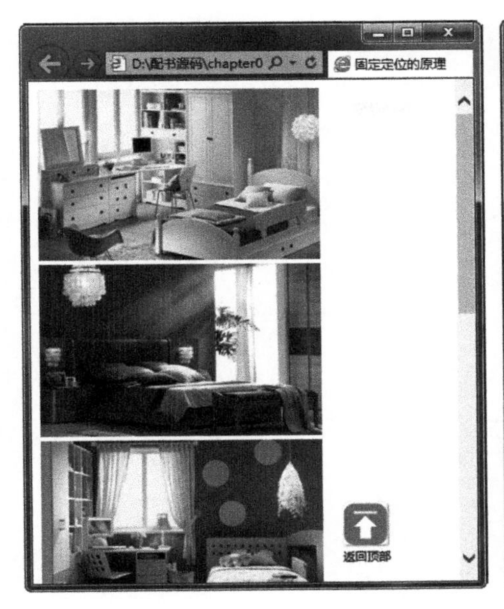
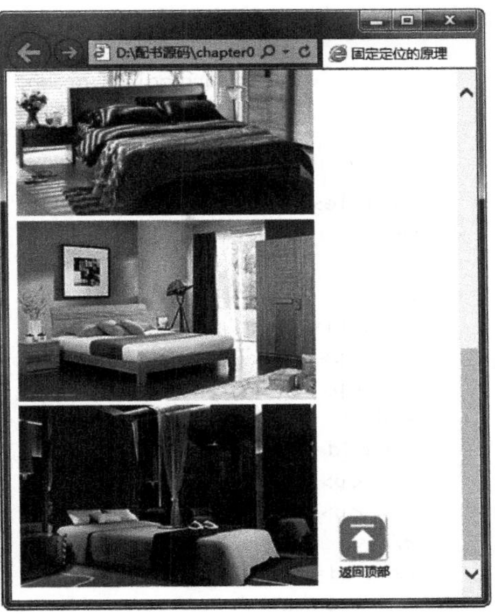

图 5-24　固定定位的“返回顶部”图片

```
<head>
    <meta charset = "UTF-8">
    <title>z-index</title>
    <style type = "text/css">
        * {padding: 0; margin: 0; }
        body{font-size: 24px; }
        #box1, #box2, #box3{
            width: 500px;
            border: 2px solid red;
            position: absolute;
        }
        p{
            height: 40px;
            text-align: center;
        }
        #box1{
            background-color: pink;
            top: 20px;
            left: 20px;
        }
        #box2{
            background-color: yellow;
            top: 60px;
            left: 60px;
```

```
            }
                #box3{
                background-color: green;
                top: 100px;
                left: 100px;
            }
        </style>
    </head>

    <body>
        <div id="box1">
            <p>box1</p>
            <p>box1</p>
        </div>
        <div id="box2">
            <p>box2</p>
            <p>box2</p>
        </div>
        <div id="box3">
            <p>box3</p>
            <p>box3</p>
        </div>
    </body>
</html>
```

例 5-14 的代码运行效果如图 5-25 所示。

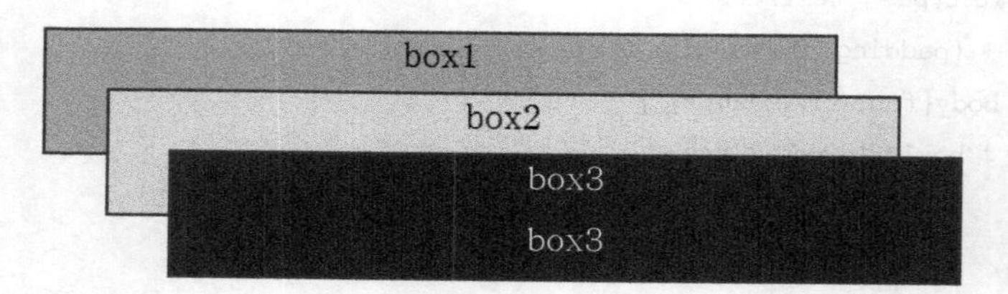

图 5-25　z-index 的原理应用

重新设置例 5-14 中 z-index 属性如下。

```
#box1{z-index: 3; }
#box2{z-index: 2; }
#box3{z-index: 1; }
```

代码运行效果如图 5-26 所示。

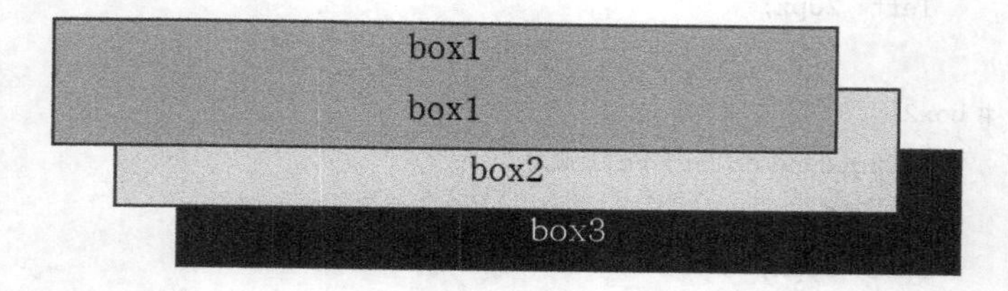

图 5-26　重新设置 z-index 属性后的效果

【项目实战】

项目 5-1 “国”字形布局网页效果制作(案例文件目录：chapter05\demo\demo5_1)

效果图

项目 5-1 的布局效果如图 5-27 所示。

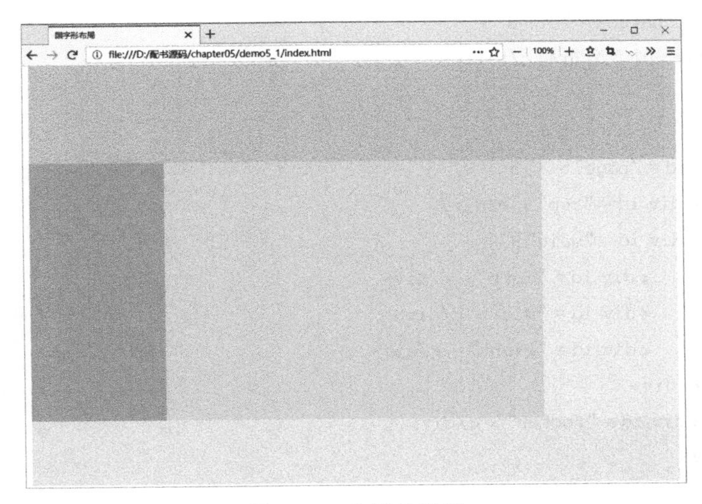

图 5-27 布局效果图

思路分析

“国”字形布局也称“同”字形布局，是许多大型网站中常见的一种网页布局类型。网页的上部常用来放置网站的标题、导航，以及 banner 横幅广告条；下部放置网页的基本信息、联系方式和版权声明等；中部放置网页主体内容，一般分成左、右两部分或者左、中、右三部分。“国”字形布局能充分利用版面组织信息，结构分明。中部分成三部分的“国”字形布局的 HTML 结构如图 5-28 所示。

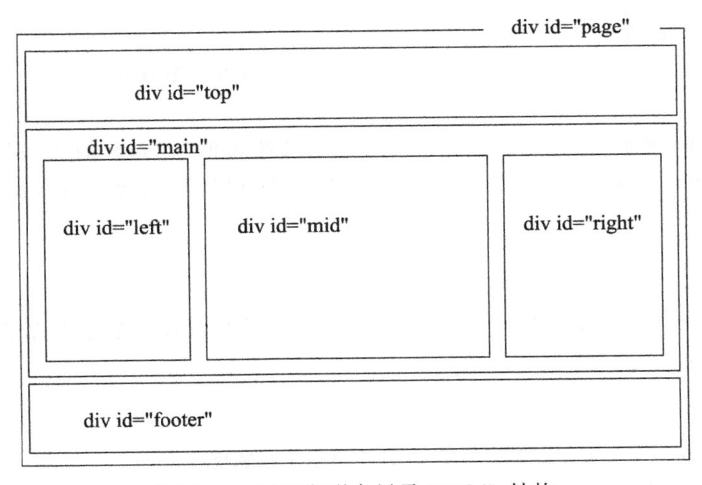

图 5-28 “国”字形布局及 HTML 结构

制作步骤

Step01. 根据布局及 HTML 结构分析搭建页面 HTML 结构,代码如下。

```
<!DOCTYPE html>
<html lang = "en">
    <head>
        <meta charset = "UTF-8">
        <title>国字型布局</title>
    </head>
    <body>
        <div id = "page">
            <div id = "top"> </div>
            <div id = "main">
                <div id = "left"> </div>
                <div id = "mid"> </div>
                <div id = "right"> </div>
            </div>
            <div id = "footer"> </div>
        </div>
    </body>
</html>
```

Step02. 设置 CSS。

为讲解方便,此处使用内联样式。

首先清除浏览器默认样式,再设置最外层<div>的宽度值以及居中。将 id 值为"page"的<div>层的宽度值设置为"960px",将其 margin 值设置为"0 auto",即上下为 0,左右为自动,实现<div>层居中。注意:必须设置<div>的宽度值,否则其宽度将为默认值 100%。<div>样式代码如下。

```
<style type = "text/css">
    * {margin: 0; padding: 0; }              /* 清除浏览器默认样式 */
    #page{
        width: 960px;                        /* 设置 id 值为#page 的 div 层居中 */
        margin: 0 auto;                      /* 设置 id 值为#page 的 div 层居中 */
    }
</style>
```

Step03. 分别设置#top 层、#main 层、#footer 层的宽度、高度及背景颜色,在样式代码中追加如下代码。

```
#top{
    width: 960px; /* 宽度设置可省略,默认会继承父级宽度 */
    height: 150px;
```

```
    background-color: #EFCEE8;
}
#main{
    height: 400px;
}
#footer{
    height: 100px;
    background-color: #FF0;
}
```

在浏览器中测试页面的显示效果如图 5-29 所示。可以看到上部 #top 层和底部 #footer 层分别以浅紫色和黄色填充，中间白色区域是未设置背景颜色的 #main 层。页面整体居中呈现上、中、下三段布局显示。

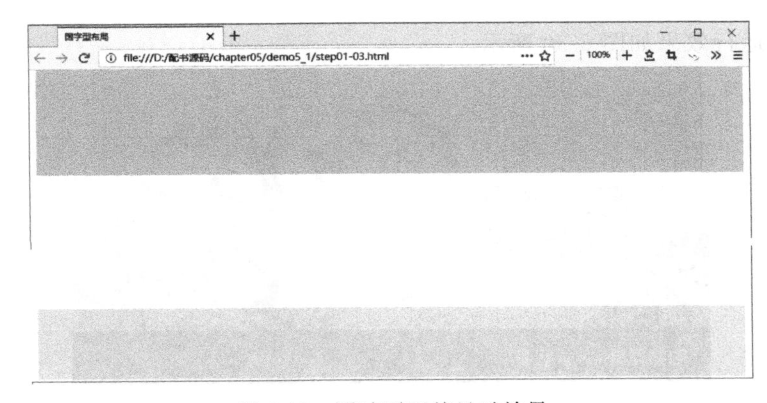

图 5-29　测试页面的显示效果

Step04. 中部 #main 层内部包括 #left 层、#mid 层和 #right 层，分别表示网页主体内容区的左、中、右三部分。首先设置三者共同具有的高度值和左浮动属性，然后分别设置用以区别三者的宽度值和背景色，样式代码如下。

```
#left, #mid, #right{
    height: 400px;
    float: left; /* 左浮动 */
}
#left{
    width: 200px;
    background-color: #E08031;
}
#mid{
    width: 560px;
    background-color: #DCF7A1;
}
#right{
    width: 200px;
    background-color: #E08031; /
}
```

Step05. 浏览器兼容性测试。

"国"字形布局案例网页已制作完毕,在多个不同的浏览器中测试,都可以正常呈现网页。

注意:中部#main层的高度值实际制作时通常不会设置,层高会依靠其内部的内容将图层撑开。另外,#main层内部的#left层、#mid层、#right层都设置了左浮动,使用浮动的同时要考虑清除浮动的操作,因为浮动会影响其他元素布局。清除浮动最为常用的一种方法是在其父元素中加入overflow: hidden,因此#main层的样式代码可以修改为如下所示。

```
#main{
    height: 400px;
    overflow: hidden;            /* 清除此父元素中的子元素浮动对页面的影响 */
}
```

项目5-2　商品广告版块效果制作(案例文件目录:chapter05\demo\demo5_2)

效果图

项目5-2运行效果如图5-30所示。

图5-30　商品广告版块效果

思路分析

从图5-30可以看出,商品广告版块由广告主体图片及优惠信息两部分组成,优惠信息位于半透明矩形背景之上,而且中间数字部分的文字为红色。此版块的布局及HTML结构如图5-31所示。

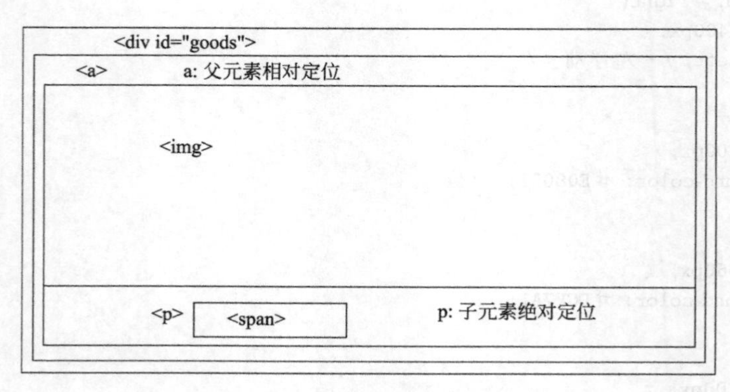

图5-31　布局及HTML结构

此案例可以运用相对定位和绝对定位的位置属性特点进行布局。注意:图5-31中主图可以使用<img>标签,也可以以<div>层的背景形式出现,后者能简化HTML结构。

制作步骤

Step01. 根据布局及 HTML 结构分析图，编写 HTML 结构代码如下。

```
<div id = "goods" >
    <img src = "images/logo.png" alt = ""/>
    <a href = "#" >购物即享<span>8.5</span>折优惠</a>
</div>
```

Step02. 建立 CSS，为讲解方便，此处使用内联样式。

首先清除浏览器默认样式，然后设置最外层 div(#goods)的宽度、高度及背景图，同时设置 overflow 属性值为“hidden”，保证层中溢出的内容不显示，并且设置最外层#goods 位置属性为相对定位，以更好地定位其内部元素的位置，样式代码如下。

```
*{margin: 0; padding: 0; } /*清除浏览器默认样式*/
#goods{
    width: 570px;
    height: 273px;
    background-image: url(images/bg.jpg);
    overflow: hidden;          /*溢出部分不显示*/
    position: relative;        /*相对定位,#goods是其内部元素的父元素*/
}
```

Step03. 设置 Logo 图的 CSS。

Logo 图片位于<div>层的右上角位置，由于父元素#goods 的位置属性为相对定位了，因此只要设置 Logo 图片的<img>为绝对定位，就能通过坐标确定其位置。Logo 图片的<img>标签样式代码如下。

```
#goods img{
    position: absolute;      /*子元素绝对定位*/
    top: 5px;
    right: 5px;
}
```

Step04. 设置超链接<a>的 CSS。

<a>标签呈半透明黑色矩形状位于图层底部。首先将<a>标签转换为块级元素，设置其宽高值。半透明的背景色使用 rgba(红，绿，蓝，alpha)实现，透明度参数 alpha 是介于 0～1 的数字。同样，<a>标签的定位采用基于父元素的绝对定位，再用坐标定位的方法。<a>标签的样式代码如下。

```
#goods a{
    text-decoration: none; ;              /*去除链接默认的下画线样式*/
    display: block;                       /*将<a>标签转换为块级元素,设置其宽度、高度值*/
    width: 550px;
    height: 50px;
    background-color: rgba(0,0,0,.6);     /*背景色半透明*/
    color: #fff;                          /*设置文字颜色,大小,行高,距左侧边距*/
```

```
        font-size: 18px;
        line-height: 50px;
        padding-left: 20px;
        position: absolute; /* 子元素绝对定位 */
        left: 0;
        bottom: 0px;
    }
```

Step05. 设置<a>标签中黄色文本<span>的 CSS。

设置<span>中的文本颜色为黄色，字号稍大一些，并且与周边文字稍有些间距，以突出文本，<span>标签样式代码如下。

```
    #goods span{
        color: #FF0;
        font-size: 24px;
        padding: 5px;
    }
```

Step06. 兼容性测试。

商品广告版块效果制作完毕，在多个不同的浏览器中测试，都可以正常呈现网页。本案例在 Google Chrome、火狐、Opera、Safari for Windows 主流版本及 IE 11 中测试通过。

这类商品广告式的版块在网页中应用非常广泛，实际制作时常常会再增加一些动态过渡效果，例如底部<a>标签默认状态下不显示，当鼠标移动到<div>层块上时，<a>标签才逐渐显示，或是鼠标移动到层块时让层的背景图逐渐放大，同时<a>标签逐渐显示，鼠标移开则自动恢复原始状态。这种效果用 CSS3 的 transition 过渡属性较容易实现，例如，如果希望一开始<a>标签默认不出现，首先将<a>标签的样式中 bottom 的坐标值设置成"－50px"，即将<a>标签移动到<div>层的底线下 50px 处，超出层大小位置外溢出内容不显示，就实现了隐藏效果。然后设置 bottom 坐标的过渡属性及过渡时间。最后设置鼠标经过#goods 层时，<a>标签的 bottom 属性为"0"，就会出现<a>标签的动态过渡效果，其样式代码修改如下。

```
    #goods a{
        /* bottom: 0px; */
        bottom: -50px;                          /* 距底部-50px，即隐藏至图片区底线之外 */
        transition: bottom 1s;
        -moz-transition: bottom 1s;             /* 兼容 Firefox 4 */
        -webkit-transition: bottom 1s;          /* Safari 和 Chrome */
        -o-transition: bottom 1s;               /* Opera */
    }
    #goods: hover a{bottom: 0; }                /* 鼠标经过#goods 层，<a>标签底部坐标为 0 */
```

若需要制作<div>层背景图的动态过渡效果，则用到 background-position 属性及 CSS3 新增的 background-size 属性，这两种常用的动态过渡效果案例分别位于本章配书案例目录下的 index_transition1. html 和 index_transition1. html 文档，读者可以参照学习。

【实训作业】

实训任务 5-1　新浪微博发言版块制作

合理使用 HTML 标签、盒子模型、浮动、定位布局等 CSS 技术制作效果图，如图 5-32 所示。具体要求如下。

1. 网站目录结构明晰，有默认图像文件夹（图像文件夹命名为 images 或 img），图像文件命名规范。
2. 首页命名为 index 或 default，首页扩展名为 html 或 htm。
3. 建立外部样式表文件并连接到 index. html 文档。
4. 合理使用所学 HTML 标签组织网页结构，进行布局设计。
5. 合理使用 CSS 选择器，选择器命名规范，并设置 CSS，正确设置盒子模型、浮动、定位等 CSS。

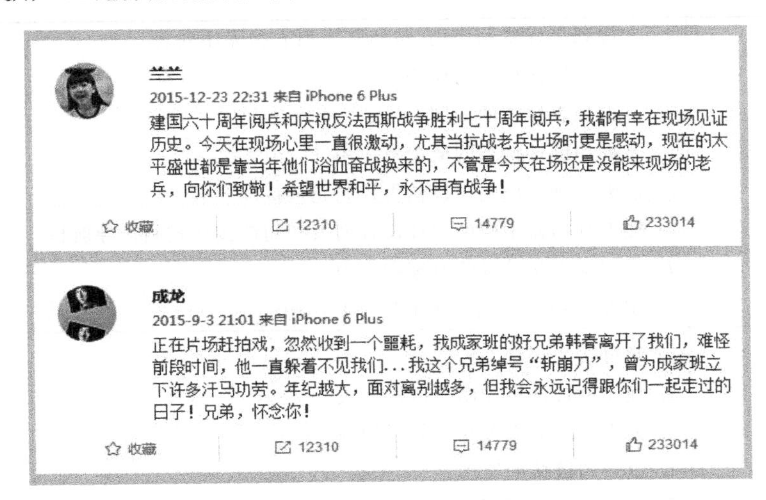

图 5-32　新浪微博发言版块

实训任务 5-2　制作第 5 章案例作业网站

完成第 5 章案例作业网站的制作，具体要求如下。

1. 网站目录结构明晰，有默认图像文件夹（图像文件夹命名为 images 或 img）及样式文件夹（css）。
2. 网站根目录下有首页，首页命名为 index 或 default。
3. 根据章节设定二级频道目录，二级频道目录下要求具有各自的首页及默认图像文件夹。
4. 案例作业网站中包含第 5 章所有案例及项目任务。
5. 每个网页有完整的网页标题、广告条 banner、导航栏、主体内容、页脚和版权声明等信息。

第6章 导航与超链接

【目标任务】

学习目标	1. 掌握列表标签的应用，包括有序列表和无序列表 2. 掌握超链接标签的应用 3. 掌握列表样式的控制 4. 掌握超链接伪类的概念及应用 5. 能够熟练运用超链接伪类控制超链接的样式 6. 能够利用盒子模型原理设置列表和超链接样式制作导航栏 7. 掌握锚点超链接的原理和应用 8. 掌握 CSS 滑动门技术的原理和应用
重点知识	1. 超链接的语法 2. 使用链接伪类控制超链接样式 3. 列表样式的设置与导航栏的制作 4. 锚点超链接的原理
项目实战	项目 6-1　滑动门技术制作一级导航 项目 6-2　锚点超链接制作类似选项卡侧边栏导航效果
实训作业	实训任务 6-1　微软商城网站页脚效果制作 实训任务 6-2　二级下拉导航菜单的制作

【知识技能】

如果没有超链接就没有万维网。作为一个网站，必定会有很多的页面，如果网页之间彼此是相互独立的，那么网页就好比是孤岛，这样的网站是无法运行的。为了建立网页之间的联系就需要使用超链接。同一网站内，网页与网页之间的链接称为内部超链接，如网站首页到某二级网页之间的超链接；网站与外部网站的链接称为外部超链接，如友情链接到“新浪”网站的链接。

6.1 超链接的类型

超链接类型的分类有多种，譬如：

1. 根据链接载体(鼠标单击对象)的特点分为以下3种

(1) 文本超链接：链接载体是文字，用鼠标单击文本，进入链接的新网页。

(2) 图像超链接：链接载体是图像，用鼠标单击图像，进入链接的新网页。

(3) 图像映射：链接载体是图像中的某一区域，用鼠标单击该区域，进入链接的新网页。

2. 根据链接目标文件的不同，分为以下4种

(1) 网页链接：HTML网页之间的超链接。

(2) 电子邮件超链接：发送电子邮件的链接。

(3) 文件下载超链接：单击可弹出下载对话框。

(4) 锚点链接：同一网页或不同网页中指定位置的链接。

6.2 超链接的基本语法

创建超链接非常简单，只需用<a></a>标签环绕需要被链接的对象即可，其基本语法格式如下。

```
<a href = "链接地址" target = "目标窗口打开方式" title = "提示内容">
    链接内容
</a>
```

以文本超链接为例，示例代码如下。

```
<a href = "../index.html" target = "_blank">返回主页</a>
```

图像超链接需要在<a>标签内嵌套<img>标签，示例代码如下。

```
<a href = "http://www.baidu.com/"> <img src = "images/baiduLogo.jpg" /> </a>
```

在上面的语法中，链接的内容可以是一个字、一个词，或者一段话，也可以是一幅图像，所以<a>标签内可以嵌套多种网页元素，实现文本、图像、段落等的超链接。href和target为其常用属性。

6.2.1 href属性

当为<a>标签应用href属性时，它就具有了超链接的功能，href属性是必需的，不可省略，用于指定链接目标的地址。href属性值有以下几种情况。

1. 空链接

暂时没有指定链接目标时，将href属性值设为#，表示空链接，待以后有了链接目标，再修改链接地址。

```
<a href = "#" target = "_blank">空链接</a>
```


2. 绝对路径

创建外部超链接时必须使用绝对路径。绝对路径是包含服务器协议(对于网页来说通常是 http://或 ftp://)的完全路径,是一个完整的 URL,它包含精确地址,而不用考虑源文件的位置。例如,链接到百度网站的代码如下。

```
<a href = "http://www.baidu.com/" target = "_blank">访问百度</a>
```

对于本地链接,尽管也可以使用绝对路径,但是若将本地站点的位置移动,则所有本地绝对路径链接将断开,因此,在本地站点中文件超链接最好不使用绝对路径。

3. 文档目录相对路径

文档目录相对路径是指和当前文档所在的文件夹相对的路径,这种路径通常是最简单的路径。文档相对路径的基本思想是省略对于当前文档和所链接文档都相同的绝对路径部分,而只提供不同的路径部分。

链接目标文件与当前 HTML 文档在同一文件夹内时,直接使用链接目标文件名即可,代码如下。

```
<a href = "chapter2.html" target = "_blank">进入第 2 章</a>
```

链接目标文件在当前 HTML 文档的下一级文件夹内时,需要输入文件夹名称,如果是下两级文件夹,则需要逐层写出目录,以此类推,代码如下。

```
<a href = "page2/chapter2.html " target = "_blank">进入第 2 章</a>
<a href = "page2/ chapter2/section1.html " target = "_blank">进入第 2 章 第 1 节</a>
```

链接目标文件在当前文档的上一级文件夹内时,需要输入“../”以及文件夹名称,其中“../”表示相对该 HTML 文档所在文件夹的上一层文件夹,如果是上两层文件夹,则需要使用“../../”,以此类推,代码如下。

```
<a href = "../ index.html " target = "_blank">回首页</a>
```

在本地站点中,移动了当前 HTML 文档的位置,链接目标和当前 HTML 文档之间的相对路径发生变化,之前的链接不再作用了,需要更新链接路径。

4. 根目录相对路径

根目录相对路径是从当前站点的根目录开始的路径,是从站点根目录文件夹到被链接文档经过的路径。站点上所有可公开的文件都存放在站点的根目录下,根目录相对路径使用斜杠“/”开始,表示站点根目录文件夹,以告诉服务器从根目录开始。在本地站点中,移动当前 HTML 文档的位置,而目标文件的位置没有变化,链接不会断开,代码如下。

```
<a href = "/myweb/xueyuangaikuang/xueyuanjianjie/index.html">学院简介</a>
```

6.2.2 target 属性

target 属性用来指定链接页面的打开方式，其取值有以下两种。

(1) _self：默认值，链接网页在原窗口中打开。以下两行代码作用一样。

```
<a href = "http://www.baidu.com/" target = "_self">百度</a>
<a href = "http://www.baidu.com/">百度</a>
```

(2) _blank：链接网页在新窗口中打开。代码如下。

```
<a href = "http://www.baidu.com/" target = "_blank">百度</a>
```

【例 6-1】 文本超链接与图像超链接(案例文件：chapter06\example\exp6_1.html)

```
<!DOCTYPE html>
<html lang = "en">
    <head>
        <meta charset = "UTF-8">
        <title>文本超链接与图像超链接</title>
    </head>
    <body>
        <a href = "http://www.baidu.com/" title = "点击进入百度">在当前窗口打开百度页面
</a> <br>
        <a href = "http://www.baidu.com/" target = "_blank">在新窗口中打开百度页面</a> <br>
        <a href = "http://www.baidu.com/"> <img src = "images/baiduLogo.jpg" /> </a>
    </body>
</html>
```

例 6-1 的代码运行效果如图 6-1 所示。

图 6-1 文本超链接与图像超链接

默认情况下，鼠标指向设置了超链接的文本或图像时，光标变成小手形状。浏览器默认为文本超链接设置下画线效果，低版本的浏览器会默认为图像超链接设置边框效果，这些都可以通过对<a>标签设置文本 CSS 进行修改，详细代码见本章 6.7 节。

6.2.3 title 属性

title 属性的值是提示内容，当浏览者的光标停留在超链接时，提示内容就会出现，这样的操作不会影响页面排版的整洁。为例 6-1 添加 title 属性，代码如下。

```
<a href = "http://www.baidu.com/" title = "点击进入百度">
    在当前窗口打开百度页面
</a>
```

修改后代码运行效果如图 6-2 所示。

图 6-2　title 属性

6.3　电子邮件超链接

在网页中，经常看到一些超链接，鼠标单击后，会弹出邮件发送程序，联系人的地址也已经填写，这也是一种超链接。当 href 的属性值是电子邮件时，则生成电子邮件超链接，邮件地址必须完整，代码如下。

```
<a href = "mailto: myemail@163.com">请联系我</a>
```

6.4　文件下载超链接

文件下载超链接是为了实现网站的下载功能，如果超链接指向的不是一个网页文件(如 chapter2.html)，而是其他文件，如压缩包(如 zip 文件)、可执行程序(如 exe 文件)、音频、视频、图像等文件，在浏览器窗口中，单击下载链接便会弹出“文件下载”或“另存为”对话框。文件下载超链接的语法格式如下。

```
<a href = "文件的下载地址">文件下载说明</a>
```

示例代码如下。

```
<a href = "CH06.rar">点击此处下载教材源码压缩包</a>
```

文件的下载地址是该文件与当前 HTML 文档的相对路径，文件的命名可以是字母、数字下画线，还可以为<a>标签添加 href 属性和 title 属性，在浏览器中单击超链接，则会弹出“另存为”对话框。

6.5 锚点链接

若网页内容过多，页面较长，可以通过创建锚点链接，实现通过链接快速跳转到想要阅读的内容上，方便用户浏览，加快信息检索速度。

锚点超链接分为同一网页内部的锚点超链接和链接到外部网页的锚点超链接两种。下面以同一网页内部的锚点超链接为例，来讲解创建锚点超链接的步骤。

第一步：定义命名锚点(简称锚点)。使用为标签设置 id 属性的方法，在文档中设置位置标签，并给该位置设置一个名称(id 属性值)，该名称标注跳转目标的位置，以便后面锚点超链接的引用，代码如下。

```
<h2 id = "chapter2" >第 2 章 HTML 网页结构基础</h2>
```

注意：定义锚点的 HTML 标签内可以没有具体内容，只是做一个定位。锚点命名规范同选择器命名规范。

- 建议使用字母和数字。
- 锚点名一般以英文字母开头，而不用数字开头。
- 锚点名区别英文的大小写。
- 锚点名不能含有空格和特殊字符。

第二步：建立到命名锚点的链接。使用#加上相应的锚点名(id 属性值)作为 href 的属性值，连接到跳转目标的位置，代码如下。

```
<a href = "#chapter2" >第 2 章</a>
```

单击设置了锚点链接的文字(“第 2 章”)后，会迅速跳转到锚点处的内容(“第 2 章 HTML 网页结构基础”)，使访问者能够快速浏览选定的位置，即通过创建锚点链接，使超链接指向当前 HTML 文档的指定位置(设置 id 属性的位置)。

上面代码是同一网页的锚点超链接，若要连接到不同网页中的某一个已定义的锚点，则需要在#前添加路径和 HTML 文档名，代码如下。

```
<a href = "anotherpage.htm#chapter2" >第 2 章</a>
```

注意事项

- 在#和锚点名之间不留有空格，否则链接失败。
- 符号必须是半角符号，不能为全角符号。
- 在不同文件夹中为锚点创建链接时，其文件名必须是 htm，而不能写成 html，否则链接失败。

【例 6-2】 锚点链接(案例文件：chapter06\example\exp6_2.html)

```
<!DOCTYPE html>
<html lang="en">
    <head>
        <meta charset="UTF-8">
        <title>锚点超链接</title>
    </head>
    <body>
        <span id="gotop"> </span>
        <a href="#chapter1">第 1 章</a>   
        <a href="#chapter2">第 2 章</a>   
        <a href="#chapter3">第 3 章</a>   
        <a href="#chapter4">第 4 章</a>   

        <h2 id="chapter1">第 1 章 网页设计基础知识</h2>
        <h3>学习目标</h3>
        <p>1. 了解 Web 发展史<br>
            2. 掌握网页基本概念<br>
            3. 了解网站开发基本流程<br>
            4. 了解网页设计与制作的主流工具软件与浏览器<br>
            5. 了解浏览器开发工具的使用<br>
            6. 初步掌握 HTML、CSS 和 JS 三者的关系及结构表现行为的原则<br>
            7. 学会使用记事本创建具体最基本 HTML 结构的网页<br>
            8. 学会 Dreamweaver 中创建站点、管理站点及创建网页的基本操作
        </p>
        <a href="#gotop"><img src="images/go-top.png" alt="返回顶部"></a>
        <h2 id="chapter2">第 2 章 HTML 网页结构基础</h2>
        <h3>学习目标</h3>
        <p>1. 了解什么是 HTML<br>
            2. 掌握 HTML 基本语法<br>
            3. 掌握 HTML 文档基本格式<br>
            4. 掌握 HTML 文件控制标签及属性的设置<br>
            5. 掌握 HTML 图像标签及属性的设置<br>
            6. 掌握 HTML 超链接标签及属性的设置
            7. 掌握列表标签及属性的设置
            8. 掌握 HTML5 新增的语义化结构标签
        </p>
        <a href="#gotop"><img src="images/go-top.png" alt="返回顶部"></a>
        <h2 id="chapter3">第 3 章 CSS 网页样式基础</h2>
        <h3>学习目标</h3>
        <p>1. 掌握 CSS 基本概念和作用<br>
            2. 掌握 Dreamweaver 设置 CSS 的方法<br>
            3. 掌握引入 CSS 的方法
```

```
            4. 掌握 CSS 的语法规则<br>
            5. 掌握 CSS 基础选择器的类型及优先级<br>
            6. 掌握 CSS 文本样式的设置<br>
            7. 掌握复合选择器的应用<br>
            8. 掌握 CSS 的继承特性<br>
            9. 掌握 CSS 的优先级<br>
            10. 掌握 CSS 的层叠特性
        </p>
        <a href="#gotop"> <img src="images/go-top.png" alt="返回顶部"> </a>
        <h2 id="chapter4">第 4 章 CSS 网页样式进阶</h2>
        <h3>学习目标</h3>
        <p>1.掌握盒子模型的原理<br>
            2. 掌握盒子模型相关属性<br>
            3. 掌握元素所占空间的计算<br>
            4. 初步掌握 CSS3 选择器及常用的样式属性
            5. 掌握元素的类型与转换<br>
            6. 掌握块元素垂直外边距合并和嵌套元素外边距合并的原理<br>
            7. 掌握 CSS 精灵图技术的原理和运用<br>
            8. 掌握 CSS3 兄弟选择器、属性选择器、伪类选择器的应用
            9. 掌握 CSS3 圆角边框、阴影、颜色和过渡属性的应用
        </p>
    </body>
</html>
```

在文档开始定义一个锚点<span id="gotop"></span>，作为返回顶部的链接目标，返回顶部的锚点链接是一个图像，通过<a href="#gotop">连接到顶部定义的锚点，单击“返回顶部”的图片，跳转到文档顶部。“第 1 章”“第 2 章”“第 3 章”“第 4 章”导航部分使用“<a href="#chapter1">”等创建文本超链接，在文章中定义了 id="chapter1"等锚点。单击“第 1 章”“第 2 章”“第 3 章”“第 4 章”等文字导航，网页跳转到相应的锚点。

6.6 图像热区超链接

图像热区超链接是指在一张图像上实现多个局部区域指向不同的网页的链接。例如一张中国地图的图像，单击不同的省份跳转到不同的 HTML 网页。其中，可单击的区域就是热区，由于热区的创建代码比较烦琐，一般使用 Dreamweaver 软件操作的方法实现。以下通过一个案例来学习具体的操作方法。

【例 6-3】 文本超链接与图像超链接(案例文件：chapter06\example\exp6_3.html)

(1) 插入图像。单击图像，在图像【属性】面板的左下角选择绘图工具的多边形工具，如图 6-3 所示。

(2) 使用多边形工具在图像上绘制热区，阴影部分为绘制的多边形热区，如图 6-4 所示。

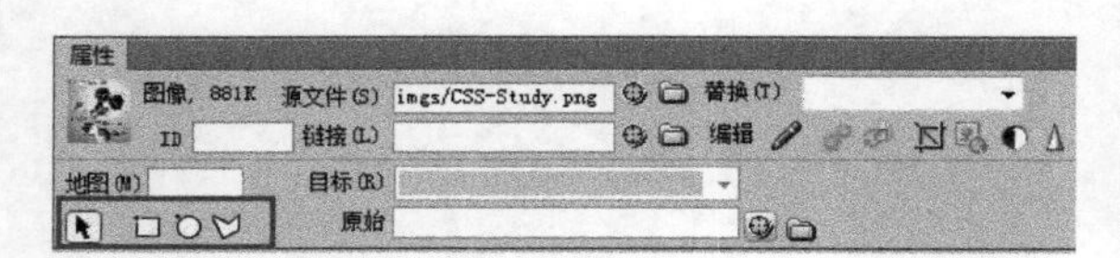

图 6-3　图像属性面板

图 6-4　热区

(3)【属性】面板切换至【热点】属性面板，在链接输入框中输入相应的链接路径，如图 6-5 所示。

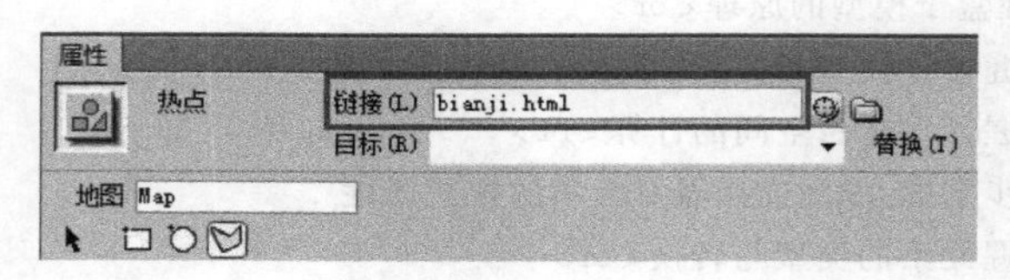

图 6-5　输入链接路径

(4) 制作完成，在浏览器中运行，当鼠标指向建立的热区时，指针变成小手形状，单击进入 bianji. HTML 页面。查看生成的 HTML 代码如下。

```
<body>
    <img src = "images/CSS-Study.png" usemap = "#Map" />
    <map name = "Map" id = "Map">
    <area shape = "poly" coords = "365,119,312,207,366,297,466,299, 518,211,
467,120" href = "bianji.html" />
    </map>
</body>
```

6.7　超链接样式的设置

在默认情况下，文字作为超链接时会带有下画线，用于提示该文字可链接，若要取消超链接的下画线效果，需要为<a>标签设置声明“text-decoration: none;”。低版本的浏览器会默认为图像超链接设置边框效果，影响网页的美观，若要取消边框效果，需要为图像声明“border: none;”。

【例 6-4】　取消超链接下画线和图像边框(案例文件: chapter06\example\exp6_4.html)

代码如下:

```
<!DOCTYPE html>
```

```
<html lang = "en">
    <head>
        <meta charset = "UTF-8">
        <title>取消超链接的下画线</title>
        <style>
            .test1{text-decoration: none; }
            .test2{border: none; }
        </style>
    </head>
    <body>
        <a href = "#">默认的超链接样式</a>
        <a href = "#" class = "test1">取消超链接下画线</a>
        <a href = "http://www.baidu.com/">
<img src = "images/baiduLogo.jpg"/>
</a>
        <a href = "http://www.baidu.com/">
<img src = "images/baiduLogo.jpg" class = "test2"/>
</a>
    </body>
</html>
```

在IE Tester中测试IE 8中的显示效果,如图6-6所示。通过设置"text-decoration: none;"可以取消超链接的下画线效果。IE 8为超链接的图像添加了边框效果,通过为图像设置"border: none;"可以取消边框效果。此外,CSS的color、font-size等文本外观属性都可以设置<a>标签内的文字样式。

图6-6 取消超链接下画线和图像边框

在实际项目开发时,会用到很多<a>标签,可以通过标签选择器对<a>标签和<img>标签进行样式重置,取消文本超链接下画线的代码和取消图像超链接边框,代码如下。

```
a{text-decoration: none; }            /*取消文本超链接下画线*/
img{border: none; }                   /*取消图像超链接边框*/
```

由例6-4可以看出,超链接<a>标签是行内元素,行内元素不占有独立的区域,与相邻元素共占一行，仅仅靠自身的字体大小和图像尺寸来支撑结构，设置宽度、高度、垂直内边距、垂直外边距、对齐等属性无效。

在测试网页效果中发现，只有当鼠标指向文字时，指针才能变成小手形状。在浏览网页时，为了提高用户体验，网页导航部分具有一定的宽度和高度，且鼠标指向文字周边时，鼠标指针也会变成小手形状。为了实现这种效果，需要为<a>标签设置盒子模型相关属性，首先要将<a>标签转换为块级元素。

【例 6-5】 设置超链接为块级元素(案例文件：chapter06\example\exp6_5.html)

代码如下：

```
<!DOCTYPE html>
<html lang = "en">
    <head>
        <meta charset = "UTF-8">
        <title>设置超链接为块级元素</title>
        <style>
            .test{
                text-decoration: none;
                display: block;
                width: 150px;
                height: 40px;
                line-height: 40px;
                text-align: center;
                background-color: #eee;
                border: 1px solid red;
            }
        </style>
    </head>
    <body>
        <a href = "#">超链接</a>
        <a href = "#" class = "test">超链接</a>
    </body>
</html>
```

例 6-5 的代码运行效果如图 6-7 所示。

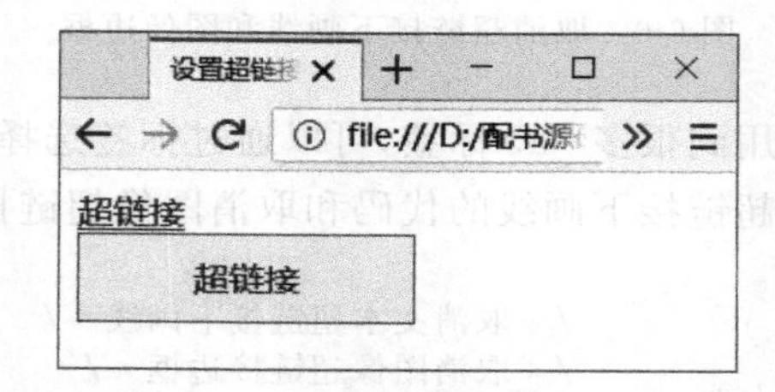

图 6-7 设置超链接为块级元素

6.8 超链接伪类控制超链接

在前文的案例中，超链接的颜色默认是蓝色，可以通过为<a>标签设置 CSS 文本颜色的方式修改超链接文字的颜色。定义超链接时，为了提高用户体验，经常需要为超链接指定不同的状态，使得超链接在单击前、单击后和鼠标悬停时的样式不同。在 CSS 中，通过超链接伪类可以实现不同的链接状态。伪类并不是真正意义上的类，它的名称是由系统定义的，通常由标签名、类名或 id 名加“:”构成。网页中的超链接伪类有 4 种，具体如下。

- a: link{ CSS 样式规则; }。未访问时超链接的状态。
- a: visited{ CSS 样式规则; }。访问过后超链接的状态。
- a: hover{ CSS 样式规则; }。鼠标经过、悬停时超链接的状态。
- a: active{ CSS 样式规则; }。鼠标单击不动时超链接的状态。

注意：在 CSS 定义中，a: hover 必须被置于 a: link 和 a: visited 之后才有效，a: active 必须被置于 a: hover 之后才有效。建议初学者养成良好的习惯，按照 a: link、a: visited、a: hover 和 a: active 的顺序书写，否则同时定义 4 种伪类时，定义的样式可能无效。

【例 6-6】 超链接伪类控制超链接（案例文件：chapter06\example\exp6_6.html）

```
<!DOCTYPE html>
<html lang = "en">
    <head>
        <meta charset = "UTF-8">
        <title>取消超链接的下画线</title>
        <style>
            a: link {
                color: red;
                font-size: 16px;
                text-decoration: none;
            }
            a: visited {
              color: #aaa;
            }
            a: hover {
                font-size: 18px;
                font-weight: bold;
                color: #3964B4;
                text-decoration: underline;
            }
            a: active {
                font-weight: normal;
                color: #0A1F40;
            }
```

```
        </style>
    </head>
    <body>
        <a href = "#">超链接伪类控制超链接 CSS 样式</a>
    </body>
</html>
```

例 6-6 代码运行效果如图 6-8 所示。

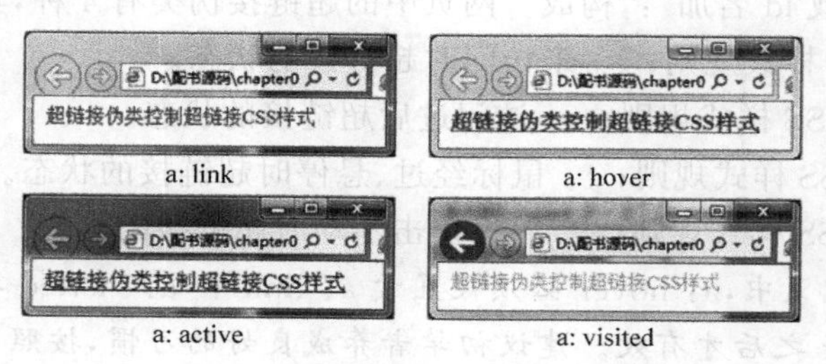

图 6-8　超链接伪类控制超链接

6.9　列表技术制作导航

一级导航栏可以用一个一级列表实现。可以使用 ul 无序列表,ul 作为整个导航栏的容器,每一个 li 代表一个导航项目。横向导航利用左浮动实现。二级导航需要使用列表的嵌套,使用 display: none; 声明隐藏二级列表,并通过伪类: hover 控制鼠标悬停时,显示二级导航列表。导航的样式通过对 ul 和 li 进行 CSS 样式设置。下面通过具体案例来学习导航的制作。

6.9.1　纵向一级导航

【例 6-7】　纵向一级导航(案例文件: chapter06\example\exp6_7.html)

```
<!DOCTYPE html>
<html lang = "en">
    <head>
        <meta charset = "UTF-8">
        <title>纵向一级导航</title>
        <style>
        li{
            list-style: none;
            width: 150px;
            height: 37px;
            border: 1px solid #aaa;
        }
        a{
```

```
            text-decoration: none;
            display: block;
            width: 150px;
            height: 37px;
            line-height: 37px;
            text-align: center;
            color: #333;
            background-color: #F8F8F8; /* 浅灰色 */
        }
        a: hover{
            color: #fff;
            background-color: #FE4800; /* 橙色 */
        }
        </style>
    </head>
    <body>
        <ul>
            <li> <a href = "#" >HTML</a> </li>
            <li> <a href = "#" >CSS</a> </li>
            <li> <a href = "#" >Javascript</a> </li>
            <li> <a href = "#" >jQuery</a> </li>
            <li> <a href = "#" >Bootstrap</a> </li>
        </ul>
    </body>
</html>
```

例 6-7 的代码运行效果如图 6-9 所示。

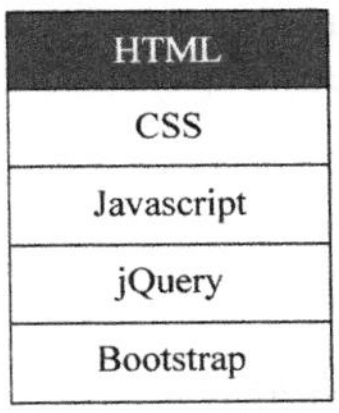

HTML
CSS
Javascript
jQuery
Bootstrap

图 6-9　纵向一级导航

6.9.2　横向一级导航

【例 6-8】　横向一级导航(案例文件：chapter06\example\exp6_8.html)

在例 6-7 的基础上对 li 设置左浮动即可实现横向导航，HTML 结构与例 6-7 一致，相同的 CSS 代码详见 exp6_7.html。代码如下。

```
<!DOCTYPE html>
<html lang = "en" >
    <head>
        <meta charset = "UTF-8" >
        <title>横向一级导航</title>
        <style>
```

```
        li{
            list-style: none;
            width: 150px;
            height: 37px;
            border: 1px solid #aaa;
            float: left; /* 为 li 设置左浮动即可实现横向导航 */
        }
        a{
            text-decoration: none;
            display: block;
            width: 150px;
            height: 37px;
            line-height: 37px;
            text-align: center;
            color: #333;
            background-color: #F8F8F8; /* 浅灰色 */
        }
        a: hover{
            color: #fff;
            background-color: #FE4800;        /* 橙色 */
        }
        </style>
    </head>
    <body>
        <ul>
            <li> <a href = "#">HTML</a> </li>
            <li> <a href = "#">CSS</a> </li>
            <li> <a href = "#">Javascript</a> </li>
            <li> <a href = "#">jQuery</a> </li>
            <li> <a href = "#">Bootstrap</a> </li>
        </ul>
    </body>
</html>
```

例 6-8 的代码运行效果如图 6-10 所示。

HTML	CSS	Javascript	jQuery	Bootstrap

图 6-10　横向一级导航

6.9.3　纵向二级导航

标签是可以嵌套的,所以列表也是可以嵌套的。当列表中的某些列表项是列表时,就可以用嵌套。网页中常见的二级下拉导航,就是一个嵌套的列表,其中一级导航的制作方法同例 6-7 和例 6-8,下拉的二级导航,需要在 li 中嵌套一个 ul 列表,嵌套 ul 中的 li 就是下拉的导航项目。使用 CSS 样式控制二级 ul 的显示与隐藏。

【例 6-9】　纵向二级导航(案例文件:chapter06\example\exp6_9. html)

```
<!DOCTYPE html>
<html lang = "en">
```

```
<head>
    <meta charset = "UTF-8">
    <title>纵向二级导航</title>
    <style>
    body{padding: 10px; }
    *{margin: 0; padding: 0; }
    .nav{
        width: 142px;
        background: #f8f8f8;
        position: relative;                 /*祖先元素相对定位*/
    }
    li{list-style: none; width: 150px; height: 37px; }
    ul>li: hover{
        color: #fff;
        background: url(images/list-bg.png) no-repeat left center;
    }
    a{
        text-decoration: none;
        display: block;
        width: 142px;
        height: 37px;
        line-height: 37px;
        text-align: center;
        color: #333;
        border-bottom: 1px solid #aaa;
    }
    .nav-2{
        border: 1px solid #aaa;
        display: none;                      /*隐藏二级列表*/
        position: absolute;                 /*二级导航相对于.nav进行定位*/
        top: 0px;
        left: 150px;
    }
    ul>li: hover>ul{display: block; }       /*鼠标指向时显示二级列表*/
    </style>
</head>
<body>
    <ul class = "nav">
        <li class = "drop">
            <a href = "#">HTML</a>
            <ul class = "nav-2">
                <li> <a href = "#">HTML简介</a> </li>
```

```
                <li> <a href = "#">HTML 标签</a> </li>
                <li> <a href = "#">HTML 属性</a> </li>
                <li> <a href = "#">HTML 表格</a> </li>
                <li> <a href = "#">HTML 表单</a> </li>
            </ul>
        </li>
        <li class = "drop">
            <a href = "#">CSS</a>
            <ul class = "nav-2">
                <li> <a href = "#">CSS 简介</a> </li>
                <li> <a href = "#">CSS 语法</a> </li>
                <li> <a href = "#">CSS 选择器</a> </li>
                <li> <a href = "#">CSS 文本</a> </li>
                <li> <a href = "#">CSS 盒子模型</a> </li>
            </ul>
        </li>
        <li> <a href = "#">Javascript</a> </li>
        <li> <a href = "#">jQuery</a> </li>
        <li> <a href = "#">Bootstrap</a> </li>
    </ul>
  </body>
</html>
```

例 6-9 的代码运行效果如图 6-11 所示。

HTML	HTML简介
CSS	HTML标签
Javascript	HTML属性
jQuery	HTML表格
Bootstrap	HTML表单

HTML	CSS简介
CSS	CSS语法
Javascript	CSS选择器
jQuery	CSS文本
Bootstrap	CSS盒子模型

图 6-11　纵向二级导航

6.9.4　横向二级导航

在例 6-9 的基础上对一级导航的 li 设置左浮动,实现了横向的一级导航,并修改二级 ul 的定位,让每一个二级 ul 的位置与其父元素 li 相对应,通过 CSS 样式控制二级 ul 的显示与隐藏。

【例 6-10】 横向二级导航(案例文件: chapter06\example\exp6_10. html)

HTML 结构与例 6-9 一致,CSS 样式代码如下。

```
*{margin: 0; padding: 0; }
li{list-style: none; }
```

```
.nav{
    height: 37px;
    border-top: 1px solid #3DA80F;
    background: #3DA80F;
    margin: 10px auto;
}
.nav>li{
    float: left;
    position: relative;   /* 相对定位 */
    border-left: 1px solid #3DA80F;
}
.nav>.drop{ background: url("images/arrow.gif") no-repeat right 14px; }
a{
    text-decoration: none;
    display: block;
    height: 37px;
    line-height: 37px;
    font-size: 14px;
    padding: 0 30px;
    color: #fff;
}
.nav li: hover a {color: #161616; }/* 鼠标悬停在一级导航时,文本变色 */
.nav li: hover{background: #efefef; }/* 鼠标悬停在一级导航时,背景变色 */
.nav .drop: hover {
background: #efefef url("images/arrowhover.gif") no-repeat right 14px;
}/* 鼠标悬停在有二级导航的一级导航时,li 背景箭头变化 */
/* 以下设置二级导航 */
.nav-2{
    width: 145px;
    border: 1px solid #3DA80F;
    border-top: none;
    background-color: #efefef;
    display: none;   /* 隐藏二级列表 */
    position: absolute;   /* .nav-2 相对于.nav>li 进行定位 */
    top: 37px;
    left: -1px;
}
.nav-2>li>a{color: #999; }
ul>li: hover>ul{display: block; }   /* 鼠标指向时显示二级列表 */
```

例 6-10 的代码运行效果如图 6-12 所示。

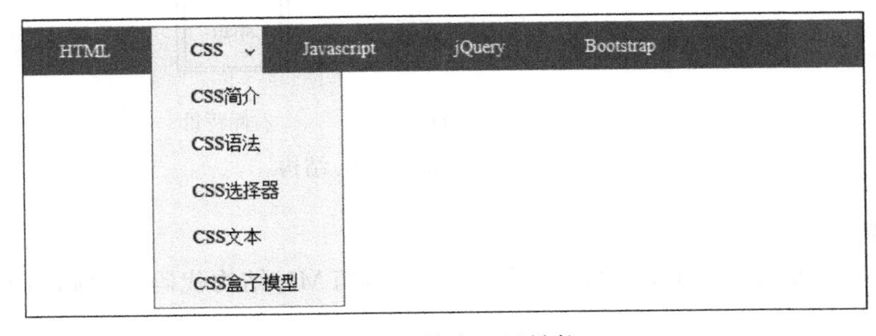

图 6-12　横向二级导航

【项目实战】

项目 6-1 滑动门技术制作一级导航(案例文件目录：chapter06\demo\demo6_1)

效果图

项目 6-1 的运行效果如图 6-13 所示。

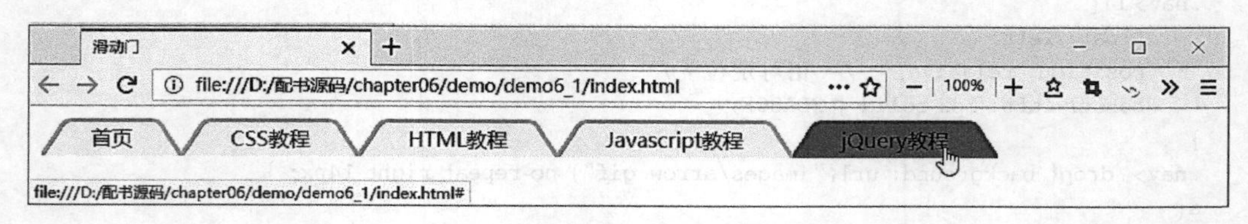

图 6-13 滑动门技术效果图

思路分析

当各个导航项目文字个数不一致时，若将每一个 li 都设置成相同的宽度，会导致文字与边框之间的举例不一致，视觉效果不好。可以通过不为 li 和<a>标签设置宽度，让文本将宽度撑开，以实现良好的视觉效果。但是，当导航项目的背景不是单纯的颜色，而是图像时，为不同宽度的导航项目制作不同宽度的图像，比较浪费网络空间。

CSS 滑动门技术是指标签像一个滑动门一样，可以根据内容的大小自由滑动。滑动门技术可以使各种特殊形状的背景能够自由拉伸滑动，以适应导航项目文本内容的多少，可用性更强。具体的操作思路是，首先将背景图切为左、中、右三部分(如图 6-14 所示)；然后定义三个 HTML 标签，将三张小图分别作为三个盒子的背景，来拼接左、中、右三张图像。其中左右两个盒子的大小固定，用于定义左侧和右侧的背景，中间的盒子不指定宽度，靠文本内容撑开盒子，同时将中间的小图在 X 方向平铺作为盒子的背景。

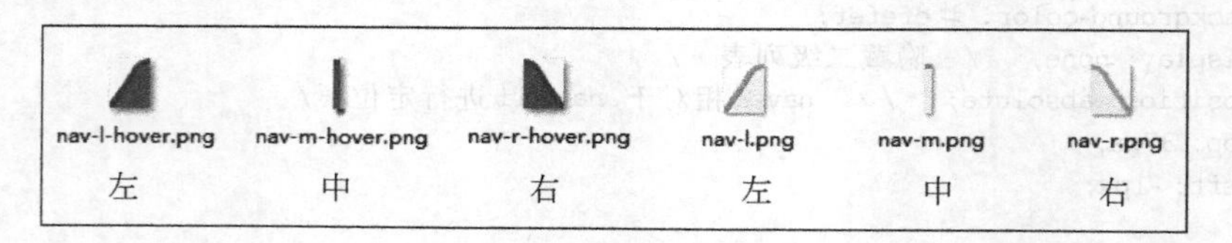

图 6-14 背景图切图

具体的布局及 HTML 结构如图 6-15 所示。

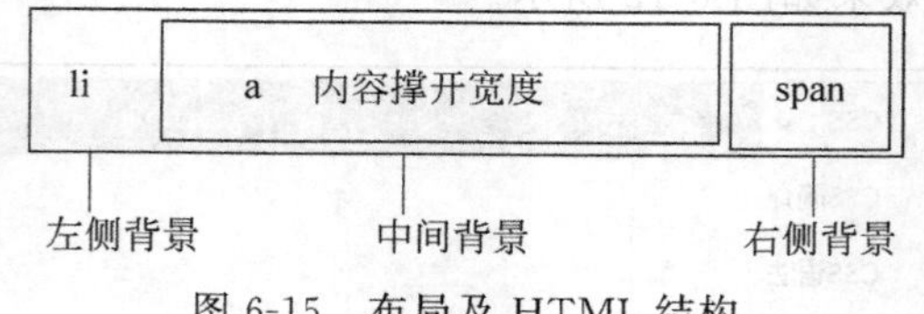

图 6-15 布局及 HTML 结构

制作步骤

Step01. 根据布局及 HTML 结构分析图，编写 HTML 结构代码。代码如下。

```
<body>
    <ul>
        <li> <a href = "#">首页</a> <span> </span> </li>
        <li> <a href = "#">CSS 教程</a> <span> </span> </li>
        <li> <a href = "#">HTML 教程</a> <span> </span> </li>
        <li> <a href = "#">Javascript 教程</a> <span> </span> </li>
        <li> <a href = "#">jQuery 教程</a> <span> </span> </li>
    </ul>
</body>
```

Step02. 建立 CSS 样式表，清除浏览器默认样式。

```
*{margin: 0; padding: 0; }
ul{list-style: none; }
a{text-decoration: none; }
```

Step03. 设置 ul、li、a、span 的 CSS 样式，分别将 a、li 和 span 的背景属性暂时设置为红色 red、浅灰色 #f1f1f1、蓝色 blue。代码如下。

```
ul{list-style: none; margin: 10px; height: 30px; }
li{
    float: left;                /* 使多个导航项目在一行显示 */
    height: 30px;
    line-height: 30px;
    padding-left: 23px;         /* 23 像素的左 padding 刚好放置 li 的背景 */
    background: red;
}
a{
    text-decoration: none;
    font-size: 16px;
    color: #0f444f;
    display: block;
    float: left;                /* 使 a、span 在一行显示 */
    height: 30px;
    line-height: 30px;
    padding: 0px 15px;
    background: #f1f1f1;
}
span{
      width: 23px;
      height: 30px;
      display: block;
      float: left;              /* 使 a、span 在一行显示 */
      background: blue;
}
```

显示效果如图 6-16 所示。

Step04. 设置 li、a、span 的背景图。将 Step03 中设置的 background 属性值的颜色修改为背景图片，左侧和右侧的背景图不重复，中间的背景图 X 方向 repeat。代码如下。

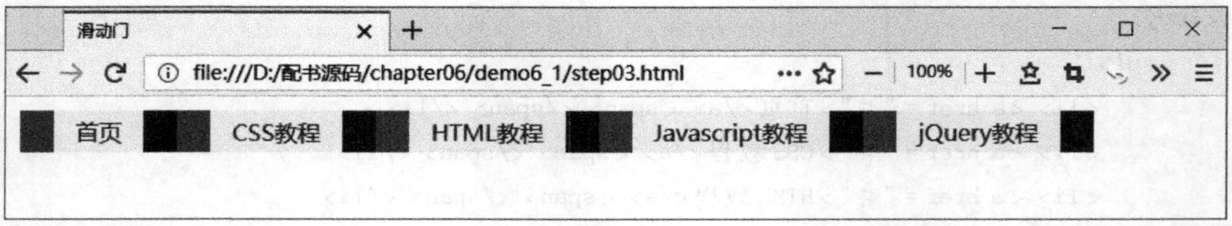

图 6-16　基本样式

```
li{
    ……
    background: url(images/nav-l.png) left no-repeat;
}
a{
    ……
    background: url(images/nav-m.png) repeat-x;
}
span{
    ……
    background: url(images/nav-r.png) no-repeat;
}
```

显示效果如图 6-17 所示,中间背景图的 repeat-x,实现了随着文字多少导航项目宽度变化的效果。

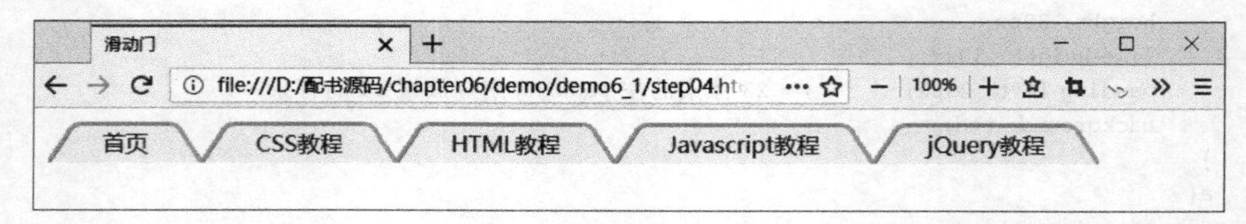

图 6-17　设置背景样式

Step05. 设置鼠标悬停时的效果。代码如下。

```
li: hover{background: url(images/nav-l-hover.png) no-repeat; }
li: hover a{background: url(images/nav-m-hover.png) repeat-x; }
li: hover span{background: url(images/nav-r-hover.png) no-repeat; }
```

显示效果如图 6-18 所示。

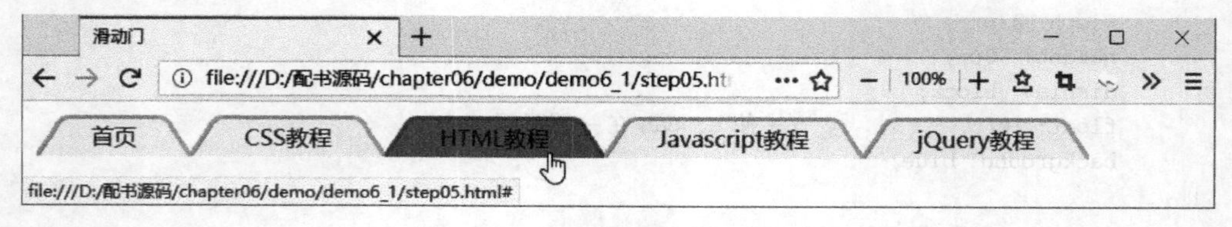

图 6-18　设置鼠标悬停背景样式

Step06. 浏览器兼容性测试,即将所完成的案例页面在多个浏览器中运行测试其兼容性,本案例在 Google Chrome、火狐、Opera、Safari for Windows 及 IE 11 版块中测试通过。

项目 6-2　锚点链接制作类似选项卡侧边栏导航效果(案例文件目录：chapter06\demo\demo6_2)

效果图

项目 6-2 的代码运行效果如图 6-19 所示。

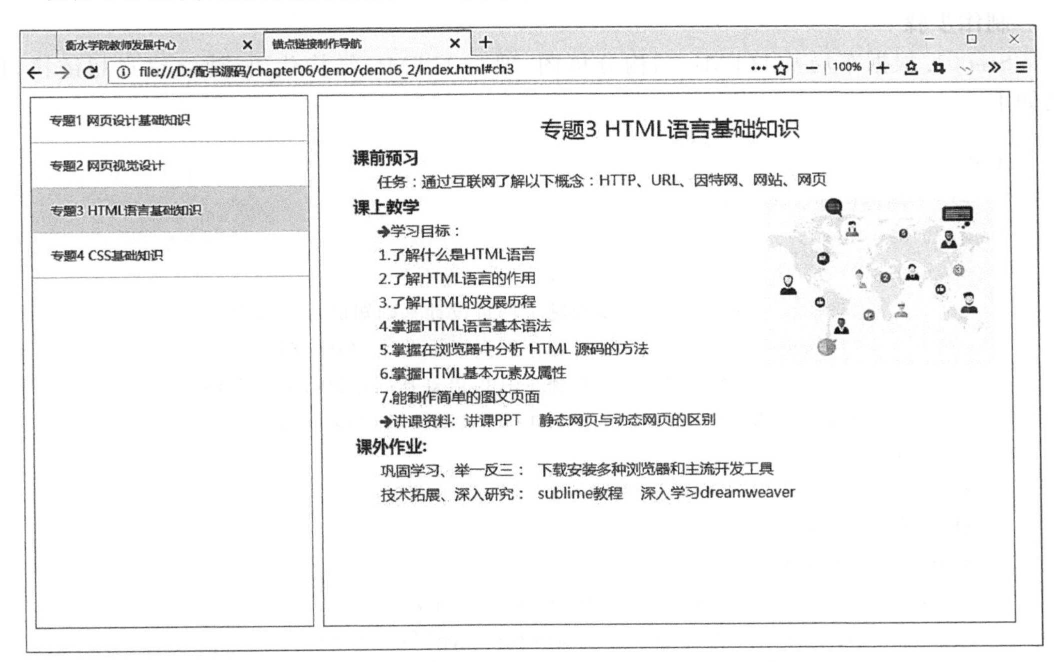

图 6-19　锚点链接制作类似选项卡侧边栏导航效果图

思路分析

当鼠标单击左侧的导航栏目时，右侧切换为相应专题的内容，这样的效果用 javascript 或者 jQuery 均可实现。此处使用 CSS 的方式实现"类似选项卡侧边栏导航效果"。

页面布局上分左右两栏，使用 div 和 id 选择器进行网页布局，左侧为导航区(<div id="nav">)，右侧为内容区(<div id="content">)。布局及 HTML 结构分析如图 6-20 所示。左侧导航采用无序列表进行布局，右侧内容区设置了 4 个 div。

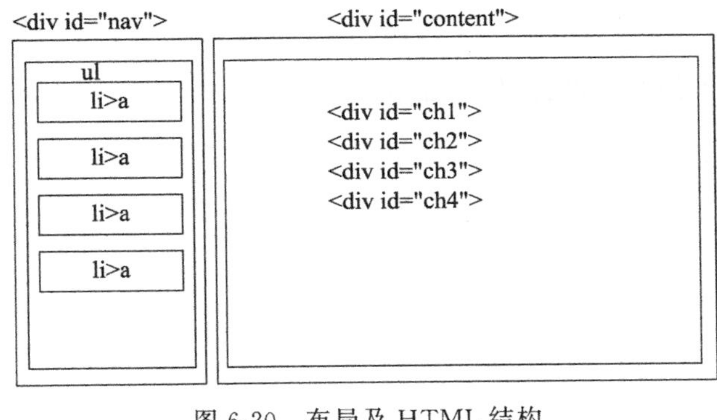

图 6-20　布局及 HTML 结构

通过锚点超链接的方式实现左侧与右侧的交互效果，为右侧 4 个 div 分别设置 id 属性，左侧 li 内嵌套<a>标签，超链接的 href 属性值对应右侧的 4 个 div 的 id 值。右侧 4 个 div 高度超出其父元素（<div id="content">）的高度，为父元素 # content 设置"overflow: hidden;"隐藏超出部分。

制作步骤

Step01. 根据布局及 HTML 结构分析图，编写 HTML 结构代码，建立锚点超链接，代码如下。

```
<body>
    <!--侧边栏导航区-->
    <div id="nav">
        <ul>
            <li> <a  href="#ch1">专题 1 网页设计基础知识</a> </li>
            <li> <a  href="#ch2">专题 2 网页视觉设计</a> </li>
            <li> <a  href="#ch3">专题 3 HTML 语言基础知识</a> </li>
            <li> <a  href="#ch4">专题 4 CSS 基础知识</a> </li>
        </ul>
    </div>
    <!--右侧内容区-->
    <div id="content">
        <div id="ch1"> <img  src="images/ch1.jpg"/> </div>
        <div id="ch2"> <img  src="images/ch2.jpg"/> </div>
        <div id="ch3"> <img  src="images/ch3.jpg"/> </div>
        <div id="ch4"> <img  src="images/ch4.jpg"/> </div>
    </div>
</body>
```

Step02. 建立 CSS 样式表，清除浏览器默认样式，代码如下。

```
<style>
    *{margin: 0; padding: 0; }
</style>
```

Step03. 进行基本的布局设置，代码如下。

```
body{padding: 10px; }
#nav{
    width: 300px;
    height: 600px;
    border: 1px solid #aaa;
    float: left;
}
#content{
    width: 750px;
    height: 600px;
```

```
    border: 1px solid #aaa;
    float: left;
    margin-left: 10px;
}
#ch1, #ch2, #ch3, #ch4{
    width: 730px;
    height: 580px;
    padding: 10px;
}
```

显示效果如图 6-21 所示，专题 2～专题 4 这 3 张图片超出 #content 的范围。

图 6-21 Step03 效果

Step04. 为 #content 设置“overflow: hidden;”，隐藏超出部分，代码如下。

```
#content{
    overflow: hidden;                /*隐藏超出部分*/
}
```

显示效果如图 6-22 所示，单击左侧导航，右侧显示相应图片内容。

Step05. 进行细节设置，制作完成，代码如下。

```
#nav a{
    text-decoration: none;
    font-size: 14px;
    color: #444;
    display: block;
```

```
    width: 260px;
    height: 50px;
    line-height: 50px;
    border-bottom: 1px solid #ddd;
    padding: 0px 20px;
}
#nav a: hover {background: #ddd; }
```

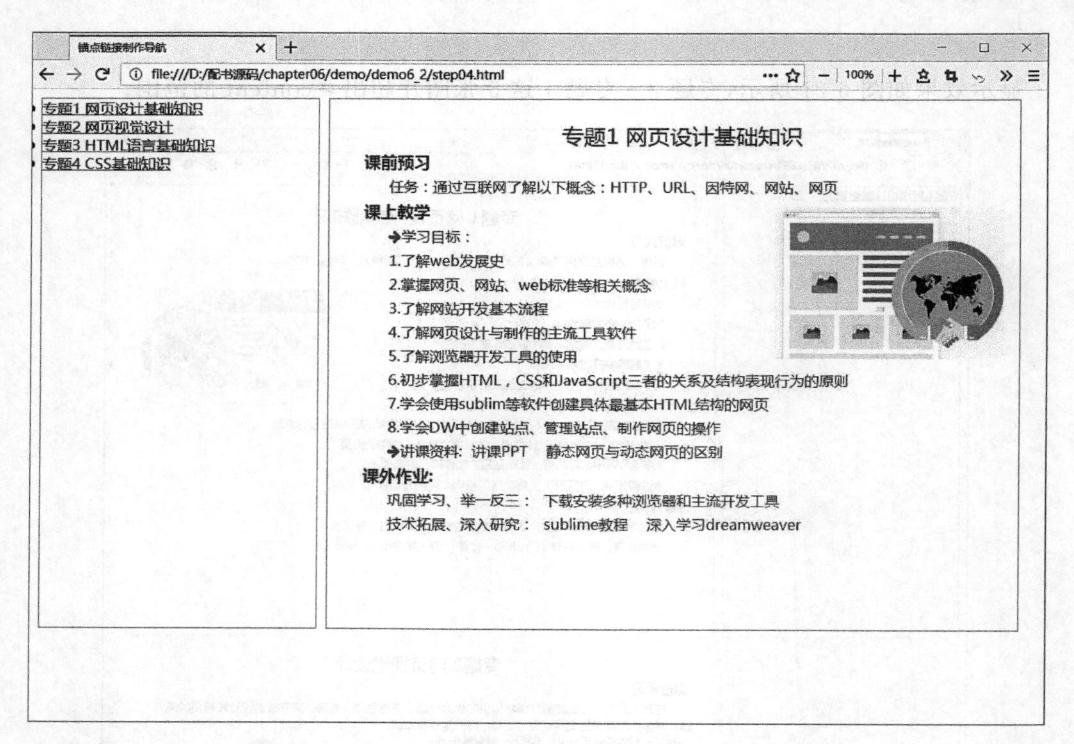

图 6-22　Step04 效果

Step06. 浏览器兼容性测试，即将所完成的案例页面在多个浏览器中运行测试其兼容性，本案例在 Google Chrome、火狐、Opera、Safari for Windows 及 IE 11 版块中测试通过。

【实训作业】

实训任务 6-1　微软商城网站页脚效果制作

利用列表技术、浮动布局等技术制作微软商城网站页脚效果，如图 6-23 所示。

具体要求如下。

1. 网站目录结构明晰，有默认图像文件夹(图像文件夹命名为 images 或 img)，图像文件命名规范。

2. 首页命名为 index 或 default，首页扩展名为 html 或 htm。

3. 建立外部样式表文件 footer. css 并连接到 index. html 文档。

4. 网页分“产品网站”“下载”“支持”“关于”“热门资源”4 个导航部分和底部内容区。其中，“支持”和“关于”在同一列。

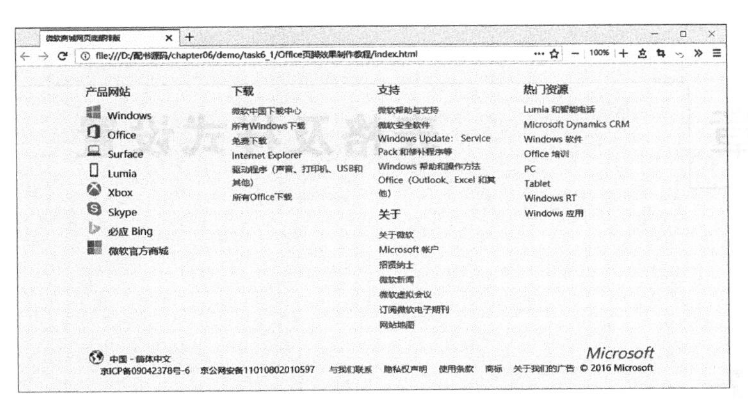

图 6-23　Office 页脚效果

5. 合理使用所学 HTML 标签组织网页结构进行布局设计。

6. 合理使用 CSS 选择器，选择器命名规范，并设置 CSS 样式，正确设置盒子模型相关属性。

实训任务 6-2　二级下拉导航菜单的制作

利用列表技术、浮动布局、定位、超链接等技术制作二级下拉导航菜单，如图 6-24 所示。具体要求如下。

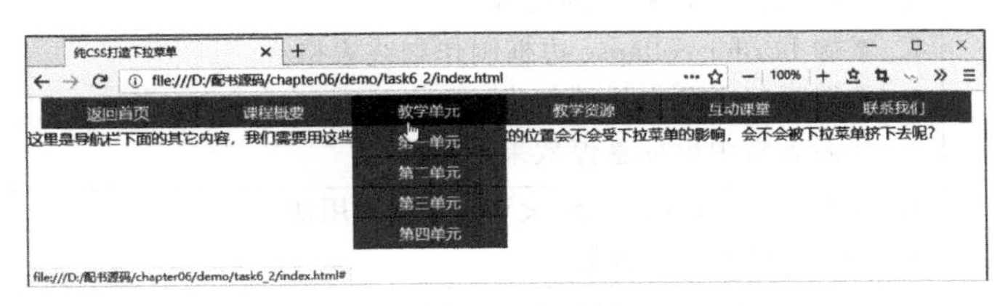

图 6-24　二级下拉导航菜单效果

1. 网站目录结构明晰，有默认图像文件夹（图像文件夹命名为 images 或 img），图像文件命名规范。

2. 网站根目录下有首页，首页命名为 index 或 default，首页扩展名为 html 或 htm。

3. 当鼠标指向一级导航时，显示下拉的二级导航菜单，二级导航菜单在一级导航栏目的正下方。鼠标悬停时，导航栏目背景颜色变深。

4. 下拉的二级导航菜单覆盖导航栏下面的其他内容，导航栏下面的其他内容的位置不受下拉菜单的影响，不会被下拉菜单挤下去。

5. 合理使用所学 HTML 标签组织网页结构进行布局设计。

6. 合理使用 CSS 选择器，选择器命名规范，并设置 CSS 样式，正确设置盒子模型相关属性。

第7章 表格及样式设置

【目标任务】

学习目标	1. 掌握 Dreamweaver 创建表格的方法 2. 掌握 HTML 表格标签的用法 3. 掌握表格的基本语法 4. 了解表格标签的相关属性 5. 掌握合并单元格相关属性的应用 6. 掌握表格 CSS 样式的设置 7. 掌握 border-collapse 边框制作细线表格 8. 掌握隔行变色表格的制作 9. 掌握表格中鼠标悬停效果的制作
重点知识	1. <table>、<th>、<tr>、<td>标签的用法 2. CSS 表格的样式控制
项目实战	项目 7-1　制作中学期末考试成绩表
实训作业	实训任务 7-1　模拟制作 GitHub 表格样式效果 实训任务 7-2　模拟制作百度万年日历鼠标悬停效果

【知识技能】

表格是网页设计中的重要元素之一，早期的网页布局设计大多是用表格进行布局，随着 DIV+CSS 布局技术的兴起，表格布局已退出网页布局的舞台。表格能更清晰、更有条理地显示数据，在网页设计中是不可或缺的重要元素之一。HTML 提供了表格的标签和相关属性，CSS 也提供了表格样式的控制方法。

7.1 创建表格

使用 Dreamweaver CC 在网页中创建表格，可以执行菜单命令【插入】→【HTML】→【Table】，快捷键是【Ctrl+Alt+T】，或者单击插入面板中的“HTML”选项卡中的“插入表格”工具按钮，在弹出的对话框中设置表格的行数、列数与宽高及表头等参数创建新表格。插入面板在菜单栏的下方以工具栏形式呈现，或者放置在工作界面右侧以控制面板形式呈现，若 Dreamweaver CC 工作界面中找不到插入面板，则执行菜单命令【窗口】→【插入】，快捷键是【Ctrl+F2】，激活插入面板。使用工具按钮创建表格的方法如图 7-1 所示。

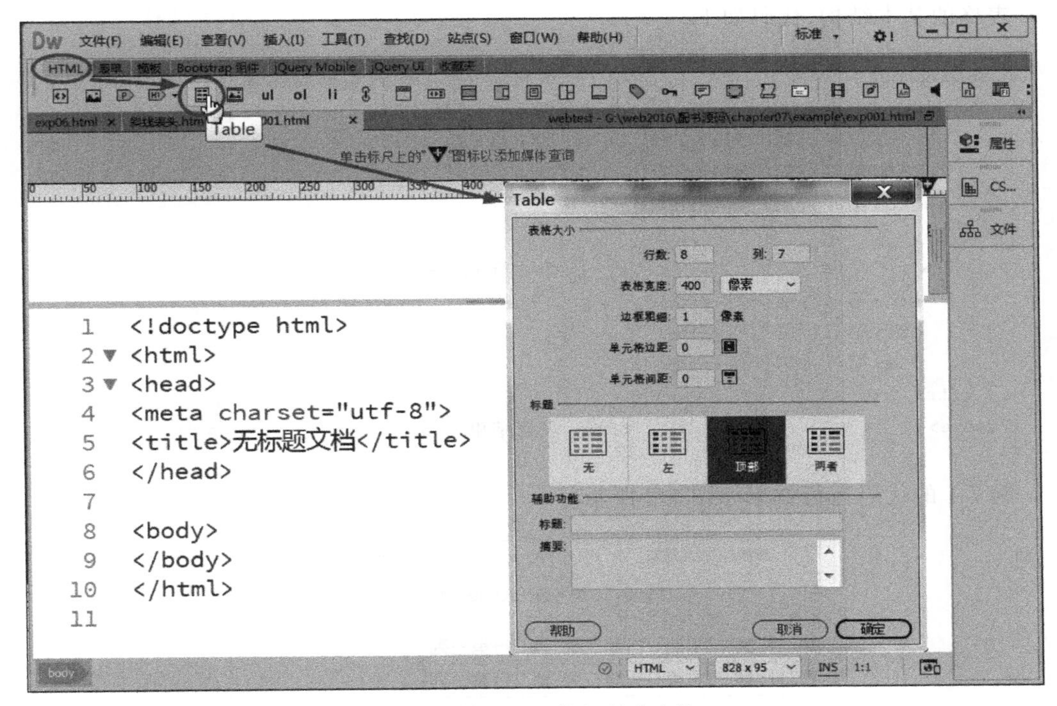

图 7-1 使用工具按钮创建表格

也可以在代码编辑窗口直接编写代码创建网页。创建网页的 HTML 基本代码结构如下。

```
<table>                 <! -- 表格 table -->
    <tr>                <! -- 行 tr -->
        <td> … </td>    <! -- 单元格 td -->
        …
    </tr>
    …
</table>
```

7.2 表格的基本语法

7.2.1 表格的基本结构

HTML 表格由<table>…</table>标签对来定义，每个表格有若干行由<tr>…</tr>标签对组成，每行被分割为若干单元格，由<td>…</td>来定义每个单元格。<tr>标签对应表格中的每一行，此标签对只能放在<table></table>标签对之间使用，而在此标签对之间加入文本将是无效的。<td></td>标签对用来定义表格中一行中的每一个单元格，此标签对只有放在<tr>…</tr>标签对之间才是有效的，要输出的内容必须在<td>…</td>标签对中，才能正常被浏览器解析。单元格中可以包含文本、图片、列表及嵌套表格等多种 HTML 标签元素。

【例 7-1】 表格的基本结构(案例文件：chapter07\example\exp7_1. html)

表格的基本结构,代码如下。

```
<table border = "1">                  <! -- 表格最外层 table,边框属性值为 1 -->
    <tr>                              <! -- 创建一行,第 1 行 tr -->
        <td>第一行第一列</td>         <! -- 单元格 td -->
        <td>第一行第二列</td>
        <td>第一行第三列</td>
    </tr>
    <tr>                              <! -- 第 2 行 tr -->
        <td>第二行第一列</td>
        <td>第二行第二列</td>
        <td>第二行第三列</td>
    </tr>
</table>                              <! -- 表格结束 -->
```

例 7-1 的代码运行效果如图 7-2 所示。

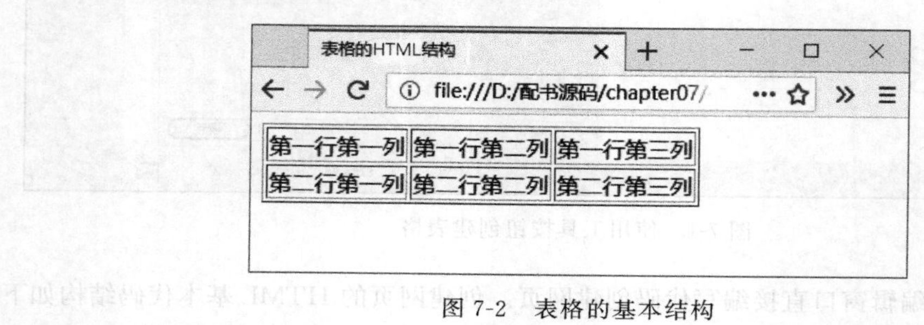

图 7-2　表格的基本结构

注意观察上述案例中 HTML 代码,表格的 HTML 结构一定会有这三对标签:<table></table>,<tr></tr>和<td></td>标签,三对标签分别定义表格、行和单元格,其中<table>是最外层的标签,<tr></tr>置于<table></table>标签对之内,<td></td>置于<tr></tr>标签对之内。

7.2.2　HTML 表格的表头标签

日常生活中,经常将表格最上面的行或最左侧的列作为表头标签,以规定此列或此行的数据内容的意义,或者将最上面的行及最左侧的列同时作为表头标签,如图 7-3 所示。

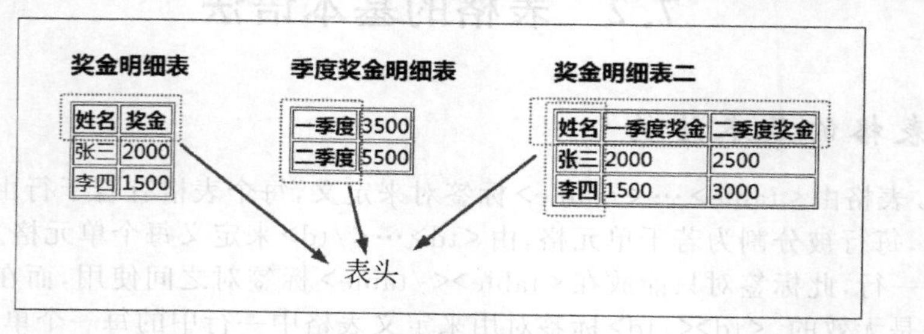

图 7-3　表格的表头

在网页设计中的表格同样也经常用到表头,HTML 表格标签中用<th>…</th>表示表头,图 7-3 用 HTML 表示,代码如下。

【例 7-2】 表格的表头(案例文件：chapter07\example\exp7_2. html)
图 7-3 用 HTML 代码表示如下。

```
<h3>奖金明细表</h3>
<table border="1">
    <tr>
        <th>姓名</th>
        <th>奖金</th>
    </tr>
    <tr>
        <td>张三</td>
        <td>2000</td>
    </tr>
    <tr>
        <td>李四</td>
        <td>1500</td>
    </tr>
</table>                                        /* 最上一行为表头 */

<h3>季度奖金明细表</h3>
<table border="1">
    <tr>
        <th>一季度</th>
        <td>3500</td>
    </tr>
    <tr>
        <th>二季度</th>
        <td>5500</td>
    </tr>
</table>                                        /* 最左侧一列为表头 */

<h3>奖金明细表二</h3>
<table border="1">
    <tr>
        <th>姓名</th>
        <th>一季度奖金</th>
        <th>二季度奖金</th>
    </tr>
    <tr>
        <th>张三</th>
        <td>2000</td>
        <td>2500</td>
    </tr>
    <tr>
        <th>李四</th>
        <td>1500</td>
        <td>3000</td>
    </tr>
</table>                                        /* 最上行与最左列为表头 */
```

7.2.3 表格相关的 HTML 标签

上述案例是表格的最基本结构，表格中最为常用的标签就是<table>、<tr>、<td>和表头<th>，为了使搜索引擎更好地理解网页，同时也使 HTML 表格结构更加清晰，HTML 标签提供了一些跟表格结构相关的其他标签，主要有<caption>、<colgroup>、<thead>、<tbody>、<tfoot>分别定义表格标题、表格列分组，以及表格的主体与表格页眉、页脚，它们都是<table>标签的子元素，要放在<table>标签之内使用。

- <caption></caption>标签定义表格的标题。<caption>标签必须直接放置到<table>标签之后。每个表格只能定义一个标题。
- <colgroup>标签用于对表格中的列进行组合，以便对某些列进行单独外观设置。
- <thead>标签定义表格的头部，放置表格的表头部分。
- <tbody>标签定义表格的主体，放置表格的主要内容。
- <tfoot>标签定义表格的页脚，放置表格的表注部分。

【例 7-3】 表格的 HTML 标签(案例文件：chapter07\example\exp7_3. html)

```
<table border = "1">
<caption>班级人数</caption>                    <! -- 表格标题 -->
<colgroup>                                     <! -- 给表格的列分组,可以对整列设置样式 -->
    <col span = "1" style = "color: red; ">    <! -- span 规定横跨的列数 -->
    <col style = "background-color: #EEE; ">
</colgroup>
<thead>                                        <! -- 定义表格的页眉 thead -->
    <tr>
        <th>班级</th>
<th>男生</th>
            <th>女生</th>
            <th>人数</th>
        </tr>
    </thead>
    <tfoot>                   <! -- 定义表格的页脚 tfoot -->
        <tr>
            <td>总计</td>
<td>63</td>
            <td>49</td>
            <td>112</td>
        </tr>
    </tfoot>
    <tbody>                   <! -- 定义表格的主体 tbody -->
        <tr>
            <td>数媒 1 班</td>
<td>31</td>
            <td>19</td>
            <td>50</td>
        </tr>
        <tr>
            <td>数媒 2 班</td>
<td>32</td>
            <td>30</td>
            <td>62</td>
        </tr>
    </tbody>
</table>
```

注意:在<table></table>标签对之内,<caption>标签必须直接放置到<table>标签之后;<colgroup>标签要放在<caption>元素之后,<thead>、<tbody>、<tfoot>、<tr>元素之前使用;<thead>、<tbody>和<tfoot>元素应该结合一起用,默认不会影响表格布局。

7.2.4 表格标签的属性

例 7-3 HTML 代码中的<table border="1">是指表格<table>标签的边框属性值为"1",表格的 HTML 标签元素<table>、<tr>、<td>、<th>等都具备多种属性,如边框、背景、对齐方式等,但是在 HTML5 中不再支持 HTML4.01 中表格元素的多种属性。在 HTML5 中,不再支持<thead>、<tbody>、<tfoot>的任何属性。对于表格的样式设置则推荐使用 CSS 样式代码控制，实际应用时也不再推荐使用 HTML 元素的属性来决定表格样式。只须了解表格元素的基本属性的应用即可。

【例 7-4】 表格标签的属性(案例文件：chapter07\example\exp7_4.html)

```
<table border = "15" width = "460px" height = "200px" cellpadding = "20px" cellspacing = "5px"
align = "center">
<! -- 边框为 1px,宽,高,cellpadding 规定边框与内容之间的距离,cellspacing 规定单元格之间的
间距,align 对齐方式为居中 -->
<tr align = "left" valign = "top"><! -- valign 单元格内容垂直排列方式. -->
    <td>第一行第一列</td>
    <td  colspan = "2">    <!—合并单元格,跨列合并,rowspan 跨行合并 -->
        <img src = "images/unlock.png">
        <p>单元格内嵌套图像标签、p 标签等</p>
    </td>
    </tr>
<tr bgcolor = "#EEE">  <!—行背景色属性 -->
    <td>第二行第一列</td>
    <td background = "images/img-bg.gif">第二行第二列</td>
<!—单元格背景属性为图像 -->
<td>第二行第三列</td>
</tr>
</table>
```

例 7-4 在浏览器中的最终呈现效果如图 7-4 所示。

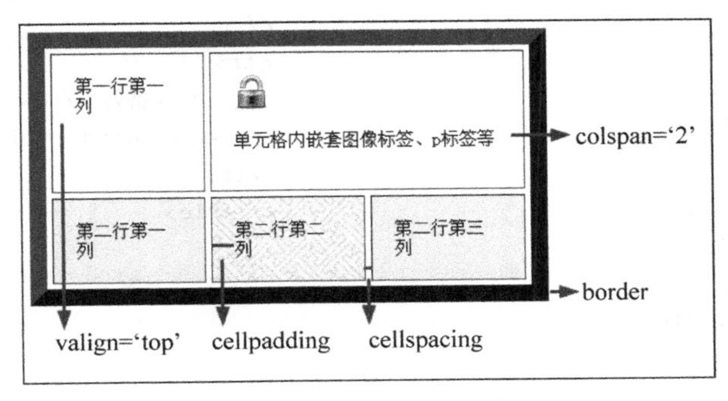

图 7-4 表格标签的属性

注意观察例 7-4 代码中的表格标签属性及注释，了解这些属性的意义。上述属性中，除了合并单元格要用到的 colspan、rowspan 属性，以及表格边框 border 属性外，大多数表格标签的属性在 HTML5 中都不再支持，表格外观样式设置推荐使用 CSS 代码控制。

7.2.5 合并单元格

实际应用中经常会利用单元格<th>或<td>的 colspan 和 rowspan 属性制作比较复杂的表，如成绩表、课程表等。colspan 属性规定单元格可横跨的列数，rowspan 属性规定单元格可横跨的行数，两者可以同时使用。如例 7-5 中就需要应用合并单元格的方法。

【例 7-5】 课程表(案例文件：chapter07\example\exp7_5.html)

```
<table width="400" border="1">
    <caption>课程表</caption>
    <tr>
        <th colspan="2"> </th>
        <th>星期一</th>
        <th>星期二</th>
        <th>星期三</th>
        <th>星期四</th>
        <th>星期五</th>
    </tr>
    <tr>
        <td rowspan="4">上午</td>
        <td>1</td>
        <td>数学</td>
        <td>语文</td>
        <td>数学</td>
        <td>英语</td>
        <td>语文</td>
    </tr>
    <tr>
        <td>2</td>
        <td>语文</td>
        <td>数学</td>
        <td>英语</td>
        <td>科学</td>
        <td>英语</td>
    </tr>
    <tr>
        <td>3</td>
        <td>英语</td>
        <td>科学</td>
        <td>体育</td>
        <td>美术</td>
        <td>音乐</td>
    </tr>
    <tr>
        <td>4</td>
        <td> </td>
        <td> </td>
        <td> </td>
        <td> </td>
        <td> </td>
    </tr>
    <tr>
        <td rowspan="2">下午</td>
        <td>5</td>
        <td>美术</td>
        <td>体育</td>
        <td>科学</td>
        <td>音乐</td>
        <td>体育</td>
    </tr>
    <tr>
        <td>6</td>
        <td> </td>
        <td> </td>
        <td> </td>
        <td> </td>
        <td> </td>
    </tr>
    <tr>
        <td>备注</td>
        <td colspan="6"> </td>
    </tr>
</table>
```

例7-5的代码运行效果如图7-5所示。

<table>
<caption>课程表</caption>
<tr><th colspan="2"></th><th>星期一</th><th>星期二</th><th>星期三</th><th>星期四</th><th>星期五</th></tr>
<tr><td rowspan="4">上午</td><td>1</td><td>数学</td><td>语文</td><td>数学</td><td>英语</td><td>语文</td></tr>
<tr><td>2</td><td>语文</td><td>数学</td><td>英语</td><td>科学</td><td>英语</td></tr>
<tr><td>3</td><td>英语</td><td>科学</td><td>体育</td><td>美术</td><td>音乐</td></tr>
<tr><td>4</td><td></td><td></td><td></td><td></td><td></td></tr>
<tr><td rowspan="2">下午</td><td>5</td><td>美术</td><td>体育</td><td>科学</td><td>音乐</td><td>体育</td></tr>
<tr><td>6</td><td></td><td></td><td></td><td></td><td></td></tr>
<tr><td>备注</td><td colspan="6"></td></tr>
</table>

图7-5 课程表案例效果

7.3 表格的样式设置

7.3.1 表格的边框折叠样式

表格默认样式是双线表格，如图 7-5 所示。如果在样式中加入

```
table { border-collapse: collapse; }
```

表格则会变成单线表格，border-collapse 属性用于设置表格的边框是否被折叠成一个单一的边框。其默认样式值为分离。

7.3.2 表格的边框样式

CSS 可以给表格的<table>、<tr>、<td>和<th>标签设置边框，边框的属性如下。

- 边框颜色：border-color
- 边框样式：border-style
- 边框粗线：border-size
- 综合属性：border

如将表格单元格的边框粗细定义为 1px，边框颜色为浅灰 #CCC，边框样式为实线，样式代码如下。

```
border-size: 1px;              /* 边框粗细 */
border-color: #CCC;            /* 边框颜色 */
border-style: solid;           /* 边框风格 */
```

也可以使用综合属性 border，代码如下。

```
border: 1px #CCC solid;        /* 使用边框的综合属性 */
```

边框也可以分别设置上、右、下、左边框的样式，对每个边框分别设置各自的边框粗细、颜色及边框风格，代码如下。

```
border-top-size: 3px;              /*   上边框粗细   */
border-top-style: solid;           /*   上边框风格   */
border-top-color: #000;            /* 上边框颜色   */
```

或使用边框综合属性设置，代码如下。

```
border-top: 3px #000,solid;          /* 使用边框的综合属性 */
```

对于其他右、下、左边框一样，可分别设置也可使用边框综合属性设置。

7.3.3 表格的背景

CSS 可以给表格的<table>、<tr>、<td>和<th>标签设置背景色 background-color 或

背景图 background-image,并且可以设置背景的位置是否重复等。

7.3.4 表格内容的对齐

表格中文本的水平对齐和垂直对齐属性一般定义在单元格<td>与<th>中。text-align 属性设置水平对齐方式,如左 left,右 right,或中心 center;垂直对齐 vertical-align 属性值可设置为上 top、中 middle、下 bottom,垂直居中有时会用 line-height 行高替代垂直对齐属性使用。

7.4 常见表格的制作

7.4.1 常规细线表格的制作

网页中的表格一般会制作成细线表格效果,而且各行之间经常会以不同的背景颜色进行区分,使表格外观看起来更加清晰且更有利于查看,尤其是数据表的行或列较多时,更需要使用隔行变色表格,如图 7-6 所示。

表格行属性

属性名	属性含义	常用属性值
align	行内容水平对齐方式	left,center,right
valign	行内容垂直对齐方式	top,middle,bottom
bgcolor	行背景颜色	颜色值,#rgb等
background	设置行背景图像	url地址

图 7-6 细线表格效果

【例 7-6】 制作网页中常见的细线表格(案例文件:chapter07\example\exp7_6.html)

制作细线表格,首先要搭建表格的 HTML 结构,再设置表格各标签的 CSS 样式。使用前文所学的知识,搭建此表格的 HTML 结构。细线表格的 HTML 结构较为简单,只需要使用<table>、<tr>、<td>和表头<th>即可,代码如下。

```
<table>
    <caption>表格行属性</caption>                    <!-- 表格标题 -->
    <tr                                              <!-- 第一行为表头 -->
        <th>属性名</th>
        <th>属性含义</th>
        <th>常用属性值</th>
    </tr>
    <tr>                                             <!-- 第二行 -->
        <td>align</td>
        <td>行内容水平对齐方式</td>
        <td>left,center,right</td>
```

```
    </tr>
    <tr>                                          <! -- 第三行 -->
        <td>valign</td>
        <td>行内容垂直对齐方式</td>
        <td>top,middle,bottom</td>
    </tr>
    <tr>                                          <! -- 第四行 -->
        <td>bgcolor</td>
        <td>行背景颜色</td>
        <td>颜色值,#rgb等</td>
    </tr>
    <tr>          <! -- 第五行 -->
        <td>background</td>
        <td>设置行背景图像</td>
        <td>url 地址</td>
    </tr>
</table>
```

实现细线表格效果的关键是设置表格的边框为单线边框 border-collapse：collapse；默认值为 separate 边框被分开,代码如下。

```
<style type = "text/css">
    caption{font-weight: bold; margin-bottom: 5px;    } /* 表格标题样式 */
    table{
        border-collapse: collapse;      /* 设置表格边框为单线边框 */
    }
    th,td{
        border: 1px #CCC solid;       /* 表头单元格边框为1px浅灰实线 */
width: 150px;
        padding: 6px 10px;             /*单元格内边距上下为6px左右为10px */
    }
    th{
        background-color: #333;       /* 设置表头背景,表头文字颜色 */
        color: #FFF;
    }
</style>
```

7.4.2 隔行变色表格的制作

为了使表格更加美观且更方便浏览,网页表格经常制作成隔行变色效果,对于数据行或数据列较多的表格,应用更为普遍,隔行变色效果表格如图 7-7 所示。

【例 7-7】 制作隔行变色表格(案例文件：chapter07\example\exp7_7. html)

搭建隔行变色表格 HTML 结构,注意此表格奇数行的 class 类名设置为“hui”,代码如下。

表格行属性

属性名	属性含义	常用属性值
align	行内容水平对齐方式	left,center,right
valign	行内容垂直对齐方式	top,middle,bottom
bgcolor	行背景颜色	颜色值，#rgb等
background	设置行背景图像	url地址

图 7-7　隔行变色表格效果

```
<table>
    <caption>表格行属性</caption>          <!— 表格标题 -->
    <tr>                                   <!— 第一行为表头 -->
        <th>属性名</th>
        <th>属性含义</th>
        <th>常用属性值</th>
    </tr>
    <tr>                                   <!-- 第二行 -->
        <td>align</td>
        <td>行内容水平对齐方式</td>
        <td>left,center,right</td>
    </tr>
    <tr class = "hui">                     <!-- 第三行类名为"hui" -->
        <td>valign</td>
        <td>行内容垂直对齐方式</td>
        <td>top,middle,bottom</td>
    </tr>
    <tr>                                   <!-- 第四行 -->
        <td>bgcolor</td>
        <td>行背景颜色</td>
        <td>颜色值,#rgb 等</td>
    </tr>
    <tr class = "hui">                     <!--第五行类名为"hui"-->
        <td>background</td>->
        <td>设置行背景图像</td>
        <td>url 地址</td>
    </tr>
</table>
```

隔行变色表格中的样式设置中“.hui{background-color：#eee；}”，是实现偶数行与奇数行颜色间隔的关键。代码如下。

```
<style type = "text/css">
caption{font-weight: bold; margin-bottom: 5px; }   /* 标题粗体,距底部边距为 5px */
```

```
table{
    border-collapse: collapse;    /* 设置表格边框为单线边框 */
}
th,td{
    border: 1px #CCC solid;       /* 表头单元格边框为1px浅灰实线 */
    width: 150px;
    padding: 6px 10px;            /* 表头单元格内上下边距为6px,左右边距为10px */
}
th{
    background-color: #333;      /* 设置表头背景,表头文字颜色 */
    color: #FFF;
}
.hui{ background-color: #eee; }  /* 设置奇数行的背景为浅灰色 */
</style>
```

给上述表格增加数据行或列,可以发现表格隔行变色效果仍然有效,以这种样式呈现,表格增色不少。

7.4.3 nth-child()实现隔行变色

如果表格中数据行太多,使用前文的方法给所有奇数行或偶数行设置类名显得较为烦琐。CSS3提供了一个新的选择器nth-child(n),用于匹配父元素中的第n个子元素,n可以是一个数字,一个关键字,或者是一个公式,现在的主流浏览器均支持此选择器,并且可以用odd奇数和even偶数作为关键字使用,以匹配子元素中的奇数或偶数元素。因此在表格中要实现隔行变色,可以为奇数行和偶数行元素指定两个不同的背景颜色,即对于一个长表格,可以按照例7-8中的方法编写行样式实现隔行变色效果。

【例7-8】 nth-child()实现隔行变色(案例文件:chapter07\example\exp7_8.html)

例7-8的最终效果与例7-7效果一样,但是HTML结构更为简单,与例7-6细线表格的HTML结构一样是个最简HTML表格,要将此表格制作为隔行变色效果,在样式中利用tr:nth-child(odd){…}设置偶数行样式,利用tr:nth-child(even){…}设置奇数行样式。注意:odd选择器选取每个带有奇数index值的元素,但是index值从0开始,第一行元素是偶数0,第二行的index值才是1,因此odd实际指偶数行。例7-6表格的样式代码如下。

```
<style type="text/css">
caption{font-weight: bold; margin-bottom: 5px; }  /* 标题粗体,距底部边距为5px */
table{
border-collapse: collapse;                         /* 设置边框为单线边框 */
}
th,td{
    width: 150px;
    border: 1px #CCC solid;
    padding: 5px 10px;
}
tr: nth-child(odd){                                /* 设置偶数行样式 */
    background: #EEE;
}
```

```
    tr: nth-child(even){                    /* 设置奇数行样式 */
        background-color: #ECFCEC;
    }
</style>
```


查询CSS3伪类/伪元素,类似的伪元素":nth-of-type(n)"也可以实现上述隔行变色表格效果。":nth-of-type(n)"选择器匹配同类型中的第n个同级兄弟元素。"tr: nth-of-type(odd)"与"tr: nth-of-type(even)"同样可以指定表格中的偶数行与奇数行。

7.4.4 仅横线或仅竖线表格

网页中经常应用到仅有横线边框或竖线边框的表格,如图7-8所示。

城北小学五(1)班期末考试成绩表

学号	姓名	语文	数学	英语	总计
2017001	许一	75	85	90	85
2017002	李二	70	80	85	80
2017003	刘三	60	70	75	70
2017003	刘三	60	70	75	70

图7-8 仅有横线的表格

仅有横线或竖线的表格的HTML结构与普通表格几乎一样,只是在定义样式时,仅定义表格的上、下边框,或是只定义表格的左、右边框。注意:最上行或最下行或最左列或最右列的边框样式,可能需要单独设置边框样式,图7-8的样式代码如下。

```
<style type="text/css">
    caption{margin-bottom: 5px; }
    table{
        border-collapse: collapse;            /* 设置边框为单线边框 */
    }
    th,td{
        width: 65px;
        border-bottom: 1px #333 solid;        /* 设置单元格底部边框 */
        padding: 5px 10px;
    }
    th{border-top: 1px #333 solid; }          /* 设置表头th顶部边框 */
        tr: nth-child(odd) {
        background: #EEE;                     /* 设置偶数行背景色 */
    }
</style>
```

7.4.5 鼠标悬停表格效果

大多数网页中的表格都会制作鼠标悬停样式，即鼠标经过表格时，鼠标悬停的行或单元格呈现特殊样式，最常见的是鼠标经过某行，某行就变换背景或文字颜色，如图 7-9 所示，注意光标所在行的变化。

城北小学五（1）班期末考试成绩表

学号	姓名	语文	数学	英语	总计
2017001	许一	75	85	90	85
2017002	李二	70	80	85	80
2017003	刘三	60	70	75	70
2017003	刘三	60	70	75	70

图 7-9 鼠标悬停表格效果

要实现这个效果，只需在样式代码中使用表格行或单元格标签的：hover 这个伪类，所有主流浏览器都支持：hover 伪类。当鼠标悬浮在元素上方时，会向元素添加样式。因此当鼠标指向某行时若对应行发生背景色变化，可以给行加入下列样式代码。

```
tr: hover{background-color: #CAF5B3; }  /* 鼠标经过行 tr,设置该行背景色 */
```

若希望鼠标经过某单元格，某个单元格就发生样式变化，可以给单元格加入下列样式代码。

```
td: hover{border: 1px #F00 solid; }     /* 鼠标经过行 tr,设置该单元格边框 */
```

网上查询数据时这种效果时常可见，如查询网上的万年日历效果等。

【项目实战】

项目 7-1　制作中学期末考试成绩表（案例文件目录：chapter07\demo\demo7_1）

效果图

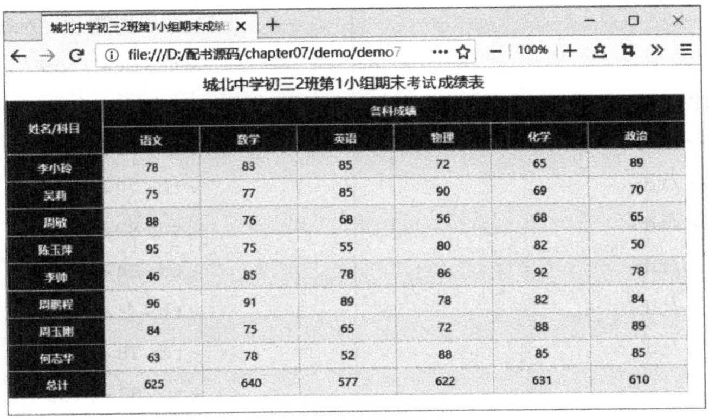

城北中学初三2班第1小组期末考试成绩表

姓名/科目	各科成绩					
	语文	数学	英语	物理	化学	政治
李小玲	78	83	85	72	65	89
吴莉	75	77	85	90	69	70
周敏	88	76	68	56	68	65
陈玉萍	95	75	55	80	82	50
李帅	46	85	78	86	92	78
周鹏程	96	91	89	78	82	84
周玉刚	84	75	65	72	88	89
何志华	63	78	52	88	85	85
总计	625	640	577	622	631	610

图 7-10　中学期末考试成绩表示例

思路分析

首先,分析图 7-10 表格的 HTML 结构。此表格含表格标题 caption,默认居中;第 1 行与第 2 行视为表格的页眉 thead;第 3 行至第 8 行视为表格主体 tbody;最后一行总计为表格的页脚 tfoot。另外,第 1 行和第 2 行与最左侧列为表头,“姓名/科目”单元格为第 1 行第 1 列与第 2 行第 1 列的两个单元格行合并,“各科成绩”为第 1 行第 2 列至第 1 行第 7 列单元格的列合并。

然后再分析成绩表的样式特点。表头 th 的文字均为黑底反白的字样,深灰黑色背景色为#3434,文字颜色为白色。成绩数据的单元格为隔行变色效果,奇数行单元格背景色为#DFE9F0,偶数行背景色为#DEF0F。有鼠标经过行变色的效果,鼠标经过时行的背景色为灰色#DDD。

制作步骤

Step01. 搭建成绩表表格 HTML 结构,成绩表 HTML 结构代码如下。

```
<table>
<caption>城北中学初三 2 班第 1 小组
期末成绩表</caption>
<thead>
  <tr>
    <th rowspan="2">姓名/科目</th>
    <th colspan="6">各科成绩</th>
  </tr>
    <tr>
      <th>语文</th>
      <th>数学</th>
      <th>英语</th>
      <th>物理</th>
      <th>化学</th>
      <th>政治</th>
    </tr>
  </thead>
  <tfoot>
    <tr>
      <th>总计</th>
      <td>625</td>
      <td>640</td>
      <td>577</td>
      <td>622</td>
      <td>631</td>
      <td>610</td>
    </tr>
  </tfoot>
<tbody>
  <tr>
    <td>55</td>
    <td>80</td>
    <td>82</td>
    <td>50</td>
  </tr>
  <tr>
    <th>李帅</th>
    <td>46</td>
    <td>85</td>
    <td>78</td>
    <td>86</td>
    <td>92</td>
    <td>78</td>
  </tr>
  <tr>
    <th>周鹏程</th>
    <td>96</td>
    <td>91</td>
    <td>89</td>
    <td>78</td>
    <td>82</td>
    <td>84</td>
    <th>李小玲</th>
    <td>78</td>
    <td>83</td>
    <td>85</td>
```

```
        <td>72</td>
        <td>65</td>
        <td>89</td>
    </tr>
    <tr>
        <th>吴莉</th>
        <td>75</td>
        <td>77</td>
        <td>85</td>
        <td>90</td>
        <td>69</td>
        <td>70</td>
    </tr>
    <tr>
        <th>周敏</th>
        <td>88</td>
        <td>76</td>
        <td>68</td>
        <td>56</td>
        <td>68</td>
        <td>65</td>
    </tr>
    <tr>
        <th>陈玉萍</th>
        <td>95</td>
        <td>75</td>
    </tr>
    <tr>
        <th>周玉刚</th>
        <td>84</td>
        <td>75</td>
        <td>65</td>
        <td>72</td>
        <td>88</td>
        <td>89</td>
    </tr>
    <tr>
        <th>何志华</th>
        <td>63</td>
        <td>78</td>
        <td>52</td>
        <td>88</td>
        <td>85</td>
        <td>85</td>
    </tr>
</tbody>
</table>
```

Step02. 创建外部链接的 CSS 样式文档。在样式文件中首先设置表格基本样式，即先将表格边框设置为单一边框，然后设置表头和单元格 th,td 的边框为 1px 的灰色细线边框，单元格所占宽度值以及文本对齐方式和行高。代码如下。

```
table{ border-collapse: collapse; }
th,td{ border: 1px #CCC solid; width: 100px; text-align: center; line-height: 28px; }
```

Step03. 单独设置表头、样式，一般会将表头与普通单元格以不同的色块区分，这里将表头<th>设置为深灰色底色和白色文字。另外，表格的标题样式也要做相应设置，如果表格有页眉、页脚需设置单独样式，也可在此步骤中完成。代码如下。

```
th{ background-color: #343434; color: #FFF; }
caption{ font-size: 16px; margin: 5px; }
```

Step04. 使用 CSS3 的":nth-child(odd)"和":nth-child(even)"伪元素选择器，分别对偶数行和奇数行设置不同的背景色。代码如下。

```
tr: nth-child(odd){ background-color: #DFE9F0; }
tr: nth-child(even){ background-color: #DEF0F2; }
```

Step05. 使用 CSS3 的伪类“:hover”,设置 tr 行的鼠标悬停状态,即当鼠标指针移到某行时,某行的背景色就会变灰色 #DDD,样式代码如下。

```
tr: hover{ background-color: #DDD; }
```

有时使用 tr: hover{…}鼠标悬停状态会发生无效的状况。如果在 Step02 中设置了 td 的背景色,后续 Step04 和 Step05 中的奇数行、偶数行的背景色设置和行的悬停效果就会失效,仔细分析原因可得知,CSS 中有个就近元素样式优先的原则,<td>元素在<tr>元素之内,优先起作用的样式是<td>的样式,因此后续步骤设置的奇偶行和鼠标经过行的背景色变化的样式都是行元素<tr>的样式,最终会被前面的<td>的背景色样式覆盖,如果前面设置了 td 的样式,那么后续步骤的奇偶行及鼠标经过行的效果的样式必须改写成 td 的样式才会有效。具体效果可参照 chapter07\demo7-1\index2. html,需要变化的样式代码如下。

```
table{ border-collapse: collapse; }
th,td{ border: 1px #CCC solid; width: 100px; text-align: center;
line-height: 28px; background-color: #DFE9F0; }
th{ background-color: #343434; color: #FFF; }
caption{ font-size: 16px; margin: 5px; }
tr: nth-child(even) td{ background-color: #DEF0F2; }
tr: hover td{ background-color: #DDD; }
```

如果制作类似网上万年日历一样的鼠标悬停效果,即鼠标指针指向哪个单元格,哪个单元格的背景色和边框同时发生变化,只需将 tr: hover 更改成 td: hover 即可,即鼠标经过单元格时,单元格发生变化。注意:如果设置边框的粗细将会对整个表格的宽度产生影响,从而会导致整个表格的单元格会有跳动的效果,可能会影响整个页面的排版,最方便的解决办法是使用背景图,即预先制作好一个单元格大小带预设颜色边框的背景图,当鼠标经过时单元格设置有背景图,就不会影响表格的其他单元格的排版位置,实际操作时我们更多的将单元格内容设置为 a 链接,鼠标经过时改变 a 链接的伪类 hover 样式,单元格大小不变。具体效果可参照 chapter07\ demo7-1\index2. html。

【实训作业】

实训任务 7-1　模拟制作 GitHub 表格样式效果

图 7-11 是全球最大的社交编程及开源软件代码托管网站 GitHub 中一个典型的表格(https: //github. com/pilu/web-app-theme),利用本章所学表格知识,尝试图 7-11 的表格样式和表格中的鼠标悬停效果的制作。

实训任务 7-2　模拟制作百度万年日历鼠标悬停效果

利用本章所学表格知识,尝试图 7-12 的排版和鼠标悬停效果的制作。本章仅要求完成左下的日期部分的前端制作,效果如图 7-12 所示。

Mathew Davies Ignore phpStorm configuration files.		Latest commit 4c710c8 on 5 Feb 2012
css	Initial commit.	8 years ago
js/glow	Initial commit.	8 years ago
.gitignore	Ignore phpStorm configuration files.	6 years ago
README.md	Formatting bug	7 years ago
dashboard.html	Initial commit.	8 years ago
news.html	Initial commit.	8 years ago
template.html	Change template text.	8 years ago
user.html	Initial commit.	8 years ago

图 7-11　GitHub 网站表格样式效果

2018年 ▾　< 1月 ▾ >　假期安排 ▾　返回今天

一	二	三	四	五	六	日
1 元旦	2 十六	3 十七	4 十八	5 小寒	6 二十	7 廿一
8 廿二	9 廿三	10 廿四	11 廿五	12 廿六	13 廿七	14 廿八
15 廿九	16 三十	17 初一	18 初二	19 初三	20 大寒	21 初五
22 初六	23 初七	24 腊八节	25 初九	26 初十	27 十一	28 十二
29 十三	30 十四	31 十五	1 十六	2 湿地日	3 十八	4 立春

2018-01-17 星期三
17
腊月初一
丁酉年 【鸡年】
癸丑月 己酉日

宜	忌
祭祀	造庙
沐浴	入宅
补垣	修造
塞穴	安葬
断蚁	行丧

图 7-12　百度万年日历鼠标悬停效果

第8章 表单及样式设置

【目标任务】

学习目标	1. 掌握表单基本语法 2. 掌握表单的相关标签 3. 掌握表单 CSS 样式的设置 4. 了解 HTML5 中新增的 input 类型及常用属性
重点知识	1. 表单的基本构成 2. 表单布局样式设置 3. 表单控件样式设置
项目实战	项目 8-1 京东商城的登录表单效果制作
实训作业	实训任务 8-1 模拟制作网易邮箱登录界面 实训任务 8-2 制作客户留言表单

【知识技能】

表单在网页中的主要作用是进行网页与用户之间的数据采集，其主要功能是收集用户的信息，常用于用户注册、登录、投票等网页与用户交互的功能页面。在 HTML 中，一个表单有 3 个基本组成部分：表单域、表单元素及表单按钮。其中表单元素包含文本框、密码框、隐藏域、多行文本框、复选框、单选按钮、下拉列表和文件上传控件等；表单按钮包括提交按钮、重置按钮和一般按钮。表单中的数据最终将交由动态网页或脚本程序进行处理。

8.1 创建表单

8.1.1 插入表单菜单命令及表单工具组

使用 Dreamweaver CC 在网页中创建表单，可以执行【插入】→【表单】命令，或者使用“插入”面板中的“表单”选项卡中的表单工具按钮组。若 Dreamweaver CC 工作界面中找不到“插入”面板，则执行【窗口】→【插入】命令，快捷键是【Ctrl＋F2】，可激活“插入”面板，Dreamweaver CC 的“插入”面板中的表单工具按钮组如图 8-1 所示。

Dreamweaver CC 的表单工具按钮组包含了 HTML5 新增的电子邮件、数字、范围等多

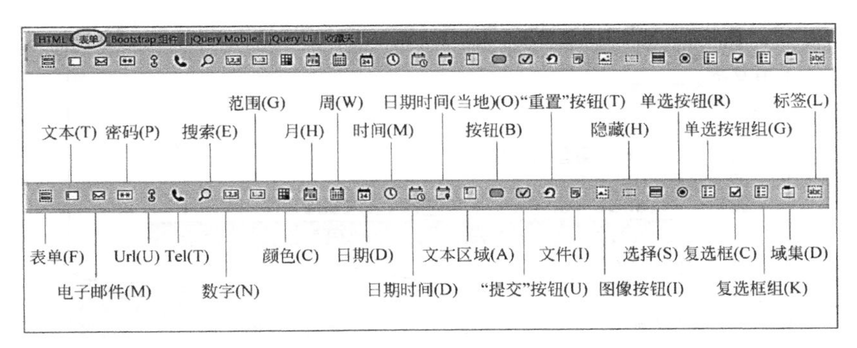

图 8-1　Dreamweaver CC 的表单工具按钮组

个表单输入类型，因此表单工具按钮较以往版本更多一些，本章中对 HTML5 新增的表单元素只作简单介绍，重点讲述常用的表单元素及表单的样式设置。

8.1.2　Dreamweaver CC 创建表单的方法

使用 Dreamweaver CC 创建表单，在将光标置于需要插入表单的位置，依次按以下步骤创建表单。首先，执行【插入】→【表单】→【表单(F)】命令或是单击表单工具组最左侧的"表单"按钮，生成表单区域；其次，根据实际需要单击其他工具按钮生成表单中的具体元素，在创建表单元素的同时，为了使用户知晓每个表单元素的意义，表单元素前还需要使用提示文字，表单的提示文字一般使用表单工具组中最右侧的标签工具生成；最后进行美化表单，即对创建的表单进行样式设置。

【例 8-1】 制作一个常用且最简登录界面表单(案例文件：chapter08\example\exp8_1.html)

登录表单需要输入用户名称的文本输入框，输入登录密钥的密码框以及两个按钮。按钮分别是确认登录的按钮和重新填写内容的重置按钮，在表单元素前应该放置作为说明提示文字的标签。具体操作步骤如下。

(1) 单击最左侧的表单按钮创建表单区域。

(2) 单击表单工具组最右侧的标签工具，在表单区域中生成标签，并在标签对<label>…</label>中输入"姓名："。

(3) 将光标置于<label>标签对后面，单击文本工具生成一个文本输入框，文本输入框是类型为"text"的<input>标签，是单标签。将光标置于<input>标签中，在"属性"面板(快捷键是【Ctrl+F3】)的 Name 属性中输入"user"，则输入文本框代码会新增 name 属性及 id 属性，具体操作如图 8-2 所示。

(4) 按【Shift+Enter】组合键生成换行符
，单击表单工具组最右侧的标签工具生成标签，在<label>…</label>标签对中输入"密码："。

(5) 将光标置于<label>标签对后面，单击密码工具生成一个密码输入框，密码输入框是类型为"password"的<input>标签，将光标置于<input>密码标签中，在"属性"面板(快捷键是【Ctrl+F3】)的 Name 属性中输入"psd"，则密码输入框代码中会新增 name 属性及 id 属性。

(6) 按【Shift+Enter】组合键生成换行符
，单击表单工具组中的"提交"按钮和"重置"按钮。选择"提交"按钮，在"属性"面板(快捷键是【Ctrl+F3】)的 value 属性中输入"登

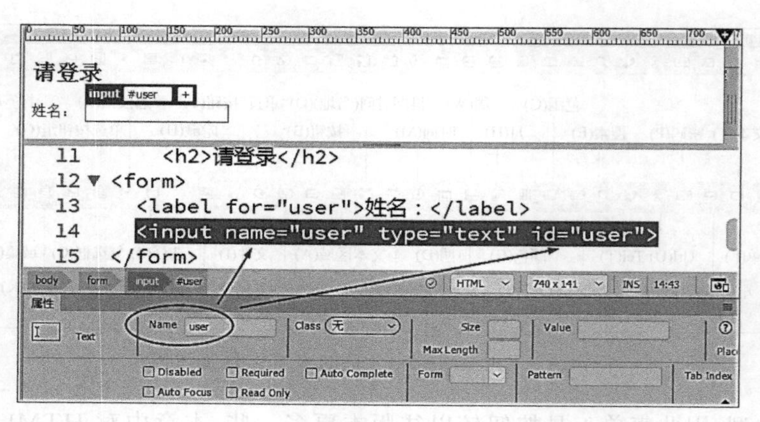

图 8-2 <input>标签与属性面板

录",则"提交"按钮上的文字变为"登录"。在两个按钮之间可以加几个空格符" ",至此,最简登录表单制作完毕,具体操作如图 8-3 所示。

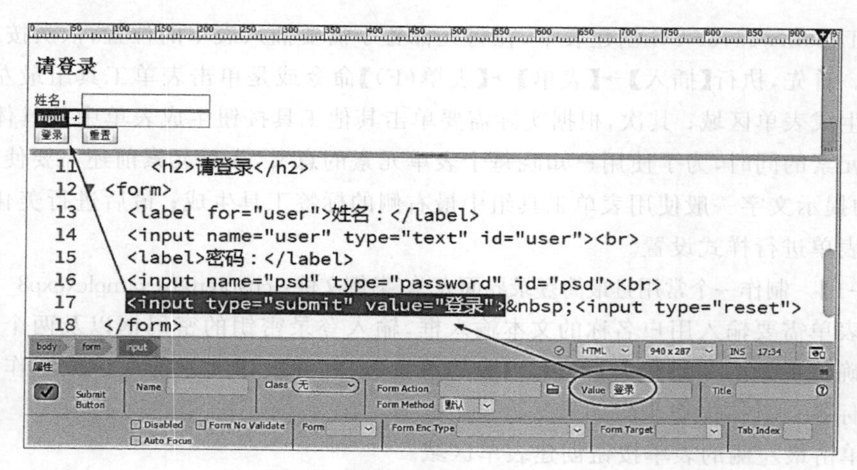

图 8-3 "提交"按钮的 value 属性

注意:在图 8-3 中,姓名与密码输入框前的<label>标签多了一个"for"属性,其属性值刚好为"user"和"psd",与两个输入框的 id 值相同,即两个<label>标签分别与两个输入框绑定,其作用是单击<label>标签,则其对应的输出框获取焦点。

创建表单也可以直接输入表单的 HTML 代码进行创建,接下来将学习表单的基本语法及表单样式的设置。

8.2 表单的基本语法

8.2.1 表单标签

表单标签用于声明一个包含表单元素的区域,由<form>…</form>标签对完成表单定义。<form>标签对本身并不会产生可视部分,其内部放置用于收集用户信息的表单控件元素。表单标签有 action、method 等常用属性，表单标签还有 enctype、name 编码字符集等其他元素，表单标签也支持 id，style，class 等常用的核心属性。表单的基本语法格式如下。

```
<form action="处理此表单的文件脚本的 url 地址" method="表单数据的提交方式">
```

- action 属性：指定当单击表单内的确认提交按钮时，该表单中所填写的数据信息会交由 action 属性指定的某个页面或脚本程序进行处理。此属性为必选属性，如 <form action="admin.jsp">，其值可以是绝对路径也可以是相对路径，还可以是邮件链接路径"mailto：邮件地址"，即将数据发送至指定邮箱，若省略 action 会被设置为当前网页。
- method 属性：规定在提交表单时所用的 HTTP 方法，默认是 get 方式。采用 get 方式，表单数据可以在网页地址栏中可见，保密性差，而且 get 方式传递的数据量较小，数据量不超过 2kb。另外一种方式是 post，post 方式无数据量限制，适合传输大量数据，而且数据不会在 URL 中看到请求的参数值，安全性相对较高。
- name 属性：指定表单的名称，用以区别于网页中的其他表单。在 XHTML 中，name 属性已被废弃。使用全局 id 属性代替。
- enctype 属性：当 method="post"时，规定在向服务器发送表单数据之前如何对其进行编码。可选值为 application/x-www-form-urlencoded，multipart/form-data 及 text/plain。
- autocomplete 属性：HTML5 新增的属性，定义是否启用表单的自动完成功能，可选值为 on 或是 off。默认值为 on，即开启表单的自动完成功能。
- novalidate 属性：HTML5 新增的属性，使用该属性则提交表单时不进行验证。

8.2.2 表单元素

表单由<form>…</form>标签对定义，主要功能是收集用户输入的信息，表单中包含一个或多个如下的表单元素。

- <input>元素：是最为重要的表单元素，根据不同的 type 属性，可以呈现多种不同的输入类型。例如，最常见的登录界面，里面有输入用户名、密码的文本框和密码框以及提交和重置按钮，这些表单元素基本都是<input>不同 type 类型的表单元素。有关<input>元素的类型及其他属性将在下一节进行详细讲解。
- <label>标签：用于为表单元素定义标注文本的标签，若设置<label>标签的 for 属性与相关表单元素的 id 属性值相同，当用户单击该标签时，浏览器就会自动将焦点转至和标签对应的表单元素上。
- <select>元素：定义一个下拉列表。下拉列表由<select>…</select>标签定义，下拉列表中的各个子项由<option>…</option>标签对定义，列表通常会把首个选项显示为被选选项，也可以通过添加 selected 属性预定义被选选项。<select>及<option>元素用法如例 8-2 所示。

【例 8-2】 表单元素_下拉菜单(案例文件：chapter08\example\exp8_2.html)

```
<form action="" method="post">
```

```
<label>请选择你所在的地区:</label>
<select name="地区">
<option value="北京">北京</option>
<option value="上海">上海</option>
<option value="广州" selected>广州</option>
<option value="深圳">深圳</option>
    </select>
    </form>
```

在下拉列表中可以使用<optgroup>元素给列表中相关的子选项<option>分成不同的组,这对于子项较多的列表尤其有用。所有主流浏览器都支持<optgroup>标签,<optgroup>元素的内容由"label"属性描述,其用法如例 8-3 所示。

【例 8-3】 表单元素_下拉菜单(案例文件:chapter08\example\exp8_3.html)

```
<form action=""method="post">
<label>选择商品类别:</label>
    <select>
        <optgroup label="数码产品">
            <option value="xiangji">数码相机</option>
            <option value="shouji">手机配件</option>
        </optgroup>
        <optgroup label="计算机周边">
            <option value="diannao">计算机配件</option>
            <option value="waishe">外设产品</option>
        </optgroup>
    </select>
</form>
```

例 8-2 与例 8-3 表单下拉列表在浏览器中的效果如图 8-4 所示。

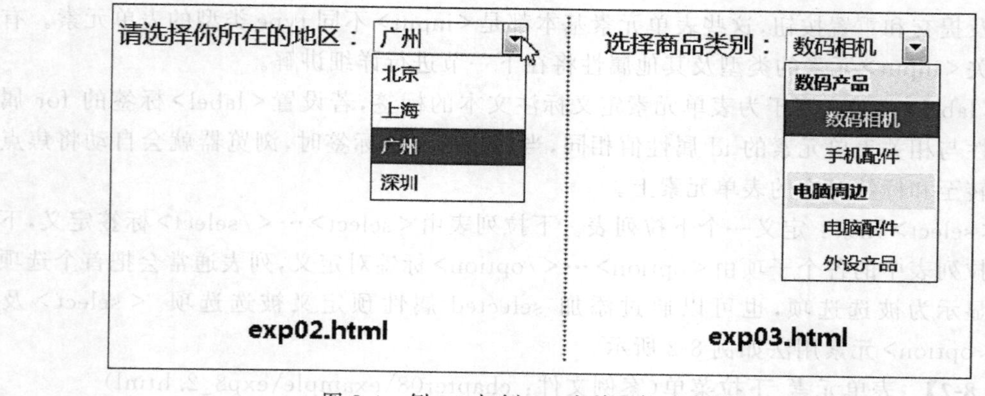

图 8-4 例 8-2 与例 8-3 表单下拉列表效果

• <fieldset>元素：用于组合表单中的相关数据，将相关表单元素定义成为一组，并用外框包含起来，其标签对中<legend>标签对用于定义表单元素组的标题，其用法如例 8-4 所示。

【例 8-4】 表单元素_下拉菜单(案例文件：chapter08\example\exp8_4. html)

```
<form action = "" method = "post" >
<fieldset>
    <legend>用户个人信息:</legend>
    <label for = "user" >姓名:</label>
    <input type = "text" name = "user" id = "user" > <br>
    <label for = "address" >住址:</label>
    <input type = "text" name = "address" id = "address" > <br>
    <label for = "email" >邮箱:</label>
    <input type = "email" name = "email" id = "email" > <br>
    <input type = "submit" value = "Submit" >
</fieldset>
</form>
```

注意，<fieldset>标签对内部的<legend>标签对定义是该表单元素组的标题。例 8-4 代码的运行效果如图 8-5 所示。

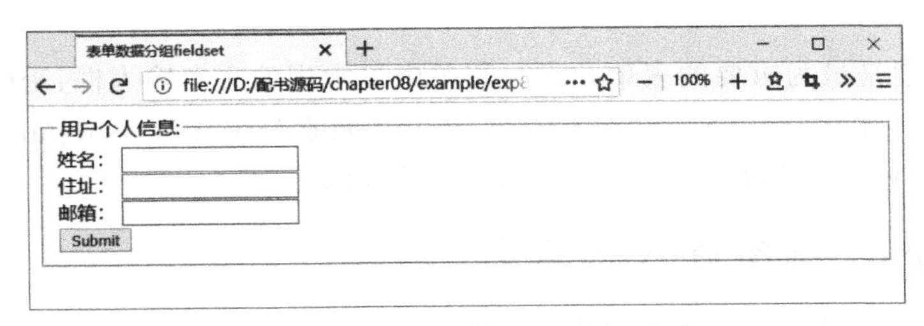

图 8-5　表单数据分组 fieldset 的效果

• <textarea>元素：规定一个可以有多行文本输入的文本区域，常用于收集网页用户留言等较多文本信息，其用法比较简单，举例如下。

```
<textarea rows = "10" cols = "30" >请输入您的留言</textarea>
```

• <datalist>元素：是 HTML5 新增的表单标签，它与 input 元素配合使用，可以使<input>输入框拥有跟下拉列表一样可选择的预选项，如果不想从下拉列表中选择，也可以直接输入内容。<datalist>元素通过内部的<option>标签对定义可选项，<datalist>元素必须要有 id 属性值，再给对应的<input>指定一个 list 属性，使<input>的 list 属性值等于<datalist>元素的 id 值。具体用法如例 8-5 所示。

【例 8-5】 表单元素_下拉菜单(案例文件：chapter08\example\exp8_5. html)

```
<form action = ""method = "get" >
    <label>请输入您的专业:</label>
```

```
        <input type = "text" list = "zy">                    <! -- list 属性值: zy-->
        <datalist id = "zy">                                 <! --  id 属性值: zy-->
        <option value = "软件工程">
        <option value = "数字媒体技术">
        <option value = "计算机科学与技术">
    </datalist>
</form>
```

例 8-5 中<input>与<datalist>标签配合使用的网页效果如图 8-6 所示。

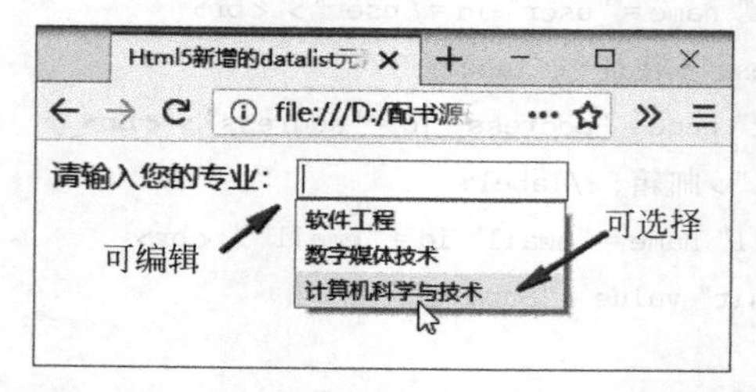

图 8-6 <input>与<datalist>标签配合使用效果

8.3 <input>标签

<input>元素是最为重要的表单元素。表单中最常用的文本输入框、密码框、单选按钮、复选框等元素都是由<input>元素定义的,<input>元素是单标签,<input>元素有很多形态,根据不同的 type 属性可以表示不同类型的表单元素。

8.3.1 <input>标签的 type 类型

<input>元素常用的 type 类型如图 8-7 所示。

type 类型	描述	示例代码	效果
text	常规文本输入	<input type="text" value="请输入您的姓名">	请输入您的姓名
password	密码输入框	<input type="password" name="password" value="123456">	••••••
radio	单选钮	<input type="radio" name="sex" id="sex_1" value="male" checked>男 <input type="radio" name="sex" id="sex_2" value="female">女	◉男 ○女
checkbox	复选框	<input type="checkbox" value="music">音乐 <input type="checkbox" value="sports" checked>体育	☐音乐 ☑体育
file	文件选择框	<input type="file">	浏览... 未选择文件。
button	按钮	<input type="button" value="单击" onClick="alert('你好')">	单击
submit	提交按钮	<input type="submit" value="提交">	提交
reset	重置按钮	<input type="reset" value="重置">	重置
image	图像提交按钮	<input type="image" src="images/menu01.jpg" alt="提交">	确 认
hidden	隐藏域	<input type="hidden" name="userIP" value="10.100.10.101" >	隐藏字段用户不可见

图 8-7 <input>元素的多种 type 类型

<input>元素常用的类型说明如下。

• 单行文本输入框 text:是最为常用的文本输入字段,默认宽度是 20 个字符。在表单

中常用于输入用户名、姓名和住址等简短的文本类信息。常用的属性有 name 名称、value 值、maxlength 最大长度等。由例 8-5 可知，HTML5 中<input>新增的 list 属性与<datalist>元素相结合，使单行文本框兼具输入与列表的功能，其基本语法为<input type="text">。

- 密码输入框 password：用于输入密码。在密码框中输入的文本默认会以圆点符号显示，其基本语法为<input type="password">。
- 单选按钮 radio：单选按钮允许用户在几个选项中选择其一。在表单中常见的性别、婚否等基本都是以单选按钮形式呈现。单选按钮的基本语法为<input type="radio">。若一个表单中需要用到多个单选按钮来接收不同分类的数据，可以使用多个单选按钮组，属于同一组的单选按钮其 name 属性值必须相同。由图 8-8 可知，跟单选按钮相关的工具有两个，分别是单选按钮和单选按钮组。单击单选按钮组，将弹出单选按钮组对话框，填入适当参数，生成单选按钮组，具体操作及生成的单选按钮组代码如图 8-8 所示。

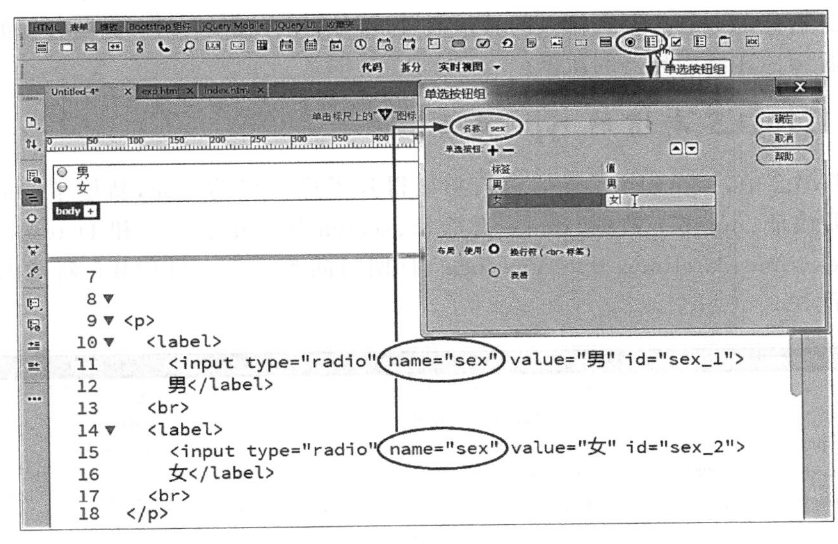

图 8-8 单选按钮组工具的使用

由上可知，性别选项组是以单选按钮组出现，两个单选按钮的 name 属性值均为"sex"，单选按钮旁的提示文字"男"和"女"是以<label>男</label>标签文本呈现，单选按钮中若有 checked 属性则该单选按钮在网页加载时，这个单选按钮被预先选中。

- 复选框 checkbox：复选框允许用户在有限数量的选项中选择零个或多个选项。复选框也有 checked 属性，意义相同。复选框常用于多项选择，如收集用户兴趣爱好等，复选框的基本语法为<input type="checkbox">。
- 文件选择框 file：用于选择计算机中的文件。通常用于表单中的文件上传功能，文件选择框的基本语法为<input type="file">。
- 普通按钮 button：普通按钮上的文本由 value 属性值决定，Button 只是一个普通按钮，需要绑定事件才可以使用，默认不会引发表单提交。普通按钮的基本语法为<input type="button">。

• 提交按钮 submit：表单数据填写完成后单击提交按钮，表单数据会被提交给表单 action 指定的网页或脚本程序处理。改变提交按钮上的默认文本可以通过设置其 value 的值实现。提交按钮的基本语法为<input type＝"submit">。

• 重置按钮 reset：用于将表单中已填好的数据重置清空，改变重置按钮上的默认文本可以通过设置其 value 的值实现。重置按钮的基本语法为<input type＝"reset">。

• 图像提交按钮 image：定义一个图像形式的提交按钮，图像提交按钮一般会用到图像，因此还会用到图像源 src 属性和 alt 属性，以设置图像源地址及图像不可见时出现的替代信息，若未设置图像源，则默认显示"提交"二字。图像提交按钮的基本语法为<input type＝"image">，其常用形式如例 8-6 所示。

【例 8-6】 图像提交按钮(案例文件：chapter08\example\exp8_6.html)

```
<input type = "image" src = "images/submit.jpg" alt = "提交" />
```

• 隐藏域 hidden：隐藏域中的内容不会出现在网页中，只用于数据传输，通常用于向服务器传输一些非用户输入的其他信息，例如，用户的 IP、用户提交数据的时间等其他希望传递给服务器的数据。

8.3.2 HTML5 新增的 type 类型

在 HTML5 中，<input>元素的输入类型得到了进一步的扩充，新增了 email 电子邮件、url 网页地址、number 数值、range 滑动条、search 搜索框、color 和 Date picker(date、month、week、time、datetime、datetime-local)日期时间类控件。HTML5 新增的输入类型如图 8-9 所示。

类型type	描述	示例代码	效果
tel	电话	<input type="tel" name="myTel">	13807996666
url	url地址	<input type="url" name="myUrl">	http://px3d.net
email	电子邮件	<input type="email" name="myEmail">	px168@163.com
search	搜索框	<input type="search">	互联网+
number	数值	<input type="number" name="cj" min="1" max="100" step="10">	31
range	滑块范围	<input type="range" min=1 max=100>	
color	颜色	<input type="color">	
date	日期	<input type="reset" value="重置">	重置
time	时间	<input type="time">	00:00
month	月份	<input type="month">	2018年01月
week	星期	<input type="week">	2018 年第 01 周
datetime	日期时间	<input type="datetime">	
datetime-local	本地日期时间	<input type="datetime-local">	2018/01/01 00:00

图 8-9 HTML5 新增的 input 类型

HTML5 新增的表单输入类型及新增的表单属性，这些新特性在网页应用表单时提供了更好的输入控制和验证，让网页制作更加便捷。本章对新的输入类型只作简单介绍，具体应用可以在案例制作中逐渐熟悉。并不是所有的主流浏览器都支持新的 input 类型，移动端和 Pad 端的浏览器对 HTML5 的支持度也很好，即使不被支持，新增的 input 类型仍然可以显示为常规的文本域。

8.4 表单 CSS 样式的设置

表单在网页中主要负责数据采集功能，因此网页中的表单设计需要提供更好的用户体验，这不仅需要表单具有方便、易用的功能，而且还要有精致大方的外观。表单 CSS 样式的设置，主要在控制表单控件的布局，以及控制表单控件的字体、边框、背景及内边距等方面。表单控件的布局常使用表格或无序列表的方式，将各个表单控件放置在单元格或列表项中以实现表单布局。

8.4.1 表单布局样式

以最简登录表单为例，观察表单的布局，常规的表单布局一般采用表格或无序列表方式，例 8-1 中表单就是采用表格布局方式，表格布局比较便捷，但不够灵活且用于布局的表格、行、单元格等标签过多。无序列表是比较推荐且使用较多的一种方式。例 8-7 为使用无序列表布局方式制作的标准登录表单。

【例 8-7】 登录表单(案例文件：chapter08\example\exp8_7. html)

网页效果如图 8-10 所示。

图 8-10 标准登录表单效果

标准登录表单效果案例中，用一个<div>包裹整个表单，表单控件嵌入在一个<ul>列表的各个列表项<li>中，其 HTML 结构代码如下。

```
<div class = "login">
    <h1>请登录</h1>
    <form action = "exp07.html" method = "post" name = "login">
    <ul>
    <li>
        <label for = "user">用户</label>
        <input type = "text" name = "user" id = "user">
    </li>
    <li>
            <label for = "psd">密码</label>
```

```
            <input type = "password" name = "psd" id = "psd">
        </li>
        <li>
            <input type = "submit" value = "登录">
            <input type = "reset" value = "重置">
        </li>
    </ul>
    </form>
</div>
```

注意：表单 HTML 结构中的<label>标签中使用了“for”属性，而且“for”属性的值与其后紧跟的<input>控件中的 id 属性值相同，由前文介绍可知，若设置<label>标签的 for 属性与相关表单元素的 id 属性值相同，当用户单击该标签时，浏览器会自动将焦点转至和标签对应的表单元素，更好地增强表单的用户体验。

在案例的 CSS 样式代码中，首先设置<ul>列表的“list-style：none;”去除列表项前面的项目符号，再设置<li>的高度及 padding 值，最后给外部<div>设置“border-radius：5px;”即圆角边框效果，最终得到如图 8-10 所示效果，其 CCS 样式代码如下。

```
<style type = "text/css">
    * { margin: 0; padding: 0; }
    .login{
        width: 200px;
        height: 150px;
        padding: 20px;
        border: 1px solid #CCC;          /*灰色边框*/
        margin: 10px auto;
        font-size: 12px;
        border-radius: 5px;              /*边框圆角半径*/
        text-align: center;
    }
    .login h1{ margin-bottom: 20px; text-align: left; }
    .login ul{ list-style: none; }
    .login li{ height: 35px; line-height: 35px; }
</style>
```

8.4.2 表单控件样式

表单控件使用表格或无序列表的方式完成表单布局后，表单样式设置任务主要集中在表单控件的样式设置上。因为表单控件的类型不一致，不同类型的表单控件样式设置方法的不同，即便是表单中的主要元素<input>针对其不同的 type 类型也可以呈现多种表单元素类型，其 CSS 的样式设置非常灵活，因此表单控件的样式设置要根据不同类型的控件采取相应的方法进行美化。

各个表单控件均有默认样式，表单的美化主要是针对其默认样式，对其边框、背景图、背景色、边距等属性进行设置。因为表单是网页中人机交互的重要组成部分，因此必须合理地使用表单控件的 Tab 键控制次序“tabindex”、自动填充“autocomplete”、是否必填项“required”等属性，再结合表单控件样式简洁美观的设置，对增强表单的用户体验非常重要。

以下对例 8-7 进行一些改进，尝试将图 8-10 中的两个<input>控件的样式稍做修改，在控件样式中设置其宽、高值，设置背景属性以及内边距属性值，在输入控件中加入一个图标，并且分别给两个<input>加上“placeholder”属性，标明两个表单控件的作用，分别为输入用户名及密码的功能，使表单的最终效果显示如图 8-11 所示。

图 8-11　表单控件样式设置

由图 8-11 所知，<input>控制中加了“placeholder”属性后，其实两个<label>标签就显得有些多余，删除两个<label>标签，此时登录表单的 HTML 结构更加简洁。

【例 8-8】 登录表单(案例文件：chapter08\example\exp8_8.html)

表单 HTML 结构代码如下。

```
<div class = "login">
<h1>请登录</h1>
<form action = "exp07.html" method = "post" name = "login">
<ul>
<li>
<input type = "text" name = "user" id = "user" placeholder = "请输入用户名">
</li>
<li>
<input type = "password" name = "psd" id = "psd" placeholder = "密码">
</li>
<li>
    <input type = "submit" value = "登录">
<input type = "reset" value = "重置">
</li>
</ul>
</form>
</div>
```

将上述HTML结构显示为控件内带图标的表单效果的例8-8案例中的CSS样式代码如下。

```
input[type = "text"]{
    width: 125px;
    height: 30px;
    background: url(images/man25x25.png) no-repeat 5px 2px;
    /* 设置输入框内背景图为小人图案,不重复,背景图位置 */
    padding-left: 35px;                 /* 左侧内边距,文本从图标旁输入 */
    border-radius: 5px;                 /* 圆角半径 */
}
input[type = "password"]{
    width: 125px;
    height: 30px;
    background: url(images/suo25x25.png) no-repeat 5px 2px;
    padding-left: 35px;
    border-radius: 5px;
}
```

CSS样式代码中的选择器input[type="text"]和input[type="text"]是属性选择器,这两个选择器也可以用"id"选择器来替代,如写成input#user及input#psd也可以,如果设置了input元素的类属性class值,使用类样式进行设置也是可以的。背景结合样式中分别设置了背景图、背景图是否重复以及背景图出现的位置。

注意:图8-11是Google Chrome浏览器的显示效果,当输入框获得鼠标焦点时外边框会自动显示颜色,失去焦点时外边框颜色消失,并且在案例中<input>输入框使用圆角设计,但是变色的矩形外框并不能很好地配合输入框的圆角,在火狐或IE等Webkit内核的浏览器中测试表单,可以发现它们并不支持获取焦点就变色的效果。

如果希望在所有主流浏览器中显示效果基本一致,都拥有获取焦点就变色的效果,可以设置输入框的"outline"外轮廓线属性为"none",用":focus"伪类设置输入框的"border"属性,这样边框能很好地解决圆角的问题。尝试在样式代码中增加以下代码后,在各个浏览器中再次测试输入框获取焦点与失去效果时的效果。

```
input: focus{
outline: none;                          /* 清除浏览器默认的外轮廓线默认值 */
border: 1px #79ABFE solid;              /* 设置淡蓝色边框 */
box-shadow: 2px 2px 2px #888 inset;     /* 设置边框带灰色内阴影 */
}
```

注意:"border-radius"和"box-shadow"均为CSS3新增的属性,虽然现在各大主流浏览器及移动端浏览器对HTML5和CSS3的支持度较高,但为了保证网页在各个浏览器中的兼容性,运用CSS3的一些样式时,支持Chrome以及Safari的较老版本一般需要加前缀"-Webkit-",支持Opera需要加前缀"-o-",支持火狐需要加前缀"-moz-"。

例如,再次使用CSS3新增的过渡属性,继续改进登录表单,让表单控件拥有更炫的动态过渡效果。在例8-8中的CSS样式代码中增加以下代码。

```
input[type="text"]{
        width: 125px;                          /* 输入框宽度初始值为125px */
        ... ...
        transition: width .25s;                /* 设置宽度属性具有2秒过渡效果 */
        -moz-transition: width 2s;             /* 兼容 Firefox 4 */
        -Webkit-transition: width 2s;          /* 兼容 Safari 和 Chrome */
        -o-transition: width 2s;               /* 兼容 Opera */
    }
.login input: focus{
    ......
    width: 160px;                              /* 当输入框获取焦点时,宽度值逐渐变化为160px */
}
```

完成后测试表单效果,当输入框获取焦点时,输入框将逐渐变得更长,当失去焦点时,输入框会逐渐缩短,以实现动画效果。CSS3的许多新增属性都要增加兼容多个浏览器的前缀字符。

针对不同的表单控件,其样式设置方法也是多样化的,这需要在实践中不断地进行学习,各大经典网站就是我们学习的好榜样。认真观察淘宝、京东、腾讯、网易等多个大型网站的各种表单,会发现用文字作为表单标签的用法已经不再流行,大多数表单以小图标方式替代,而且表单控件的样式也基本上不会采用默认的边框样式,表单控件中通常会采用提示文本,当输入框获得焦点输入文字时,提示文本会自动消失。如图8-12所示为淘宝和京东的登录表单效果,以下将在项目实战版块中完成模拟京东登录表单的制作。

【项目实战】

项目8-1 京东商城的登录表单效果制作(案例文件目录:chapter08\demo\demo8_1)

效果图

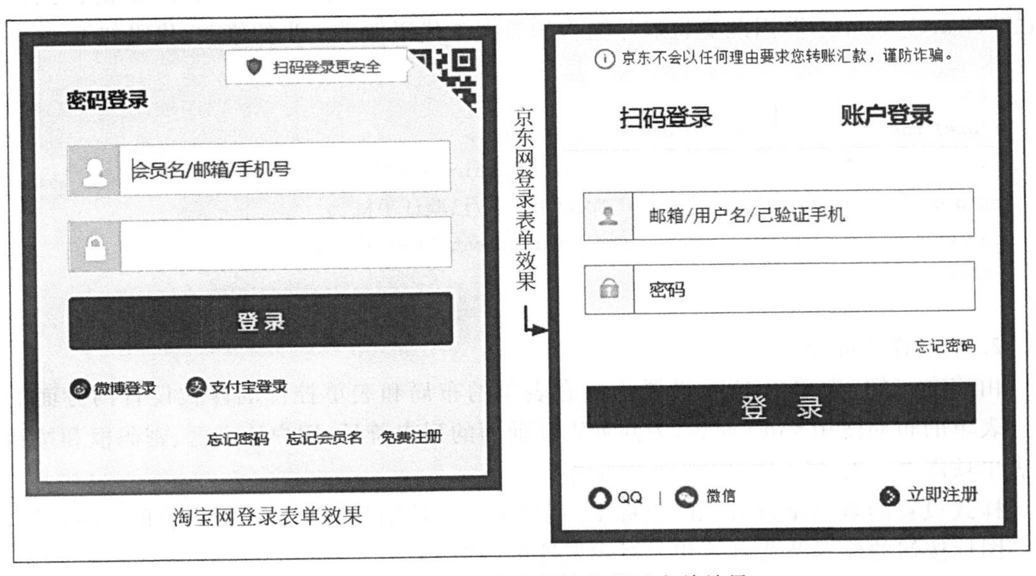

图8-12 淘宝网与京东商城的登录表单效果

思路分析

1. HTML 结构部分

首先,我们分析淘宝网登录表单与京东登录表单的特点,重点观察两个登录表单中的用户输入框、密码框及登录按钮的样式设计。二者从外观上非常相似,都是左侧为矩形灰底图标状,右接白底灰框输入框,输入框中有提示文本,当输入文字时提示文本会自动消失,这个功能可以用 HTML5 新增的"placeholder"属性实现。分别进入淘宝网和京东商城,打开其登录页,会发现单击左侧的灰底矩形图标,光标会自动跳转至右侧相应的输入框中,由此可以判断左侧的灰底矩形图标可以用<label>标签和它的"for"属性实现,并且在输入框内输入内容时,输入框右侧会出现"×"图标,单击"×"会清空所填数据。

综合以上特点,可以基本确定表单的 HTML 结构。按常规方法使用<ul>无序列表进行布局表单,将每个需要填写的数据项及按钮分别嵌入在<li>…<li>中,输入账号及输入密码数据的表单项都分别由三个部分组成:表单标签<label>、表单控件<input>文本输入框类型及密码输入框类型和<a>标签形式的按钮。例如,用于账号输入的数据项可以用以下代码实现。

```
<li>
<label for = "user"> </label>
<input type = "text" id = "user" name = "user">
<a href = "#"> </a>
<li>
```

其中,<label>标签需要特别设置为灰底矩形图标,因此要为其设置一个类 class,样式如:class="userLabel"。<input>标签要加上表单控件常规的 Tab 键顺序"tabindex",以及 HTML5 新增的自动填充属性"autocomplete"、预提示信息"placeholder"等属性,<a>标签不仅需要设置特别的样式还需要清空输入框所填内容的执行 JS 脚本功能,如链接执行 JS 函数"clearContent()",因此要将账号输入的数据项代码做进一步的修改,代码如下。

```
<li>
<label for = "user" class = "userLabel"> </label>
<input type = "text" id = "user" name = "user" tabindex = "1"
autocomplete = "off" placeholder = "邮箱/用户名/已验证手机">
<a class = "clear" href = "javascript: clearContent('user')"> </a>
</li>
```

2. CSS 样式部分

由前文可知,表单的 CSS 设置主要有表单的布局和表单控件的样式设置两方面的工作。表单的布局使用<ul>列表,去除列表项前面的列表符号,用户输入框、密码框和按钮三个表单项嵌在三对<li>中,实现表单布局。

样式设置的难点是每对<li>中标签、用户输入框控制与清空输入框内容的<a>链接,即"×"图标按钮的位置及背景等相关样式属性的设置。

注意:类似于此案例的小人图标、锁形图标及"×"图标等大部分是利用前文所讲的精灵图技术实现的,在火狐浏览器中打开京东商城(https://www.jd.com),单击首页"请登录”进入登录页，单击“账户登录”，右击登录表单中用户输入框左侧的灰底矩形图标，在弹出的快捷菜单中选择【查看元素】命令，激活浏览器的开发者工具界面【F12】，可以观察到所选元素相关的 HTML 代码及相对应的 CSS 代码，进而查看小人图标所在的源文件的 url 地址。在其他浏览器中的操作方法也是基本一致，具体操作如图 8-13 所示。

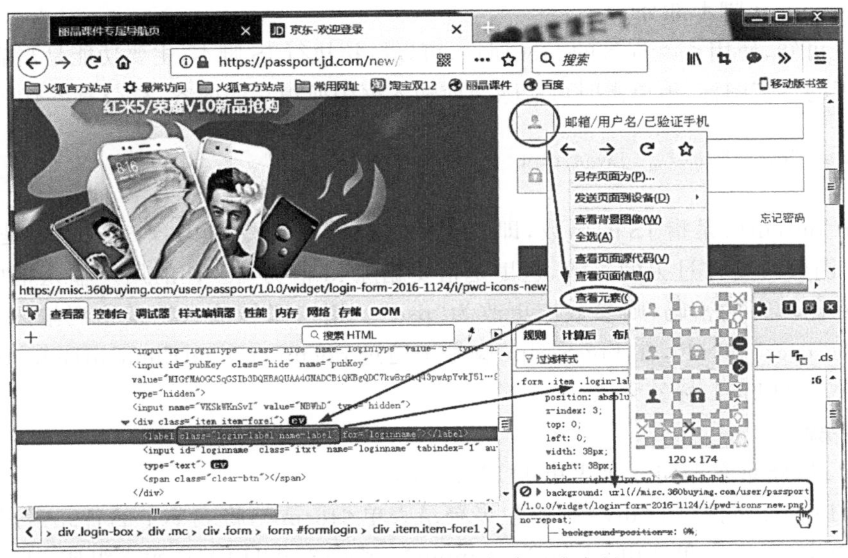

图 8-13　京东商城登录表单图片素材

右击图 8-13 中图片源文件地址，在弹出的快捷菜单中选择“复制 URL”命令复制图片源文件路径，新建一个浏览器窗口，右击地址栏在弹出的快捷菜单中选择“粘贴并前往”命令，即可打开此图片，右击图片在弹出的快捷菜单中选择“另存图像为”命令下载 png 图，这就是网页所用到的素材原图，如图 8-14 所示。

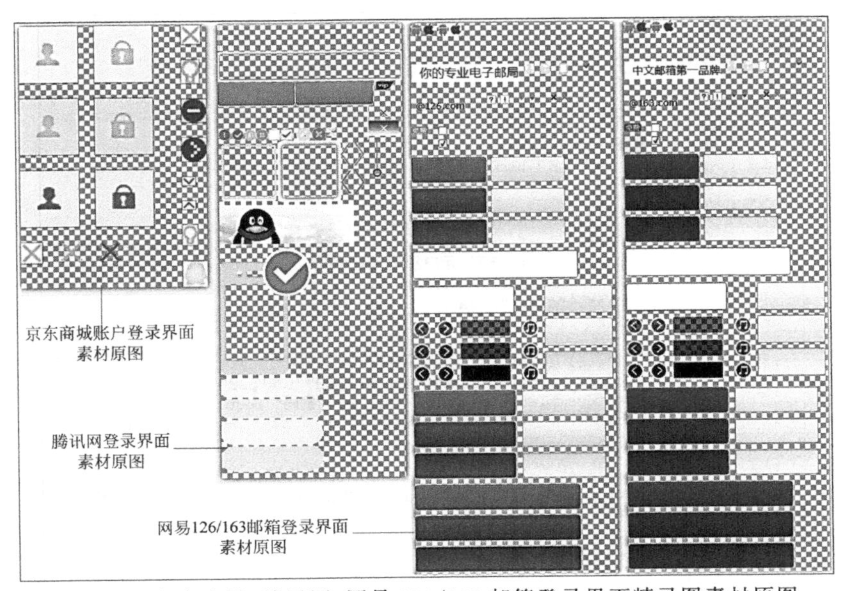

图 8-14　京东商城、腾讯网、网易 126/163 邮箱登录界面精灵图素材原图

由图 8-14 可知，登录界面的制作大多采用网页制作技术中流行的精灵图(Image Sprites)技术，即将一系列图像放入一张单独的图片中，以减少服务器 http 请求数量并节约带宽，提高页面的性能。在第 4 章盒模型及样式设置中对精灵图技术有作相关介绍，本章我们再次应用到此技术可以回顾巩固一下精灵图技术的应用技巧。

3. JavaScript 脚本部分

由前文可知，使用<a>标签的 href 属性，可以链接执行 JS 脚本，主要功能是当输入框中有内容时出现的“×”图标，被单击时可清除当前输入框中所填写的内容，<a>标签代码如下。

```
<a class = "clear" href = "javascript: clearContent('user')" > </a>
```

其中，clearContent()是指 JS 的函数，即若干相关功能的命令的集合，('user')是执行这个 JavaScript 函数时要传过去的参数，这里是指要删除 id 值为“user”的用户输入框中的内容，如果要清除已填写的密码，则参数应更改为“psd”。用户账号输入框及密码输入框的 id 属性值分别为“user”和“id”，在 JavaScript 脚本中通过 document. getElementById(id 值)命令可找到相关的 HTML 标签元素。

制作步骤

Step01. 搭建京东账户登录表单 HTML 结构。

新建 HTML 文件，用<div>标签包裹登录表单<form>，将表单中的各元素嵌入到<ul>列表的<li>中，每个表单项由<label>、<input>、<a>3 个 HTML 元素组成，两个<label>的 for 属性值与<input>的“id”属性值相同，for 属性为鼠标用户改进了可用性，如果单击<label>元素，就会触发此控件，即浏览器会自动将焦点转至和标签相关的表单控件上。另外，<input>标签中加入“tabindex”“autocomplete”与“placeholder”属性，与前文的分析一致，最后加入“required”属性，表示此输入框不能为空，必须填写数据后才能提交。登录表单 HTML 结构代码及无样式的页面效果如图 8-15 所示。

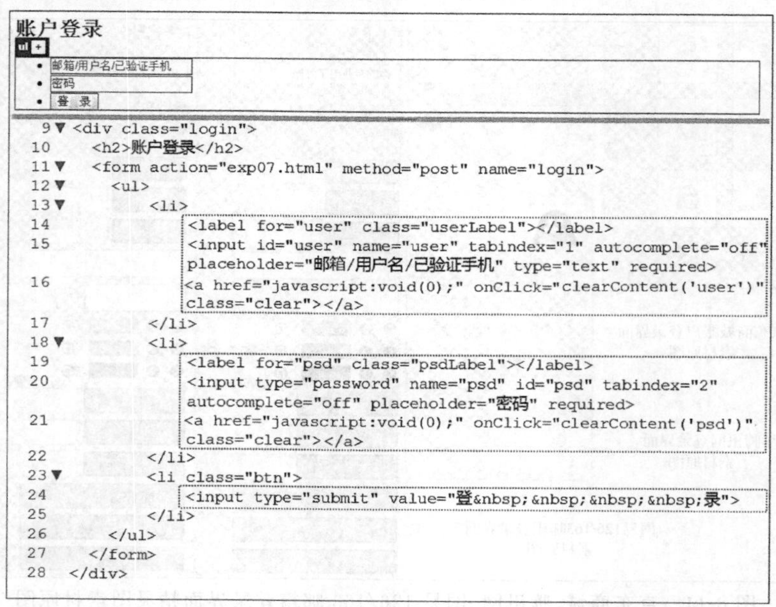


```
9  <div class="login">
10   <h2>账户登录</h2>
11   <form action="exp07.html" method="post" name="login">
12     <ul>
13       <li>
14         <label for="user" class="userLabel"></label>
15         <input id="user" name="user" tabindex="1" autocomplete="off"
           placeholder="邮箱/用户名/已验证手机" type="text" required>
16         <a href="javascript:void(0);" onClick="clearContent('user')"
           class="clear"></a>
17       </li>
18       <li>
19         <label for="psd" class="psdLabel"></label>
20         <input type="password" name="psd" id="psd" tabindex="2"
           autocomplete="off" placeholder="密码" required>
21         <a href="javascript:void(0);" onClick="clearContent('psd')"
           class="clear"></a>
22       </li>
23       <li class="btn">
24         <input type="submit" value="登    录">
25       </li>
26     </ul>
27   </form>
28 </div>
```

图 8-15　登录表单 HTML 结构及无样式效果

Step02. 设置表单布局样式。

首先，清除浏览器的默认样式，代码如下。

```
*{margin: 0; padding: 0; border: 0; }
```

其次，设置最外层的<div class="login">…</div>的样式，代码如下。

```
.login{
        width: 300px;
        height: 230px;
        padding: 10px 50px;
        border: 1px solid #CCC; /*灰色边框*/
        margin: 10px auto;
        font-size: 14px;
        text-align: center;
    }
```

最后，设置 div.login 层中的<h2>、<ul>和<li>的样式。将<h2>登录表单</h2>标题中的"登录表单"四字标题设置为"微软雅黑"字体，右对齐，距下部对象间距 20px，去除<ul>…</ul>无序列表中默认的项目符号，表单布局的重点在于<li>…</li>的样式设置。由下列代码可知每个列表项<li>都有个 1px 的实线边框，设置宽度及高度，设置行高以保证文字垂直居中，同样跟底部其他对象间距为 20px。注意：<li>还有设置位置属性 position 值为相对定位 relative，这是为了定位其内部的子元素位置而预先做的准备，父对象设置为相对定位，子对象设置为绝对定位，这是在布局定位时最常运用的定位方法。<h2>、<ul>和<li>的样式代码如下。

```
.login h2{ margin-bottom: 20px; text-align: right; font-family: 'Microsoft YaHei'; }

.login ul{ list-style: none; }
.login ul li{
    border: 1px solid #bdbdbd; /*设置 li 有 1px 的灰色实线边框*/
    height: 38px;
    width: 304px;
    line-height: 38px;
    position: relative; /*设置 li 为相对定位,以精确定位其内部元素位置*/
    margin-bottom: 20px;
}
```

Step03. 设置账户输入框与密码输入框样式。

账户输入框与密码输入框均由<label>、<input>、<a>三部分组成，分别嵌在两个<li>标签对中。最左侧的<label></label>标签对中无内容，是以方形图标方式呈现，并且放置在列表项<li>…</li>中的最左侧，首先要将<label>的位置属性设置为绝对定位并设定其 top 及 left 坐标值为 0，然后设置<label>为块级元素，这里为 inline-block 行内块以设置其宽高值均为 38px。<label>样式设置代码如下。

```
.login form label{
    position: absolute;                 /* label 标签位置属性为绝对定位 */
    top: 0;                             /* 定位到左侧 0,0 坐标位置 */
    left: 0;
    display: inline-block;              /* 设置 label 标签为行内块,以设置其宽高值 */
    width: 38px;
    height: 38px;
    border-right: 1px solid #bdbdbd;   /* 设置其右边框 */
}
```

注意：账户输入框与密码输入框的<label>标签中出现的小图标是不同的，一个是小人图案，一个是小锁图案，而且需要制作鼠标经过图案都要略微变深的效果。在 Photoshop 中打开京东登录表单提供的精灵图或称素材图，用参考线可以发现这 4 个小图标的位置，因此账户输入框及密码输入框的相对应的<label>标签的正常样式及鼠标经过时样式设置代码如图 8-16 所示。

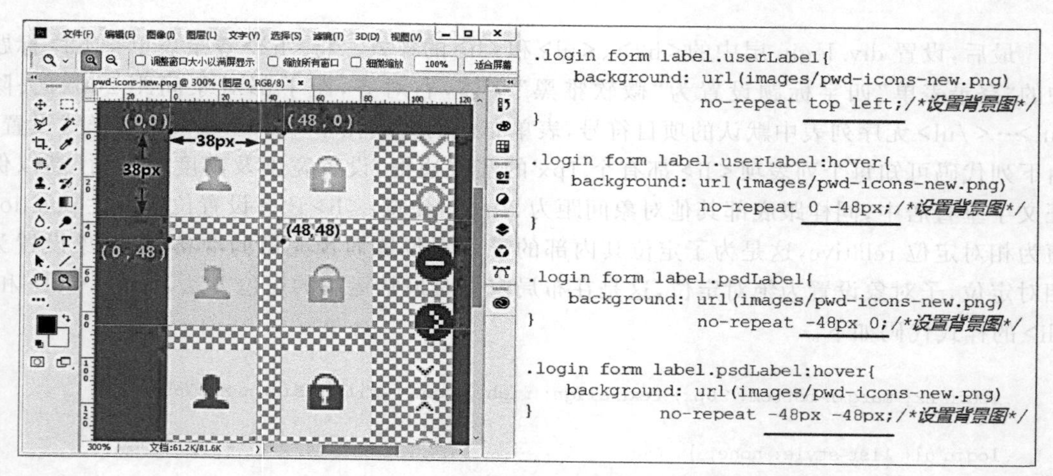

图 8-16 <label>标签样式应用精灵图技术分析

<label>标签后紧接<input>标签，其位置应该在<li>左边框+<label>宽度+<label>右边框 1px=40px，设置输入框内容的 padding-left 值及宽度，确保宽度加上边框和内边距值不超过<li>的宽度值。<input>标签的样式设置代码如下。

```
.login form input#user,.login form input#psd{
/* 也可使用属性选择器,如 input[tpye="text"] */
        position: absolute; /* label 标签位置属性为绝对定位 */
        top: 0;
        left: 40px; /* 输入框位置距左侧位置: 2×1px 边框 + 38px 标签宽度 */
        border: 0;
        width: 250px;
        height: 38px;
        padding-left: 13px;
/* 列表项宽度 304px = 1px + 38px + 1px + 13px + 250px + 1px */
    }
```

Step04. 设置输入框中的清除按钮及功能。

根据思路分析，我们可知京东商城的登录表单还有一个特别的地方，当在输入框内输入内容时，输入框右侧会出现"×"图标充当清除按钮。这个功能用<a>标签来实现，首先设置<a>标签不可见，如何判断输入框内是否已经输入内容呢？CSS3 给我们提供一个"：valid"选择器，以判断输入值是否为合法的元素。并且 HTML5 的表单<input>输入框新增了一个 required 属性，required 属性规定此输入框不能为空，即当输入框中输入了内容后，此输入框就合法了。因此作为清除按钮的<a>标签，其样式设置代码如下。

```
.login a.clear{
    position: absolute;                    /* 绝对定位,坐标为距顶部 13px,距左侧 280px */
top: 13px;
left: 280px;
    width: 14px;
    height: 14px;
    background: url(images/pwd-icons-new.png) no-repeat  -25px  -145px;
    display: none; /* 设置清除按钮不可见 */
}
/* 当输入框中有内容即合法时,清除按钮显示精灵图素材中底部的小叉图案 */
.login form input # user: valid + a.clear,.login form input # psd: valid + a.clear{display:
inline; }
/* 鼠标经过时,变换为精灵素材图中另外一个深色小叉图案 */
.login a.clear: hover{background: url(images/pwd-icons-new.png) no-repeat -48px  -145px; }
```

注意：选择器的写法".login form input＃user：valid＋a.clear"表示类名为".login"的 div 层中的 form 表单中的 id 为 user 的 input 元素，当它有效时(：valid)，紧随之后的类名为 clear 的 a 标签。"＋"是 CSS 中的相邻兄弟选择器，表示需要选择紧接在另一个元素后的元素。选择器".login form input＃user：valid＋a.clear,.login form input＃psd：valid＋a.clear"分别表示账户输入框与密码输入框有效时，紧随其后的 a.clear 这个清除按钮显示，清除按钮的图案来自于精灵图中，当鼠标经过清除按钮的小叉图案时，图案会切换成精灵图中另一位置中颜色稍深的小叉图案。

Step05. JavaScript 实现清除按钮功能。

输入框中输入内容后，清除按钮随即显示，单击清除按钮会将此输入框中的内容清空，这个功能单靠 HTML 和 CSS 无法实现，观察图 8-15，两个输入框的清除按钮的 HTML 代码分别如下。

```
<a href = "javascript: void(0); " onClick = "clearContent('user')" class = "clear" ></a>
<a href = "javascript: void(0); " onClick = "clearContent('psd')" class = "clear" ></a>
```

上述代码中 javascript：void(0)表示一个死链接，即单击<a>标签不会跳转到某个页面或锚点目标中去，而 onClick 指单击后会执行 JavaScript 函数 clearContent(参数)，以清除括号内参数所指定的输入框中的内容，清除内容的 JS 函数写在<script>…</script>之间，这个脚本可以直接放在<body>…</body>中，建议将此脚本放在网页主体尾部即</body>之前，具体的 JavaScript 脚本代码如下。

```
<script type="text/javascript">
    function clearContent(content){
        var con = document.getElementById(content);          /* 根据 id 值获取对象 */
        con.value = "";                                      /* 设置对象的 value 属性为空 */
    }
</script>
```

Step06. 设置登录按钮样式。

最后只需设置长条红色的登录按钮即可。由图 8-15 可知，登录按钮使用的是 type 类型为 submit 的<input>标签，也是被嵌入在<li>…</li>中，显然与两个输入框的表单项不同，登录按钮不需要设置灰色边框，因此嵌入登录按钮的<li>被单独设置了一个 class 类，其类名为“btn”以设置此列表项无边框样式，登录按钮样式代码如下。

```
.login ul li.btn{ border: none; }                    /* 表单按钮位置不需要边框 */
.login form input[type="submit"]{                    /* 属性选择器,type 为 submit 的标签 */
    width: 304px;                                    /* 按钮宽度 */
height: 36px;                                        /* 按钮高度 */
background: #e4393c;                                 /* 按钮颜色 */
border: 1px solid #e85356;                           /* 按钮边框 */
    line-height: 36px;                               /* 行高 */
    color: #fff;                                     /* 文字颜色 */
    font-size: 20px;
    font-family: 'Microsoft YaHei';                  /* 字体: 微软雅黑 */
}
```

至此，京东账户登录表单基本完成，制作中多处用到了 HTML5 新增的表单元素属性及 CSS3 中新增的样式属性等，因此上述表单在老版本浏览器中的兼容性存在问题，在主流版本的各大浏览器中测试上述表单可以发现样式和基本功能已实现，但是仍然存在一些不一致的地方，例如，火狐浏览器中对已经输入的内容，单击清除按钮将其清空的输入框，会认为此控件失效而自动加上一个粉红色边框；在 Google Chrome 浏览器中，当前获得焦点的表单控件外部会自动加入浅蓝色边框；在 IE 10 及 IE 11 中，账户输入框输入内容后，会自动产生一个小叉图案作为清除按钮，而密码输入框输入内容后则会在右方显示一个眼睛图案，而将京东商城的表单在这 3 个常用浏览器中表现一致。因此针对上述登录表单再做以下修改后，登录表单模拟工作就基本完成了。新增消除轮廓及阴影等的浏览器兼容样式代码如下。

```
*{ margin: 0; padding: 0; border: none; outline: none; -moz-box-shadow: none; }
input[required]: invalid, input: focus: invalid, textarea[required]: invalid, textarea:
focus: invalid{box-shadow: none; }/* 去除 input 无效时的阴影 */
/* 去除 IE 版本自带的输入内容会出现叉形符号及密码框中出现的眼睛符号 */
.login form input: : -ms-clear { display: none; }
.login form input: : -ms-reveal {display: none; }
```

许多网站的表单输入框当输入框获取焦点时，输入框右侧会出现“*”号图标以表示此输入框是必填项，或是出现一个具备其他功能的图案，如淘宝账户登录表单中的密码框，在获得焦点后密码框右侧会出现一个绿色的小键盘图案，这里不再深入讨论小按钮的 JS 功能，只考虑前端样式效果，思考一下这种情况如何制作。可以利用伪类，利用获取焦点的“:focus”伪类实现这个效果，只需要修改 HTML 元素如上例中的<a>标签的图案背景就可以实现。账户登录表单看似简单，其实里面蕴含许多的技术，例如淘宝的账户登录表单，右击淘宝登录表单中的小人或小锁图标选择“查看元素”命令，可以发现它们并不是利用精灵图技术制作的，而是采用了一种自定义的在线 Web 字体，这种方法又是如何使用的呢，有兴趣的读者可以进行深入钻研。

【实训作业】

实训任务 8-1　模拟制作网易邮箱登录界面

图 8-17 是 163 邮箱登录表单样式效果，左侧是表单数据未填写时的状态，右侧是表单中填写数据时的状态。可以到 163 邮箱网页下载此登录表单所需的精灵图原图素材，尝试能否完成下列登录表单的前端设计，不需要完成 JavaScript 代码编写。

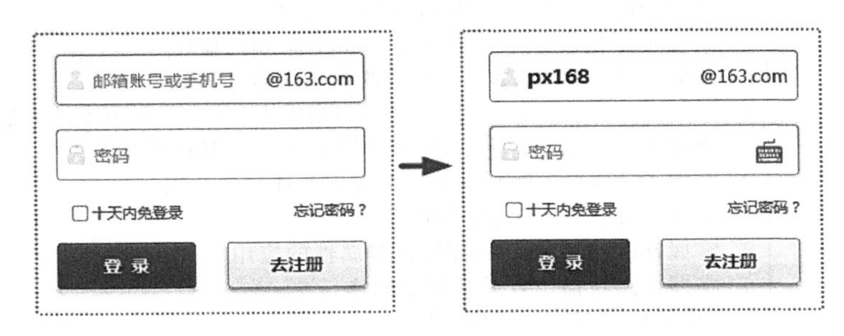

图 8-17　163 邮箱登录表单样式效果

实训任务 8-2　制作客户留言表单

网站中一般都有用户留言版块，用来收集用户反馈的信息。以下留言表单选自福建盼盼食品网站（http://www.panpanfood.com/guest.html），完成表单效果制作，效果如图 8-18 所示。

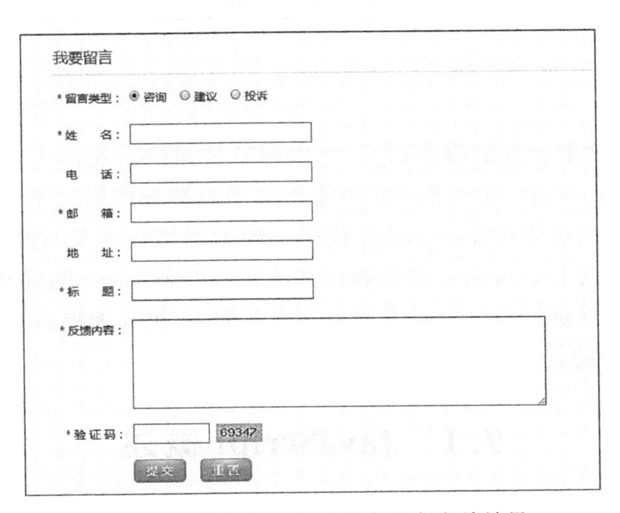

图 8-18　盼盼食品网站客户留言表单效果

第9章 JavaScript基础

【目标任务】

学习目标	1. 掌握在网页中如何应用 JavaScript 脚本 2. 掌握条件控制语句 if 语句及 Switch 语句的应用 3. 掌握数组的意义,学会使用一维数组的常用属性和方法 4. 掌握 DOM 节点的访问,学会访问指定 HTML 元素节点的方法 5. 理解 JavaScript 事件,掌握事件触发函数调用的基本方法 6. 掌握 JavaScript 动态控制网页内容及样式的方法 7. 掌握 setInterval()方法的应用 8. 掌握 innerHTML、scrollLeft 等属性的应用 9. 掌握焦点轮播图效果案例的制作 10. 掌握跑马灯效果案例制作
重点知识	1. JavaScript 语法基础 2. 焦点轮播图效果案例制作 3. 跑马灯效果案例制作
项目实战	项目 9-1 仿淘宝首页焦点轮播图效果 项目 9-2 图片循环滚动仿跑马灯效果制作
实训作业	实训任务 9-1 仿焦点新闻效果制作纵向图片新闻循环滚动 实训任务 9-2 制作本章案例作业网站

【知识技能】

JavaScript 是一种解释性的脚本语言,它由网景公司(Netscape)于 1996 年发明并应用到网景浏览器 Netscape2 中。JavaScript 不需要编译而是直接嵌入 HTML 网页中,依靠解释器进行读取和执行网页中的 JavaScript 代码。随着网络的普及与网页制作技术的发展,几乎所有浏览器都支持 JavaScript,且很难找到不使用 JavaScript 的网站,JavaScript 跨平台的网页交互语言能为网页增添巨大的表现力和交互能力,极大地提高了用户体验,已经成为 Web 前端开发者必备的技术之一。

9.1 JavaScript 概述

现代网页制作技术日趋成熟,已经摒弃了 font 标签和许多 HTML 元素的可视代属性,如 bgcolor 等。现在提倡结构与表现分离,即 HTML 语言负责搭建网页的内容结构,而所有的格式化和界面表现属性放在 CSS 文档中。在网页技术发展过程中 JavaScript 也在这演化进程中成为了 Web 开发的一部分。HTML 定义了网页的内容结构，CSS 描述了网页的布局样式，JavaScript 则负责网页中的行为部分，三者相互配合、相辅相成，这就是 Web 开发中的结构、表现与行为。

JavaScript 现在已经是互联网上较为流行的脚本语言，这门语言可以广泛应用于服务器、PC、笔记本计算机、平板电脑和智能手机等设备。JavaScript 是一种轻量级的解释性的基于对象的程序设计语言，其名称与程序设计语言 Java 名称虽然相似，但二者并没有关联，ECMA-262 是 JavaScript 标准的官方名称，JavaScript 已经由 ECMA(欧洲计算机制造商协会)通过 ECMAScript 实现语言的标准化。JavaScript 可以直接嵌入到 HTML 代码中，与浏览器定义的文档对象模型(DOM)一起使用，实现用户与客户端应用程序的交互，同时也可以动态地创建 HTML。Java 是 Sun Microsystems 公司推出的新一代面向对象的程序设计语言，现已被 Oracle 甲骨文公司收购，其前身是 Oak 语言，JavaScript 前身是 Live Script。

JavaScript 被内置在浏览器中，几乎任意一款浏览器都可以直接运行其代码，JavaScript 的编辑工具也比较简单，从简单的记事本到专业网页开发工具，任意一款文本编辑工具都能胜任其编辑工作，当然专业编辑工具能使其编辑更为快捷方便。

9.1.1 JavaScript 在网页中的作用

JavaScript 是基于对象的事件驱动的程序语言，其程序代码是嵌入在 HTML 网页文件中，利用浏览器进行解释执行。JavaScript 功能强大，其作用主要体现在以下 3 个方面。

(1) 控制网页文档的外观样式变化及内容变化。

使用 JavaScript 结合浏览器的文档对象模型 DOM，可以轻松动态更改网页的 CSS 样式及结构，甚至增减更改网页的显示内容。

(2) 控制浏览器的行为。

使用 JavaScript 可以给网页增加更多强大的功能，如刷新、加入收藏等。

(3) 与用户进行交互。

使用 JavaScript 可以提供网页与用户交互功能，如读写用户信息、校验数据、增强 HTML 元素可操作性等。

JavaScript 是 Web 标准的组成部分之一，它负责动态交互的行为部分。完整的 JavaScript 实现是由以下 3 个不同部分组成。

- 核心(ECMAScript)描述语言的语法和基本对象。
- 文档对象模型(DOM)描述了处理网页内容的方法和接口。
- 浏览器对象模型(BOM)描述了与浏览器进行交互的方法和接口。

9.1.2 在网页中应用 JavaScript

JavaScript 代码是嵌入在 HTML 网页中运行的，它在网页中的位置有 3 种。一种是存放在网页头部<head>…</head>之间；一种是存放在网页正文部分<body>…</body>之间；还有一种是外置 JavaScript，即独立的 JavaScript 脚本文件，一般存放在名称为"js"的目录中，JavaScript 脚本文件扩展名为".js"。

1. 头部的 JavaScript 代码案例

当 JavaScript 代码放置在网页头部<head>…</head>之间时，其代码应放置在<script>…</script>之间，一般放置在网页头部的 JavaScript 脚本格式如例 9-1。

【例 9-1】 第一个 JavaScript 脚本案例(案例文件：chapter09\example\exp9_1. html)

```
<HTML>
<head>
<title>第一个 JavaScript 脚本</title>
    <script type="text/javascript">
        document.write("Hello,World!");
    </script>
</head>
<body>
</body>
</HTML>
```

使用记事本编辑网页保存时，在弹出的保存对话框中要将“保存类型”更改为“所有文件”，将“编码”格式设置为“UTF-8”以保证中文能正常显示。document. write()语句的功能是在页面输出文本内容，图 9-1 中右侧即为浏览器中的页面显示效果。

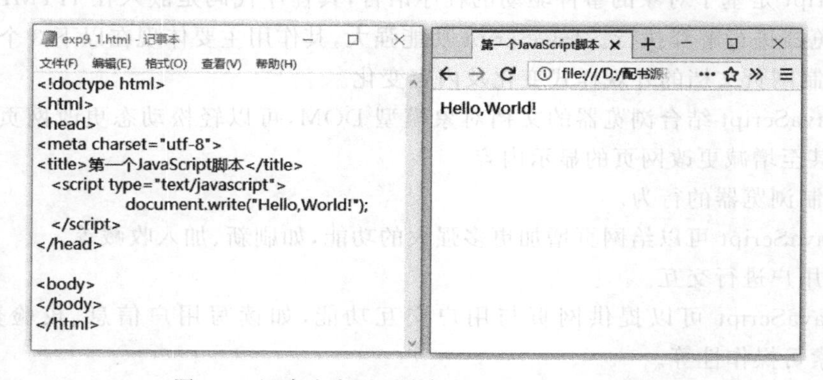

图 9-1 记事本在网页头部加入 JavaScript 脚本

2. 网页正文部分的 JavaScript 代码案例

当 JavaScript 代码放置在正文部分<body>…</body>之间时，其代码也应放置在<script>…</script>之间，一般放置在网页正文部分的 JavaScript 脚本格式如下。

```
<HTML>
<head>
</head>
<body>
    <script type="text/javascript">
    ……
    </script>
```

```
</body>
</HTML>
```

如非必要，最好将 JavaScript 脚本放在网页正文部分 body 的最底部，即</body>之前，这也是 Web 前端性能优化的一个小技巧之一。放到网页头部的 JavaScript 脚本有可能会影响整个页面内容的加载渲染速度，当然如果是页面加载时就调用或执行的 JavaScript 代码则必须放置在网页头部位置。

3. 外置的 JavaScript 文件案例

与外置的 CSS 样式文件类似，JavaScript 代码也可以存放在独立的脚本文件中，在 HTML 文档中通过使用<script src="javaScript 文件"></script>这类代码来调用并执行脚本文件。这里使用 Dreamweaver 创建".js"格式的 JavaScript 脚本文件 hellowWorld.js。

启动 Dreamweaver 程序，执行【文件】→【新建】命令，在弹出的"新建文档"对话框中设置"文档类型"为"JavaScript"，单击"创建"按钮，在新建的 JavaScript 文档中输入 document.write("Hello,World!")，将新建的 JavaScript 文档保存在当前目录下的"js"目录中，再新建一个 HTML 文档，在其网页头部<head>…</head>之间或在网页正文部分<body>…</body>之间加入以下代码。

```
<script src = "js/helloWorld.js"> </script>
```

全部保存后在浏览器中测试页面效果。注意，此调用外部 JavaScript 文件的语句可以放置在网页头部或网页正文部分，最好放置在网页正文的底部。

【例 9-2】 调用外置 JavaScript 文档案例(案例文件：chapter09\example\exp9_2.html)

HTML 网页文件及 js 文件代码如下。

```
<!doctype html>
<html>
<head>
    <meta charset = "utf-8">
    <title>调用外置 JavaScript 文档</title>
</head>
<body>
    <script src = "js/helloWorld.js"> </script>
</body>
</html>
```

上述 HTML 网页代码中，<script src="js/helloWorld.js"></script>的意义是载入外置的 JavaScript 文档。helloWorld.js 文档中非常简单，只有一句经典代码，即输出文本"Hello，World"，此句 JavaScript 代码为 document.write("Hello，World!")。上述网页的运行效果如图 9-2 所示。

图 9-2　调用外置 JavaScript 文档

9.2 JavaScript的语法基础

9.2.1 JavaScript的代码格式

JavaScript代码书写灵活,对代码的格式的要求也相对松散,编写比较自由,语法松散是JavaScript重要的特征。其灵活易懂给开发人员带来了很多便利,也正因为如此,JavaScript的编码规范也往往被忽视。

1. 尽量使用外置的JavaScript文件

JavaScript程序应该尽量放在".js"格式的脚本文件中,需要调用的时候在HTML中以<script src="JavaScript脚本文件"></script>的形式包含进来,这也符合Web标准中结构、表现、行为相分离的原则。而且脚本文件的引用语句尽量放置在网页正文底部即</body>之前,以免影响页面中其他元素的加载。

2. 代码排版与行结束

每行代码不宜太长,每行代码应小于80个字符。行与行间可通过缩进方式增加可读性。JavaScript语句应该以分号结束,虽然大多数浏览器允许不写分号。

3. 注释

代码中的注释非常重要,简单明了的注释会给后续维护带来便利。JavaScript中使用单行注释("//")与多行注释("/* 多行注释 */")。

4. 标识符命名

JavaScript中的标识符的命名规则要求以字母、下画线"_"或美元符"$"开头,允许名称中包含字母、数字、下画线和美元符号,不允许使用其他特殊符号。变量、参数、函数等名称尽量用小写字母命名,较为复杂的标识符命名推荐使用小驼峰式命名法,即第一个单词首字母小写,后续单词首字母大写,如"myName"。常量命名必须使用全部大写的下画线命名法,如IS_DEBUG_ENABLED。私有成员命名必须以下画线"_"开头。

5. 区分大小写

关键字尽量使用小写,在JavaScript中,变量myName与变量MyName是两个不同的变量,即JavaScript是区分大小写的。

6. 变量的声明

尽管JavaScript语言并不要求在变量使用前先对变量进行声明。但应该养成这个好习惯,JavaScript语言中也有全局变量和局部变量,养成变量使用前先用var关键字进行定义,可避免因变量适用范围等原因造成的隐患。

9.2.2 JavaScript输出

JavaScript没有打印或输出的函数,可以通过以下4种方法进行数据输出。

1. 使用window.alert()弹出警告框

HTML DOM window对象的alert()方法可以显示含一条指定信息及一个确定按钮的警告框。如果需要显示的信息希望换行,则可以在换行处加上换行转义符"\n",window对象也可以省略不写。

【例 9-3】 应用 window. alert()方法(案例文件：chapter09\example\exp9_3. html)

```
<!doctype html>
<html>
<head>
    <meta charset = "utf-8">
    <title>JavaScript 输出</title>
</head>
<body>
    <script type = "text/javascript">
        alert("欢迎来到我的花园小站" + "\n" + "热烈欢迎!");
    </script>
</body>
</html>
```

在 JavaScript 中使用 window 对象的 alert()方法弹出的警告框。很多初学者很喜欢在首页中使用这种方法与用户打招呼，但是这种方法的用户体验并不好，弹窗使用户不能第一时间看到网页内容，因此如无必要尽量不要使用，如图 9-3 所示。

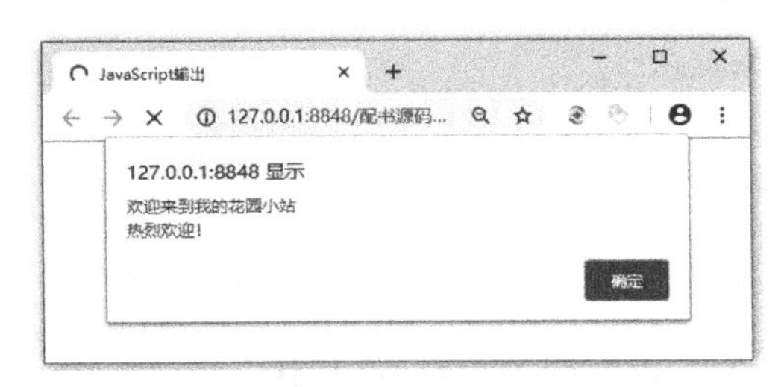

图 9-3 使用 window. alert( )方法弹出警告框

2. 使用 document. write()方法将内容写到 HTML 文档中

当浏览器载入 HTML 文档，它就会成为 document 对象。document 对象是 HTML 文档的根节点，Document 对象可以从脚本中对 HTML 页面中的所有元素进行访问。Document 对象是 Window 对象的一部分，可通过 window. document 对其进行访问。所有主要浏览器都支持 Document 对象。document. write()或是 document. writeln()都可以向文档写 HTML 表达式 或 JavaScript 代码，writeln()会每次多写一个换行符，括号内的参数可以有多个，用逗号隔开，将顺序追加到文档中。

【例 9-4】 应用 window. write()方法(案例文件：chapter09\example\exp9_4. html)

```
<!doctype html>
<html>
<head>
    <meta charset = "utf-8">
    <title>document.write()输出</title>
```

```
</head>
<body>
    <script type = "text/javascript">
        document.write("Hello World!");
        document.write("<h1>Hello! </h1> <p>World! </p>");
        document.write("5 + 4 = ",5 + 4,"<br>");
        document.write(Date());
    </script>
</body>
</html>
```

document.write()方法写内容到网页文档中的基本用法如例 9-4，其代码与最终页面显示效果如图 9-4 所示。

图 9-4　使用 document.write()方法输出内容

3. 使用 innerHTML 写入内容到 HTML 元素中

HTML DOM innerHTML 属性设置或者返回元素的内容。所有主要浏览器都支持 innerHTML 属性。JavaScript 使用 innerHTML 属性可以动态操作 HTML 元素，轻松获取或改变 HTML 元素中的内容及样式。在使用 innerHTML 之前，首先使用 HTML DOM 中 document 对象的 getElementById()方法找到需要访问的 HTML 元素。

HTML DOM 定义了多种查找元素的方法，如 getElementById()、getElementsByName()、getElementByClassName()和 getElementsByTagName()等，其中 getElementById()是最为常用且相对最为简单、有效的一种方式，它是通过 HTML 元素定义的具有唯一性的 id 值来查找特定的 HTML 元素，因此如果需要操作文档的某个特定的元素时，最好给该元素设置一个的 id 属性，然后再用该 id 值查找想要的元素。

【例 9-5】　应用 innerHTML 属性(案例文件：chapter09\example\exp9_5.html)

```
<!doctype html>
<html>
<head>
    <meta charset = "utf-8">
    <title>利用 innerHTML 属性写入内容</title>
```

```
</head>
<body>
    <h4 id="t1">第 9 章 JavaScript 基础</h4>  <!-- 注意 id 值 -->
    <p id="p1">innerHTML 属性写入内容</p>
    <script type="text/javascript">
        var obj1 = document.getElementById("t1"); //根据 id 值找到 HTML 元素
        var obj2 = document.getElementById("p1");
        obj1.innerHTML = "第 9 章第 2 节 JavaScript 输出"; //innerHTML 属性重置 HTML 元素内容
        obj2.style.color = "#F00"; // 修改指定元素的 style 样式
    </script>
</body>
</html>
```

利用 getElementById()根据 id 值查找 HTML 元素，然后利用 innerHTML 属性改变网页元素中的内容，或者动态改变 HTML 元素的样式属性值等操作在网页制作中经常需要用到。运行效果如图 9-5 所示。

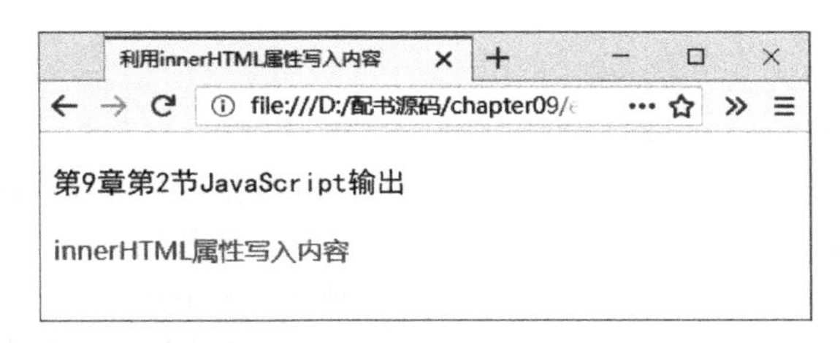

图 9-5　getElementById()与 innerHTML 属性的用法

4. 使用 console.log()写入到浏览器的控制台

几乎所有的浏览器都支持调试，在大多数浏览器中按下【F12】键就可以启用调试模式，单击调试窗中的“控制台”或“Console”就可以使用 console.log()方法在浏览器中即时调试显示出 JavaScript 值。如图 9-6 所示，左右两部分分别为启动火狐浏览器和谷歌浏览器中的调试器，使用 console.log()方法调试输出即时显示 JavaScript 值的运行效果。

图 9-6　在浏览器控制台中使用 console.log()方法调试 JavaScript

9.2.3 JavaScript 的数据类型

JavaScript 是一种弱类型语言,拥有动态类型,即相同的变量可用于不同的类型,用 var 关键字定义变量时可以不定义类型,数据类型检查不严格,允许隐式类型转换。虽然 JavaScript 对变量的数据类型要求并不严格,但还是要养成良好的编程习惯,在代码开始处统一对需要的变量进行声明。

JavaScript 数据类型有字符串(String)、数字(Number)、布尔(Boolean)、数组(Array)、对象(Object)、空(Null)、未定义(Undefined)。其中 Undefined 值表示变量不含有值,null 值可用于清空变量。

【例 9-6】 JavaScript 的数据类型(案例文件: chapter09\example\exp9_6.html)

```
<!doctype html>
<html>
<head>
    <meta charset="utf-8">
    <title>变量声明与数据类型 1</title>
</head>
<body>
    <script type="text/javascript">
        var x;                              // 定义变量,x 值为 undefined
        var x = 5;                          // 现在 x 为数字
        var x = "John";                     // 现在 x 为字符串
        var x = 'John';                     // 字符串可用单引号或双引号
        var a = "Joho's dog";               //字符串值中带单引号
        var b = '"Joho"' + "'s dog";        //字符串值中带双引号及单引号
        var c = 12e5,d = 12e-5;             //声明多个变量,12 乘以 10 的五次方
        var e = true;                       //布尔(逻辑)只能有两个值: true 或 false
        //输出
        document.write("x = ",x," a = ",a," b = ",b," c = ",c," d = ",d);
        document.write("<br>",x+1,"<br>",c+1);
        document.write("<br>",a == b,"<br>",4<6);
    </script>
</body>
</html>
```

注意观察例 9-6 中的代码及后续的注释,可以发现 JavaScript 定义变量的关键字为 var,变量的声明非常灵活,对同一变量可以多次声明并赋予不同类型的值,也可以在一条语句中声明很多变量,只需用逗号分隔多个变量即可。例 9-6 在浏览器中的输出结果如图 9-7 所示。

除了上述字符串、数值型及布尔型数据外,JavaScript 常用的数据类型还有数组型和对象型,本章主案例制作网页焦点图时就要用到数组型。有关数组型数据类型变量的声明与应用如例 9-7 所示。

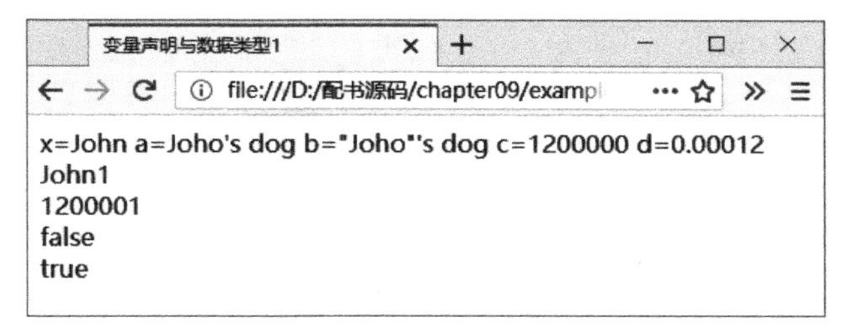

图 9-7　JavaScript 的数据类型

【例 9-7】 JavaScript 数组(案例文件：chapter09\example\exp9_7.html)

```
<!doctype html>
<html>
<head>
    <meta charset = "utf-8">
    <title>数组</title>
</head>
<body>
    <script type = "text/javascript">
        //先定义空数组,再给数组赋值,注意数组下标索引值从 0 开始
        var car1 = new Array();
        car1[0] = "BYD";
        car1[1] = "Audi";
        car1[2] = "BMW";
        //直接定义数组并且同时赋值,注意此处用的是圆括号
        var car2 = new Array("HongQi","changAn","wuLing");
        //不声明直接给数组变量赋值,注意此处是用方括号,而且值的数据类型混用
        var arr1 = [10,55,'xia',"Li"];
        //声明一个长度为 3 的数组,每个元素值都是 undefined
        var arr2 = new Array(3);
        var arr3 = [];   //定义空数组
        document.write(car1[0],"<br>",car2[1],"<br>"); //输出
        document.write(arr1.length," ",arr2.length," ",arr3.length)
        car1 = null; //将变量的值设置为 null,清空变量
    </script>
</body>
</html>
```

由例 9-7 代码可知,数组的声明方式有多种,可以先声明再赋值,也可以声明与赋值同时进行,甚至可以不声明直接赋值,可见 JavaScript 的数组操作是灵活多变的。注意声明时用的是圆括号,直接赋值用的是方括号,另外数组元素的索引值也是用方括号,索引值从 0 开始计算,数组长度实际上是指数组所含元素的个数,例 9-7 代码在浏览器中的运行效果如图 9-8 所示。

图 9-8　JavaScript 数组

例 9-7 中仅涉及常用的一维数组,JavaScript 同样支持更复杂的多维数组、关联数组等,这里不作深入讨论。在 JavaScript 中,所有的变量实际上都是某种数据类型的对象,另外,JavaScript 还提供了一种通用的对象型数据即 Object 类型,对象的声明及应用如例 9-8 所示。

【例 9-8】 JavaScript 对象(案例文件: chapter09\example\exp9_8. html)

```
<!doctype html>
<html>
<head>
    <meta charset = "utf-8">
    <title>对象</title>
</head>
<body>
<script type = "text/javascript">

    //先定义一个新对象,再给对象追加属性和方法
    var ren = new Object;                        //声明对象
    ren.name = "Alice";                          //追加属性
    ren.age = 36;
    ren.action = function(){document.write("成功"); }; //追加方法

    //声明对象,以名值对方式同时声明对象的属性
    var person = {firstName: "li", lastName: "hong", id: 001};
    //声明对象,以名值对方式同时声明对象的属性
    var people = {name: "li",age: 25,job: function(){alert("OK"); }}

    //对象的两种寻址方式
    document.write(ren.age,"<br>");              //输出 ren 对象的 name 属性值
    document.write(person["id"],"<br>");  //输出 person 对象的 id 属性值
    var rr = ren.action();                       //执行 ren 对象的 job 方法
    people.job();                                //执行 people 对象的 job 方法
</script>
</body>
</html>
```

由例 9-8 代码可知，对象的声明可以先声明再追加属性及方法，也可以在声明的同时进行属性与方法的设置。对象追加属性由花括符分隔，在括号内部，对象的属性以名值对的形式（name：value）来定义，属性（包括方法）之间由逗号分隔。另外，对象的属性值及对象的方法可以用点语法的形式进行访问，如 ren.age，也可以使用类似于数组的方法进行调用，如 ren["age"]，访问对象的方法可以采用点语法，如 people.job()或声明变量的方式。例 9-8 的代码在浏览器中的运行效果如图 9-9 所示。

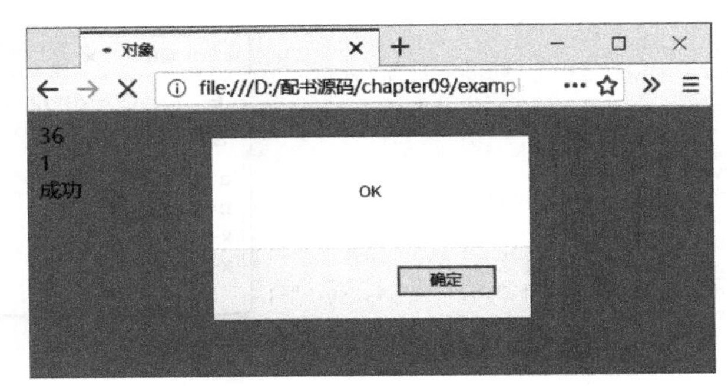

图 9-9　JavaScript 对象

9.2.4　JavaScript 运算符

创建了各种数据类型的变量并且进行赋值，JavaScript 需要使用这些变量进行计算及数据处理，还需要学习各种运算符的使用。JavaScript 最基本的运算符是赋值用到的"＝"号和既可用于数值间做加法又可用于字符串连接的"＋"号。

1. JavaScript 算术运算符

假设变量 y 的初始值为 5，即 y＝5。仔细观察表 9-1，了解下列算术运算符的作用，其中要特别注意自增与自减两个运算操作符的使用。

表 9-1　JavaScript 算术运算符

运　算　符	描　　述	示　　例	X 运算结果	Y 运算结果	备　　注
＋	加法	x＝y＋2	7	5	
－	减法	x＝y－2	3	5	
*	乘法	x＝y * 2	10	5	
/	除法	x＝y/2	2.5	5	
%	取模(余数)	x＝y%2	1	5	
＋＋	自增	x＝y＋＋	5	6	先赋值再自增 1
		x＝＋＋y	6	6	先自增 1 再赋值
－－	自减	x＝y－－	5	4	先赋值再自减 1
		x＝－－y	4	4	先自减 1 再赋值

自增与自减运算符容易混淆，x＝y＋＋与 x＝y－－符号在后，则先赋值再自增或自减 1，因此 x 值仍然等于 y 的初始值 5；而 x＝＋＋y 与 x＝－－y 符号在前，则先自增或自减 1 后再赋值给 x，因此 x 值会分别为 6 和 4，并且无论运算符在前或在后 y 值始终会发生相应变化。自增与自减运算符在条件及循环结构中会经常使用，要特别注意。

2. JavaScript 赋值运算符

JavaScript 的赋值运算符除了最常用的“=”号之外,还有“+=”和“-=”,如 x+=y 表示 x=x+y。假设 x 初始值为 2,y 初始值为 5,若 x+=y 则等同于 x=x+y,即 x 终值为 7,y 值不变;x-=y 表示 x=x-y,假设 x 初始值为 7,y 初始值为 5,若 x-=y 则等同于 x=x-y,因此 x 终值为 2。另外,还支持“*=”“/=”“%=”这几个赋值运算符。“+=”和“-=”运算符的具体操作如图 9-10 所示。

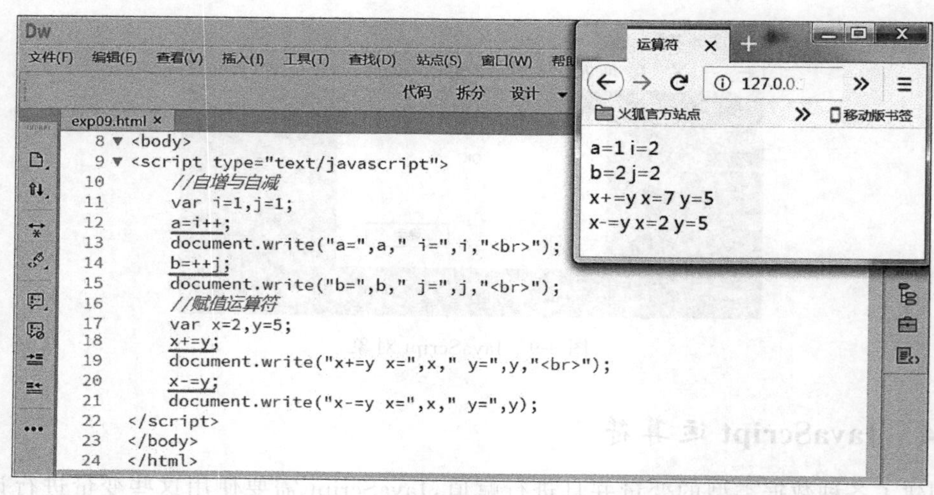

图 9-10 算术运算符与赋值运算符

3. JavaScript 比较运算符

JavaScript 提供了用于条件判断的比较运算符及逻辑运算符。假设 x=2,通过表 9-2 的示例能较容易理解比较运算符的意义。

表 9-2 JavaScript 比较运算符

运 算 符	描 述	示 例	返 回 值	备 注
==	等于	x==2	true	
===	绝对等于	x===2	true	值与类型都相同
!=	不等于	x!=2	false	
!==	不绝对等于	x!=="2"	true	值与类型有不同
>	大于	x>2	false	
<	小于	x<2	false	
>=	大于或等于	x>=2	true	
<=	小于或等于	x<=2	true	

4. JavaScript 逻辑运算符

JavaScript 提供的逻辑运算符主要有“&&”“||”“!”分别表示逻辑与、逻辑或、逻辑非。

【例 9-9】 JavaScript 运算符(案例文件:chapter09\example\exp9_9.html)

```
<!doctype html>
<html>
<head>
```

```
    <meta charset = "utf-8">
    <title>JavaScript 运算符</title>
</head>
<body>
<script type = "text/javascript">
     //自增与自减
     var i = 1,j = 1;
     a = i ++;
     document.write("a = ",a," i = ",i,"<br>");
     b = ++j;
     document.write("b = ",b," j = ",j,"<br>");
     //赋值运算符
     var x = 2,y = 5;
     x += y;
     document.write("x += y x = ",x," y = ",y,"<br>");
     x -= y;
     document.write("x -= y x = ",x," y = ",y);
     //比较运算符及逻辑运算符
     x = 6;
     y = 3;
     document.write(x<10 && y>1) //true
     document.write(x == 5 || y == 5)     // false
     document.write(!(x == y))          // true
</script>
</body>
</html>
```

例 9-9 的代码在浏览器中的运行效果如图 9-11 所示。

图 9-11 JavaScript 运算符

9.2.5 条件语句

在 JavaScript 中,可以使用条件语句,根据不同的条件作出相应判断进而改变原来的自上而下顺序执行的方式,转向选择执行与条件对应的其他代码段。

1. if 语句

当指定条件为 true 时,使用 if 语句执行代码。

2. if…else 语句

当条件为 true 时执行代码,当条件为 false 时执行其他代码。

3. if…else if…else 语句

使用该语句来选择多个代码块之一执行代码。

4. switch 语句

使用 switch 语句选择多个代码块之一执行代码。

【例 9-10】 JavaScript 条件语句(案例文件:chapter09\example\exp9_10.html)

```
<!doctype html>
<html>
<head>
    <meta charset = "utf-8">
    <title>JavaScript 条件语句</title>
</head>
<body>
<script type = "text/javascript">
    //if 语句,若当前时间大于 22 点或小于 6 点,则显示夜深休息字样
    var time = new Date().getHours(); //获取当前时间的小时数
    if((time<5)||(time>22)){document.write("夜深了请休息!<br>")};

    //if…else 语句,判断一元二次方程是否有实根
    var a = 2,b = 6,c = 3,dlt,x1,x2
    dlt = b * b-4 * a * c;
    if(dlt>= 0){
        document.write("此方程有两实根<br>");
    }else{
        document.write("此方程无实根<br>");
    }

    //if…else if…else 语句,根据时间显示不同的提示语
    if((time>5)&&(time<10)){
        document.write("<b>早上好</b> <br>");
    }else if(time> = 10 && time<18){
        document.write("<b>下午好</b> <br>");
    }else{
        document.write("<b>晚上好!</b> <br>");
    }

    //switch 分情况语句
    var d = new Date().getDay(); //返回一周(0~6)的某一天的数字
```

```
        switch (d) {
            case 6: x = "星期六我休息";
            break;
            case 0: x = "星期日我休息";
            break;
            default: x = "期待周末";
        }
        document.write(x);
    </script>
    </body>
    </html>
```

以上的 if…else…组合的条件语句，如果满足条件则执行后续代码段，否则执行 else 后面的代码块，如此理解比较容易接受。条件语句中的 switch 语句又称为分情况语句，它可以根据不同的情况来选择要执行不同的代码块。switch 语句首先设置表达式或是一个变量，随后根据表达式或变量的值，分别会与结构中的每个 case 中的值做比较，如果匹配，则执行该 case 下的代码块，然后用 break 来阻止代码继续执行下一个 case 直接跳出此条件语句，如果所有 case 均不能匹配则执行默认的 default 中的代码，再跳出此条件语句。例 9-10 的代码在浏览器中的运行效果如图 9-12 所示。

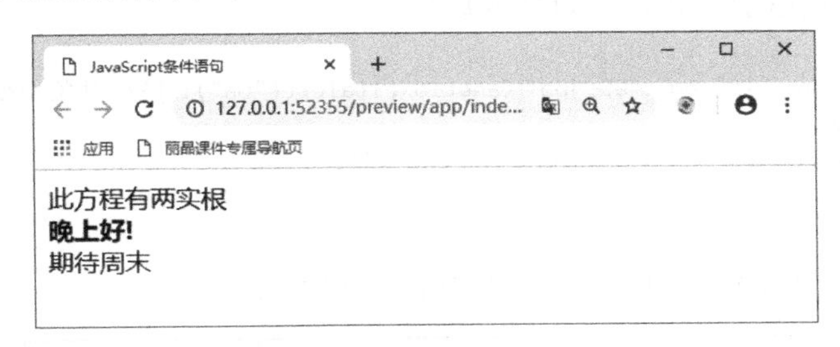

图 9-12　JavaScript 条件语句

9.2.6　循环语句

在 JavaScript 中，可以根据指定循环条件使用循环语句进行多次执行指定代码块。JavaScript 主要有以下 4 种循环语句：for 循环、for/in 循环、while 循环、do/while 循环。

1. for 循环

for 循环是较简单的循环结构，如果已知需要循环执行代码块的次数，可以使用 for 循环，for 循环的语法如下。

```
for(语句 1; 语句 2; 语句 3)
{
    循环体,即每次循环要执行的代码块
}
```

语句 1 中首先要声明一个循环变量并赋予初始值；语句 2 中定义循环的条件，即比较循环变量当前值是否满足可以循环的条件；语句 3 中设置每执行一次循环后，循环变量值发生的变化。3 个语句间用英文分号隔开，要循环执行的代码块放在花括号中。例如，使用

for 循环计算从 1 累加到 100 的值,代码如例 9-11 所示。

【例 9-11】 JavaScript 循环语句(案例文件:chapter09\example\exp9_11. html)

```
var s = 0; //声明一个变量 s 来存放计算结果
for(var i = 0; i< = 100; i ++){
s = s + i; //可写作 s += i. i 从 0 开始,每执行循环一次自增 1,直到 i = 100 终止循环
};
document.write("1 到 100 的整数和为" + s + "<br>");
```

for 循环还经常用来读取数组中的数据,评估循环变量条件的语句 2 往往会用到数组的 length 长度属性,在例 9-11 中加入以下代码段。

```
var arr = ["a00","a33","a66","a88","a99"]
for(var i = 0; i<arr.length; i ++){
    document.write("arr[" + i + "] = " + arr[i] + "<br>")
};
```

2. for/in 循环

for/in 循环主要用来遍历对象的属性。首先声明一个对象型变量并追加属性,然后在例 9-11 中加入以下代码块,以读取对象的属性。

```
var people = {name: "li",age: 25,job: function(){alert("OK"); }}//对象型变量
for(x in people){
    document.write(x + ": " + people[x] + "<br>");
}
```

例 9-11 的代码在浏览器中的运行效果如图 9-13 所示。

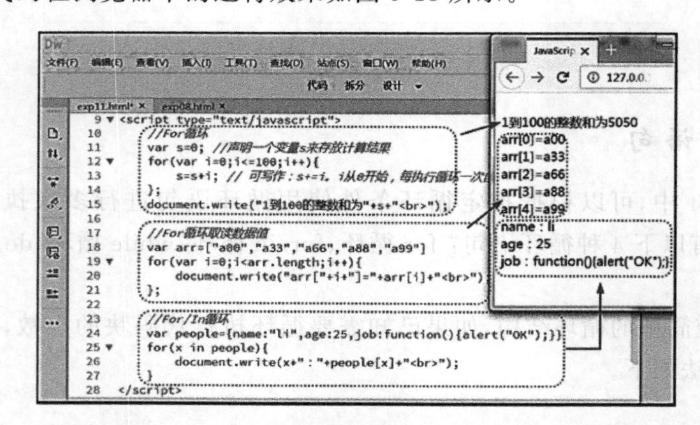

图 9-13 JavaScript 循环语句中的 for 循环与 for/in 循环

3. While 循环

While 是在指定条件为真的情况下和执行循环体内的代码块,在例 9-11 中加入以下代码。

```
var s = 0, i = 1;
while (i<100)
{
```

```
    s += i; //s = s + i
    i = i + 2; //i = i + 2,注意 i 的初始值为 1,每次 + 2
};
document.write("While 计算 1 到 100 的奇数和: " + s + "<br>");
```

以上代码中 i 初始值为 1,每执行一次循环体则 i 自增 2,即 i 值分别变化为 1,3,5,7,…,99 时,一直满足循环条件 i<100,将这些 i 值依次累加到 s 中,就得到 1～100 所有奇数的和。

4. do…while 循环

do/while 循环是 while 循环的变体。该循环先执行一次代码块,再去检查条件是否为真,如果为真则继续执行循环体中的代码块否则跳出循环。与 while 语句不同的是 do/while 语句至少会执行一次代码块。在例 9-11 中继续加入以下代码。

```
var s = 0,i = 0;
do
{
    s += i; //s = s + i
    i += 2; //i = i + 2,注意 i 的初始值为 0,每次 + 2
}
while (i< = 100);
document.write("do/while 计算 1 到 100 的偶数和: " + s);
```

9.3 JavaScript 对象

9.3.1 JavaScript 对象

在 JavaScript 中,对象是拥有属性和方法的数据。JavaScript 允许使用数据类型中的对象类型创建自定义对象。此外,JavaScript 还提供多个内置对象,各种内置对象均拥有实用的属性及方法。

Array 对象：数组(Array)对象用于在变量中存储多个值。

Boolean 对象：布尔类型值(true 或者 false)。

Date 对象：Date 对象拥有各种属性与方法用于处理日期与时间。

Math 对象：Math 对象用于执行数学任务。Math 对象没有构造函数 Math(),不能用 new 关键字,Math 通过对象属性和方法进行数学运算,如 Math. sin(x)。

Number 对象：Number 对象是用于数值操作的对象。

String 对象：String 对象用于处理文本(字符串)的对象。

RegExp 对象：正则表达式是描述字符模式的对象。正则表达式用于对字符串模式匹配及检索替换,是对字符串执行模式匹配的强大工具。除 Math 对象外,多数对象都有构造函数,都可以用 new 关键字创建一个新对象,如 var a＝new String(),并且访问对象的属性与方法都可以用点语法,如对象. 属性、对象. 方法。

【例 9-12】 JavaScript 对象(案例文件：chapter09\example\exp9_12. html)

```
<body>
<p id="now"> </p>
<script type="text/javascript">
    var a = new String("当前时间: ");                //创建新的 String()对象
    window.setInterval("myTimer()",1000);            //每隔 1 秒执行一次 myTimer()函数
    function myTimer()
    {
    var d = new Date();                              //创建新的 Date()对象
    document.getElementById("now").innerHTML = a + d.toLocaleTimeString();
    //将字符串 a 和当前时间置入 id 为"now"的段落中,时间会每隔 1 秒变化一次
    }
</script>
</body>
```

上述代码中,var a=new String 和 var d=new Date()都是用构造函数创建一个新对象,d.toLocaleTimeString()是执行 Date 对象的 toLocaleTimeString()方法,该方法的功能是把 Date 对象的时间部分转换为字符串。window.setInterval()是执行 window 对象的 setInterval()方法,该方法将隔一段时间(1000 毫秒)调用一次函数"myTimer()",循环不止,直到使用 clearInterval()来停止或直接关闭窗口。clearInterval()方法的功能是取消由 setInterval() 函数设定的定时执行操作,二者常常是结合使用。例 9-12 的代码在浏览器中的运行效果如图 9-14 所示。

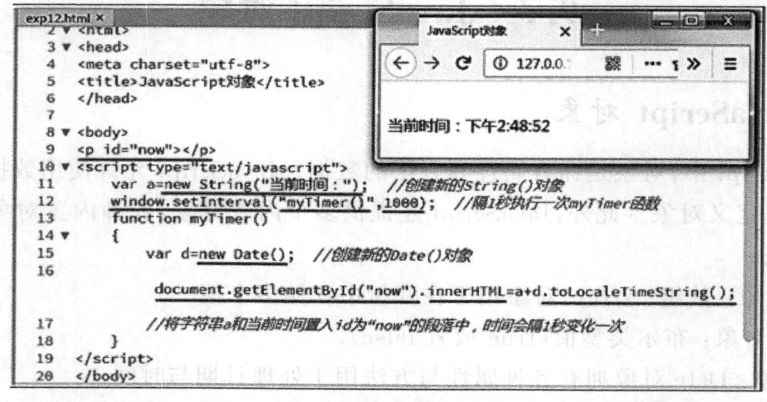

图 9-14 JavaScript 对象的方法应用

9.3.2 BOM 浏览器对象模型

浏览器对象模型(Browser Object Model,BOM)是用于描述对象与对象之间层次关系的模型。BOM 提供了独立于内容且与浏览器窗口进行交互的对象,主要用于管理窗口与窗口之间的通信,因此其核心对象是 window。所有浏览器都支持 window 对象,它表示浏览器窗口。window 对象是所有 JavaScript 全局对象、函数以及变量的父对象,全局变量是 window 对象的属性,全局函数是 window 对象的方法。DOM 中的 document 对象也是 window 对象的属性之一。下列两行代码可以看成是等价的,window 对象可以省略不写。

```
window.document.getElementById("header");
document.getElementById("header");
```

由于 BOM 没有相关标准，每个浏览器都有其自身对 BOM 的实现方式。基本的 BOM 对象主要如下。

Window 对象：浏览器中打开的窗口。

Navigator 对象：对象包含有关浏览器的信息，如浏览器的名称、版本等信息。

Screen 对象：Screen 对象包含有关客户端显示屏幕的信息。

History 对象：History 对象包含用户（在浏览器窗口中）访问过的 URL。

Location 对象：Location 对象包含有关当前 URL 的信息。Location 对象是 window 对象的一部分，可通过 window.Location 属性对其进行访问。

9.3.3 DOM 文档对象模型

1. HTML DOM（文档对象模型）树

当网页被加载时，浏览器会创建页面的文档对象模型（Document Object Model）即 DOM。图 9-15 为 HTML DOM 模型对象的树状结构图。

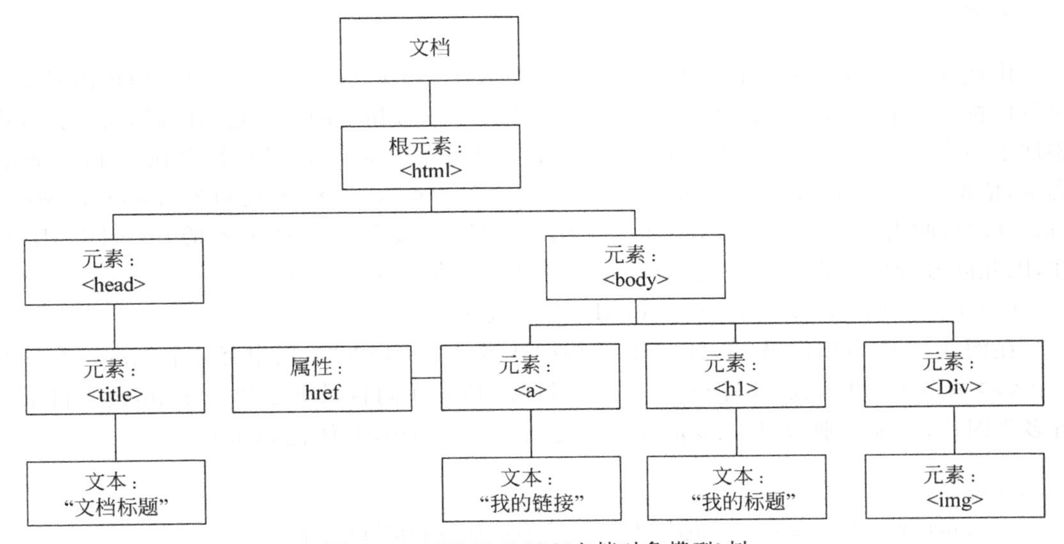

图 9-15 HTML DOM（文档对象模型）树

2. HTML DOM 如何找到指定 HTML 元素

通过可编程的对象模型，JavaScript 有足够的能力创建动态的 HTML。首先需要使用 JavaScript 找到所需要的 HTML 元素，通常有以下 3 种方法。

(1) 通过 id 找到 HTML 元素：getElementById(id 值)。

(2) 通过标签名找到 HTML 元素：getElementsByTagName(HTML 标签)。

(3) 通过类名找到 HTML 元素：getElementsByClass(类名)。

以上 3 种查找 HTML 元素的方法，第一种即通过元素的 id 在 DOM 中进行查找，这种方法最为简单且常用，因为 id 值是唯一的。使用标签名或类名的不唯一性导致查到的结果都是数组的形式,所以使用较少且不便,而且通过类名查找的方法在 IE 8 及以下版本浏览器也不支持,这里详细介绍 getElementById(id 值)的用法。

3. JavaScript 结合 HTML DOM 事件动态编辑 HTML 元素

在 HTML 中以事件驱动的方式调用函数分别完成动态修改 HTML 元素的内容、属性、样式。

(1) JavaScript 改变页面中 HTML 元素中的内容。代码如例 9-13 所示。

【例 9-13】 HTML DOM 事件(案例文件:chapter09\example\exp9_13. html)

```
<body>
<p>a<sup>2</sup> + b = <span id = "pd">?</span> </p>
<button onClick = "javaScript: document.getElementById('pd').innerHTML = func(4,2); ">计算</
button>
<script type = "text/javascript">
    function func(a,b){
        return a * a + b;
    }
</script>
</body>
```

由例 9-13 可以发现其 HTML 结构非常简单,即一个段落一个按钮,段落内还内嵌了一个行内标签<span>,<span>标签内放置了一个"?"号,按钮上的文字是"计算",按钮标签内添加了一个 onClick 事件属性,onClick 是鼠标单击事件,即单击按钮后,会执行 JavaScript 脚本,依据 id 找到 id 值为"pd"的<span id＝"pd">?</span>,通过对象. innerHTML＝func(4,2),调用执行脚本中的函数 func,并将其返回值赋给<span>元素的 innerHTML 属性,因此问号变成计算结果 18,达到动态改变页面元素内容的目的。

(2) JavaScript 改变页面中的 HTML 元素属性。

在例 9-13 中追加代码,在 HTML 结构中新增一个<div>层,层中有一个<img>标签和 3 个<a>标签对,以承载一幅图和 3 个数字链接,预先在同目录下创建一个 images 目录放置多张图片,名称分别为 tb01. jbg、tb02. jbg、tb03. jbg……,具体代码如下。

```
<div>
    <img src = "images/tb01.jpg" id = "pic">//注意 img 标签的 id 值
    <a href = "javascript: changePic(1)">1</a>
    <a href = "#" onClick = "changePic(2)">2</a>
    <a href = "javascript: void(0)" onClick = "changePic(3)">3</a>
    <a href = "#" onclick = "changePic(4); return false; ">4</a></div>
<script type = "text/javascript">
    ……
    function changePic(n){
        document.getElementById("pic").src = "images/tb0" + n + ".jpg";
    }
</script>
```

上述代码中<a>标签内的 href 链接属性以及 onClick 事件属性，这里使用了 4 种方法。第一种方法较为常用，但 W3C 标准不推荐在 href 里执行 JavaScript 语句，所以尽量不使用这种方式；第二种是 href="#"加上鼠标事件调用函数，这种方法也不推荐使用，因为 href="#"还有个单击后会跳转到页面最顶端的功能；第三种方法很周全，void 是一个操作符，void(0)返回 undefined，单击后页面不会发生跳转，而且这种方法不会直接将 js 方法或跳转地址暴露在浏览器的状态栏上；第四种方法也是可行的，"return false;"表示页面不发生跳转。

函数调用主要由 onClick 事件负责，使用"对象.属性=新值"的方式修改 HTML 元素属性。即 document.getElementById("pic").src="images/tb0"+n+".jpg"；例 9-13 的代码在浏览器中的运行效果如图 9-16 所示。

图 9-16 淘宝首页焦点轮播图效果

JavaScript 利用 DOM 事件改变页面元素属性，单击"计算"按钮后，id 值为"pd"的<span>?</span>标签对中的内容更改为函数返回值 18，而函数的调用是通过<button>标签的事件属性 onClick 实现的。当鼠标指向数字链接 3 时与指向其他数字链接时，观察状态栏内容就能发现第三种调用函数的方法确实更周全，单击各个数字链接都会调用 changePic(n)函数，即改变<img>标签的 scr 属性，从而达到切换图片的目的，这也是各大网站中基本上都会用到的焦点轮播图的原理之一。

(3) JavaScript 改变页面中的所有 CSS 样式。

JavaScript 可以对网页上元素的样式进行动态的修改，有多种方式可以动态修改样式。在例 9-13 的 javaScript 脚本中追加以下代码。

```
//【obj.style.className】对象.样式.属性名 = 属性值,更改样式属性值
    function changeStyle_1(){
        var obj = document.getElementById("pic");
        obj.style.border = "#F00 2px solid";
    }
```

```
//【obj.style.cssText】更改整句样式："属性名：属性值"
    function changeStyle_2(){
        var obj = document.getElementById("pic");
        obj.style.cssText = "border: #00F 2px solid";
    }
//【obj.className】修改对象的类名,使之匹配不同的样式设置
    function changeStyle_3() {
        var obj = document.getElementById("pic");
        obj.className = "greenBorder" //className 样式名
        //obj.setAttribute("class", "blackBorder");    //添加样式属性
    }
```

在例 9-13 的 HTML 结构中新增 3 个类型为 button 的<input>标签,3 个按钮分别调用 3 个不同的函数,用不同的方法修改 HTML 元素的样式。<button>、<a>、<input type="button">是较为常用的 3 种充当按钮附加事件的 HTML 元素。添加按钮的代码如下。

```
<div>
    <input type = "button" onClick = "changeStyle_1()" value = "【obj.style.className】修改样式属性值">
    <input type = "button" onclick = "changeStyle_2()" value = "【obj.style.cssText】修改整句样式">
    <input type = "button" onclick = "changeStyle_3()" value = "【obj.className】修改类名">
</div>
```

正式网站建设时,网页多数是采用引用外部 CSS 文件,即在网页头部<head>…</head>之间放置一个<link>语句链接至外部的 CSS 文件,如下列代码所示。

```
<link href = "css1.css" rel = "stylesheet" type = "text/css" id = "css"/>
```

在<link>语句中添加了 id 属性,因此可以通过 DOM 的 getElementById 语句找到这个<link>元素,再修改<link>元素的 href 属性值,即可将链接的样式表更换为其他的外部样式文件,从而达到更改整个网页样式的目的。这种方式最为效率,可以一次性重置整个页面的样式,这也是大型网站建设时最为常用的更改样式的方案。改变外联样式文件的基本代码如下。

```
function changeStyle4() {
    var obj = document.getElementById("css");
obj.href = "css2.css";
    //obj.setAttribute("href","css2.css");
//可以应用 setAttribute()方法,为元素添加指定的属性并赋值
}
```

9.4 JavaScript 函数

9.4.1 JavaScript 函数

函数实质是实现某项特定功能的相关命令行的集合,为了让程序更加简洁并可以重复

使用，就将这些代码块定义成函数。在 JavaScript 中，函数的关键字是 function，函数的语法格式如下。

```
function 函数名 ([参数 1,参数 2, … ]){
    函数体
}
```

另外，函数还常以函数表达式的方式进行定义，示例如下。

```
var xx = function(){};                          //无函数名称,匿名函数,通过变量进行调用
var yy = function(a, b) {return a * b};         //return 函数有返回值
var z = new Function("a","b","return a * b");   //Function()构造函数
document.write("z(3,4) = " + z(3,4) + "<br>");  //调用函数
```

注意：JavaScript 对大小写字母敏感，关键词 function 必须用小写字母，并且必须使用与函数名称相同的大小写字母来调用函数。另外函数的参数是可选的，参数是调用函数时外部引入的，若有多个参数，则参数间以逗号隔开。

【例 9-14】 JavaScript 函数(案例文件：chapter09\example\exp9_14.html)

```
<script type = "text/javascript">
    //函数,无参数
    function func(){
        document.write(Date() + "<br>");
    }
</script>
```

从例 9-14 中可以看出，JavaScript 代码中定义了一个函数，函数名称是 func。函数体中只有一句代码，意义是输出当前日期和时间并换行。继续在例 9-14 的 JavaScript 脚本中输入下列代码。

```
//函数,带参数
function xyz(a,b,c){
    var dlt,x1,x2
    dlt = b * b - 4 * a * c;
    if(dlt> = 0){
        document.write("此方程有两实根<br>");
    }else{
        document.write("此方程无实根<br>");
    }
}
```

通过观察可以发现这个函数的功能是根据一元二次方程的 3 个系数来判断方程是否有实数根，这 3 个系数是这个函数的 3 个参数。但是此时在浏览器中运行代码，函数并不会自动执行，因为这里只是定义函数而已，要真正执行函数体中的代码块，还需进行“函数调用”。

9.4.2 函数的调用

函数被定义后并不会自动执行,必须经过"函数调用"才能执行函数体中的代码块。函数调用的语法格式如下。

```
函数名([参数 1,参数 2,… ])
```

有时候函数有返回值,可以通过 return 语句实现,使用 return 语句时,函数会停止执行,并返回指定值。如在例 9-14 中继续追加以下代码。

```
//函数,有返回值
    function myFunction()
    {
        var x = 5;
        return x + 5;                              //return 函数返回值
    }
    var kk = myFunction();                         //将函数返回值保存在变量 kk 中
    document.write(kk);
```

在使用 return 语句时,返回值是可选的,而且此时将退出函数。另外,函数调用通常是由页面元素的事件驱动来触发的,最为常用的是通过鼠标事件激发函数调用。

9.4.3 JavaScript 事件

HTML 的事件是发生在 HTML 元素上的,当 HTML 页面中使用 JavaScript 时,JavaScript 可以触发 HTML 事件。HTML 事件可以是浏览器行为,也可以是用户行为,例如 HTML 页面完成加载,按钮被单击,表单元素值发生改变等。HTML 元素中可以添加事件属性,这些事件属性中可以执行 JavaScript 代码及函数。

JavaScript 支持的事件非常多,常用的 HTML 事件如表 9-3 所示。

表 9-3 常用的 HTML 事件

事　件	描　述
onclick	鼠标单击 HTML 元素
onmouseover	鼠标经过 HTML 元素
onmouseout	鼠标从 HTML 元素上移出
onchange	HTML 元素发生改变
onkeydown	用户按下键盘按键
onfocus	HTML 元素获得焦点时触发
onload	浏览器完成加载页面

在 9.3 节 DOM 文档对象模型的案例中,列举了在按钮及<a>标签使用事件触发函数的几种常用的方法,特别说明了使用<a>标签时,不推荐使用在 href 属性中直接调用

JavaScript 函数,实际应用中推荐使用将 Javascript 脚本函数在 HTML 文档元素中以事件触发的形式注册应用。如下列代码所示。

```
<body onload = "checkCookies()">//用户进入或离开页面时被触发
<button onClick = "javaScript: xyz(); ">计算</button>//按钮
<input type = "button" onClick = " xyz(); " value = "计算">//表单中的按钮
<a href = "javascript: cPic(1); ">1</a>//链接脚本,不推荐使用
<a href = "#" onMouseOut = "cPic(2); ">2</a>//空链接会发生跳转,不推荐使用
<a href = "javascript: void(0); " onClick = "cPic(3); ">3</a>//推荐使用
<a href = "#" onMouseOver = "cPic(4); return false; ">4</a>//推荐使用
<input type = "text" id = "user" onchange = "uCase()">//文本框内容变化时触发
```

【项目实战】

项目 9-1　仿淘宝首页焦点轮播图效果制作(案例文件目录:chapter09\demo\demo9_1)

效果图

项目 9-1 的运行效果如图 9-16 所示。

思路分析

网站焦点轮播图是现代网站中几乎每个网站使用的一种内容呈现方式,网站焦点轮播图一般放在网站首页或二级频道首页面中较明显的位置,用图片组合播放类似于焦点新闻的方式,以图片或图片加文字的方式顺序轮番播放。采用图片的形式,更具吸引力和视觉冲击,更容易引起浏览者的点击,据国外的设计机构调查统计,网站焦点图的点击率明显高于纯文字,转化率高于使用在文字标题 5 倍。学会网站焦点图制作技术,实现网页焦点图效果的方法有很多,下面将以 JavaScript 原生方式完成仿淘宝网焦点轮播图效果的制作。

观察图 9-16 可以发现淘宝首页焦点轮播图简洁大方、结构分明,是由图像和中部左右两个方向按钮和底部中间的 5 个圆点导航按钮组成。单击中部箭头按钮可以实现切换到上一张或下一张图片的功能,单击底部圆点导航按钮可以切换到指定按钮的图像。未单击按钮时,图片按顺序自动进行切换,图片切换方式是简单的推出。右击淘宝网首页焦点图,在弹出的快捷菜单中选择【图片另存为】命令下载焦点图的 5 幅图片,使用浏览器自带的测量组件,如火狐浏览器的“measure-it”组件或外部测量小工具,或者在弹出的快捷菜单中选择【查看元素】命令,查得每幅图像的尺寸为 520px×280px,小圆点按钮的尺寸为 8px×8px,圆点导航栏距底部 15px,圆点导航栏高度 13px,导航栏背景为白色半透明的圆角矩形。在火狐浏览器中使用【查看元素】命令查看焦点图圆点按钮结构及样式代码,如图 9-17 所示。

以 JavaScript 原生方式完成仿淘宝网焦点轮播图效果的制作应该分 3 个步骤进行,首先要搭建 HTML 结构,然后设置 CSS 样式,最后编写 JavaScript 代码完成焦点图所具备的轮播功能,即结构、表现、行为三者有机结合。

制作步骤

Step01. 创建案例目录结构。

新建目录作为案例根目录,在此目录中新建 3 个子目录,分别命名为 images、css 和 js

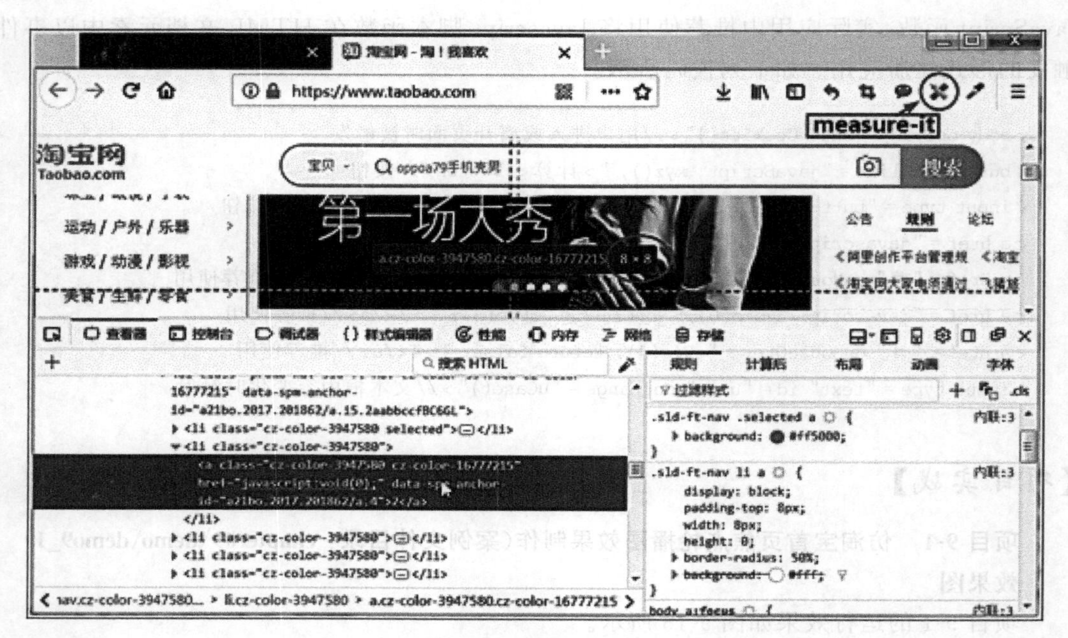

图 9-17　火狐浏览器中的【查看元素】命令效果

以存放案例所需的图像、外置样式表文件及 JavaScript 脚本文件。将从淘宝网首页焦点图中下载的 5 幅图片存放在 images 目录中备用,5 幅图片分别命名为 tb01.jpg、tb02.jbp、tb03.jpg、tb04.jpg 和 tb05.jpg。

Step02. 搭建淘宝焦点轮播图的 HTML 结构。

新建 HTML 文档命名为 index 并保存,在文档<body>…</body>中输入下列代码作为焦点轮播图的 HTML 结构,代码如下。

```
<div id = "focusPic">
<img id = "pic" src = "images/tb01.jpg">
<a href = "javascript: void(0)" onClick = "prePic()" id = "pre">&lt; </a>
<a href = "javascript: void(0)" onClick = "nextPic()" id = "next">&gt; </a>
<div class = "num">
    <a id = "t0" href = "javascript: void(0)" onmouseover = "setPicNum(0)"> </a>
    <a id = "t1" href = "javascript: void(0)" onmouseover = "setPicNum(1)"> </a>
    <a id = "t2" href = "javascript: void(0)" onmouseover = "setPicNum(2)"> </a>
    <a id = "t3" href = "javascript: void(0)" onmouseover = "setPicNum(3)"> </a>
    <a id = "t4" href = "javascript: void(0)" onmouseover = "setPicNum(4)"> </a>
</div>
</div>
```

通过观察上述代码发现焦点轮播图的 HTML 结构较为简单,外部用一个 id 值为"focusPic"的<div>标签包裹,里面有一个<img>标签,两个 id 值为"pre"和"next"的<a>标签对分别表示前一页和后一页按钮,还有一个类名为"num"的<div>标签,其内部有 5 个

<a>标签,id值顺序命名,分别表示5个圆点按钮的导航栏。另外,在<a>标签中都有用事件触发调用JavaScript函数的代码,前一页及后一页的函数分别命名为prePic()和nextPic(),圆点按钮导航栏中,各按钮的鼠标经过事件触发的函数名称为setPicNum(n),其中n为所传递的参数,即表示设置当前的图像为第几幅图像。

Step03. 创建外部链接的CSS文档。

新建CSS文档,将其命名为focusPic. css并保存在css目录中,在已搭建好焦点图HTML结构的index文档的<head>…</head>中加入链接外部CSS文件的代码,链接外部样式表文件代码如下。

```
<link rel = "stylesheet" type = "text/css" href = "css/focusPic.css">
```

在新建的样式表文件中,首先清除浏览器默认的margin和padding值,然后设置最外层<div>的宽高值,即图像的宽高值520px×280px。再设置此<div>中的<a>链接去除默认的下画线及默认的蓝色文字效果。因为要设置前一页、后一页按钮及圆点按钮导航栏在最外层<div>中的准确位置,按常规方法会将最外的<div>层的position属性设置为relative相对定位,而将作为子元素的前后页按钮及包裹圆点按钮导航栏的<div>的position属性设置为绝对定位,元素可以使用坐标来准备定位。代码如下。

```
*{margin: 0; padding: 0; }
#focusPic{
    position: relative; /* 最外层 div 设置为相对定位 */
    width: 520px;
    height: 280px;
    border: 8px #F1F1F1 solid; /* 浅灰色边框,可删除,原版为页面背景色 */
}
#focusPic a{
    text-decoration: none;
    color: #000;
}
#focusPic #pre, #focusPic #next{
    position: absolute; /          * 前一页、后一页按钮设置为绝对定位 */
    top: 120px;                 /* 坐标值,前一页、后一页按钮在垂直方向移至中间 */
    display: inline-block;      /* 设置<a>标签为行内块,即可设置其宽高值 */
    width: 30px;
    line-height: 30px;
    background-color: rgba(200,200,200,0.3); /* 背景色为半透明 */
    text-align: center;
    border-radius: 15px; /* 背景为圆形 */
}
#focusPic #pre{
    left: -8px;    /* 前一页按钮放置在左侧中部位置,显示半圆状 */
    }
#focusPic #next{
    right: -8px; /* 后一页按钮放置在右侧中部位置,显示半圆状 */
}
#focusPic #pre: hover, #focusPic #next: hover{
    background-color: rgba(0,0,0,0.3); /* 鼠标经过时,背景色变半透明黑色 */
```

```
    color: #FFF;
}
#focusPic.num{
    position: absolute;         /* 圆点按钮导航栏所在的 div 层设置为绝对定位 */
    bottom: 13px;               /* 导航栏位置坐标 */
    left: 214px;
    background-color: rgba(200,200,200,0.3);
    width: 90px;
    height: 15px;               /* 利用高度值及行高值调整圆点按钮的垂直位置 */
    line-height: 11px;
    border-radius: 10px;
    text-align: center;
}
#focusPic.num a{
    display: inline-block;      /* 设置<a>标签为行内块,即可设置其宽高值 */
    width: 8px;
    height: 8px;
    background-color: #B7B7B7;
    border-radius: 4px;         /* 半径,显示为圆点按钮状 */
}
#focusPic.num a: hover{
    background-color: #F40;    /* 鼠标经过圆点按钮背景色变化为橙色 */
}
```

如果希望与淘宝网焦点轮播图显示效果一样,前一页、后一页按钮默认不显示,当鼠标经过焦点轮播图时,两个按钮显示,当鼠标移出后两个按钮不显示。可以在样式表中再加入下列两行代码。

```
/* 默认前后页按钮不显示,当鼠标经过焦点图时两个按钮显示,当鼠标移出后两个按钮不显示 */
#focusPic #pre, #focusPic #next{ display: none; }
#focusPic: hover #pre, #focusPic: hover #next{display: inline-block; }
```

样式设置完毕后测试页面效果,可以看出焦点图的外观已经制作完成,只是单击各按钮还没有对应的功能并且图片也没有默认的轮播效果。接下来将编写 JavaScript 脚本使用焦点图具备轮播功能。

Step04. 编写 JavaScript 脚本。

新建 JavaScript 文档,将其命名为 jsfocusPic.js 并保存在 js 目录中,然后在已搭建好焦点图 HTML 结构的 index 文档的<body>…</body>的最尾部,即在</body>之前加入链接外部 js 文件的代码,链接外部 js 文件代码如下。

```
……
<script type="text/javascript" src="js/jsfocusPic.js"> </script>
</body>
```

如非必要,一般将 JavaScript 脚本放置在网页正文的底部以免影响网页内容的正常加载。在新创建的 js 文档中,首先要声明变量,焦点轮播图案例中需要用的变量如下所示。

```
var img = document.getElementById("pic");         //通过 id 找到放置图片的 img 元素
```

```
var imgIndex = 0;                          //设置图片索引值的初始值为 0
var arr = new Array();                     //声明一个空数组,用于存储 5 幅图的 url 地址
var timeInterval = 2000;                   //设置间隔时间,即每隔 2 秒图片切换一次
arr[0] = "images/tb01.jpg";                //第 1 幅图的索引值为 0
arr[1] = "images/tb02.jpg";                //第 2 幅图
arr[2] = "images/tb03.jpg";                //第 3 幅图
arr[3] = "images/tb04.jpg";                //第 4 幅图
arr[4] = "images/tb05.jpg";                //第 5 幅图
```

编写让图片每隔 2 秒自动换图的代码,这里要用到 window 对象的 setInterval()方法。它有两个参数,一个是执行函数,另一个就是上面声明好的变量 timeInterval,初始值已设置为 2000 毫秒即 2 秒。图片轮播自动切换的代码如下。

```
//每隔 2 秒自动换图
var picChange = setInterval(picc,timeInterval);    //计时器 setInterval 方法
function picc(){
    if(imgIndex = 4){
        imgIndex = 0;    //若索引值为 4 即最后一幅图,则将索引值重置为 0
    }else{
        imgIndex ++;    //索引值自增 1,即指向下一幅图
}
img.src = arr[imgIndex];    //设置 img 元素的 src 属性,即实现换图
/ * img.setAttribute("src",arr[imgIndex]) * /
    numChange();    //此函数实现将与当前图片对应的圆点按钮变为橙色
}
```

上述代码的意义与功能非常清晰、明了,图片索引值初始值为 0,因此每执行一次函数,索引值会自增 1 即指向下一张图,当索引值为 4 时表示此时为最后一张则会将索引值重置为 0,又开始新一轮自增 1。索引值每次变化后,通过 img.src 将 img 变量表示的 id 值为“pic”的<img>元素的 src 属性更换为相对应的数组中存储的图片地址以实现了换图目的,另外还可以使用 setAttribute()方法重新设置元素属性值。图片更换后,圆点按钮导航栏中的相对应按钮的颜色也同时发生变化,这些有序的小圆点很多时候也会用数字来表示,因此将此函数命名为 numChange(),其代码如下。

```
//非当前图片对应的圆点变色,其他圆点按钮样式恢复未选中状态
function numChange(){
    for(var i = 0; i< = 4; i ++){
    if(i!= imgIndex){
        var numObj = document.getElementById("t" + i);
        numObj.style.backgroundColor = "#B7B7B7";
    }else{
    var numObj = document.getElementById("t" + i);
        numObj.style.backgroundColor = "#F40";
    }
    }
}
```

由上述代码可知,函数 numChange()中,是将图片索引值变量 imgIndex 的当前取值与

所有索引值 0～4 进行比较，相等则设置其圆点按钮元素的背景色为橙色，否则为浅灰色。接下来完成单击各个按钮的切换图片的效果，与按钮切换图片的原理基本一致，都是通过改变图片索引值来实现改变<img>元素的图片地址属性达到换图效果。通过观察 HTML 结构可知，圆点按钮导航栏中用的是鼠标经过事件，而且鼠标经过每个圆点按钮，会调用 setPicNum(n)函数，即同时传递了一个作为图片索引值的参数，根据索引值设置新的图片地址即可，而单击前一页或后一页的按钮其索引值的变化则根据当前图片的索引值发生相应变化而变化。根据按钮换图的代码如下。

```
//单击数字按钮自动切换对应图
function setPicNum(no){
    imgIndex = no;
    img.src = arr[imgIndex];
    numChange();
}
//单击 pre 按钮,切换到前一张图
function prePic(){
    if(imgIndex = 0){
        imgIndex = 4;
    }else{
        imgIndex -- ;
    }
    img.src = arr[imgIndex];
    numChange();
}
//单击 next 按钮,切换到后一张图
function nextPic(){
    if(imgIndex = 4){
        imgIndex = 0;
    }else{
        imgIndex ++;
    }
    img.src = arr[imgIndex];
    numChange()
}
```

上述代码还要注意两个问题，一是每次切换为新的图片后，同时要执行 numChange()函数以保证图片与相对应顺序的圆点按钮样式的同步；二是要注意 imgIndex 的变量是个全局变量。JavaScript 的变量也有作用域的问题，如果变量是在某个函数内容部分声明，那么它只能在这个函数内使用，称为局部变量。而焦点轮播图中的 imgIndex 这个变量是在编程一开始就已经声明，位于所有函数外部的变量，因此所有函数中都可以使用并改变其值。

Step05. 在各种浏览器进行兼容性测试。

完成案例制作后，要将完成的案例页面在各种主流浏览器中进行兼容性测试，基于 JavaScript 的焦点轮播图在各大浏览器中的主流版本中的兼容性是不错的，在 Chrome、火狐等浏览器及 IE 11 等浏览器中都已测试通过。

至此，基于 JavaScript 原生的仿淘宝的焦点轮播图制作完毕。可以进一步思考，如果图片增加至 6 张或是 8 张要如何修改代码。这个案例中的图片是采用最简单的改变图片源地

址的方法，俗称“硬切”，如果希望跟淘宝一样，采取图片依次推出的方式进行切换又该如何呢？带着这个问题我们继续学习在诸多网站中常见的图片循环呈现类似跑马灯效果的案例制作。

项目 9-2　图片循环滚动仿跑马灯效果制作（案例文件目录：chapter09\demo\demo9_2）

效果图

项目 9-2 的运行效果图如图 9-18 所示。

图 9-18　图片循环滚动仿跑马灯效果

思路分析

图片循环滚动仿跑马灯效果是现代网站中常用的一种内容呈现方式，例如，企业类网站常常会以图片循环滚动的形式呈现其产品，图 9-18 中的图片循环滚动效果源自一个室内设计公司的网站，它将此效果置于主页底部，以图片组合播放循环播放的方式呈现其公司室内设计作品，此效果不仅能以图片循环滚动方式呈现，也同样能以图片加文字的方式循环滚动展示。由于它是采用图片的形式，更能吸引浏览者访问，因此也是必备的网页制作技术之一，下面仍然以 JavaScript 原生方式完成图片循环滚动仿跑马灯效果的制作。

提到跑马灯效果大家可能立刻会想到 HTML 中曾经提供的<marquee>元素，它就是原来常讲的跑马灯，可以轻松制作滚动文本或图片，不过这个标签不是 HTML 标准里的元素，是属于废弃的标签，虽然现在还有不少浏览器仍然能显示其效果，但是不能再使用它，而且它也无法实现这个案例图片一直在指定区域内循环滚动的效果。

通过观察图 9-18，可以发现图片循环滚动仿跑马灯效果的 HTML 结构较为简单，是由一系列大小尺寸相同的图片依次排放，若水平滚动则图片应水平排列，若纵向滚动则图片应垂直排列。图片循环滚动仿跑马灯效果一般还具有链接功能，单击其中的某幅图片将会跳转到详情介绍页面，并且当鼠标移入图片区域时，图片滚动效果将停止，鼠标移出图片区域将继续滚动。

以 JavaScript 原生方式完成图片循环滚动类似跑马灯效果的制作分为 3 个步骤进行，首先要搭建 HTML 结构，然后设置 CSS 样式，最后编写 JavaScript 代码完成图片循环滚动功能以及鼠标移入停止、移出继续滚动的功能，实现结构、表现、行为三者有机结合。

制作步骤

Step01. 创建案例目录结构。

新建目录作为案例根目录，在此目录中新建 3 个子目录，分别命名为 images、css 和 js，用以存放案例所须的图像、外置样式表文件及 JavaScript 脚本文件。将 6 张尺寸大小相同的素材图片存放在 images 目录中，6 张图片分别命名为 s1.jpg、s2.jbp、s3.jpg、s4.jpg、s5.jpg、s6.jpg 备用。

Step02. 搭建图片循环滚动仿跑马灯效果的 HTML 结构。

新建 HTML 文档命名为 index 并保存，在文档<body>…</body>中输入下列代码作为图片滚动跑马灯效果的 HTML 结构，其代码如下。

```
<div id = "tpGd">
    <table width = "680" height = "110px">
        <tr>
            <td id = "pic1">
                <table>
                    <tr>
                        <td> <img src = "images/s1.jpg" /> </td>
                        <td> <img src = "images/s2.jpg" /> </td>
                        <td> <img src = "images/s3.jpg" /> </td>
                        <td> <img src = "images/s4.jpg" /> </td>
                        <td> <img src = "images/s5.jpg" /> </td>
                        <td> <img src = "images/s6.jpg" /> </td>
                    </tr>
                </table>
            </td>
            <td id = "pic2" > </td>
        </tr>
    </table>
</div>
```

由上述代码可以看出，图片循环滚动仿跑马灯效果案例的 HTML 结构最外层是一个 id 为“tpGd”的<div>层，层内有一个 1 行 2 列的表格<table>，其中左边这列的单元格<td>中又内嵌了一个 1 行 6 列的表格<table>，每个单元格<td>中都放置了一张图片<img>，每张素材图的大小都是 170px×110px，注意最外部表格的宽度被设置为 680px，内嵌的表格宽度自动。计算一下 170px×4＝680px 即外部表格宽度小于 6 张素材图的总宽度，当然此时测试上述页面在浏览器中的显示效果，能正常看到 6 张图片，这是因为表格会被水平排布的 6 张图片给撑开。但是，为什么要将其宽度值设置得更小呢？另外，外部表格是 1 行 2 列，左侧单元格 id 值为“pic1”，内部放了一个内嵌表格和 6 张素材图片，但是右侧还有一个

id 值为“pic2”的单元格，单元格里没有任何内容，那么这个单元格又有什么作用呢？下面我们将一步一步解开谜题。

Step03. 创建外部链接的 CSS 样式文档。

正常情况下正式制作网站，CSS 样式代码最好存放在单独的外置 CSS 文档中，不过图片循环滚动这个案例的样式设置比较简单。为了讲解方便，直接在<head>…</head>中加入内联样式表，样式代码如下。

```
<style type = "text/css">
      * {margin: 0; padding: 0; border: 0; }        /* 清除浏览器默认样式 */
      #tpGd {
          width: 680px;                             /* 注意宽度值要小于 6 张图片总宽 */
 height: 110px;
          overflow: hidden;                         /* 当层内内容溢出元素框时隐藏 */
      }
      #tpGd table{
          border-collapse: collapse;
      }
</style>
```

样式中第一行代码的功能是清除浏览器默认样式中的 margin、padding 和 border 值。设置最外层样式即 id 值为“tpGd”的<div>层的样式，其宽度值仍然为 680px，即 4 张图的宽度，高度值与素材图高度一致，最重要的就是 overflow 属性，其作用是当层内容溢出时隐藏。此时在浏览器中测试页面可以发现，页面中只能看到 4 张图片，而不再是之前把表格撑开的那 6 张图片，即溢出的 2 张图片被隐藏。接下来设置此<div>层内部的表格样式"#tpGd table"设置表格为单线边框“border-collapse：collapse;”，加上前面继承的“margin：0; padding：0;”，实现了表格属性的替代。使用表格属性的写法如下。

```
<table width = "680" height = "110px" cellspacing = "0" cellpadding = "0" border = "0">
```

Step04. 编写 JavaScript 脚本。

新建 JavaScript 文档，将其命名为 jsTpGd. js 并保存在 js 目录中，在已搭建好焦点图 HTML 结构的 index 文档的<body>…</body>的最尾部，即在</body>之前加入链接外部 js 文件的代码，链接外部 js 文件代码如下。

```
……
<script type = "text/javascript" src = "js/jsTpGd.js "> </script>
</body>
```

要使图片循环滚动，实质上就是要使用内置了 6 张图片的表格不停地改变其坐标值，此案例制作的是水平滚动，假设要让图片集由右向左滚动，那么就相当于图片集的左坐标值在不断地减小。图片循环滚动的难点在于本组图片向左移动后，后续的区域中就会有空白区，必须要有新的一组图片继续补上，当本组图片全部移出后，空白区内填充的应该是同样的图片填补进来,直到本组图片完全移出,新的一组图片刚好补上与最初始状态的图案一样时,又重新开始从初始状态开始作新一轮滚动,这样才能实现循环,此动画过程如图 9-19 所示。

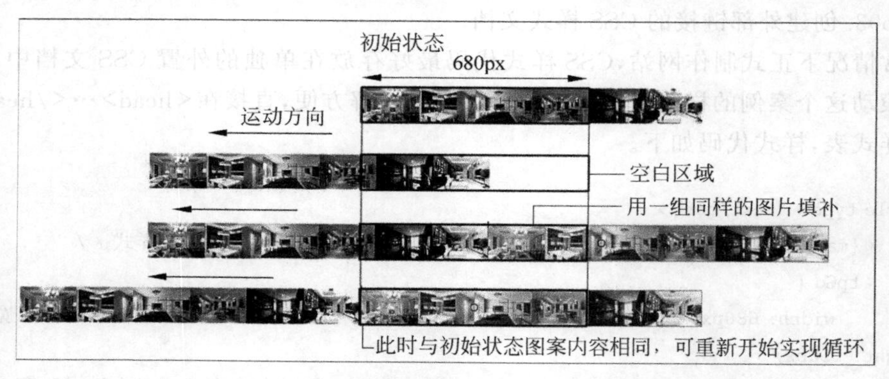

图 9-19 图片循环滚动仿跑马灯效果动画原理

要实现循环滚动效果,必须要两组一模一样的图片集,这就是为什么在前面搭建 HTML 结构时,外层<div>中的表格会有一行两列,即两个单元格<td>。左侧单元格里用内嵌的表格 1 行 6 列水平摆放 6 张素材图片,右侧的单元格内虽然什么都没有,但是可以在 JavaScript 中使用 innerHTML 属性,将 id 值为"pic1"的左侧单元格中的内容复制到 id 值为"pic2"的右侧单元格中,实现两个单元格中放置两组一样的图片集,代码如下。

```
pic2.innerHTML = pic1.innerHTML;
```

pic1 和 pic2 这两个单元格对象,最好使用 document 对象的 getElementById 方法找到这两个单元格元素再赋值给变量的方式取得。关于外部表格为什么需要一行两列两个单元格的谜题已经解决了,接下来考虑如何让图片集滚动起来。

通过查询 HTML DOM Element 对象,可以找到与滚动特效相关的 HTML 元素的一些属性,如表 9-4 所示。

表 9-4 HTML 元素与滚动特效相关的部分属性

属性/方法	描 述
element.scrollHeight	返回元素的整体高度
element.scrollLeft	返回元素左边缘与视图之间的距离
element.scrollTop	返回元素上边缘与视图之间的距离
element.scrollWidth	返回元素的整体宽度

水平滚动需要用到 scrollLeft 与 scrollWidth 属性,纵向滚动需要用到 scrollTop 和 scrollHeight 属性。scrollLeft 和 scrollTop 这两个属性只有当内容有溢出时才有效,而且必须当 overflow 属性值不能为 visible,即溢出部分不能可见。回到 Step02 步骤可以看到最外层的设置是 visible: hidden,这也是最常用的溢出设置,这也是为什么要将最外层<div>的宽度设置为 680px 的原因,因为每张素材图片的宽度是 170px,共计 6 张图片排成一行宽度为 170px×6 应为 1020px,此处去除了所有的边框和内外边距,如果需要边距也可以设置。正因为外层<div>宽度小于图片集总宽,因此有溢出部分,而且溢出部分不可见,这就

是使 scrollLeft 能发生作用的前提条件，当然要实现间隔一段时间执行一次变化这个功能需要用到前面讲到的计时器 setInterval 了，至此两大谜题应该已经基本解决了，最终的 JavaScript 代码如下。

```
var tpGd = document.getElementById("tpGd");          //根据 id 值找到对应的 HTML 元素
var pic1 = document.getElementById("pic1");
var pic2 = document.getElementById("pic2");
var speed = 50;                                       //触发计时器的间隔时间：50 毫秒
pic2.innerHTML = pic1.innerHTML;                      //将 pic1 单元格中的内容复制到 pic2 中
//判断层 tpGd 滚动左偏移值,若< = 总滚动宽度 680px 则自增 1,否则清 0 重来;
function myGd(){
    if(tpGd.scrollLeft< = pic1.scrollWidth){
        tpGd.scrollLeft ++; //div 层 tpGd 左滚动值自增 1;
    }else{
        tpGd.scrollLeft = 0;          //div 层 tpGd 左滚动值重置为 0;
    }
    }
var kk = setInterval(myGd,speed);    //每隔 50 毫秒执行一次函数 myGd()
//当鼠标经过图时,清除 kk = setInterval()的功能,即停止滚动
tpGd.onmouseover = function(){
    clearInterval(kk);
}
//当鼠标经过图片时,设置计时器 setInterval()的功能开启,即继续滚动
tpGd.onmouseout = function(){
    kk = setInterval(myGd,speed);
}
```

仔细观察上述代码，可以清楚看到图片循环滚动实现的原理，鼠标经过时事件触发 clearInterval()方法停止滚动，鼠标移出时事件又以变量方式重启 setInterval()计时器方法继续执行函数 myGd()，而函数 myGd()中也是一个简单的判断语句，只要放置图片集的大 <div>层“tpGd”的滚动左值小于总滚动宽度，滚动左值就会每隔 50 秒自增 1，它移出的空白区会由第 2 个单元格中同样图案的图片集填充，直到它全部移出，第 2 个单元格中填补的内容刚好跟开始滚动的状态一致，此时将大层的左滚动值清 0，即回到初始状态重新开始同样的滚动动画，这样就实现了无缝拼接的循环滚动了。

还有一个小问题需要解决，一般网站中的这种跑马灯效果，单击图片需要跳转到指定的详情介绍页面。给每个<img>分别加上<a>标签对写清楚链接目标地址即可，如果需要文字说明也只需要在放置图片的<td>单元格中加上说明文字并进行适当样式设置即可。

Step05. 在各种浏览器中进行兼容性测试。

将完成的案例页面在各种主流浏览器中进行兼容性测试，基于 JavaScript 原生代码完成的动效在各大浏览器中的主流版本中的兼容性是不错的，这个案例在 Google Chrome、火狐、IE 11 等浏览器中的运行效果如图 9-20 所示。

至此，图片循环滚动仿跑马灯效果案例就制作完成。案例完成后还需要作进一步反思与总结。本案例有几个问题值得考虑，首先是为什么图片的排版会采用表格的方式？其次，在第一个步骤中搭建 HTML 结构时刻意设置了外部表格的宽度为 680px，而且此处表格宽度比 6 张图片横排的宽度总和更小，其实表格宽度设置与否跟最终效果并无关系，可以测试

图 9-20　在多个浏览器中进行兼容性测试

一下删除表格宽度设置,看看效果是否有变化。那么哪个元素的宽度设置才是最重要的呢?本例重点之一在于第二步样式设置中,id 值为"tpGd"的最外层<div>的样式设置至关重要,缺一不可,一个是宽度值必须小于图片集总宽度 170px * 6 即 1020px 保证有溢出即可;二是 overflow 溢出属性值必须不可见,只有满足这两个条件才能保证 scrollLeft 能正常工作。如果图片滚动为纵向又该如何修改呢?如果不用表格排版可不可以实现同样的效果呢?带着这些问题可以进行更深层次的探索与实践。

【实训作业】

实训任务 9-1　仿焦点新闻效果制作纵向图片新闻循环滚动

自选尺寸大小一致的图片若干,制作纵向图片循环滚动效果,类似焦点新闻。要求每幅图片下方有一行说明文字,可视框宽度与单幅图片宽度一致,高度可为图片高度加说明文字高度,自下而上循环滚动。

实训任务 9-2　制作本章案例作业网站

使用所学知识,自行设计并制作带有焦点轮播图展示的首页,将各小节作为站点中各个频道栏目,主页正文内容必须含有本章各个案例标题导航链接,每个栏目子页面为本章的每个案例页面,可以自行决定是否制作各个小节的二级频道首页。网站目录要求规范,有独立的图像目录、样式目录及脚本目录,各版块子目录亦是如此。各个单页面要求有页头、导航、主体及页底,在页底处要求标注作者个人信息。

第10章 响应式网页布局基础

【目标任务】

学习目标	1. 理解响应式网页意义与原理 2. 掌握百分比布局技术 3. 掌握弹性布局技术 4. 初步掌握响应式图片技术 5. 掌握视口 Viewport 的概念和语法 6. 掌握媒体查询 Media Queries 的语法和应用 7. 了解 Bootstrap 响应式布局基础
重点知识	1. 百分比布局技术 2. 弹性布局技术 3. 响应式图片技术 4. 视口 Viewport 的概念和语法 5. 媒体查询 Media Queries 的语法和应用
项目实战	项目 10-1　利用百分比与固定布局相结合实现通栏布局 项目 10-2　利用媒体查询制作《福尔摩斯历险记》响应式网页 项目 10-3　Bootstrap 网页布局案例“Flash 云课堂”网站首页
实训作业	实训任务 10-1　制作“Web 前端学习网”响应式网页的布局 实训任务 10-2　使用 Bootstrap 设计制作教材案例作业网站首页

【知识技能】

随着信息技术的快速发展,个人计算机、平板电脑、智能手机等电子设备层出不穷,设备的屏幕分辨率也是千差万别,各种设备屏幕宽度从 280px 到 1920px 不等。在面对形形色色的终端设备、千差万别的屏幕分辨率时,如果一个网页在不同分辨率的个人电脑上显示效果不同,或者网页在个人计算机上显示完整,但是在平板计算机或是智能手机上就会溢出屏幕宽度、出现横向滚动条或是网页被整体缩小的现象,会影响用户浏览体验。传统的网页设计会为每种设备各设计一个独立的站点,需要分别进行更新、测试以及维护,增加开发人员的工作量,费时又费力。如何使一个网站在多种终端设备上完美显示,成了网页开发人员需要解决的问题,响应式网页设计也因此应运而生。

10.1 响应式 Web 设计概述

随着移动互联时代的到来，移动设备的迅速普及使得网页设计技术面临新的挑战，如何让用户通过移动设备也能浏览各种网站并且获得良好的视觉体验，如何使原有网页能自适应不同平台、不同设备，自如切换显示最优效果，已经是所有网页设计人员无法回避的一个问题。响应式 Web 设计实质上是一个让用户能通过各种尺寸的设备去浏览网页并且获得良好的视觉效果的方法，它是一种网页设计布局技术，可以使网页智能地根据用户行为以及使用的设备环境而进行相对应的布局。

响应式 Web 设计的概念是 2010 年 5 月由著名网页设计师 Ethan Marcotte 提出，Ethan Marcotte 认为响应式 Web 设计指“可以自动识别屏幕宽度并做出相应调整的网页设计”，他采用《福尔摩斯历险记》中的 6 个主人公的头像制作了一个响应式网页范例，若是屏幕宽度大于 1300px，则 6 张图片水平排在一行，如图 10-1 所示。

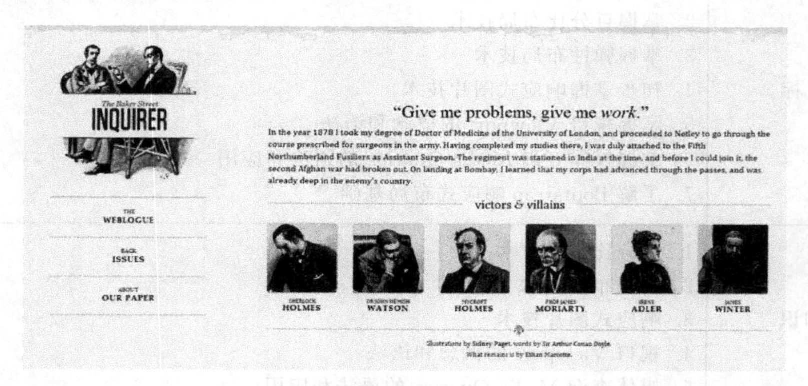

图 10-1　屏幕宽度大于 1300px 效果

若是屏幕宽度在 600px～1300px，则 6 张图片以 2 行 3 列显示，如图 10-2 所示。

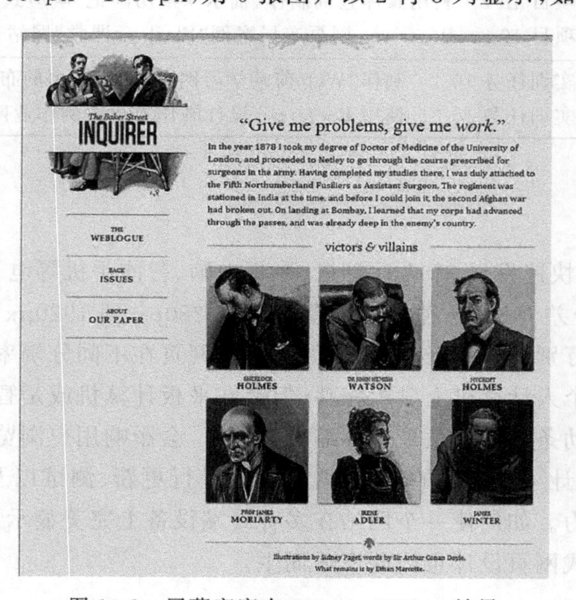

图 10-2　屏幕宽度在 600px～1300px 效果

若是屏幕宽度在400px～600px，则导航栏移到网页头部，垂直居中显示，如图10-3左侧所示。若是屏幕宽度在400px以下，则6张图片以3行2列显示，如图10-3右侧所示。

图10-3　屏幕宽度在400px～600px及400px以下页面效果

Ethan Marcotte将流动布局、弹性图片、媒体查询等技术进行整合，命名为“响应式网页设计”。响应式网页布局技术又称为自适应网页布局技术，是一个网站能兼容多种终端，依照用户行为以及使用的设备环境（系统平台、屏幕尺寸、屏幕定向等），通过使用百分比布局、弹性布局、相对字体、弹性图片、CSS3媒体查询等技术，实现相应的响应和调整。无论用户使用的是台式计算机、个人计算机、iPad还是智能手机，网页都能自动切换布局来适应设备，从而得到更好的体验效果。

响应式网页布局技术使得一个网站能够兼容多种终端，而不是为每种终端制作一个特定的版本。这种技术为解决移动互联时代各种尺寸屏幕的移动设备大面积普及，人们开始使用多种平台、多种终端设备浏览网页，正是基于这种需求应运而生，响应式网页布局技术可以为不同终端的用户提供更加舒适的界面和更好的用户体验。应用了响应式网页布局技术的案例网页在多种设备浏览器中的显示效果，如图10-4所示。

图 10-4 响应式网页布局案例效果

响应式网页设计是使网页兼容不同分辨率的设备，兼容多种屏幕、多种终端设备，达到增强用户体验的目的。实现响应式网页布局设计一般有3种方法，使用CSS3新增的CSS3 Media 媒体查询方法，这种方法简单、快捷，但是老版本的浏览器不支持，因此其兼容性存在问题；使用原生的JavaScript代码编程实现，这种方法难度大、成本高，不推荐使用；使用第三方开源框架(如Bootstrap)，兼容性好且简单、易用，是网站建设实践中常用的方式之一。

10.2 固定布局

在学习响应式布局设计之前，首先回顾一下固定布局的知识，固定布局是网页制作中常见的布局方式之一。当div的宽度和高度以px为度量单位时，网页宽度、高度是固定的，不会随浏览器窗口的缩放而变化。为了兼容1024px屏幕分辨率的计算机显示器，网页的宽度常设置为960px，1024px分辨率的屏幕的最佳页面宽度在974px～984px，考虑到960px网格布局的优点，960px是应用较为广泛的宽度，为了使网页在较高分辨率的屏幕上更好显示，使用margin：0px auto；使网页居中显示，注意margin：0px auto；此句代码有效的前提是块级元素设置了固定宽度，若块级元素未设置宽度值，则默认宽度将为100%，宽度与父级元素或称容器元素同宽也就无所谓居中了。

【例10-1】 固定布局(案例文件：chapter10\example\exp10_1.html)

```
<!doctype html>
<html lang = "en" >
<head>
```

```
    <meta charset = "UTF-8" />
<title>固定布局</title>
    <style type = "text/css">
     * {margin: 0; padding: 0; font-size: 20px; }
    p{line-height: 40px; }
     #page{
        width: 960px; /* 设置 id 值为 page */
        margin: 0px auto; /* 块元素居中 */
        height: 500px;
        background-color: #EEE;
        border: 1px #000 solid;
    }
    </style>
</head>
<body>
    <div id = "page">
        <p>#page 宽度 960px、高度 500px. </p>
        <p>浏览器窗口宽度小于 960px 时,出现横向滚动条. </p>
    </div>
</body>
</html>
```

观察例 10-1 可知,网页的 HTML 结构非常简单,父容器为 id 值为 page 的 div 层,内部包含两个段落<p>标签对,即网页主体内容位于 id 值为 page 的 div 层中,当使用大屏幕浏览器浏览宽度为 960px 的网页时,id 值为 page 的 div 层会自动居中,即验证固定宽度的网页可使用 margin: 0px auto; 样式代码使网页内容居中,在浏览器窗口大于 960px 时的运行效果如图 10-5 所示。

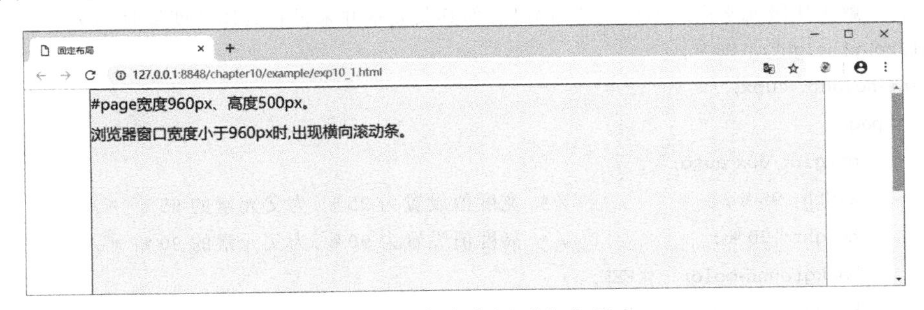

图 10-5　固定宽度网页内容居中

固定宽度的网页,在浏览器窗口的宽度小于其网页内容的固定宽度时,就会出现横向滚动条。用户浏览的网页只有纵向滚动条,没有横向滚动条,这是符合用户体验的要求,也符合用户浏览网页的习惯。如例 10-1 中,当浏览器窗口小于 960px 时,会出现横向滚动条,如果网页内容高度值超出浏览器窗口范围时,会出现纵向滚动条,造成用户浏览网页的体验不好问题。在浏览器窗口小于 960px 时的运行效果如图 10-6 所示。

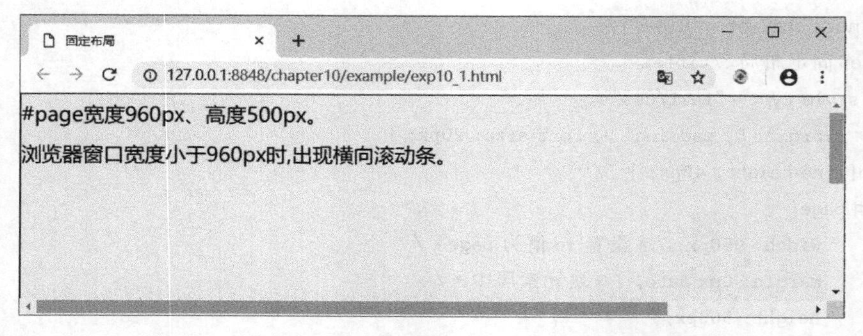

图 10-6　固定宽度网页在浏览器窗口不足时的显示效果

10.3　百分比布局

百分比布局又称流动布局,是以百分比为单位,使页面可以根据浏览器宽度的大小来调整自身的布局。这里的宽度百分比是相对于其父元素宽度的百分比,即"百分比数值=当前盒子宽度(px)/父盒子宽度(px)"。流动布局的设计可以避免在传统固定布局中遇到的问题,例如,在改变分辨率的情况下,不会出现横向滚动条而让用户体验烦琐。

【例 10-2】　百分比布局(案例文件:chapter10\example\exp10_2.html)

```
<!doctype html>
<html lang="en">
<head>
    <meta charset="UTF-8" />
    <title>百分比布局</title>
    <style type="text/css">
     *{margin: 0; padding: 0; font-size: 20px; }
    /* 解决块级元素高度值设置为百分比,而其父元素并未设置具体高度值时 */
html,body{height: 100%; }
p{line-height: 40px; }
    #page{
        margin: 0px auto;
        width: 95%;                /* 宽度值设置为95%,为父元素的95% */
        height: 90%;               /* 高度值设置为90%,为父元素的90% */
        background-color: #EEE;
        border: 1px #000 solid;
}
    </style>
</head>
<body>
    <div id="page">
        <p>#page 宽度 95%、高度 90%.</p>
```

```
        <p>仅仅为#page设置高度90%,并不能实现高度的自适应.需要为html、body标签设置高度属性.一般在网页设计时,经常不指定高度,让网页内容将高度撑开.</p>
    </div>
</body>
</html>
```

在浏览器中测试例10-2的运行效果，可以发现无论浏览器窗口的宽高值如何变化，id值为page的div层中的内容宽度始终是其父级元素body的95%宽，高度也始终是其父级元素body的90%高，如图10-7所示。

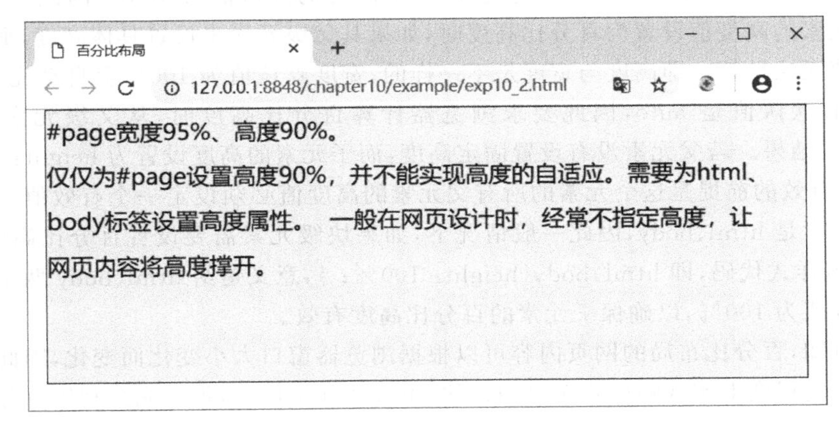

图10-7　百分比布局的宽高值特点

如果删除例10-2网页中CSS样式代码里的这一行：html，body{height：100%；}代码，再次在浏览器中测试此案例网页的运行效果，发现其内容的高度值出现问题，id值为page的div层中的内容宽度是其父元素body的95%宽，但是高度不再会一直是其父级元素body的90%高，而是由此div层中内容的高度所决定，即div的高度是由其内部的内容所撑开，而不再是按照CSS代码中所规定的高度值而定，如图10-8所示。

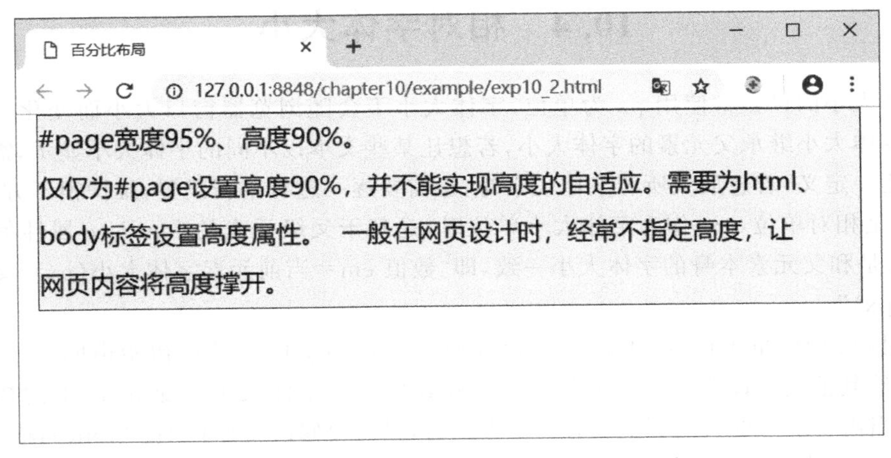

图10-8　代码html，body{height：100%；}的意义

删除 html,body{height：100%；}样式代码后,id 值为 page 的 div 层中的内容高度就不再遵从 height：90%；这个规则。Web 浏览器在计算有效宽度时会考虑浏览器窗口的打开宽度。如果宽度设定任何默认值,浏览器会自动将页面内容平铺填满横向宽度,即宽度设置为 100%一定有效,会横向填满父元素的宽度。

浏览器对高度的计算与宽度不同。事实上,浏览器不会计算内容的高度,如果内容超出了浏览器窗口范围,则会出现滚动条,或者为整个网页设置一个具体的高度值,否则浏览器会让网页内容从上往下堆砌,自动出现纵向滚动条。因此,网页内容的高度值一般不考虑,除非网页中没有任何内容,或不足一屏高度的内容。

网页中没有缺省预定义好的高度值,网页中高度的默认值为 auto。因此,当网页中某个或某些元素的高度值设置为百分比高度时,如果其父级元素未设置具体高度,那么这些元素的高度值无法计算。即高度与宽度是不一样的,宽度默认值为 100%会自动充满父元素,而高度值的默认值是 auto,因此要求浏览器计算百分比高度时,从父级元素只能得到 undefined 的结果。若父元素没有设置固定高度,而子元素的高度设置为 height：100% ,这个 100%高有效的前提是这个元素的所有父元素的高度值必须设定一个有效值。网页元素的顶级父元素是 html、body,因此一般情况下,如果块级元素需要设置百分比高度时,会添加一行 CSS 样式代码,即 html,body{height：100%；},意义是给 html、body 两个顶级父元素设置高度值为 100%,以确保子元素的百分比高度有效。

由上可知,百分比布局的网页内容可以根据浏览器窗口大小变化而变化,因此百分比布局也可以一定程度上实现响应式布局的目的,不过实际工作中,很少完全利用百分比布局来制作响应式网站,因为百分比布局存在一个较大的缺陷——计算困难,前文所讲的块级元素宽度值和高度值的百分比计算虽然都是根据父元素来计算,但是父元素若无具体高度值时要采取新的解决办法。margin、padding 等属性不管垂直还是水平方向都是相对于父元素的宽度进行计算,而 border-radius 等属性则是相对于元素自身来计算等,不同属性计算标准不同,同时造成了使用百分比单位布局页面会使布局问题变得更加复杂,因此响应式网页布局技术,并不推荐完全使用百分比布局。

10.4 相对字体大小

字体大小的设置常使用 px 为单位,字体大小不会随浏览器窗口大小而变化。缺点是子元素字体大小继承父元素的字体大小,若想让某些文本以不同的字体大小显示,需要重新对它们逐一定义,若想放大所有字体大小时,也需要逐一进行重新设置,维护很不方便。

em 是相对单位,em 作为字体大小单位时,是基于父级元素的 font-size 属性值来计算的,1em 是和父元素本身的字体大小一致,即“数值 em＝当前元素字体大小(px)/父元素字体大小(px)”。

使用 em 做度量单位,维护相对比较方便,如为 body 标签设置初始声明：“font-size：16px;”,给其他文字设置字体大小单位 em,则其他文字字体大小会受 body 上的初始声明的影响,当需要统一放大网页上所有字体大小时,只需要修改初始声明：“font-size：16px;”即可。值得说明的是,一般浏览器默认字体大小是 16px,所以,最初 body 进行以下声明效果是一样的。

```
font-size: 16px;
font-size: 100 % ;
font-size: 1em;
```

【例 10-3】 em 作为字体大小单位(案例文件：chapter10\example\exp10_3. html)

```
<!doctype html>
<html lang = "en">
<head>
    <meta charset = "UTF-8" />
    <title>相对大小的字体 em</title>
    <style type = "text/css">
        body {font-size: 100 % ; }   /* 浏览器默认字号 16px */
    </style>
</head>
<body>
    <ul>
        <li style = "font-size: 1em; ">1em 的大小</li>
        <li style = "font-size: 16px; ">16px 的大小</li>
        <li style = "font-size: 2em; ">2em 的大小</li>
        <li style = "font-size: 32px; ">32px 的大小</li>
        <li style = "font-size: 2em">li 的文字大小 2em
            <a href = "#" style = "font-size: 2em">
                li 子元素<a>标签的文字 2em</a>
        </li>
    </ul>
</body>
</html>
```

例 10-3 中的第一行代码，ul 的字体大小是 16px，li 字体大小是 1em，是相对于其父元素 ul 来计算的，1em＝16px，所以 li 字体大小是 16px。同理，第三行代码 2em＝2×16px＝32px。第五行代码 li 设置 2em，li 字号大小是其父元素的 2 倍(2×16px＝32px)，<a>标签内的文字字号设置为 2em，是它的父元素 li 的 2 倍(2×32px＝48px)，所以<a>标签字号大小是 48px。例 10-3 的代码在浏览器的运行效果如图 10-9 所示。

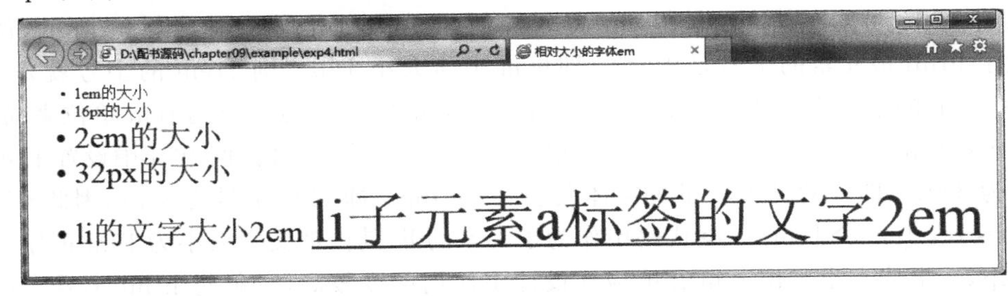

图 10-9 字体大小单位 em

从例 10-3 中可以看出,em 的计算是基于父级元素的字体大小来计算的。在实际使用中,若嵌套层次较多时,进行计算很不方便。rem(font size of the root element)是指相对于根元素(html)的字体大小(font-size)的单位,避免了嵌套中的层级问题,也不用考虑父级元素的 font-size,它始终是基于根元素(html)进行计算。目前,IE 9+、Firefox、Chrome、Safari、Opera 的主流版本浏览器都支持 rem,为了兼容不支持 rem 的浏览器,需要在 rem 前面写上对应的 px 值。

【例 10-4】 rem 作为字体大小单位(案例文件: chapter10\example\exp10_4.html)

```
<!doctype html>
<html lang = "en">
<head>
    <meta charset = "UTF-8" />
    <title>相对大小的字体 rem</title>
    <style type = "text/css">
        html {
            font-size: 100%; /* 浏览器默认字号 16px */
        }
        ul{
            font-size: 200%;   /* ul 是 li 的父元素 */
        }
    </style>
</head>
<body>
    <ul>
        <li style = "font-size: 16px">li 的文字大小 16px</li>
        <li style = "font-size: 1em">li 的文字大小 1em</li>
        <li style = "font-size: 1rem">li 的文字大小 1rem</li>
        <li style = "font-size: 2rem">li 的文字大小 2rem</li>
        <li style = "font-size: 3rem">li 的文字大小 3rem</li>
    </ul>
</body>
</html>
```

例 10-3 的代码在浏览器中的运行效果如图 10-10 所示。

从图 10-10 可知字体大小单位 em 和 rem 的区别,rem 是基于根元素 html 的,例 10-4 中设置了 html 根元素的字号是 100%,即标准字体大小 16px,则 1rem 的字号就是 16px,2rem 和 3em 的字体大小依据 16px 的倍数来计算,如 20px 字号大小用 rem 单位来描述,需要用 20px/16px=1.25rem 表示。而 em 单位是基于父元素而言的,例 10-4 中设置了 ul 的字体大小为 200%,即 li 的父元素 ul 的字体大小为 2×16px,即 ul 的字号为 32px,因此<li style="font-size: 1em">1em</li>代码中作为子元素的 li,其内部文字大小为 1em 的字号实际上是 32px。字体大小单位 rem 在响应式设计中使用频度较高,一般将 html 字号大小设置为 10px,这样计算较为方便。但是,由于浏览器一般都有最小字体限制,如谷歌浏览器、

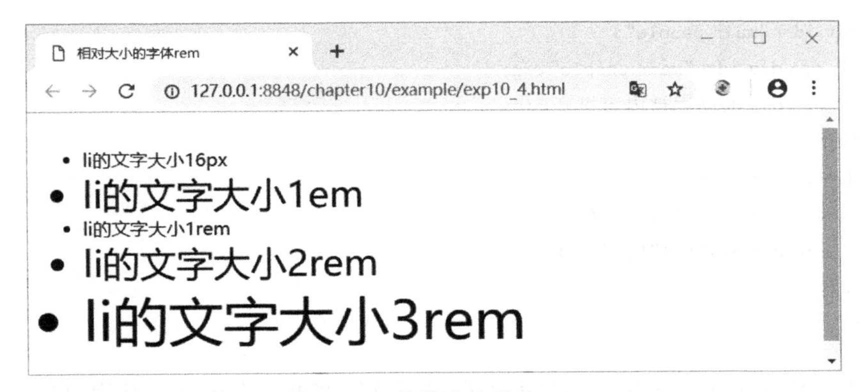

图 10-10　字体大小单位 rem

chrome 浏览器不支持小于 12px 的字体，计算小于 12px 的时候，会默认取值 12px 进行计算，导致 chrome 的 rem 计算不准确。所以，可以使用 100px 作为 html 字号大小。其代码如下。

```
html {font-size: 100px; }
body{ font-size: 0.2rem; }              /* 0.2×100px=20px,即 body 字号为 20px */
p {font-size: 0.12rem; }                /* 0.12×100px=12px */
p span {font-size: 0.16rem; }           /* 0.16×100px=16px */
```

10.5　弹性布局

弹性布局是使用 em 或 rem 作为度量单位进行网页布局，由于 em 是相对于父元素进行计算，计算不方便，在布局时较少使用 em，常使用 rem 作为单位。html 中的所有标签样式，凡是涉及尺寸的元素（如 height，width，padding，margin，font-size，甚至 left，top 等）都可以用 rem 作单位。以下使用 rem 对 10.1 节中展示的 Ethan Marcotte 提出的响应式网页范例进行布局。

【例 10-5】　rem 弹性布局（案例文件：chapter10\example\exp10_5.html）

```
<div id="page">
    <div id="left">
        <p>div id="left"</p>
        <p>div 的高度被内容撑开</p>
        <p>div 的高度被内容撑开</p>
    </div>
    <div id="main-intro">
        <p>div id="main-intro"</p>
        <p>div 的高度被内容撑开</p>
        <p>div 的高度被内容撑开</p>
    </div>
```

```
        <div id = "main-people">
            <p>div id = "main-people"</p>
            <p>div 的高度被内容撑开</p>
        </div>
        <div id = "footer">
            <p>div id = "footer</p">
            <p>div 的高度被内容撑开</p>
        </div>
    </div>
```

通过 JavaScript 代码使文字字号大小根据浏览器宽度动态改变。其代码如下。

```
<script>
    (function(doc, win) {
        var docEl = doc.documentElement,
        resizeEvt = 'orientationchange'in window ?'orientationchange': 'resize',
        recalc = function() {
            var clientWidth = docEl.clientWidth;
            if (!clientWidth) return;
            if(clientWidth> = 960){
                docEl.style.fontSize = '100px';
            }else{
                docEl.style.fontSize = 100 * (clientWidth / 960) + 'px';
            }
        };
        if (!doc.addEventListener) return;
        win.addEventListener(resizeEvt, recalc, false);
        doc.addEventListener('DOMContentLoaded', recalc, false);
    })(document, window);
</script>
```

其 CSS 样式代码如下。

```
 *{ margin: 0; padding: 0; border: 0; }
html{height: 100 % ; font-size: 100px; }
body{
    height: 100 % ;
    font-size: 0.2rem;              /* 字号 0.2 * 100px = 20px */
}
 #page{
    margin: 0 auto;
    width: 10.6rem;                 /* 父元素字号 100px,960px / 100px = 10.6rem */
    height: 100 % ;
```

```
        background: #ccc;
    }
    #left{
        float: left;
        width: 3.06rem;               /* 父元素字号 100px,306px / 100px = 3.06rem */
        background-color: pink;
        margin-top: 10px;
    }
    #main-intro, #main-people, #footer{
        float: right;
        width: 6.33rem;               /* 父元素字号 100px,633px / 100px = 6.33rem */
        background-color: yellow;
        margin-top: 10px;
    }
```

当浏览器宽度大于960px时,如图10-11所示,#page宽度是960px,居中显示,两边留白。

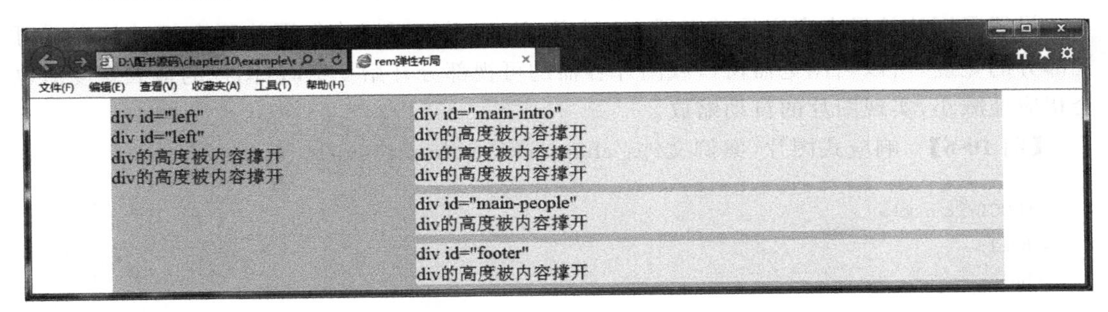

图10-11　浏览器宽度大于960px

当浏览器宽度小于960px时,如图10-12所示,字号变小,#page等div等比例宽度变小,但是未出现横向滚动条。

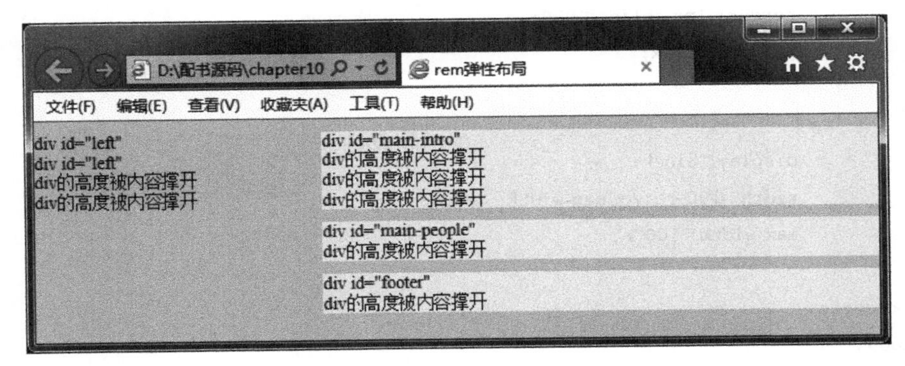

图10-12　浏览器宽度小于960px

值得说明的是,若不添加JavaScript代码,仅依靠rem相对单位,并不能实现这一效果,因为html的font-size值是固定的100px。JavaScript代码的作用是检测浏览器窗口宽度,如果页面的宽度大于960px,那么页面中html的font-size恒为100px;如果页面宽度小于960px,那么页面中html的font-size会按照100px*(当前页面宽度/960px)的比例进行变化。

10.6 响应式图片

解决了字体大小、布局随着浏览器窗口的缩放而变化的效果,为了实现响应式网页效果,还必须解决图片大小随着浏览器窗口的缩放而随之缩放的问题,即响应式图片的设置。

使用 CSS 的 width: 100%声明图片大小占父元素大小的百分比,使图片大小随父元素的缩放而缩放,声明 max-width: 100%设置图片最大尺寸,放置图片放大到大于自身尺寸时,视觉效果变差的情况,其代码如下。

```
img {
    width: 100 % ;
    max-width: 100 % ;
}
```

设置了图片的最大宽度是其容器(父元素)的 100%,可以确保图片不会超过其容器可视部分的宽度,所以当浏览器窗口或图片容器的可视部分开始变窄时,图片的最大宽度值也会相应地减小,实现图片的自动缩放。

【例 10-6】 响应式图片(案例文件: chapter10\example\exp10_6.html)

```
<!DOCTYPE html>
<html>
<head>
    <style type = "text/css">
        #page{
            width: 90 % ;
            margin: 0 auto;
            border: 1px solid #999;
            padding: 10px;
        }
        img {
            display: block;
            width: 100 % ; /* max-width: 490px; */
            max-width: 100 % ;
        }
    </style>
</head>
<body>
    <div id = "page">
        <img src = "images/img02.jpg" />
    </div>
</body>
</html>
```

例 10-6 的代码运行效果如图 10-13 所示。

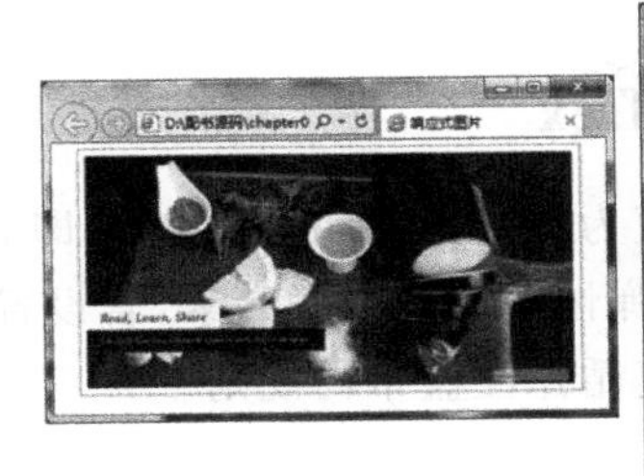

图 10-13　图片随浏览器窗口缩放而缩放

随着浏览器窗口的缩放，图片随之缩放。图片的实际宽度是 490px，当 #page 宽度大于 490px 时，图片放大，超出其原始尺寸，图片会变模糊，显示效果变差。

若要确保图片不会被拉大，需要利用“max-width：490px；”为图片设置一个阈值。当 #page 宽度大于 490px 时，图片以其最大尺寸显示，当 #page 宽度小于 490px 时，图片缩小。其代码如下。

```
max-width: 490px;
```

或者为图片的父元素设置最大宽度，其代码如下。

```
#page{
    width: 90%;
    margin: 0 auto;
    border: 1px solid #999;
    padding: 10px;
    max-width: 490px;
}
img {
    display: block;
    width: 100%;
    max-width: 100%;
}
```

以上两种方法，都不能使图片在大屏幕下很好地显示。为了保证浏览效果，需要准备足够大的图片，以适应大屏幕显示。在小屏幕设备（如手机）上浏览网页，若请求大尺寸图片显示，消耗流量大，下载速度也较慢。解决办法是为小屏幕尺寸提供较小的图片，这就要用到媒体查询，根据不同的终端设备提供不同分辨率的图片。

10.7　弹性盒子

CSS3 中新增了一种新的布局方式称为弹性盒子，以使网页更好地适应不同设备、不同分辨率的各种屏幕，弹性盒元素可以使其内部的子元素很方便地排列、对齐和分配空白进行灵活的布局。弹性盒布局要由弹性盒父元素和弹性子元素组成。弹性容器通过设置父元素的 display 属性的属性值为 flex 或 inline-flex,则此元素就是弹性盒元素,弹性盒元素内可以包含一个或多个弹性子元素。

10.7.1 设置父元素的 display 属性值为 flex

创建弹性盒子,首先要设置父元素的 display 属性值为 flex 或者 inline-flex,即 display: flex; 或者是 display: inline-flex; 其中 inline-flex 是指弹性盒属于内联元素,若设置了元素的 display 属性为弹性盒子,则此元素内的子元素就会遵循弹性盒布局规则。

10.7.2 justify-content 属性

justify-content 属性用于设置弹性盒子元素在主轴即横轴方向上的对齐方式。当 justify-content 属性值为 center 时,子元素水平居中; 当 justify-content 属性值为 flex-start 时,子元素从左侧开始排列; 当 justify-content 属性值为 flex-end 时,子元素从右侧开始排列; 当 justify-content 属性值为 space-between 时,子元素两边的向两边靠,中间等分排列; 当 justify-content 属性值为 space-around 时,每个子元素两端空白都一样多,空白间距被均分。将例 10-1 中类名为 box 的样式代码中的 flex-grow: 1; 语句删除,依次修改类名为 flexbox 的 div 层这个弹性盒子的 justify-content 属性值,其属性效果如图 10-14 所示。

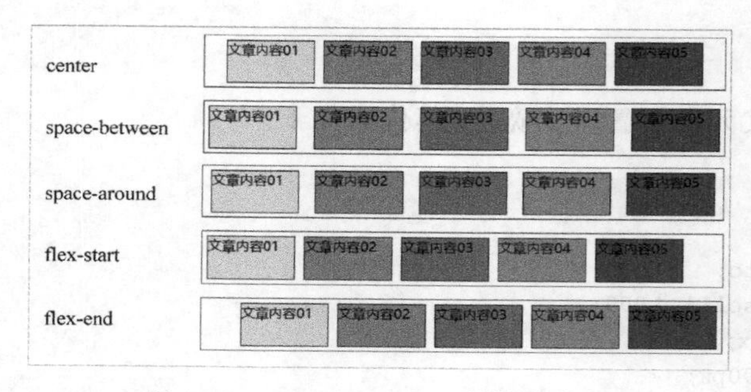

图 10-14 justify-content 属性的意义

10.7.3 align-items 属性

align-items 属性用于设置弹性盒子元素在侧轴即纵轴方向上的对齐方式。当 align-items 属性值为 center 时,子元素在纵轴方向垂直居中,如果该行的尺寸小于弹性盒子元素的尺寸,则会向两个方向溢出相同的长度; 当 align-items 属性值为 stretch 时,如果指定侧轴大小的属性值为 auto,则子元素高度值会尽可能接近所在行的尺寸,stretch 是 align-items 属性的默认值; 当 align-items 属性值为 flex-start 时,元素位于容器的开头,弹性盒子元素的侧轴即纵轴起始位置的边界紧靠该行的侧轴起始边界; 当 align-items 属性值为 flex-end 时,元素位于容器的尾部,弹性盒子元素的侧轴即纵轴起始位置的边界紧靠该行的侧轴结束边界。

10.7.4 flex-direction 属性

flex-direction 属性规定弹性盒内的子元素排列的方向,默认取值为 row,即从左至右横向排列; 若 flex-direction 属性取值为 column,则表示子元素为纵向从上向下排列; 若 flex-direction 属性取值为 row-reverse，则表示子元素为横向从右向左反向排列；若 flex-direction 属性取值为 column-reverse，则表示子元素为纵向从下至上反向排列。其属性效果如图 10-15 所示。

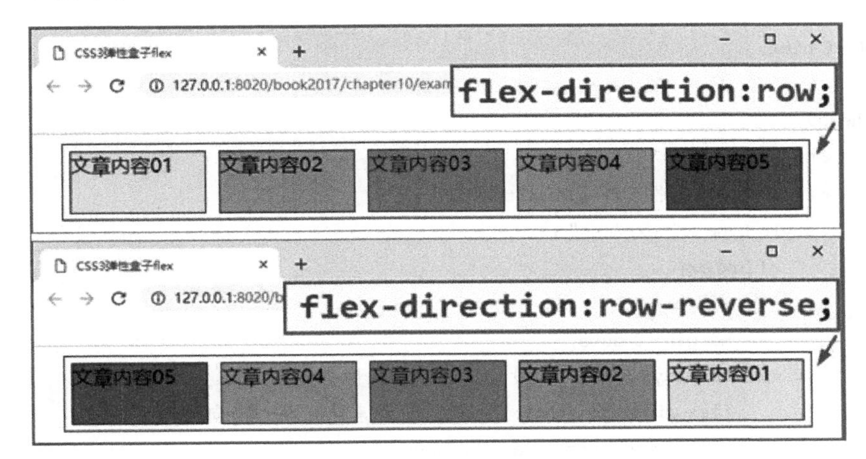

图 10-15　flex-direction 属性的意义

10.7.5　flex-wrap 属性

flex-wrap 属性规定弹性盒子元素内的子元素是单行(列)还是多行(列)排列。当 flex-wrap 属性取值为 wrap 时，允许换行或换列，即多行或多列显示，如果父容器宽度或高度不够显示的时候，允许换行或换列；当 flex-wrap 属性取值为 nowrap 时，不允许换行或换列，即单行或单列显示，flex-wrap 属性默认取值为 nowrap。当 flex-wrap 属性取值为 wrap-reverse，可以换行且以反向顺序排列。

10.7.6　flex 属性

flex 属性是属性 flex-grow(放大比例)、flex-shrink(缩小比例)和 flex-basis(主轴空间)的复合属性，用于设置子元素的伸缩性，如例 10-7 中类名为 box 代表所有子元素的元素样式中设置了 flex-grow：1；表示当父元素的宽度大于所有子元素的宽度的和时，即父元素存在剩余空间时，子元素如何分配父元素的剩余空间，值为 1 即表示剩余空间全部被占用被分配。flex-grow 属性的默认值为 0，表示子元素不占用父元素的剩余空间。flex-shrink 属性指缩小比例，其用法与 flex-grow 属性类似。flex-basis 用于设置元素的宽度，如果元素上同时设置了 width 和 flex-basis，那么 width 的值就会被 flex-basis 属性替换。

10.7.7　order 属性

order 属性用于规定子元素的排列顺序，如例 10-7 中弹性盒元素中有 5 个子元素，可以在每个子元素的样式中用 order 属性来设置其排列顺序。

10.7.8　flex-flow 属性

flex-flow 属性是属性 flex-direction 和属性 flex-wrap 的复合属性，规定弹性盒元素内容的子元素的排列方式。如 flex-flow：row-reverse wrap；即表示横向从右至左反向排列且允许换行。

【例 10-7】 CSS3 弹性盒案例(案例文件：chapter10\example\exp10_7. html)

```
<!DOCTYPE html>
<html>
    <head>
        <meta charset = "UTF-8">
        <title>CSS3 弹性盒子 flex</title>
        <style type = "text/css">
            .flexbox{
                width: 90%;
                margin: 0 auto;
                display: flex; /*设置父元素为弹性盒元素*/
                flex-direction: row; /*设置子元素从左至右横向排列*/
                justify-content: space-between;
flex-wrap: wrap; /**/
                border: 1px #00F solid;
            }
            .box{
                width: 100px;
                min-width: 100px;
                height: 50px;
                background-color: #0FFFF0;
                border: 1px #000 solid;
                margin: 5px;
    flex-grow: 1;
            }
            .box1{background-color: #F0F04E; }
            .box2{background-color: #F0AD4E; }
            .box3{background-color: #00FF00; }
            .box4{background-color: #0FFFF0; }
            .box5{background-color: #FF4400; }
        </style>
    </head>
    <body>
        <div class = "flexbox">
            <div class = "box box1">文章内容 01</div>
            <div class = "box box2">文章内容 02</div>
            <div class = "box box3">文章内容 03</div>
            <div class = "box box4">文章内容 04</div>
            <div class = "box box5">文章内容 05</div>
```

```
        </div>
    </body>
</html>
```

观察例 10-7 可知，类名为 flexbox 的 div 层中有 5 个子 div 层，在样式代码中已设置类名为 flexbox 的 div 层的 display 属性值为 flex，即作为容器的 div 层是弹性盒子，并且设置了其 justify-content 属性值为 space-between，允许换行且各子元素的 flex-grow 值为 1。上述网页在浏览器窗口的宽度发生变化时，呈现的多种显示效果如图 10-16 所示。

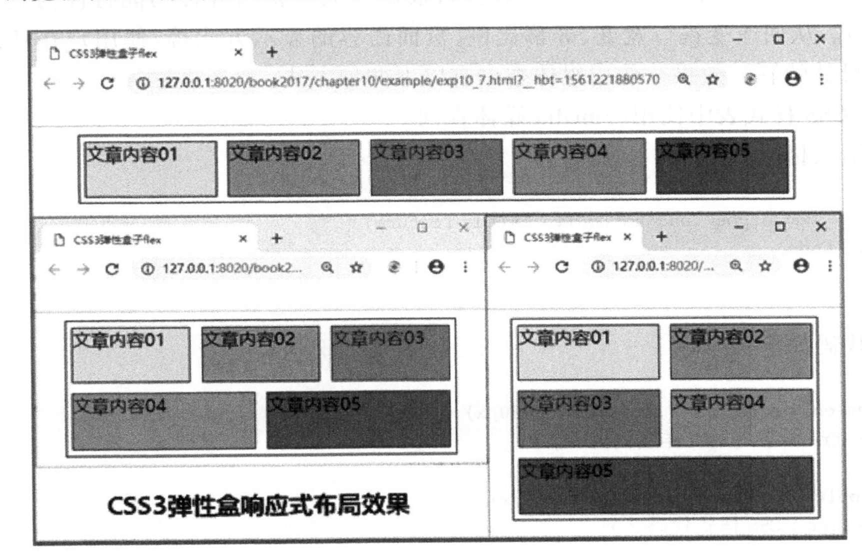

图 10-16　CSS3 弹性盒布局效果

10.8　视口与媒体查询

10.8.1　视口

视口(viewport)是浏览器显示页面内容的屏幕区域，在移动端的浏览器中主要有布局视口和视觉视口两种视口。一般移动设备的浏览器默认设置了一个 viewport 元标签，定义一个虚拟的布局视口，用于解决 PC 端页面在手机上显示的问题。iOS、Android 基本都将这个视口分辨率设置为 980px，而手机的屏幕宽度低于这个数值，所以 PC 端网页在手机上呈现时，页面被缩小，一般默认可以通过手动缩放网页。手动放大带来的后果是浏览器会出现横向滚动条，用户体验较差。视觉视口是移动设备的物理屏幕的可视区域，即用户可以看到的网页的区域。以 iPhone 5 为例，设备屏幕宽度是 640px，展示 980px 宽的网页，640px 是视觉视口，980px 是布局视口。

为了不呈现缩小的网页，需要重新配置视口的属性，其代码如下。

```
<meta name = "viewport" content = "width = device-width, initial-scale = 1.0 user-scalable = no ">
```

width 属性用来控制布局视口的宽度，布局视口宽度默认值是设备厂家指定的，iOS、Android 基本都将这个视口分辨率设置为 980px。为了响应式布局，将 width 设置为 device-width，表示布局视口和视觉视口宽度相同。initial-scale 用于指定页面的初始缩放比例。user-scalable 控制用户是否可以通过手势对页面进行缩放，默认值为 yes，表示可被缩放；该值设置为 no，表示不允许用户缩放网页。

10.8.2 媒体查询

媒体查询是实现响应式网页的关键技术，根据终端设备的各种功能特性为其设定相应的 CSS 样式，从而改变视口宽度、屏幕比例、页面内容的显示方式等，使用户在任意终端都能体验到最佳的浏览效果。使用媒体查询有以下两种方法。

1. 在 CSS 样式表中使用@media 媒体查询

基本语法格式如下。

```
@media  mediatype  and|not|only  (media feature) {
    CSS-Code;
}
```

示例代码如下。

```
@media only screen and (max-width: 480px) {
    .extraSmall { CSS 样式代码 1 }
}
media only screen and (max-width: 768px) {
    .small { CSS 样式代码 2 }
}
@media only screen and (max-width: 992px) {
    .medium { CSS 样式代码 3 }
}
@media only screen and (max-width: 1200px) {
    .large { CSS 样式代码 4 }
}
```

使用 @media 查询，针对不同的媒体类型定义不同的样式，常见媒体类型见表 10-1。重置浏览器大小的过程中，页面也会根据浏览器的宽度和高度重新渲染页面。

表 10-1 媒体类型常见取值

mediatype	描 述
all	用于所有设备
print	用于打印机和打印预览
screen	用于计算机屏幕、平板电脑、智能手机等
device-height	定义输出设备的屏幕可见高度
device-width	定义输出设备的屏幕可见宽度
height	定义输出设备中的页面可见区域高度
width	定义输出设备中的页面可见区域宽度
max-device-height	定义输出设备的屏幕最大可见高度

续表

mediatype	描　述
max-device-width	定义输出设备的屏幕最大可见宽度
max-height	定义输出设备中的页面最大可见区域高度
max-width	定义输出设备中的页面最大可见区域宽度
min-device-height	定义输出设备的屏幕最小可见高度
min-device-width	定义输出设备的屏幕最小可见宽度
min-height	定义输出设备中的页面最小可见区域高度
min-width	定义输出设备中的页面最小可见区域宽度

上述代码中定义的类(.extraSmall)在媒体类型为浏览器屏幕且屏幕宽度小于480px时生效；类(.small)在媒体类型为浏览器屏幕且屏幕宽度小于768px时生效；类(.medium)在媒体类型为浏览器屏幕且屏幕宽度小于992px时生效；类(.large)在媒体类型为浏览器屏幕且屏幕宽度小于1200px时生效。实际项目制作时可以省略only screen或者only。

可以将两个媒体尺寸属性组合使用,用以锁定某个屏幕尺寸范围。示例代码如下。

```
@media screen and (min-width: 960px) and (max-width: 1200px) {
    .MediumScreen {
        CSS 样式代码
    }
}
```

上述代码表示类(.MediumScreen)设置的CSS样式代码在浏览器窗口的宽度在960～1200px时生效。

2. 自动探测屏幕宽度,再加载相应的CSS文件

通过<link>标签media属性检测媒体类型,对相应的媒体类型,链接相应的外部CSS样式表文件。基本语法格式如下。

```
<link rel = "stylesheet"  media = "mediatype and/not/only (media feature)" href =
"mystylesheet.css" >
```

示例代码如下。

```
<link rel = "stylesheet"  type = "text/css"  media = "screen and (max-width: 480px)"  href =
"tinyScreen.css" />
<link rel = "stylesheet"  type = "text/css"  media = "screen and (min-width: 480px) and (max-
width: 768px)"  href = "smallScreen.css" />
<link rel = "stylesheet"  type = "text/css"  media = "screen and (min-width: 769px)"  href =
"bigScreen.css" />
```

自动探测屏幕宽度,再加载相应的CSS文件。如果屏幕宽度小于480px(max-width: 480px),加载tinyScreen.css文件；如果屏幕宽度在480px～768px,则加载smallScreen.css

文件；如果屏幕宽度大于 769px,则加载 bigScreen. css 文件。

媒体类型常见取值见表 10-1。

【例 10-8】 媒体查询实现响应式布局(案例文件：chapter10\example\exp10_8. html)

```
<head>
    <meta name = "viewport" content = "width = device-width, initial-scale = 1.0, maximum-scale
 = 1, user-scalable = no">
<style>
    * { margin: 0; padding: 0; border: 0; }
    html,body, #page{height: 100%; font-size: 24px; }
    #content{
        height: 50%;
        background-color: red;
    }
    #sidebar{
        height: 50%;
        background-color: pink;
    }
    @media screen and (min-width: 400px) {
        #content{ width: 75%; float: left; }
        #sidebar{ width: 25%; float: left; }
    }
</style>
</head>
<body>
    <div id = "page">
        <div id = "content">div id = "content"</div>
        <div id = "sidebar">div id = "siidebar"</div>
    </div>
</body>
```

代码运行效果如图 10-17 所示。

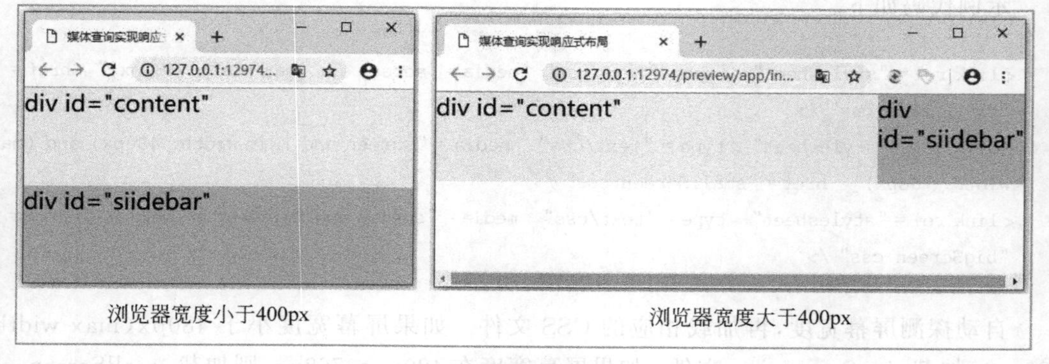

图 10-17 浏览器宽度不同布局不同

当浏览器窗口宽度小于 400px 时，div 独占一行，div 并不浮动，代码中未指定 div 宽度，默认占一整行。当浏览器宽度大于 400px 时，根据媒体查询代码@media screen and (min-width：400px)，两个 div 左浮动，且宽度分别占 75%和 25%，随着浏览器窗口的变宽，两个 div 等比例变宽。

10.9 Bootstrap 响应式网页设计

10.9.1 Bootstrap 获取与安装

Bootstrap 由美国 Twitter 公司的设计师 Mark Otto 和 Jacob Thornton 合作推出，2011 年 8 月在 GitHub 上正式发布，一经推出便广受欢迎。Bootstrap 是基于 HTML、CSS、JavaScript 开发的前端开发框架，其操作简单便捷，功能强大。BootStrap 是广受欢迎的 HTML、CSS 和 JavaScript 框架之一，广泛用于开发响应式布局和移动设备优先的 Web 项目。

Bootstrap 是完全开源的。它的代码托管、开发、维护都依赖 GitHub 平台。Bootstrap 的最大特点是移动优先，应用 Bootstrap 制作的响应式网站能够自适应于多平台，如台式计算机、笔记本电脑、平板电脑和手机等多种不同屏幕的设备。Bootstrap 内置了许多功能强大的组件，并且易于操作，也得到了众多主流浏览器的支持。安装 Bootstrap 方法非常简单，进入 Bootstrap 官方网站(https：//getbootstrap. com/)或者 Bootstrap 中文网(https://www. bootcss. com/)，下载 Bootstrap 的最新版本或较新版本，如图 10-18 所示。

图 10-18　Bootstrap 中文网首页

单击“Bootstrap3 中文文档(V3. 37)”按钮，进入下一页面，出现“下载 Bootstrap”按钮，如图 10-19 所示。

单击“下载 Bootstrap”按钮，进入 Bootstrap 的下载页面，这里有 3 种下载选择，分别是“用于生产环境的 Bootstrap”“Bootstrap 源码”和“Sass”，如图 10-20 所示。

Bootstrap 提供以下几种方式，每一种方式针对具有不同技能等级的开发者和不同的使用场景。初学者可以单击“下载源码”按钮下载 Bootstrap 的必备文件、JavaScript 文件、字体文件等源码和文档，以及一些可供参考的案例文件。“下载 Bootstrap”链接，只含有应用 Bootstrap 环境的必备文件，不包含文档和源码案例文件，即如果下载 Bootstrap 直接用于网

图 10-19　下载 Bootstrap

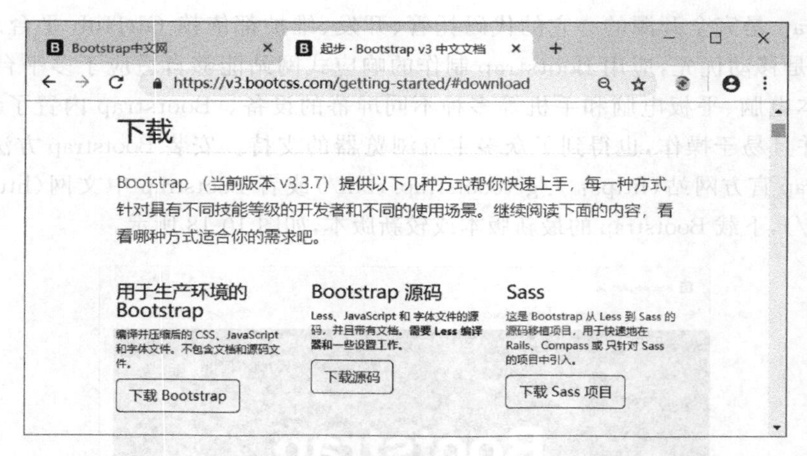

图 10-20　下载 Bootstrap

页开发，应该选择网页最左侧的下载链接。Sass 是一种 CSS 的开发工具，它提供了许多便利的写法，大大节省了样式设计者的时间，使得 CSS 的开发变得更加简单和可维护。Sass 是 CSS 预处理器的一种，它为 CSS 加入了编程元素，Sass 书写的样式可以经过编译得到正常的 CSS 文件，用于网页设计开发，因此，如果是 Sass 项目，则可以选择最右侧的“下载 Sass 项目”下载链接。这里使用左侧两个下载链接，分别下载后解压。如单击“用于生产环境的 Bootstrap”链接下载，将其解压后可得到 3 个目录，分别是 css 目录、fonts 目录和 js 目录，Bootstrap 的基本文件就放置在这 3 个目录中，此下载目录下载的 Bootstrap 版本称预编译版，解压后其目录结构如下。

```
bootstrap/
 ├── css/
 │   ├── bootstrap.css
 │   ├── bootstrap.css.map
 │   ├── bootstrap.min.css
 │   ├── bootstrap.min.css.map
```

```
│   ├─── bootstrap-theme.css
│   ├─── bootstrap-theme.css.map
│   ├─── bootstrap-theme.min.css
│   └─── bootstrap-theme.min.css.map
├─── js/
│   ├─── bootstrap.js
│   └─── bootstrap.min.js
└─── fonts/
    ├─── glyphicons-halflings-regular.eot
    ├─── glyphicons-halflings-regular.svg
    ├─── glyphicons-halflings-regular.ttf
    ├─── glyphicons-halflings-regular.woff
    └─── glyphicons-halflings-regular.woff2
```

安装 Bootstrap 的方法较为简单，将这 3 个目录存放到需要创建网站的根目录下就完成了 Bootstrap 的安装工作。如果单击"下载源码"下载链接，那么上述预编译版本的 3 个目录存放在 dist 子目录中，另外，下载源码链接不仅包含了预先编译的 CSS、JavaScript 和图标字体文件，并且还有 LESS、JavaScript 和文档的源码，可以在 docs 目录中的 examples 目录中查阅和学习一些典型的应用了 Bootstrap 设计的网页案例文档。

将 Bootstrap 必备的 3 个目录放置在网站根目录下完成安装后，如何在网页中搭建好 Bootstrap 应用环境呢？首先观察 Bootstrap 中文网提供的 Bootstrap 网页基本模板，其代码如例 10-9 所示。

【例 10-9】 Bootstrap 网页基本模板（案例文件：chapter10\example\exp10_9.html）

```
<!DOCTYPE html>
<html lang = "zh-CN">
    <head>
        <meta charset = "utf-8">
        <meta name = "viewport" content = "width = device-width, initial-scale = 1">
<title>Bootstrap 网页基本模板</title>
        <!-- 引入 Bootstrap 样式 -->
        <link href = "https://cdn.jsdelivr.net/npm/bootstrap@3.3.7/dist/css/bootstrap.
min.css" rel = "stylesheet">
        <!-- HTML5 shim 和 Respond.js 用于 IE 8 支持 HTML5 元素和媒体查询功能 -->
        <!-- [if lt IE 9] -->
            <script src = "https://cdn.jsdelivr.net/npm/html5shiv@3.7.3/dist/
html5shiv.min.js"> </script>
            <script src = "https://cdn.jsdelivr.net/npm/respond.js@1.4.2/dest/
respond.min.js"> </script>
        <!-- [endif] -->
    </head>
    <body>
        <h1>你好,世界!</h1>
```

```
        <!-- 引入 jQuery (Bootstrap 所有 JavaScript 插件都依赖 jQuery,必须放在前边) -->
        <script src = "https: //cdn.jsdelivr.net/npm/jquery@1.12.4/dist/
jquery.min.js"> </script>
        <!-- 加载 Bootstrap 的所有 J 插件.也可以根据需要只加载单个插件. -->
        <script src = "https: //cdn.jsdelivr.net/npm/bootstrap@3.3.7/dist/js/
bootstrap.min.js"> </script>
    </body>
</html>
```

观察上述代码可知,Bootstrap 网页基本模板是一个 HTML5 格式的网页文档,这也是 Bootstrap 要用到的某些 HTML 元素和 CSS 属性的需要。其中括在<!－－　－－>之间的注释代码是可以删除的,对网页运行无影响。从代码中可以看出,在网页头部标签对<head>…</head>中有两行重要代码。一是 viewport 视口代码行,这是移动 Web 开发必备的基础代码行,用于设置移动设备浏览器的布局视口宽度,width 值为设备宽度 device-width,以确保自适应布局目的,并且设置初始缩放值 initial-scale 为 1,有时在移动设备浏览器上,会为视口 viewport 设置 meta 属性为 user-scalable＝no,即禁用其缩放功能,禁用了缩放功能后,用户只能滚动屏幕,这样会让网站看上去更像原生应用,用户体验会更好。

网页头部标签对<head>…</head>中所含的另一重要代码行是用 link 语句链接外部的样式表文件,注意这里使用的是 CDN 的方式。CDN 是一种内容分发网络,即这里链接的 bootstrap. min. css 样式文件是 Bootstrap 中文网为 Bootstrap 专门构建的免费的 CDN 加速服务,使访问速度更快、加速效果更明显、没有速度和带宽限制、永久免费。在本地应用 Bootstrap 开发网站时,大多是使用本地已经下载的 Bootstrap 预编译版本文档。假设已经将下载完成的预编译版本的 3 个目录存放在本地站点的根目录中,上述网页模板也存储在本地根目录下,那么上述网页基本模板中头部和正文处的调用 Bootstrap 文档的代码行应该修改如下。

```
...
<head>
...
<link href = "css/bootstrap.min.css" rel = "stylesheet">
...
</head>
<body>
...
<script src = "js/jquery.min.js"> </script>
<script src = "js/bootstrap.min.js"> </script>
</body>
...
```

注意,网页基本模板中的正文部分<body>…</body>标签对中,JavaScript 文件的引用代码行<script>…</script>一般要放置在文档最后面,即放置在</body>标签前面,这样可以使页面加载速度更快。Bootstrap 至少需要调用两个外部 JavaScript 文档,首先必须调用外部的 jquery. min. js 文档,第二个是调用 bootstrap. min. js 文档。因为 Bootstrap 中所有 JavaScript 插件都依赖 jQuery,因此在引入 Bootstrap 之前必须先引入 jQuery,即要特别注意载入这两个外部 JavaScript 文档时，必须有先后顺序。另外，引入的 jQuery 其版本还必须与应用的 Bootstrap 的版本相匹配，下载的 Bootstrap 版本支持哪个 jQuery 版本呢？这个信息可以到 bower.json 文件中查询。单击“下载源码”链接，即可获取 bower.json 文件。将下载完成的 Bootstrap 预编译文件包和版本相匹配的 jQuery 文件包解压后存储在网站根目录中，并且在网页头部引入 Bootstrap 样式文件，在网页正文底部引用 jQuery 和 Bootstrap 的 JavaScript 文件，完成 Bootstrap 的安装和环境搭建工作。

10.9.2 Bootstrap 栅格系统

Bootstrap 不仅功能强大，而且易学易用，极易上手。如应用 Bootstrap，首先会用到的布局容器，Bootstrap 提供了两个作为容器的类。一个是.container 的容器类，用于固定宽度并能支持响应式布局的容器；另一个是.container-fluid 容器类，用于 100%宽度占据全部视口宽的容器。两种容器类不能互相嵌套。

同时，Bootstrap 提供了一套响应式、移动设备优先的流式网格系统 Grid System，随着屏幕或视口(viewport)尺寸的增加，系统会自动将屏幕划分为最多 12 列(column)，然后通过一系列的行(row)与列(column)的组合来创建页面布局，其中行必须包含在前文所讲的两种容器类.container 或.container-fluid 中，每个行都可以分为若干个栏，每一栏实际上是若干个列的组合，每一行中最多只能包含 12 个列，如果超出 12 个列，则会自动另起一行。即 Bootstrap 布局的栅格系统中使用 1～12 的数值表示每栏的跨度。

【例 10-10】 栅格布局案例 01(案例文件：chapter10\example\exp10_10.html)

```
<!DOCTYPE html>
<html>
    <head>
        <meta charset = "utf-8">
        <title>Bootstrap 栅格布局</title>
        <link rel = "stylesheet" type = "text/css" href = "css/bootstrap.min.css"/>
        <style type = "text/css">
            div{background-color: #eee; line-height: 50px; border-bottom: 1px #999 solid; }
        </style>
    </head>
    <body>
        <div class = "container">
            <div class = "row">
                <div class = "col-md-4">.col-md-4 占用 4 列</div>
                <div class = "col-md-4">.col-md-4 占用 4 列</div>
                <div class = "col-md-4">.col-md-4 占用 4 列</div>
            </div>
            <div class = "row">
                <div class = "col-md-4">.col-md-4 占用 4 列</div>
                <div class = "col-md-8">.col-md-8 占用 8 列</div>
            </div>
```

```
            <div class = "row">
                <div class = "col-md-4">.col-md-12 占用 12 列</div>
            </div>
        </div>
    </body>
</html>
```

代码中表示固定宽度的 div 容器内有三个行 row。第一行中有三栏，每栏都占据了 4 列；第二行 row 中分了两栏，第一栏占了 4 列，第二栏占了 8 列；第三行 row 中只有一栏，占据 12 列。即每栏实际上是多个列的组合而成，每行最多 12 列。再给每个行 row 加上浅灰色背景和底部边框，则例 10-10 的网页案例在浏览器宽度足够时，其显示效果会如代码中所示，各行分别按三栏、两栏、一栏显示，若浏览器宽度较小时，网页中所有的层都会以单栏显示，即所有层都会变为一栏堆砌在网页中。运行效果如图 10-21 所示。

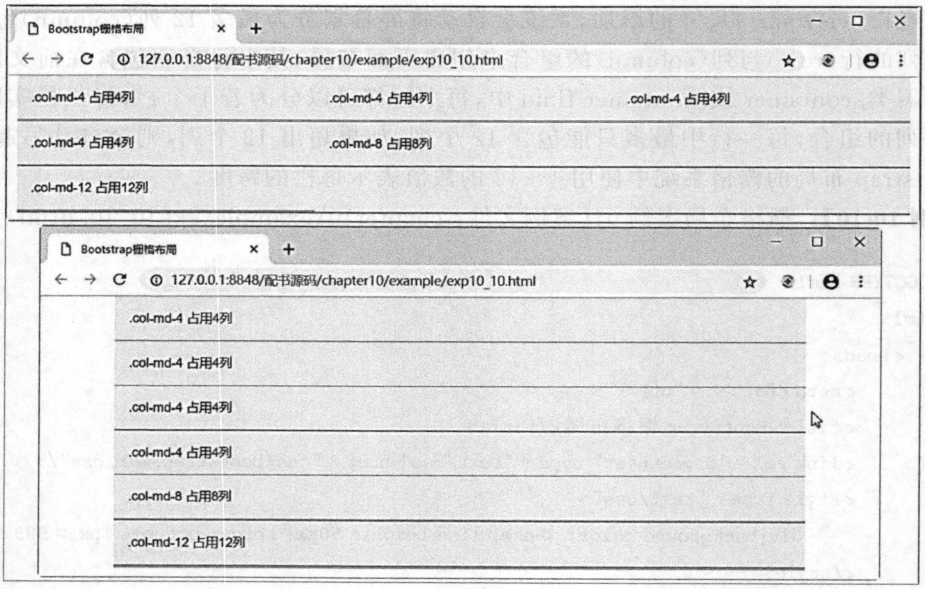

图 10-21　Bootstrap 栅格布局示例 1

Bootstrap 中一般不需要单独设置媒体查询，当然有时也会根据需要进行修改。Bootstrap 是移动设备优先的，Bootstrap 代码从小屏幕设备(如移动设备、平板电脑)开始，然后扩展到大屏幕设备(如笔记本计算机、台式计算机)上的组件和网格。在 Bootstrap 的媒体查询中，创建网格系统中的关键的分界点阈值通过以下不同设备进行区分。

超小设备(手机，小于 768px)：超小设备默认情况下无媒体查询，一栏式堆砌。

小型设备(平板电脑，768px 起)：@media (min-width：@screen-sm-min) {…}。

中型设备(台式计算机，992px 起)：@media (min-width：@screen-md-min) {…}。

大型设备(大型台式计算机，1200px 起)：@media (min-width：@screen-lg-min) {…}。

有时候也会在媒体查询代码中包含 max-width，从而将 CSS 的影响限制在更小范围的屏幕大小之内。通过 Bootstrap 中文网提供的表格(见表 10-2)图示可以详细查看

Bootstrap 的栅格系统是如何在多种屏幕设备上工作的。

表 10-2　在多种屏幕设备下的 Bootstrap 的栅格系统

	超小设备手机（＜768px）	小型设备平板电脑(≥768px)	中型设备台式计算机(≥992px)	大型设备台式计算机(≥1200px)
网格行为	一直是水平的	以折叠开始，断点以上是水平的	以折叠开始，断点以上是水平的	以折叠开始，断点以上是水平的
最大容器宽度	None (auto)	750px	970px	1170px
Class 前缀	. col-xs-	. col-sm-	. col-md-	. col-lg-
列数量和	12	12	12	12
最大列宽	Auto	60px	78px	95px
间隙宽度	30px(一个列的每边分别 15px)	30px(一个列的每边分别 15px)	30px(一个列的每边分别 15px)	30px(一个列的每边分别 15px)
可嵌套	Yes	Yes	Yes	Yes
偏移量	Yes	Yes	Yes	Yes
列排序	Yes	Yes	Yes	Yes

如果不希望在小屏幕设备中将所有列都单栏显示垂直堆砌，那么就需要在样式中同时使用针对小屏幕和中等屏幕设备所定义的类，如将例 10-10 网页案例进行修改，其网页代码如例 10-11 所示。

【例 10-11】　栅格布局案例 02(案例文件：chapter10\example\exp10_11.html)

```
<!DOCTYPE html>
<html>
    <head>
        <meta charset = "utf-8">
        <title>Bootstrap 栅格系统 </title>
        <link rel = "stylesheet" type = "text/css" href = "css/bootstrap.min.css"/>
        <style type = "text/css">
            div{background-color: #eee; line-height: 50px; border-bottom: 1px #999 solid; }
        </style>
    </head>
    <body>
        <div class = "container">
            <div class = "row">
                <div class = "col-sm-3 col-md-4">小屏 3 列 中屏 4 列</div>
                <div class = "col-sm-3 col-md-4">小屏 3 列 中屏 4 列</div>
                <div class = "col-sm-6 col-md-4">小屏 6 列 中屏 4 列</div>
            </div>
            <div class = "row">
                <div class = "col-sm-6 col-md-4">小屏 6 列 中屏 4 列</div>
                <div class = "col-sm-6 col-md-8">小屏 6 列 中屏 4 列</div>
            </div>
```

```
            <div class = "row">
                <div class = "col-md-12">中屏,小屏 占用 12 列</div>
            </div>
        </div>
    </body>
</html>
```

观察例 10-11 中的代码可知，给 div 层同时赋予两种类样式：class＝"col-sm-3 col-md-4"，则该 div 层在小型屏幕时会占据 3 列，而中型屏幕时会占据 4 列，如果是超小屏幕时，就不再遵循媒体查询样式了，所有 div 层全部会以单栏显示，这种在同一 HTML 元素中书写多种样式的方式在 Bootstrap 网页代码中非常常见。例 10-11 网页代码在浏览器窗口宽度变化时呈现的不同显示效果如图 10-22 所示。

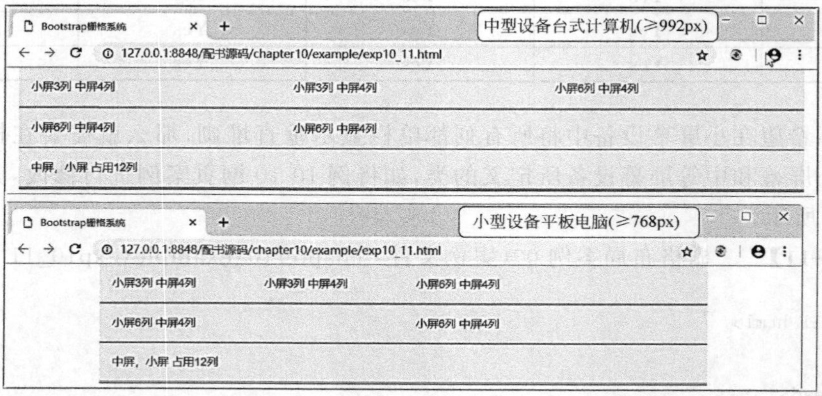

图 10-22　Bootstrap 栅格布局示例 2

10.9.3　Bootstrap 组件

Bootstrap 是比较受欢迎的前端框架之一，其主要由 Bootstrap 样式、Bootstrap 布局组件和 Bootstrap 插件等几部分组成，网页中常用的部件（如导航栏、分页、焦点轮播图 Carousel、选项卡式标签页 Togg lable tabs 等）在 Bootstrap 官网和 Bootstrap 中文网中都有详细使用说明，Bootstrap 中还支持 250 多个来自 Glyphicon Halflings 的字体图标，使用网页开发者能轻松应用其创建 Web 项目。例如，只要在引入了 Bootstrap 样式文件的网页中输入下列代码，就可以迅速创建一个带有小星星图标的按钮，既方便又快捷。

```
<button type = "button" class = "btn btn-default btn-lg">
    <span class = "glyphicon glyphicon-star" aria-hidden = "true"> </span> Star
</button>
```

下面以 Bootstrap 组件中的导航条为例，简单介绍如何应用 Bootstrap 提供的组件。首先创建一个新的 HTML5 格式的文档，命名为 exp10_12. html，按照前文所述的步骤搭建好 Bootstrap 的环境，即加入视口 viewport 代码行，并在 <head>…</head> 标签对中引入

bootstrap.min.css 样式文件，在网页正文部分</body>标签前先后引入 jquery.min.js 文件(以下载相匹配版本)和 bootstrap.min.js 脚本文件。然后打开 Bootstrap 中文网中的组件页(https://v3.bootcss.com/components/)，如图 10-23 所示。

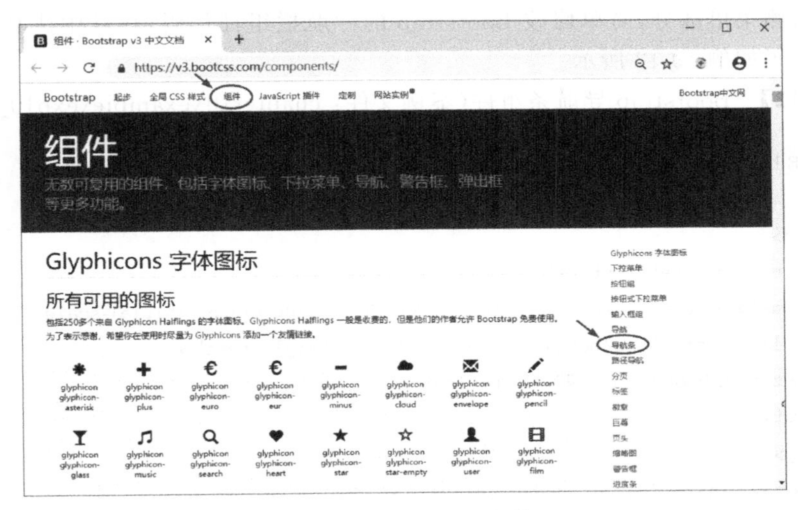

图 10-23　Bootstrap 组件

单击组件页面右侧的“导航条”链接，找到导航条组件的说明内容，首先看到的是 Bootstrap 导航条的说明文本。Bootstrap 导航条放置在网页头部位置，用作导航的响应式基础组件，它在移动设备屏幕变小时会自动折叠成一个小按钮，单击则展开导航菜单，如果屏幕变大时会自动变回水平展开模式。Bootstrap 导航条的功能实现需要 JavaScript 脚本支持。Bootstrap 的导航条还包括搜索框和下拉菜单等，如图 10-24 所示。

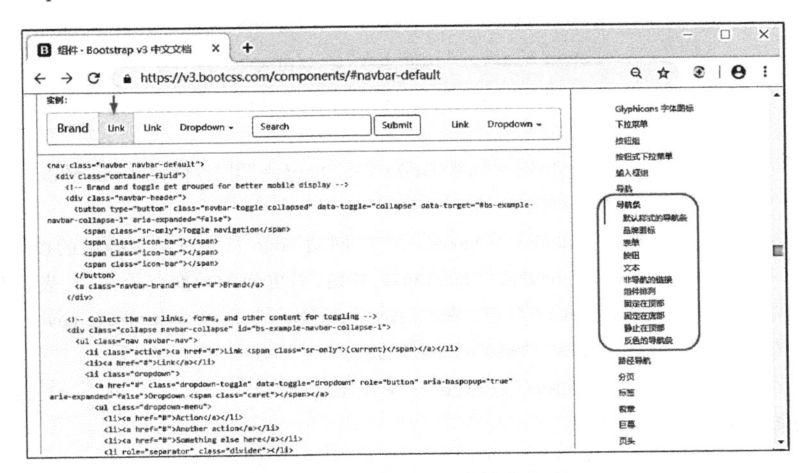

图 10-24　Bootstrap 导航条组件

图 10-24 中呈现的是 Bootstrap 默认导航条的外观，右侧导航条下拉菜单中有各种编辑导航条的操作，单击可转到相应的编辑方法说明内容。选择左侧的导航条代码，将其粘贴到 exp10_12.html 网页文件的正文<body>…</body>之间，保存并在浏览器中测试网页就可以在新网页中得到图 10-24 中的导航条效果，单击其中带下箭头的导航菜单，即可激活下拉

菜单。Bootstrap 的组件应用简单，其插件的应用方法也类似，只须仔细观看其官网的使用说明即可。仔细观察 Bootstrap 导航条组件的源代码，找到其中的导航命令，将其修改为网页中真正需要的导航菜单文本，或者增减导航菜单的数目，删除不需要的部分，如删除搜索框部分，或右侧菜单部分，简单修改 Bootstrap 的导航栏组件代码，将其中注释更改为中文注释，具体代码如例 10-12 所示。

【例 10-12】 Bootstrap 导航条组件(案例文件：chapter10\example\exp10_12.html)

```
<!DOCTYPE html>
<html>
    <head>
        <meta charset = "utf-8">
        <meta name = "viewport" content = "width = device-width, initial-scale = 1">
        <link href = "css/bootstrap.min.css" rel = "stylesheet">
        <title>Bootstrap 导航条</title>
    </head>
    <body>
        <nav class = "navbar navbar-default">
            <div class = "container-fluid">
                <!-- .container - fluid 开始 -->
                <!-- .navbar - header 开始 网站 Logo 及导航条折叠后的按钮 -->
                    <div class = "navbar-header">
                        <button type = "button" class = "navbar-toggle collapsed" data-toggle
 = "collapse" data-target = "#bs-example-navbar-collapse-1" aria-expanded = "false">
                        <span class = "sr-only">更换为折叠时的按钮(三条线)</span>
                        <span class = "icon-bar"> </span>
                        <span class = "icon-bar"> </span>
                        <span class = "icon-bar"> </span>
                    </button>
                        <a class = "navbar-brand" href = "#">网站 Logo</a>
                    </div>
                    <!-- .navbar - header 结束 网站 Logo 及导航条折叠后的按钮 -->
                    <!-- /.navbar - collapse 开始,需更换的导航菜单命令,表单及其他 -->
                    <div class = "collapse navbar-collapse" id = "bs-example-navbar-collapse-1">
                    <ul class = "nav navbar-nav">
                      <li class"active"> <a href = "#">首页 <span class = "sr-only">
(current)</span> </a> </li>
                    <li> <a href = "#">学院概况</a> </li>
                    <li class = "dropdown">
                        <a href = "#" class = "dropdown-toggle"data-toggle = "dropdown" role
 = "button" aria-haspopup = "true" aria-expanded = "false">教学活动 <span class = "caret">
</span> </a>
```

```
                    <ul class = "dropdown-menu">
                        <li> <a href = "#">数媒教研室</a> </li>
                        <li> <a href = "#">软工教研室</a> </li>
                        <li role = "separator" class = "divider"> </li> <! -- 分隔线 -->
                        <li> <a href = "#">视传教研室</a> </li>
                        <li role = "separator" class = "divider"> </li>
                        <li> <a href = "#">公共教研室</a> </li>
                    </ul>
                </li>
            </ul>
            <! -- 搜索表单开始 -->
            <form class = "navbar-form navbar-left">
                <div class = "form-group">
                    <input type = "text" class = "form-control" placeholder = "Search">
                </div>
                <button type = "submit" class = "btn btn-default">搜索</button>
                </form>
                <! -- 搜索表单结束 -->
                <! -- 右侧导航菜单开始 -->
                <ul class = "nav navbar-nav navbar-right">
                    <li> <a href = "#">科研</a> </li>
                    <li class = "dropdown">
                        <a href = "#" class = "dropdown-toggle" data-toggle = "dropdown"
role = "button" aria-haspopup = "true" aria-expanded = "false">机构设置<span class = "caret">
</span> </a>
                        <ul class = "dropdown-menu">
                            <li> <a href = "#">教务科</a> </li>
                            <li> <a href = "#">教研科</a> </li>
                            <li role = "separator" class = "divider"> </li>
                            <li> <a href = "#">学生科</a> </li>
                        </ul>
                    </li>
                </ul>
            <! -- 右侧导航菜单开始 -->
        </div> <! -- /.navbar - collapse 结束 -->
    </div> <! -- /.container - fluid 结束 -->
  </nav>
  <script type = "text/javascript" src = "js/jquery.min.js"> </script>
  <script type = "text/javascript" src = "js/bootstrap.min.js"> </script>
 </body>
</html>
```

仔细分析以上代码,制作 Bootstrap 导航条,首先要正确搭建好 Bootstrap 的环境,即正确引入 Bootstrap 的样式文件、jQuery 和 Booootstrap 脚本文件,然后到 Bootstrap 官网复制导航条组件的默认代码,粘贴到网页中适当位置,再根据具体需求修改导航菜单命令文本及样式即可。通过观察代码可以发现 Bootstrap 导航条默认放置在一个.container-fluid 的类容器中,即导航条默认放在一个 100%宽度的容器中,如果将容器修改为.container,则导航条将放置在一个固定宽度的栅格布局容器中,导航条菜单会自动具有固定宽度的居中放置的效果。Bootstrap 导航条由两部分组成,折叠后的线形按钮部分与导航菜单部分,并且导航菜单部分又由左侧导航菜单、中部搜索框和右侧导航菜单组成,可以根据具体需求进行取舍,不需要的部分将其整体删除即可。导航条的各个部分的编辑说明,如将导航条固定在顶部、创建反色导航条等方法可以单击图 10-24 右侧导航条的下拉菜单中各个项目进行查阅。

将例 10-12 网页代码在浏览器中运行,当浏览器窗口宽度较小时,导航条将折叠崩塌成网页 Logo 加一个三条线型的小按钮,单击小按钮则弹出导航菜单命令,具体效果如图 10-25 所示。

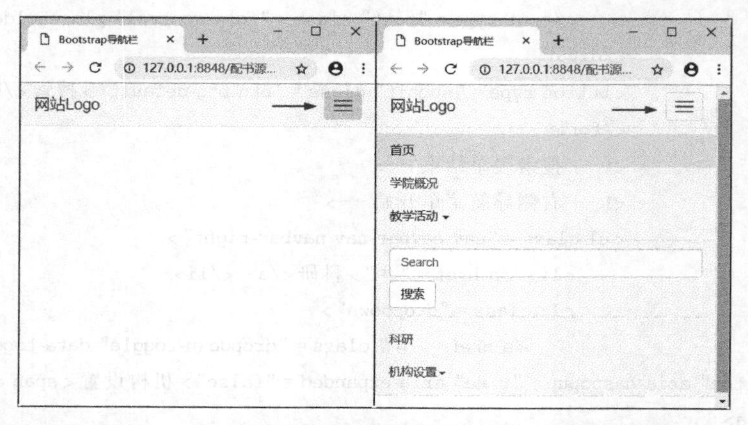

图 10-25　Bootstrap 导航条组件在窗口宽度较小时的显示效果

10.9.4 JavaScript 插件

Bootstrap 的所有 JavaScript 插件都依赖 jQuery,所以特别强调 jQuery 必须在 Bootstrap 之前引入,否则 Bootstrap 中需要其支持的组件或 JavaScript 插件的功能将会失效。jQuery 是一个优秀的 JavaScript 代码库,也是一个高效、精简并且功能丰富的 JavaScript 工具库,jQuery 具有独特的链式语法和短小清晰的多功能接口,具有高效、灵活的 CSS 选择器,并且可对 CSS 选择器进行扩展,拥有便捷的插件扩展机制和丰富的插件,jQuery 兼容各种主流浏览器。获取 jQuery 可以到其官网(https://jquery.com)下载最新版本,如图 10-26 所示。

不过 Bootstrap 对 jQuery 的版本也有要求,在 Bootstrap 下载源码时的 bower.json 文件里可以查到相匹配的 jQuery 版本号,如与 bootstrap-3.3.7 相匹配的 jQuery 版本是 jQuery1.9.1。如果在官网中下载不到 jQuery 的历史版本,在网上也能搜索到 jQuery 的各个历史版本。网页中引入了 Bootstrap 的样式文件和 jQuery 及 Bootstrap 的脚本文件后,就可以使用 JavaScript 插件了,Bootstrap 中文网中的 JavaScript 插件如图 10-27 所示。

Bootstrap 提供了网页中常用的下拉菜单、选项卡式标签页、弹出框、模态框等多种 JavaScript 插件,图 10-27 右侧箭头指向的就是许多网页中最常见的焦点轮播图插件

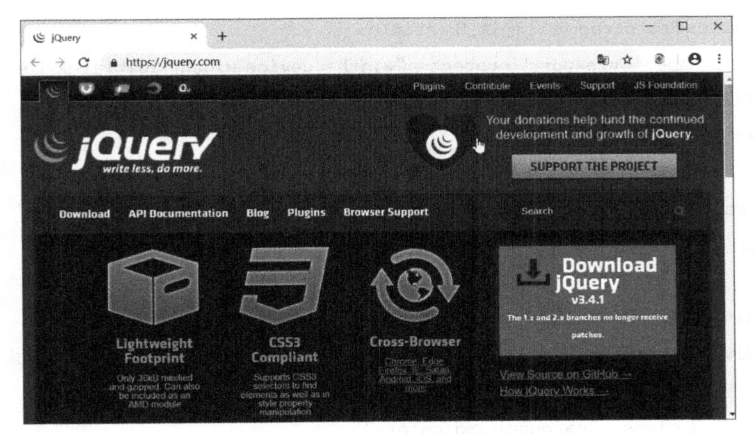

图 10-26　jQuery 官网首页

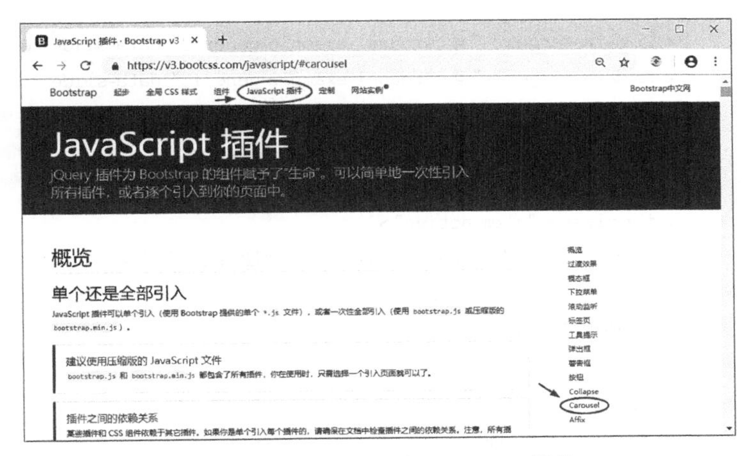

图 10-27　Bootstrap 的 JavaScript 插件

Carousel。下面以此为例，简单介绍如何使用 Bootstrap 的 JavaScript 插件。首先创建一个 HTML5 格式的文档 exp10_13.html，并在网页头部引入 Bootstrap 样式文件，在网页正文部分</body>标签前面引入版本相匹配的 jQuery 和 Bootstrap 的 JavaScript 脚本文件，然后打开 Bootstrap 中文网 JavaScript 插件，单击图 10-27 右侧链接 Carousel 找到焦点轮播图的说明文档，选择并复制 Bootstrap 提供的焦点轮播图的源代码。注意：需要将焦点轮播图放置在一个布局容器中，由前文所知，Bootstrap 提供了两个用作布局容器的类，一个是 .container 类，用于固定宽度的容器类，另一个是 .container-fluid 类，用于宽度为 100% 的容器类。假设先使用固定宽度的 .container 容器类，代码如例 10-13 所示。

【例 10-13】 Bootstrap 焦点轮播图插件(案例文件：chapter10\example\exp10_13.html)

```
<!DOCTYPE html>
<html>
    <head>
        <meta charset = "utf-8">
```

```
        <title>Bootstrap 焦点轮播图</title>
        <meta name = "viewport" content = "width = device-width, initial-scale = 1">
        <link href = "css/bootstrap.min.css" rel = "stylesheet">
        <style type = "text/css">
            .carousel img {width: 100 % ; }
        </style>
    </head>
    <body>
        <div class = "container">
        <div id = "carousel-example-generic" class = "carousel slide" data-ride = "carousel">
            <! -- Indicators 指针,中间底部小圆点或数字按钮 -->
            <ol class = "carousel-indicators">
                <li data-target = "#carousel-example-generic" data-slide-to = "0" class =
"active"> </li>
                <li data-target = "#carousel-example-generic" data-slide-to = "1"> </li>
                <li data-target = "#carousel-example-generic" data-slide-to = "2"> </li>
            </ol>
            <! -- Wrapper for slides 轮播图片及说明文本 -->
            <div class = "carousel-inner" role = "listbox">
                <div class = "item active">
                    <img src = "images/t1.jpg" alt = "课程案例 1">
                    <div class = "carousel-caption">
                    说明文本 01
                    </div>
                </div>
                <div class = "item">
                    <img src = "images/t2.jpg" alt = "课程案例 2">
                    <div class = "carousel-caption">
                    说明文本 02
                    </div>
                </div>
                <div class = "item">
                    <img src = "images/t3.jpg" alt = "课程案例 3">
                    <div class = "carousel-caption">
                    说明文本 03
                    </div>
                </div>
            </div>
            <! -- Controls 前页后页导航箭头 -->
                <a class = "left carousel-control" href = "#carousel-example-generic" role
= "button" data-slide = "prev">
```

```
                <span class = "glyphicon glyphicon-chevron-left" aria-hidden = "true" ></span>
            <span class = "sr-only" > Previous </span>
            </a>
            <a class = "right carousel-control" href = " # carousel-example-generic" role =
"button" data-slide = "next" >
                <span class = "glyphicon glyphicon-chevron-right" aria-hidden = "true" ></span>
                <span class = "sr-only" > Next </span>
            </a>
        </div>
        </div>
        <script type = "text/javascript" src = "js/jquery.min.js" > </script>
        <script type = "text/javascript" src = "js/bootstrap.min.js" > </script>
    </body>
</html>
```

例 10-13 代码在浏览器中测试运行的显示效果是一个居中的焦点轮播图，分析上述代码可知，carousel 是指轮播图的模块，slide 是指是否要加上滑动效果，data-ride="carousel"是初始化轮播图属性。data-target=" # carousel-example-generic" 用于控制目标轮播图。data-slide-to="数字"是位于轮播图底部的小圆点或数字按钮，用于控制轮播图当前要播放第几张，相当于图片索引。class="active" 指当前选中的轮播第几张图片。class="carousel-inner"指需要轮播的容器，每一个容器里 class="item"包括具体轮播的图片 img 和图片的说明性文字 carousel-caption。left carousel-control 是切换上一页的按钮，right carousel-control 是切换下一页的按钮，其中的 data-slide="next/prev"是指左滑动还是右滑动。

注意，我们在网页头部中给轮播图中的 img 图片加了个宽度为 100%的样式：carousel img {width: 100%; }。假设把最外层的容器类改为 .container-fluid，到浏览器中测试，可以看到现在的焦点轮播图已经与浏览器窗口同宽了。由此可见，Bootstrap 的插件也非常容易使用。Bootstrap 提供的样式、组件和 JavaScript 插件为网页开发者提供了一个迅速开发响应式网站的途径，Bootstrap 的学习途径也很多，除了官方提供的说明文档和丰富的案例网页，网络中 Bootstrap 相关的学习资源也非常丰富，如菜鸟教程网(https://www.runoob.com/try/bootstrap/layoutit/ #)除提供了详细的学习资源之外，还提供了一个可视化的 Bootstrap 布局工具，只须拖曳各种布局组件就可轻松搭建好一个 Bootstrap 的响应式页面，并且可以随时编辑、预览并下载源代码，对于 Bootstrap 初学者而言，是一个便捷易用的工具。

【项目实战】

项目 10-1 利用百分比与固定布局相结合实现通栏布局（案例文件目录：chapter10\demo\demo10_1）

效果图

“利用百分比与固定布局相结合实现通栏布局”效果如图 10-28 所示。

思路分析

目前主流的计算机屏幕分辨率有很多种，宽度有 1024px、1280px、1440px、1600px、

图 10-28　通栏布局效果

1680px、1920px 等。为了兼容多种分辨率的计算机，本项目中，顶部的导航、banner 和底部的 footer 设计为百分比布局，始终占浏览器宽度的 100%；为了兼容 1024px 分辨率的计算机屏幕，将导航内容区、banner 内容区、中间的主内容区和 footer 的内容区宽度设置为 1000px 以内(实际项目开发中常用 980px 或 960px)，通过 margin 的设置实现居中效果。在低分辨率计算机上，主内容区两侧的留白少一些，在高分辨率计算机上，主内容区两侧的留白多一些，所有的内容始终居中显示。

将 nav、banner、footer 3 个盒子宽度设置为 100%，在它们内部设置 class 属性为 inner 的 div，通过 margin 实现居中显示。布局及 HTML 结构分析如图 10-29 所示。

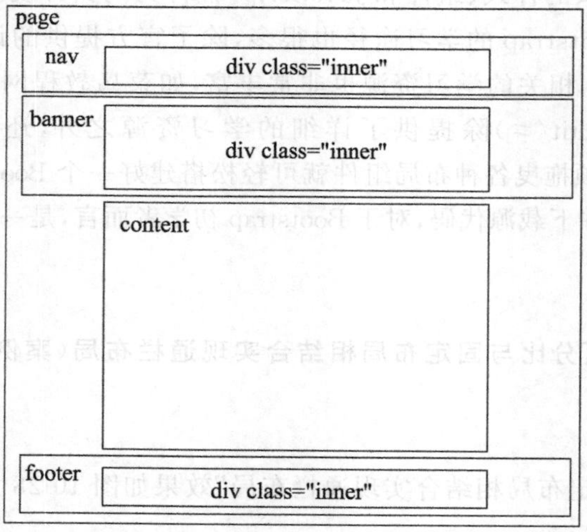

page
nav　div class="inner"
banner　div class="inner"
content
footer　div class="inner"

图 10-29　布局及 HTML 结构

制作步骤

Step01. 根据布局及 HTML 结构分析图，编写 HTML 结构代码。

```
<div id="page">
    <div id="nav">
        <div class="inner">导航部分</div>
    </div>
    <div id="banner">
        <div class="inner">banner 部分</div>
    </div>
    <div id="content">主内容</div>
    <div id="footer">
        <div class="inner">页面底部</div>
    </div>
</div>
```

Step02. 建立 CSS 样式表，进行样式清零和基本样式设置。

```
*{margin: 0; padding: 0; }
body{font-size: 40px; text-align: center; background: #F5F5F5; color: #fff; }
```

Step03. 设置 #nav、#banner、#content、#footer、.inner 的宽度、高度、背景颜色。

```
#nav{                                /*通栏显示宽度为100%*/
    width: 100%;
    height: 60px;
    background: #0C1618;
}
#banner{                             /*通栏显示宽度为100%*/
    width: 100%;
    height: 420px;
    background: #63B4D2;
}
#content{                            /*宽度是960px、高度300px、居中显示*/
    width: 960px;
    height: 500px;                   /*暂时设置,稍后删除*/
    background-color: #999;          /*暂时设置,稍后删除*/
    margin: 0 auto;
}
#footer{                             /*通栏显示宽度为100%*/
    width: 100%;
    height: 80px;
    background-color: #0C1618;
}
.inner{                              /*宽度960px、居中显示*/
    width: 960px;
    margin: 0 auto;
}
```

代码运行效果如图 10-30 所示。

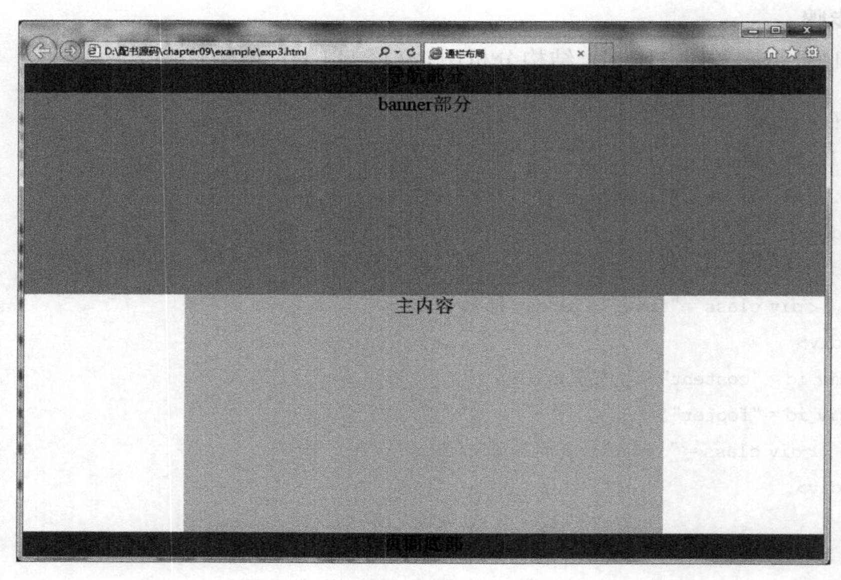

图 10-30 通栏布局

Step04. 修改 HTML 代码,添加相关的图片以及 CSS 样式设置。

```
<body>
    <div id = "page">
        <div id = "nav">
            <div class = "inner"> <img src = "images/nav.jpg" alt = ""> </div>
        </div>
        <div id = "banner">
            <div class = "inner"> <img src = "images/banner.jpg" alt = ""> </div>
        </div>
        <div id = "content"> <img src = "images/main.jpg" alt = ""> </div>
        <div id = "footer">
            <div class = "inner"> <img src = "images/footer.jpg" alt = ""> </div>
        </div>
    </div>
</body>
```

Step05. 浏览器兼容性测试,即将所完成的案例页面在多个浏览器中运行测试其兼容性,本案例在 Google Chrome、火狐、Opera、Safari for Windows 及 IE 11 版块中测试通过。

项目 10-2 利用媒体查询制作《福尔摩斯历险记》响应式网页(案例文件目录:chapter10\demo\demo10_2)

效果图

效果图见本章第 1 节图 10-1～图 10-4。

思路分析

网页最外部设置<div id="page">,控制整体网页效果,如百分比布局等。网页采用左右结构，左侧设置一个 div(<div id="left">)放置 logo 和导航区，右侧设置 3 个 div，分别放置文字信息(<div id="main-intro">)、人物图片和介绍(<div id="main-people">)以及页脚(<div id="footer">)。布局及 HTML 结构分析如图 10-31 所示。

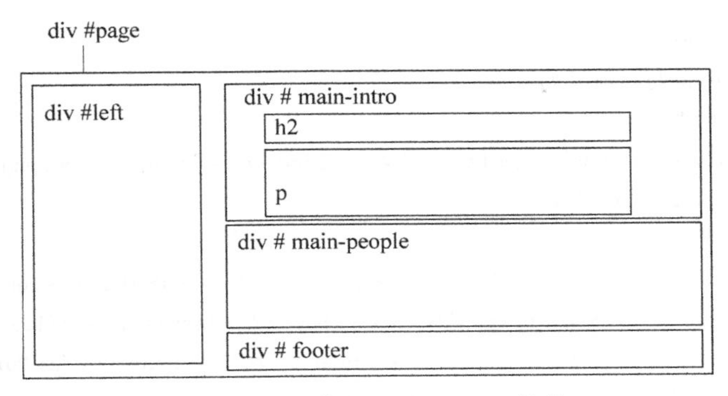

图 10-31　整体布局及 HTML 结构

4 个 div 的宽度均采用百分比为单位，实现响应式布局，采用浮动的方式实现左右布局，图像采用响应式图片技术。采用媒体查询技术，设置断点为 400px 和 600px，控制浏览器宽度小于 400px 和 400px～600px 的布局。

左侧 logo 和导航区布局及 HTML 结构分析如图 10-32 所示。

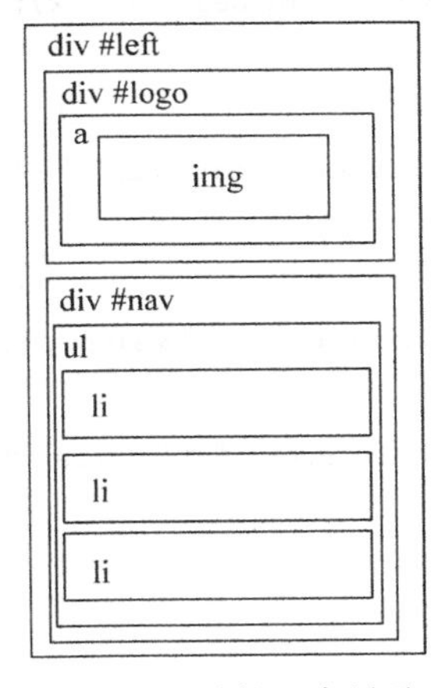

图 10-32　左侧 logo 和导航区布局及 HTML 结构

右侧人物图片和介绍部分布局及 HTML 结构分析如图 10-33 所示。

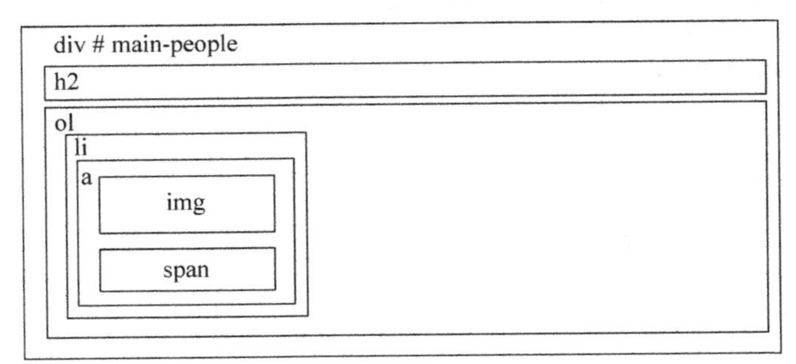

图 10-33　右侧人物图片和介绍部分布局及 HTML 结构

制作步骤

Step01. 根据布局及 HTML 结构分析图,编写 HTML 结构代码。

```
<body>
    <div id = "page" >
    <! -- 左边 logo 与导航开始 -->
        <div id = "left" >
            <div id = "logo" > <a href = " # " > <img src = "images/logo.png" /></a> </div>
            <div id = "nav" >
                <ul>
                    <li class = "first" > <a href = " # " > <i> The</i> Weblogue</a> </li>
                    <li> <a href = " # " > <i> Back</i> Issues</a> </li>
                    <li class = "last" > <a href = " # " > <i> About</i> Our Paper</a> </li>
                </ul>
            </div>
        </div>
    <! -- 右边英文介绍开始 -->
        <div id = "main-intro" style = "border: solid 1px red; " >
            <h2> "Give me problems, give me  <em> work</em> ." </h2>
            <p> In the year 1878 I took my degree… … </p>
        </div>
    <! -- 右边人物图像开始 -->
        <div id = "main-people" > div id = "main-people" </div>
    <! -- 右边页脚开始 -->
        <div id = "footer" >
            <p> Illustrations by<a href = " # " > Sidney Paget</a> , words by<a href = " # " > Sir
Arthur Conan Doyle</a> . </p>
            <p> What remains is by<a href = " # " > Ethan Marcotte</a> . </p>
        </div>
    </div>
</body>
```

Step02. 建立 CSS,进行样式清零及基本设置。

```
*{ margin: 0; padding: 0; border: 0; font-size: 100 % ; }
ol,ul { list-style: none; }
html,body{height: 100 % ; }
body {
    line-height: 1;
    color: #333;
    font: normal 100 % "宋体";
    background-color: #CCC;
}
a{text-decoration: none; }
```

Step03. 设置百分比布局。

```
#page{
    margin: 0 auto;
    width: 93.75%;                           /* 960px / 1024px */
    height: 90%;
    background: url(../images/rag.png) repeat-x;
    font: normal 100% "宋体";
}
#left{
    float: left;
    width: 31.875%;                          /* 306px / 960px */
}
#logo{
    float: left;
    width: 47.713%;                          /* 146px / 306px logo 的大小为 146px*67px */
    background: url(../images/logo-bg.png) no-repeat  center;
}
#logo a {
    padding-top: 117px;
    height: 162px;
    display: block;
    text-align: center;
}
img {max-width: 100%; }
#nav{
    float: left;
    border-top: 1px solid #888583;                            /* 导航上面的那条横线 */
    margin: 2em auto 0;
    width: 64.379%;
}
#nav a {
    font: bold 14px/1.2 "Book Antiqua", "Palatino Linotype", Georgia, serif;
    display: block;
    text-align: center;
    letter-spacing: 0.1em;
    padding: 1em 0.5em 3em;
    margin-bottom: -1em;
    background: url(../images/ornament.png)no-repeat 0 100%;
    /* 用背景图片的方式实现导航项目下面的横线 */
}
#nav a: hover {background-position: 50% 100%; }
#nav li.first a {
    border-top: 1px solid #FFF9EF;
    padding-top: 1.25em;
}
#main-intro{
    float: right;
    width: 65.9375%;                                          /* 633px / 960px */
}
#main-people{
    float: right;
    width: 65.9375%;                                          /* 633px / 960px */
```

```
}
#footer{
    float: right;
    width: 65.9375%;                    /* 633px / 960px */
}
```

Step04. 设置右侧英文介绍部分。

```
#main-intro{
    float: right;
    width: 65.9375%;                    /* 633px / 960px */
    margin-top: 117px;
}
#main-intro h2 {
    font: normal 2em "Hoefler Text", "Baskerville old face", Garamond, "Times New Roman",
serif;
    text-align: center;
    margin-bottom: 0.25em;
}
```

Step05. 设置右侧人物图片部分。

```
#main-people{
    float: right;
    width: 65.9375%;               /* 633px / 960px */
}
#main-people h2{text-align: center; margin: 10px auto; }
.amp {
    font-family: "Times New Roman", serif;
    font-style: italic;
    font-weight: normal;
}
.figure {
    float: left;
    font-size: 10px;
    line-height: 1.1;
    margin: 0 3.317535545023696682% 1.5em 0;   /* 21px / 633px */
    text-align: center;
    width: 31.121642969984202211%; /* 197px / 633px */
    text-transform: uppercase;
    letter-spacing: 0.05em;
}
.figure b {
    display: block;
    font-size: 14px;
    font-family: "Book Antiqua", "Palatino Linotype", Georgia, serif;
    letter-spacing: 0.1em;
}
.figure img {
    -webkit-border-radius: 4px;
    -moz-border-radius: 4px;
```

```
    border-radius: 4px;
    -webkit-box-shadow: 0 2px 4px rgba(0, 0, 0, 0.5);
    -moz-box-shadow: 0 2px 4px rgba(0, 0, 0, 0.5);
    box-shadow: 0 2px 4px rgba(0, 0, 0, 0.5);
    display: block;
    margin: 0 auto 1em;
}
li#f-mycroft,li#f-winter {margin-right: 0; }
```

Step06. 解决 footer 部分文字排版问题。

```
#footer {
    font-size: 12px;
    text-align: center;
    padding: 40px 0 20px;
}
.footer p {margin-bottom: 0.5em; }
```

Step07. 利用媒体查询设置浏览器窗口宽度 600px 以下时的布局。

```
@media (max-width: 600px) {
    #left, #logo, #nav, #main-intro, #main-people, #footer {float: none; width: 100%; }
    #logo a {padding-top: 117px; height: 162px; display: block; text-align: center; }
    #nav {border-top: none; margin-top: 0; width: 100%; }
    #nav ul{width: 100%; }
    #nav li {margin-right: 1%; }
    #nav ul li.first a {border-top: none; padding-top: 1em; }
    #nav ul li.last {margin-right: 0; }
    #main-intro{margin-top: 0; }
    #main-intro h2 {font-size: 1.4em; }
}
```

Step08. 利用媒体查询设置浏览器窗口宽度 400px 以下时的布局。

```
@media (max-width: 400px) {
    li.figure{width: 40%; }
    li#f-watson,li#f-moriarty,li#f-winter{margin-right: 0; }
    li#f-mycroft{margin-right: 10%; }
}
```

Step09. 浏览器兼容性测试，即将所完成的案例页面在多个浏览器中运行测试其兼容性，本案例在 Google Chrome、火狐、Opera、Safari for Windows 及 IE 11 版块中测试通过。

项目 10-3　Bootstrap 网页布局案例“Flash 云课堂”网站首页（案例文件目录：chapter10\demo\demo10_3）

效果图

“Flash 云课堂”网站首页效果如图 10-34 所示。

思路分析

图 10-34 中呈现的页面是“Flash 云课堂”网站（http://pxh5.com/）的首页效果，该网

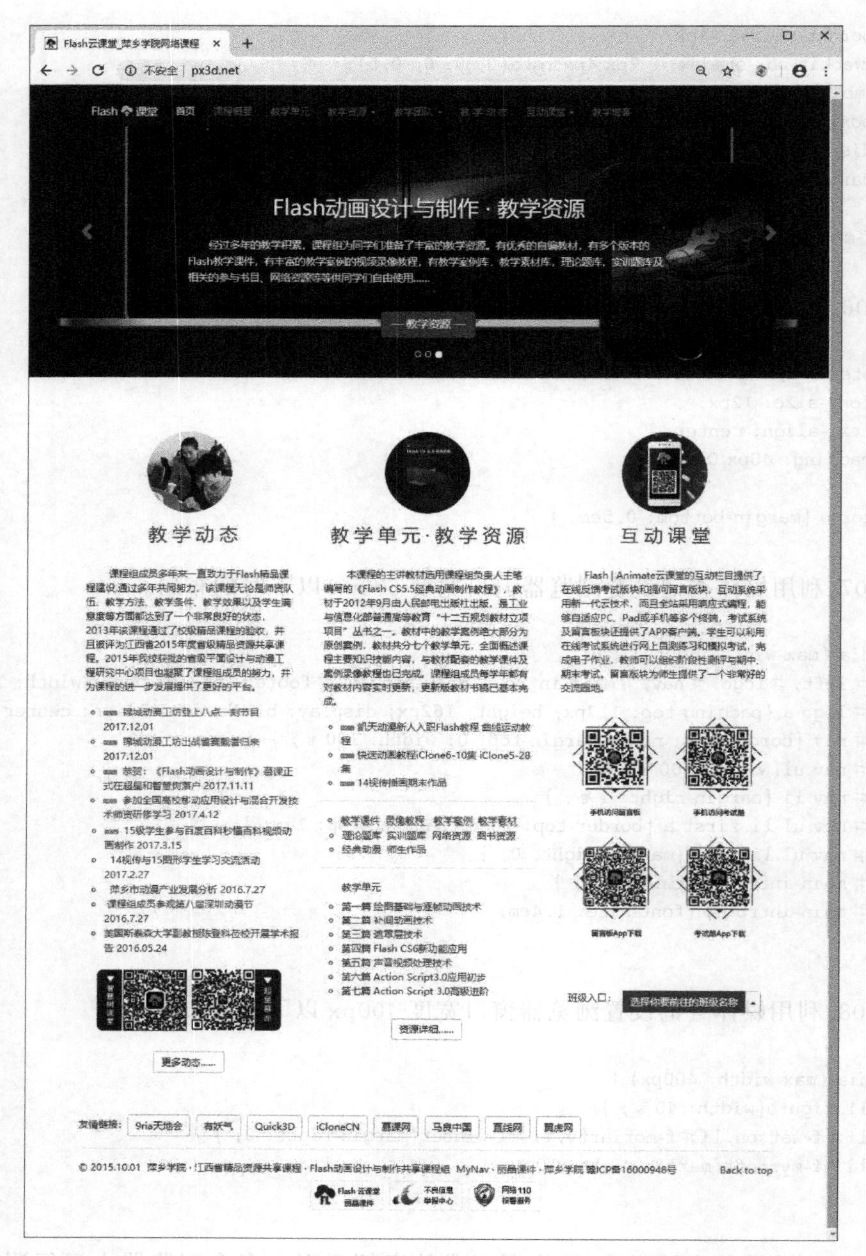

图 10-34 “Flash 云课堂”网站首页效果

页是应用了 Bootstrap 网页布局技术制作而成,网页中包含常见的导航栏、焦点轮播图、三栏式布局和页脚元素。当改变浏览器窗口宽度或者在移动端浏览器上访问此网页时,可以看到同一个网页在移动端浏览器中,原来三栏的内容会自动变成一栏,而且会出现经典的折叠式导航栏效果,如图 10-35 所示。

分析上述页面,网页总共分 4 个部分:导航栏、焦点轮播图、三栏主体内容版块以及页脚部分。可以从 Bootstrap 的基本模板开始,一一添加各个部分,也可以参照 Bootstrap 的

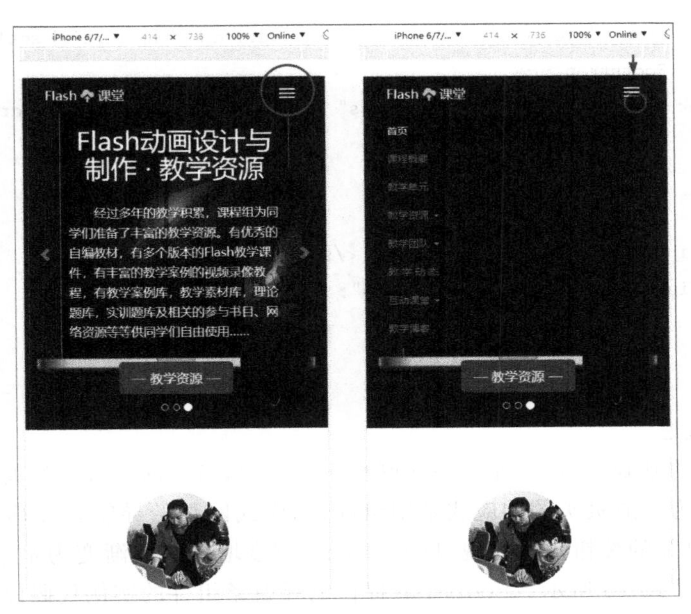

图 10-35 “Flash 云课堂”网站首页在移动端浏览器中的显示效果

案例页面进行制作。在 10.9 节介绍 Bootstrap 的下载与安装时，Bootstrap 官网中有 3 种下载选择，分别是“用于生产环境的 Bootstrap”“Bootstrap 源码”和“Sass”，选择“Bootstrap 源码”时，在下载的压缩包的 docs 目录中的 examples 目录中找到 carousel.html 文件，可以发现“Flash 云课堂”网站首页效果非常相似，因此可以直接在此文件的基础上进行简单的修改。以下将从 Bootstrap 基本模板开始，逐一搭建此页面。

制作步骤

Step01. 创建 Bootstrap 基本模板。

用户可到 Bootstrap 和 jQuery 的官网中下载完成编译好的官方压缩版文件，放置在相应的 css 样式目录和 js 脚本文件中。本案例的目录结构如下。

```
├── css/
│   ├── bootstrap.min.css.map
├── js/
│   ├──jquery.min.js
│   └── bootstrap.min.js
```

注意，Bootstrap 的所有 JavaScript 插件都依赖 jQuery，在从官网下载的压缩包里的 bower.json 文件中列出了 Bootstrap 所支持的 jQuery 版本。因此 jQuery 必须在 Bootstrap 之前引入，如下列基本模板中所示。

```
<!DOCTYPE html>
<html>
    <head>
        <title>Bootstrap 101 Template</title>
```

```
        <meta name = "viewport" content = "width = device-width, initial-scale = 1.0">
        <! -- Bootstrap -->
        <link href = "css/bootstrap.min.css" rel = "stylesheet" media = "screen">
    </head>
    <body>

        <script src = "js/jquery.min.js"> </script>
        <script src = "js/bootstrap.min.js"> </script>
    </body>
</html>
```

Step02. 导航栏。

在基本模板的基础上,自上而下搭建网页正文部分,最上面部分是导航条。导航条是在应用或网站中作为导航页头的响应式基础组件,响应式网页的导航条在移动设备上可以折叠(并且有可开可关的按钮),且在视口(viewport)宽度增加时逐渐变为水平展开模式,其效果如图 10-34 和图 10-35 所示。Bootstrap 提供的导航条组件的实例代码以及导航条常见的网站品牌图标等组件的实例代码可以在 Bootstrap 中文网的组件页(https://v3.bootcss.com/components/#navbar-default)中找到,如图 10-36 所示。

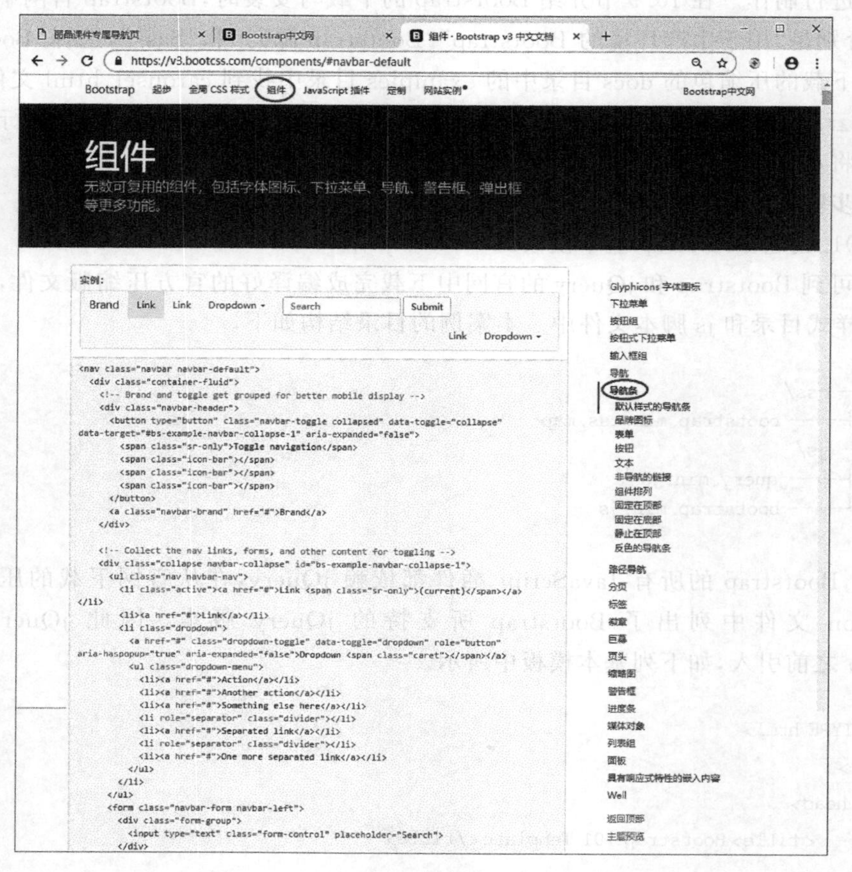

图 10-36　Bootstrap 导航条组件实例代码

仔细分析上述导航条实例代码，与“Flash 云课堂”网站首页的导航条相比较，不需要 Search 搜索框、提交按钮及最右侧的右对齐的菜单命令，需要用到下拉菜单，因此能很容易得到如下所示的导航条部分代码。

```
<nav class = "navbar navbar-inverse navbar-static-top">
    <div class = "container"> <!-- /.container 开始 -->
        <div class = "navbar-header"> <!-- /导航条网站标题和三线折叠按钮开始 -->
            <button type = "button" class = "navbar-toggle collapsed" data-toggle = "collapse"
data-target = "#navbar" aria-expanded = "false" aria-controls = "navbar">
                <span class = "sr-only">Flash 云课堂</span>
                <span class = "icon-bar"> </span>
                <span class = "icon-bar"> </span>
                <span class = "icon-bar"> </span>
            </button>
            <a class = "navbar-brand" href = "#" style = "color: #F9F9F9">Flash<span class =
"glyphicon glyphicon-cloud-upload" aria-hidden = "true" style = "color: lightblue; "> </span>课堂
</a>
</div> <!-- /导航条网站标题和三线折叠按钮结束 -->
    <div id = "navbar" class = "navbar-collapse collapse"> <!-- 导航命令开始 -->
        <ul class = "nav navbar-nav">
            <li class = "active"> <a href = "index.html">首页</a> </li>
            <li> <a href = "jxgaiyao.html" target = "_blank">课程概要</a> </li>
            <li> <a href = "jxdanyuan.html" target = "_blank">教学单元</a> </li>
            <li class = "dropdown"> <!-- .dropdown 下拉菜单，嵌套 ul 列表子菜单 -->
                <a href = "jxzy.html" class = "dropdown-toggle" data-toggle = "dropdown" role
 = "button" aria-expanded = "false">教学资源<span class = "caret"> </span> </a>
                <ul class = "dropdown-menu" role = "menu" style = "text-align: center; ">
                    <li> <a href = "jxzy.html" target = "_blank">教 学 课 件</a> </li>
                    <li> <a href = "jxzy.html#lx" target = "_blank">录 像 教 程</a> </li>
                    <li> <a href = "jxiy.html#al" target = "_blank">教 学 案 例</a> </li>
                    <li> <a href = "jxzy.html#sc" target = "_blank">教 学 素 材</a> </li>
                    <li class = "divider"> </li>
                    <li class = "dropdown-header">拓 展 资 源</li>
                    <li> <a href = "jxzy.html#sx" target = "_blank">实 训 题 库</a> </li>
                    <li> <a href = "jxzy.html#ll" target = "_blank">理 论 题 库</a> </li>
                    <li> <a href = "jxzy.html#ts" target = "_blank">图 书 资 源</a> </li>
                    <li> <a href = "jxzy.html#net" target = "_blank">网 络 资 源</a> </li>
                    <li> <a href = "jxzy.html#dm" target = "_blank">经 典 动 漫</a> </li>
                    <li> <a href = "jxzy.html#stu" target = "_blank">学 生 作 品</a> </li>
                </ul>
                </li>
            <li class = "dropdown">
```

```
                <a href = "jxtuandui.html" class = "dropdown-toggle" data-toggle = "dropdown"
role = "button" aria-expanded = "false">教学团队<span class = "caret"> </span> </a>
                <ul class = "dropdown-menu" role = "menu">
                    <li> <a href = "jxtuandui.html" target = "_blank" style = "text-indent:
10px; ">课 程 负 责 人</a> </li>
                    <li> <a href = "jxtuandui.html#jxtd" target = "_blank" style = "text-
indent: 10px; ">教 学 团 队</a> </li>
                </ul>
            </li>
            <li> <a href = "jxdongtai.html" target = "_blank">教 学 动 态</a> </li>
                <li class = "dropdown">
                        <a href = "jxhudong.html" class = "dropdown-toggle" data-toggle =
"dropdown" role = "button" aria-expanded = "false">互动课堂<span class = "caret"> </span> </a>
                    <ul class = "dropdown-menu" role = "menu" style = " text-align: center; ">
                        <li> <a href = "jxhudong.html" target = "_blank">互 动 入 口</a> </li>
                          <li> <a href = "http://www.examcoo.com/usercenter" target = "_
blank">作 业 考 试</a> </li>
                        <li> <a href = "http://px3d.onclub.cn" target = "_blank">答 疑 留
言</a> </li>
                    </ul>
                </li>
            </ul>
        </div> <!-- 导航命令结束 -->
    </div> <!-- /.container 导航条所在层结束 -->
</nav>
```

Step03. 焦点轮播图。

案例网页中紧跟导航条之下的是焦点轮播图部分，Bootstrap 的焦点轮播图示例代码可以在图 10-27 所示的 JavaScript 插件版块中找到，焦点轮播图的示例代码也可在例 10-13 中查阅学习。“Flash 云课堂”网站首页中的焦点轮播图是一个标准的 Bootstrap 轮播图，由 3 幅图片及相应的 3 段说明文本一起轮播，中部两边有两个左右箭头的前一页与后一页按钮，中间底部有一排小圆点按钮用于切换到不同的图片，轮播图的代码如下所示。

```
<div id = "myCarousel" class = "carousel slide" data-ride = "carousel">
    <!-- Indicators 中部下方的数字或小圆按钮 -->
    <ol class = "carousel-indicators">
        <li data-target = "#myCarousel" data-slide-to = "0" class = "active"> </li>
        <li data-target = "#myCarousel" data-slide-to = "1"> </li>
        <li data-target = "#myCarousel" data-slide-to = "2"> </li>
    </ol>
    <!-- Wrapper for slides 轮播图片及说明文字 -->
    <div class = "carousel-inner" role = "listbox">
```

2. 网站根目录下有首页,首页命名为 index 或 default,首页扩展名为 html 或 htm。

3. 建立外部样式表文件并链接到 index.html 文档。

4. 综合运用媒体查询、响应式图片、弹性布局等技术制作响应式网页。

5. 合理使用所学 HTML 标签组织网页结构,进行布局设计。

6. 合理使用 CSS 选择器,选择器命名规范,并设置 CSS 样式,正确设置盒子模型相关属性。

7. 媒体查询设置浏览器宽度大于 1024px、800px～1024px、600px～800px、小于 600px。4 种情况的布局从左到右如图 10-37 所示。

图 10-37 “Web 前端学习网”效果

实训任务 10-2 利用 Bootstrap 布局技术重构作业网站首页

利用 Bootstrap 技术设计制作个人作业网站的首页,按照第 2 章项目 2-1 要求整理教材各章案例,形成一个完整的教材案例网站。具体要求如下。

1. 设计并制作教材的案例作业网站首页,首页必须采用 Bootstrap 框架制作,其他各章的首页建议使用 Bootstrap 技术。

2. 网页作品目录结构合理,各章为二级子目录,二级目录中也要求有首页。

3. 网页文件名称使用规范,各章首页要求使用 index 或 default 命名。

4. 要求网页中无空链接、无效链接、网页符合网页基本规范。

5. 首页要有设计感,布局美观合理。

6. 要求提供首页设计草图或 PSD 设计图(注明主要区域尺寸)。

7. 要求提供简单的网站首页创意设计说明文案,文案中要求阐述网页设计的创意点、使用技术。

8. 若作品中使用了网络素材图片或网页模板,要求提供素材图片来源网站或网页模板源文件,不建议使用网络素材图片和现成的网页模板。

9. 所有页面的页脚部分要求标注作者姓名。

参考文献

[1] 百度百科[EB/OL]. https://baike. baidu. com
[2] w3cschool[EB/OL]. https://www. w3cschool. cn
[3] 菜鸟教程[EB/OL]. https://www. runoob. com
[4] Bootstrap 中文网[EB/OL]. https://www. bootcss. com
[5] CSDN-专业 IT 技术社区. 前端[EB/OL]. https://www. csdn. net/nav/web
[6] 慕课网[EB/OL]. https://www. imooc. com/
[7] 传智播客. HTML5+CSS3 网站设计基础教程[M]. 北京：人民邮电出版社，2016.
[8] 传智播客. 网页设计与制作(HTML+CSS)[M]. 北京：人民邮电出版社，2014.
[9] 江西高校课程资源共享管理中心[EB/OL]. http://jxooc. com
[10] 学银在线. 网页设计[EB/OL]. https://www. xueyinonline. com/detail/214210873.

图书资源支持

感谢您一直以来对清华版图书的支持和爱护。为了配合本书的使用，本书提供配套的资源，有需求的读者请扫描下方的“书圈”微信公众号二维码，在图书专区下载，也可以拨打电话或发送电子邮件咨询。

如果您在使用本书的过程中遇到了什么问题，或者有相关图书出版计划，也请您发邮件告诉我们，以便我们更好地为您服务。

我们的联系方式：

地　　址：北京市海淀区双清路学研大厦A座714

邮　　编：100084

电　　话：010-83470236　010-83470237

客服邮箱：2301891038@qq.com

QQ：2301891038（请写明您的单位和姓名）

资源下载：关注公众号“书圈”下载配套资源。

资源下载、样书申请

书圈

获取最新书目

观看课程直播